普通高等教育土木工程专业“十二五”规划教材

水利工程概论

贡力　孙文　主编

中国铁道出版社

2012年·北京

内 容 简 介

本书为普通高等教育土木工程专业“十二五”规划教材。内容包括绪论、水资源开发利用、水利工程和水工建筑物、挡水建筑物、泄水建筑物、取水和输水建筑物、水电站及水电站建筑物、农业水利工程和水土保持、防洪治河工程、水利工程施工、著名水利枢纽及大坝、水资源管理及水权制度等12章。

本书为水利学科水文与水资源工程、水利水电工程、农业水利工程等专业的通用教材，亦供土木工程等其他专业开设“水利工程概论”课程使用。

图书在版编目(CIP)数据

水利工程概论/贡力，孙文主编.—北京：中国铁道出版社，2012.8

ISBN 978-7-113-14665-8

Ⅰ.①水… Ⅱ.①贡… ②孙… Ⅲ.①水利工程—高等学校—教材 Ⅳ.①TV

中国版本图书馆CIP数据核字(2012)第154968号

书　　名：**水利工程概论**
作　　者：贡力　孙文

策　　划：刘红梅　**电　　话**：010-51873133　**邮　　箱**：mm2005td@126.com　**读者热线**：400-668-0820
责任编辑：刘红梅
封面设计：冯龙彬
责任校对：焦桂荣
责任印制：李　佳

出版发行：中国铁道出版社(100054，北京市西城区右安门西街8号)
网　　址：http://www.51eds.com
印　　刷：化学工业出版社印刷厂
版　　次：2012年8月第1版　　2012年8月第1次印刷
开　　本：787 mm×1 092 mm　1/16　印张：15.75　字数：392千
印　　数：1～3 000册
书　　号：ISBN 978-7-113-14665-8
定　　价：32.00元

前　言

本书为普通高等教育土木工程专业“十二五”规划教材，为水利学科水文与水资源工程、水利水电工程、农业水利工程等专业的通用教材，供各专业开设“水利工程概论”课程使用。随着我国水利事业的发展，以前教材已不能适应教学的需要，为此，根据水利工程专业目前发展状况编写了新的《水利工程概论》教材。

本书内容包括绪论、水资源开发利用、水利工程和水工建筑物、挡水建筑物、泄水建筑物、取水和输水建筑物、水电站及水电站建筑物、农业水利工程和水土保持、防洪治河工程、水利工程施工、著名水利枢纽及大坝、水资源管理及水权制度12章。

本教材具有以下特点。

1. 加强水利工程和水工建筑物、挡水建筑物、水利工程施工的编写，另增加农业水利工程和水土保持的内容。

2. 教材中对国内外著名水利枢纽及大坝等进行了介绍。

3. 教材中加入许多工程实例和最新的水利工程案例。

4. 给出大量工程信息，配以一定量的图片，加强形象教学。

本书由兰州交通大学贡力和孙文主编；其中第1、4、9、10章由贡力编写；第2、3、5、6、7、11章由孙文编写；第8章由靳春玲编写；第12章由周芳红编写；全书由贡力统稿。

本书除可作为水利类本科和专科有关专业的必修课和选修课教材外，也可供水利类专业参考选用，同时还可作为管理、设计、施工、投资等单位及工程技术人员的参考书。

编者深知内容如此广泛的教材不易写，加之水平所限，错误和不足之处在所难免，敬请读者批评指正，多提宝贵意见。

编者

2012年6月

目　录

1 绪　　论

1.1 概　　述

水对于人民生活和工农业生产来说是不可代替的，而水资源又是有限的，为了解决来水和用水之间的矛盾，开发利用水资源，采取工程和非工程措施，对天然河流进行控制和改造，以达到除害兴利的国民经济事业称为水利事业。

自然界可利用的天然径流量的缺乏及其在时间、空间上分布的不均匀性，造成枯水期面临干旱，丰水期面临洪水的局面。为防止洪水泛滥成灾、扩大灌溉面积、充分利用水能发电等，需采取各种工程措施对河流的天然径流进行控制和调节，合理使用和调配水资源。这些措施中，需修建一些工程建筑物，这些工程统称水利工程。

水利事业的首要任务是除水害，除水害主要是防止洪水泛滥和旱涝成灾，保障广大人民群众的生命财产安全。其次是利用河水发展灌溉，增加粮食产量，减少旱涝灾害对粮食安全的影响。再次是利用水力发电、城镇供水、交通航运、旅游、生态恢复和环境保护等。

1.2 水利工程的分类

水利工程是指为控制和调配自然界的地表水和地下水、达到除害兴利目的而修建的工程。可同时为防洪、供水、灌溉、发电等多种目标服务的水利工程，称为综合利用水利工程。修建水利工程，既可以在时间上重新分配水资源，做到防洪补枯，以防止洪涝灾害和发展灌溉、发电、供水、航运等事业；又可以在空间上调配水资源，使水资源与人口和耕地资源的配置趋于合理，以缓解水资源缺乏问题。

水利工程所承担的任务通常不是唯一的，而是具有多种作用和目的，其组成建筑物也是多种多样，因此水利工程也称为水利枢纽。按其承担的任务，水利工程主要可分为以下几类。

1.2.1 河道整治与防洪工程

河道整治主要是通过整治建筑物和其他措施，防止河道冲蚀、改道或淤积，使河流的外形和演变过程都能满足防洪与兴利等各方面的要求。一般防治洪水的措施是采用“上拦下排，两岸分滞”的工程体系。

“上拦”是防洪的根本措施，不仅可以有效防治洪水，而且可以综合开发利用水土资源。主要包括两个方面：一是在山地丘陵地区进行水土保持，拦截水土，有效地减少地面径流；二是在干、支流的中上游兴建水库拦蓄洪水，使下泄流量不超过下游河道的过流能力。

水库是一种重要的防洪工程。作为一种蓄水工程，水库在汛期可以拦蓄洪水，消减洪峰，保护下游地区安全，拦蓄的水流因水位抬高而获得势能并聚集形成水体，可以用来满足灌溉、发电、航运、供水和养殖等需要。

“下排”就是疏浚河道，修建堤防，提高河道的行洪能力，减轻洪水威胁。虽然这是治标的方法，不能从根本上防治洪水。但是，在“上拦”工程没有完全控制洪水之前，筑堤防洪仍是一种重要的有效的工程措施。同时，要加强汛期堤防的防护、管理、监察等工作，确保安全。

“两岸分滞”是在河道两岸适当位置，修建分洪闸、引洪道、滞洪区等，将超过河道安全泄流量的洪水通过泄洪建筑物分流到该河道下游或其他水系，或者蓄于低洼地区（滞洪区），以保证河道两岸保护区的安全。滞洪区的规划与兴建应根据实际经济发展情况、人口因素、地理情况和国家的需要，由国家统筹安排。为了减少滞洪区的损失，必须做好通信、交通和安全措施等工作，并做好水文预报，只有在万不得已时才运用分洪措施。

1.2.2　农田水利工程

农业是国民经济的基础。通过建闸修渠等工程措施，可以形成良好的灌、排系统，调节和改变农田水利状态和地区水利条件，使之符合农业生产发展的需要。农田水利工程一般包括取水工程、输水配电工程和排水工程。

取水工程是指从河流、湖泊、地下水等水资源适时适量地引取水量用于农田灌溉的工程。在河流中引水灌溉时，取水工程一般包括抬高水位的拦河坝（闸）、控制引水的进水闸、排沙用的冲沙闸、沉沙地等。当河流流量较大、水位较高能满足引水灌溉要求时，可以不修建拦河坝（闸）。当河流水位较低又不宜于修建坝（闸）时，可以修建提灌站来提水灌溉。

输水配电工程是指将一定流量的水流输送并配置到田间的建筑物综合体，如各级固定渠道系统及渠道上的涵洞、渡槽、交通桥、分水闸等。

排水工程是指各级排水沟及沟道上的建筑物。其作用是将农田内多余水分排泄到一定范围以外，使农田水分保持适宜状态，满足通气、养料和热状况的要求，以适应农作物的正常生长。

1.2.3　水力发电工程

水力发电工程是指将具有巨大能量的水流通过水轮机转化为机械能，再通过发电机将机械能转换为电能的工程措施。

水力发电的两个基本要素是落差和流量。天然河道水流的能量消耗在摩擦、旋滚等作用中。为了能有效地利用天然河道水流的能量，需采用工程措施，修建能集中落差和调节流量的水工建筑物，使水流符合水力发电的要求。在山区常用的水能开发方式是拦河筑坝，形成水库，水库既可以调节径流又可以集中落差。在坡度很陡或有瀑布、急滩、弯道的河段，或者上游不许淹没时，可以沿河岸修建引水建筑物（渠道、隧洞）来集中落差和调节流量，开发利用水能。

1.2.4　供水和排水工程

供水是将水从天然水源中取出，经过净化、加压，用管网供给城市、工矿企业等用水部门；排水是排除工矿企业及城市废水、污水和地面雨水。城市供水对水质、水量及供水可靠性要求很高；排水必须符合国家规定的污水排放标准。

我国水资源不足，现有供、排水能力与科技和生产发展以及人民物质文化生活水平的不断提高不相适应，特别是城市供水与排水的要求愈来愈高；水质污染问题也加剧了水资源的供需矛盾，而且恶化环境，破坏生态。

1.2.5　航运工程

航运包括船运和筏运（木、竹浮运）。发展航运对物质交流、繁荣市场、促进经济和文化发展是很重要的。它运费低廉，运输量大。内河航运有天然水道（河流、湖泊等）和人工水道（运河、河网、水库、闸化河流等）两种。

利用天然河道通航，必须进行河道疏浚、河床整治、改善河流的弯曲情况、设立航道标志等，建立稳定的航道。当河道通航深度不足时，可以通过拦河建闸、建坝抬高河道水位；或利用水库进行径流调节，改变水库下游的通航条件。人工水道是人们为了改善航运条件开挖的人工运河、河网及渠化河流，可以缩短航程，节约人力、物力、财力。人工水道除可以通航外，还有综合利用的效益，例如，运河可以作为水电站的引水道、灌溉干渠、供水的输水道等。

1.2.6 环境水利工程

一些水利专家根据多年工作实践加以理论总结，将人类水利史重新划分成与古代水利、近代水利和现代水利不同的“原始水利”、“工程水利”、“资源水利”和“环境水利”四个阶段。

(1)原始水利

原始水利是水资源开发的原始阶段，以解决人类生活生存为主要目的，主要是修堤拦洪、挖渠灌溉，但是拦洪只能拦一小部分洪水，灌溉也只能小范围灌溉。

(2)工程水利

工程水利是水资源开发的初级阶段，其活动集中在修建各类调蓄工程和配套设施，对水资源进行失控调节，实现供水管理。

(3)资源水利

资源水利是水资源开发的中级阶段，主要特征是以宏观经济为基础，通过市场机制和政府行政来合理配置、优化调度控制水资源的利用方式，限制水资源的过度需求，提倡节约用水，提高其利用率，以维持经济的持续增长。

(4)环境水利

环境水利既解决与水利工程有关的环境问题，也解决与环境有关的水利问题，在水资源的利用已接近水资源的承载力时，人类对水资源的影响和改造最为活跃，需加强水资源和水环境的保护，以保障社会经济发展的用水需求和水资源的可持续利用。

1979年11月，我国提出从工程水利转变为环境水利、生态水利的战略思想，把水利建设的立足点放到环境水利上，以生态环境的动态评价为准则，促进当代水利科学有一个新发展。

环境工程技术是指人类基于对生态系统的认知，为实现生物多样性保护及可持续发展，所采取的以生态为基础，安全为导向，对生态系统损伤最小的可持续系统工程的总称。

水利工程还包括保护和增进渔业生产的渔业水利工程；围海造田，满足工农业生产或交通运输需要的海涂围垦工程等。

1.3 我国的水利水电建设成就

1.3.1 古代水利工程建设成就

几千年来，广大劳动人民为开发水利资源，治理洪水灾害，发展农田灌溉，进行长期的大量的水利工程建设，积累了宝贵的经验，建成一批成功的水利工程。大禹用堵疏结合的办法治水获得成功，并有“三过家门而不入”的佳话流传于世。

我国古代建设的水利工程很多，下面主要介绍几个典型的工程。

1. 都江堰灌溉工程

都江堰坐落在四川省都江堰市的岷江上，是世界上历史最长的无坝引水工程。公元前250年，由秦国蜀郡太守李冰父子主持兴建，历经各朝代维修和管理，工程主体现基本保持历史原貌；虽历经2 000多年的使用，至今仍是我国灌溉面积最大的灌区，灌溉面积达70.7万 hm^2。

都江堰的布置如图1.1所示，工程巧妙地利用岷江出山口处的地形和水势，因势利导，使堤防、分水、泄洪、排沙相互依存，共为一体。孕育了举世闻名的"天府之国"。枢纽主要由鱼嘴、飞沙堰、宝瓶口、金刚堤、人字堤等组成。鱼嘴将岷江分成内江和外江，合理导流分水，并促成河床稳定。飞沙堰是内江向外江溢洪排沙的坝式建筑物，洪水期泄洪排沙，枯水期挡水，保证宝瓶口取水流量。宝瓶口形如瓶颈，是人工开凿的窄深型引水口，既能引水，又能控制水量。处于河道凹岸的下方，符合无坝取水的弯道环流原理，引水不引沙。2 000多年来，工程发挥了极大的社会效益和经济效益，史书上记载，"水旱从人，不知饥馑，时无荒年，天下谓之天府也"。新中国成立后，对都江堰灌区进行了维修、改建，增加一些闸坝和堤防，扩大了灌区的面积，现正朝着可持续发展的特大型现代化灌区迈进。

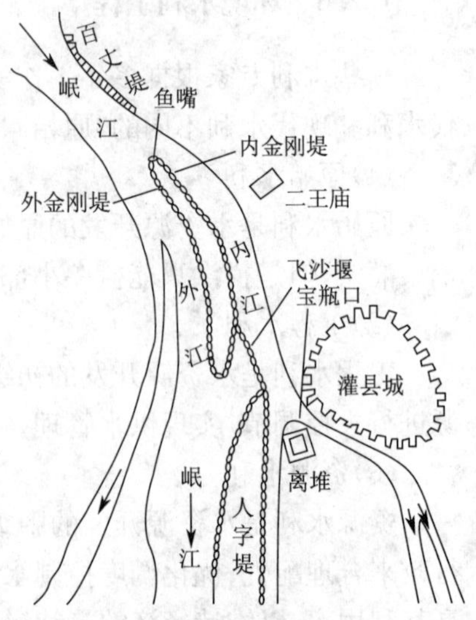

图1.1　都江堰布置示意图

2. 灵渠

灵渠位于广西兴安县城东南，建于公元前214年。灵渠沟通了珠江和长江两大水系，成为当时南北航运的重要通道。灵渠由大天平、小天平、南渠、北渠等建筑物组成(图1.2)，大、小天平为高3.9 m，长近500 m的拦河坝，用以抬高湘江水位，使江水流入南渠、北渠(漓江)，多余洪水从大小天平顶部溢流进入湘江原河道。大小天平用鱼鳞石结构砌筑，抗冲性能好。整个工程顺势而建，至今保存完好。灵渠与都江堰一南一北，异曲同工，相互媲美。

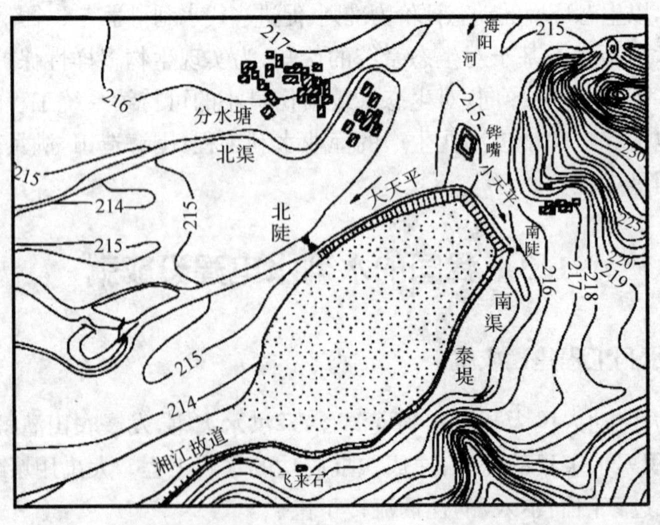

图1.2　灵渠布置示意图

另外,还有陕西引泾水的郑国渠,安徽寿县境内的芍陂灌溉工程,引黄河水的秦渠、汉渠,河北的引漳十二渠等。这些古老的水利工程都取得过良好的社会效益和巨大的经济效益,有些工程至今仍在发挥作用。

在水能利用方面,自汉晋时期开始,劳动人民就已开始用水作为动力,带动水车、水碾、水磨等,用以浇灌农田、碾米、磨面等。但是,由于我国长期处于封建社会,特别是近代以来,遭受帝国主义、封建主义、官僚资本主义的三重剥削和压迫,贫穷、技术落后等原因,丰富的水资源没有得到较好的开发利用,而水旱灾害时常威胁着广大劳动人民的生命、财产安全。中国的水利水电事业发展非常缓慢。

1.3.2 新中国水利工程建设成就

新中国成立以来,我国的水利事业建设得到了迅猛发展,水利水电科学技术水平也得到迅速发展和提高,跨入了世界先进水平行列。

新中国成立后,水利水电建设方面取得的主要成绩有以下几个方面。

1. 整治大江大河,提高防洪能力

在大江大河中,长江是我国第一黄金水道。但是,自1921年以来,长江共发生大洪水11次,其中1931年和1954年最为严重。解放后,整治加固荆江大堤等中下游江堤3 750 km,修建荆江分洪区等分洪、蓄洪工程,下游荆江段河道裁弯工程,在长江中上游的支流上修建了安康、黄龙滩、丹江口、王甫洲、东风、乌江渡、龚嘴、铜街子、五强溪、凤滩、东江、江垭、安康、古洞口、隔河岩、高坝洲、二滩等大中型工程,干流上有葛洲坝、三峡工程。三峡工程在治理长江方面起到不可替代的作用。以前,长江防洪险区为湖北枝城到湖南城陵矶长337 km的荆江大堤,其防洪能力不到10年一遇。1998年长江发生全流域的洪水后,国家进一步加大了长江堤防的投资,大大增强了长江的防洪能力,千军万马守大堤的情况将进一步减少。现在标准提高到10年一遇。再加上三峡工程的投入使用,汛期水库运用库容拦截洪水,可使荆江大堤防洪标准达到100年一遇。

黄河是中国的母亲河。但是,黄河水患更甚于长江。自公元前602年至1938年的两千多年间,黄河下游决口有543年,并多次改道。解放后,整治堤防2 127 km,修建东平湖分洪工程和北金堤分(滞)洪工程,在干流上修建了龙羊峡、李家峡、刘家峡、青铜峡、盐锅峡、万家寨、天桥、三门峡、陆浑、伊河、故县(洛河)以及小浪底等工程,使干堤防洪标准提高到60年一遇。

淮河流域修建了淮北大堤、三河闸、二河闸等排洪工程和佛子岭、梅山、响洪甸、磨子潭等5 332座大中小型水库,其干流标准提高到40～50年一遇。2003年,人工修建的淮河入海道的修通,为提高淮河的防汛能力起到了关键性的作用。

2. 修建了一大批大中型水电工程

新中国成立60多年来,我国水电建设迅猛发展,工程规模不断扩大。代表性的工程中,20世纪50年代有浙江新安江水电站、湖南资水柘溪水电站、甘肃黄河盐锅峡水电站、广东新丰江水电站、安徽梅山水电站等;60年代有甘肃黄河刘家峡水电站、湖北汉江丹江口水电站、河南黄河三门峡水电站等;70年代有湖北长江葛洲坝水电站、贵州乌江渡水电站、四川大渡河龚嘴水电站、湖南酉水凤滩水电站、甘肃白龙江碧口水电站等;80年代有青海黄河龙羊峡水电站、河北滦河潘家口工程、吉林松花江白山水电站等;90年代有湖南沅水五强溪水电站、广西红水河岩滩水电站、湖北清江隔河岩水电站、青海黄河李家峡水电站、福建闽江水口水电站、云南澜沧江漫湾水电站、贵州乌江东风水电站、四川雅砻江二滩水电站、广西和贵州南盘江天生桥一级水电站等;21世纪有三峡水电站、小浪底水电站、大朝山水电站、棉花滩水电站、龙滩水电站、水布垭水电站等。

3. 修建了一大批农田水利工程

著名的大型灌区有：四川都江堰灌区（70.7 万 hm^2）、内蒙古河套灌区（57.43 万 hm^2）、安徽淠史杭灌区（68.43 万 hm^2）、宝鸡陕引渭灌区（19.54 万 hm^2）、新疆（石河子）玛纳斯河灌区（20.01 万 hm^2）、河南人民胜利渠灌区（3.67 万 hm^2）、湖南韶山灌区（6.67 万 hm^2）。

4. 对全国水资源进行普查及保护

在国务院统一安排下，各地有关部门对水资源进行了普查，取得了《水资源初步评价》、《水利区划》、《水资源综合利用》等成果，对水资源的利用和规划提供了科学依据。我国还制定了水法，为保护和合理利用水资源提供了法律依据。

5. 设计、施工水平不断提高

半个世纪以来，我国的坝工技术得到了高度发展。已建成的大坝坝型有实体重力坝、宽缝重力坝、空腹重力坝、重力拱坝、拱坝、双曲拱坝、连拱坝、平板坝、大头坝、土石坝等多种坝型，建成了大量 100～150 m 高度的混凝土坝和土石坝，进行了 200～300 m 量级的高坝的研究、设计和建设工作。

贵州乌江渡重力拱坝成功地建于岩溶地区。广东泉水薄拱坝，坝高 80.0 m，厚高比仅 0.114。湖北西北口水电站为我国第一座面板堆石坝（坝高 95 m）。凤滩空腹重力拱坝是世界同类坝型中最高的一座。四川二滩双曲拱坝（坝高 240 m）是我国目前建成的最高拱坝，居世界第九位。葛洲坝工程的三线船闸、举世闻名的三峡工程的双线五级船闸多项技术为世界领先技术，充分反映了我国坝工技术水平。

计算机的引入，使坝工建设更加科学，更加精确，更加安全。CAD 技术显著降低了设计人员的劳动强度，提高了设计水平，大大缩短了设计周期。计算技术从线性问题向非线性问题发展，弹塑性理论使结构分析更符合实际，大坝计算机仿真模拟、可靠度设计理论、拱坝体形优化设计理论和智能化程序等，使大坝设计更安全、更经济、更快捷。

在泄水消能方面，我国首创了重力坝宽尾墩消能工，并进一步将其发展到与挑流、底流、戽流相结合，改善消能效果，增加单宽流量。拱坝采用多层布置、分散落点、分区消能，有效解决了狭窄河谷内大泄量消能防冲问题。此外，窄缝消能工、阶梯式溢流面消能工、异型挑坎、洞内孔板消能工等不同形式的消能工应用于不同的工程，以适应不同的地质、地形条件和枢纽布置。

施工方面，碾压混凝土坝、面板堆石坝、预裂爆破、定向爆破、喷锚支护、过水土石围堰、高压劈裂灌浆地基处理、高边坡处理、隧洞一次成型技术等新坝型、新技术、新工艺标志着我国坝工建设的发展成就。特别是葛洲坝大江截流，截流流量 4 400 m^3/s，历时 36 h 23 min，是我国水电建设的一大壮举。二滩水电站双曲拱坝年浇筑混凝土 152 万 m^3，月浇筑 16.3 万 m^3，达到了狭窄河谷薄拱坝混凝土浇筑的世界先进水平。

我国水利建设从重点开发开始走向系统地综合开发，例如，黄河梯级工程、三峡工程、南水北调工程等重大工程项目的计划和实施，使我国水利事业提高到一个新水平。

1.4　水利工程建设与基础学科的发展

水利工程建设的发展推动了研究利用水资源来满足国民经济发展需要和防止水害的科学的发展。20 世纪以来，在现代工业和科学技术迅速发展的推动下，特别是混凝土等新材料的应用以及施工机械和施工方法的进步，使水利科学进入一个新阶段。水利科学成为一门相对独立的综合性科学，在学科体系上包括基础学科(数学、物理学、地理学等)，专业基础学科(水文学、河流动力学、固体力学、土力学、岩石力学等)，专业学科(水资源综合利用、水工学、河工学、灌溉与排水、水力发电、航道与港口、水土保持、城镇给排水等)。水利工程学研究的领域极广，它包括水资源及其状况和水利工程设计、施工、管理等方面的问题，是为水利工程建设服务的。

本节仅对几门专业基础学科加以说明，为读者提供学习和解决问题的引线。

1.4.1 水利工程建设与工程力学

1. 工程力学的性质、任务和内容

工程力学是研究工程结构的受力分析、承载能力的基本原理和方法的科学。工程力学是工程技术人员从事结构设计和施工必须具备的理论基础。

在水利工程建设、房屋建筑和道路桥梁等各种工程的设计和施工中都要涉及工程力学问题。为了承受一定荷载以满足各种使用要求，需要建造不同的建筑物，如水利工程中的水闸、水坝、水电站、渡槽、桥梁、隧洞等。

工程力学的研究对象是杆件结构和二维平面实体结构。任务包括：研究结构的组成规律、合理形式以及结构计算简图的合理选择；研究结构内力和变形的计算方法以便进行结构强度和刚度的验算；研究结构的稳定性。

工程实际中，建筑物的主要作用是承受荷载和传递荷载。由于荷载的作用，组成建筑物的构件产生变形，并且存在着发生破坏的可能性。而构件本身具有一定的抵抗变形和破坏的能力，这种能力称为承载能力。构件承载能力的大小与构件的材料性质、几何形状和尺寸、受力性质、构件条件和构件情况有关。构件所受的荷载与构件本身的承载能力是矛盾的两个方面。因此，在结构设计中利用力学知识，既要对荷载进行分析和计算，也要对构件承载能力进行分析与计算，这种计算表现为三个方面：强度、刚度、稳定性。因为水工建筑物构件所用材料多为钢筋混凝土或混凝土，所以工程结构设计的任务就是研究钢筋混凝土或混凝土结构构件的设计计算问题，根据各种钢筋混凝土或混凝土构件的受力特点，结合材料的特性，研究各类构件的强度、刚度、裂缝的计算及配筋和构造知识。

2. 工程力学在水利工程建设中的发展

工程力学在水工设计中是不可缺少的，它主要解决建筑物本身的可靠性，以及进行稳定、强度、变形校核，以确定截面尺寸及配筋和抗裂、限裂的要求。

工程力学和工程结构是在生产实践和科学实验的基础上发展起来的，我国古代劳动人民在房屋建筑、桥梁工程和水工建筑方面取得了辉煌成就。如赵州桥、都江堰水利工程等。古代的工程结构，主要是根据实践经验和估算建造的，长期的建筑实践为工程力学和工程结构的建立和发展奠定了基础，并随着社会的进步而不断改善和提高。

由于国际上岩土力学、混凝土力学、流体力学以及有关数值方法的发展，水工结构学科的力学基础有了很大的进步，为更深入地了解水工建筑物(如大坝)工作性态和破坏机理提供了研究手段。尽管我国在以往的工程实践和研究中积累了大量的理论成果和丰富的实践经验，许多技术处于世界领先水平，但我国水工结构学科的基础研究仍有待提高。

1.4.2 水利工程建设与水力学

1. 水力学的性质、任务和内容

水力学是研究以水为代表的平衡和机械运动的规律及其应用的一门学科，是力学的一个分支，属于应用力学的范畴。

水力学在工农业生产的许多部门，如农田水利、水力发电、航运、交通、建筑、石油、化工等都有应用。针对不同的专门问题，水力学学科又形成了工程水力学、计算水力学、生态环境水力学、冰水力学等。

水力学是在人类与水、旱灾害作斗争的过程中发展起来的，并随着水利工程的发展而发展，在水利水电工程建设中发挥着重要作用。

水力学所研究的基本规律分为水静力学和水动力学两大部分。水静力学研究液体在平衡或静止状态下的力学规律；水动力学研究液体在运动状态下的力学规律。利用这些规律可解决许多实际工程问题。水利工程中的水力学问题归纳起来有以下几方面。

(1)水对水工建筑物的作用力问题

确定水工建筑物，如坝身、闸门及管壁上的静水压力、动水压力以及透水地基中的渗透压力等，为分析建筑物的稳定性提供依据。静水压力是静止液体对与之相邻的接触面所作用的压力，受压面单位面积上的静水压力称为静水压强。动水压力是液体在流动时，对与之相邻的接触面所作用的压力，受压面单位面积上的动水压力称为动水压强。

(2)水工建筑物的过水能力问题

主要是研究输水和泄水建筑物以及给排水管道、渠道的过水能力，为合理确定建筑物的形式和断面尺寸提供依据。

(3)水流流动形态问题

研究和改善水流通过河渠、水工建筑物及其附近的水流形态，为合理布置建筑物，保证其正常运用和充分发挥效益提供依据。如河道、渠道、溢洪道和陡坡中的水面曲线问题。如为了确定溢洪道陡槽的边墙高度，需要推算出陡槽中的水面曲线。

(4)水能利用和水能消耗问题

分析水流能量损失规律，研究充分利用水流有效能的方式、方法和高效率消除高速水流中多余有害动能的消能防冲措施。如溢流坝、溢洪道、水闸下游的消能问题。消能就是采取一定措施，消耗下泄水流的部分动能，以减轻水流对下游河床和岸坡的冲刷作用。

(5)水工建筑物中渗流问题

如混凝土坝、土坝、水闸渗流、渠道渗漏及布设井群进行基坑排水等。渗流又可分为有压渗流和无压渗流两类。

1)有压渗流

在透水地基上修建闸、坝、河岸溢洪道等水工建筑物后，使上游水位抬高，在上下游水位差的作用下建筑物透水地基中产生渗流，这种渗流因受建筑物基础的限制，一般无自由表面，故称为有压渗流。

2)无压渗流

在很多情况下，如土坝坝身的渗流，水井的渗流等，这种渗流像地面明渠水流一样，水面可自由升高和降落，有一自由表面，水面各点的压强就是大气压强，这种渗流称为无压渗流。无压渗流的计算可以确定浸润线，为土坝设计提供依据。

当然，在实际中所遇到的水力学问题不止上述内容，需要解决的问题还很多，如掺气与气蚀，冲击波与冲击力以及江、河、湖、海水面的波浪运动以及力学模型试验等。此外，水利工程中还会遇到某些特殊水力学问题，如空蚀问题、掺气问题、挟沙水流问题以及污染扩散、冰压力等问题。

2. 水力学在水工建设中的发展

(1)水利事业的发展带动了水力学学科的发展,水力学理论的研究和发展为水利水电工程建设发挥了重要的作用。人类在治河防洪的千百年来的生产实践中不断地积累经验,使人们对水流运动的规律逐渐从不了解到了解,并逐步懂得了如何利用这些规律解决工程实际问题。由汉朝的“不与水争地”到明朝的“筑堤束水”,“以水攻砂”,从而得到“砂刷则河深”的比较稳定河道断面的认识,反映了古代人民对泥沙运动认识已经有了很高水平。古代劳动人民兴建了都江堰、郑国渠等著名的水利工程,都是正确运用水流运动规律的结果。中华人民共和国成立后,我国大量的水利工程建设推动了水力学的发展和研究。我国治淮、治黄、长江规划、水力发电工程、大型灌溉工程、长江三峡等水利工程中的复杂水力学问题如大、中、小型工程的下游消能问题,高水头水工建筑物水力学问题,泥沙异重问题等的研究和解决,使水力学的研究达到一个新的水平,促进了水利事业的发展,使水工建设的水平达到新的高度。

(2)水工建设中水工设计、规划、施工、管理都离不开水力学问题。如设计水工建筑物水闸时,只有通过水力设计,才可确定闸孔的尺寸和下游的消能防冲措施的构造、尺寸。通过对葛洲坝、三峡工程水力学问题的研究和解决,进一步提高了我国水工规划、设计、施工、管理的水平和能力。

1.4.3 水利工程建设与土力学

1. 土力学的性质、任务和内容

土力学是以力学为基础,结合土工试验来研究土的强度和变形及其规律的一门技术科学,主要任务是正确反映和预测土的力学性质,确定各类工程的土体在各种复杂环境下的变形和强度稳定性的需要。

由于土是一种复杂的多相体系,研究时要考虑各种因素对变形和稳定的影响。例如土体饱和程度的变化,物理状态的变化,渗流和孔隙压力的存在,土与结构的相互作用、温度、时间、湿度等。这就引出了土力学学科与土体的强度理论、固结理论、土压力理论、边坡理论和地基承载力理论等的关系。土力学在不同的工程领域中都有应用。如水利、交通、建筑、水运、石油、采矿、环境等。随着科学的发展,土力学的研究领域也在不断扩大,如冻土力学,岩土工程中的水文地质灾害成因、预报和防治等。它将在工程建设中解决复杂的工程问题。

土力学是利用力学知识和土工试验技术来研究土的强度、变形及规律性的一门学科。一般认为,土力学是力学的一个分支,但由于它研究的对象土是以矿物颗粒组成骨架的松散颗粒集合体,其力学性质与一般刚性或弹性固体、流体等都有所不同。因此,一般连续体的力学规律,在土力学中应结合土的特殊情况作具体应用。此外,还要用专门的土工试验技术来研究土的物理力学性质。土力学的研究内容,主要有以下几个方面。

(1)土的物理力学性质、土工试验的基本原理和操作方法。主要包括土的物理性质及指标、力学性质及指标以及土的工程分类。土的力学性质主要是指土的抗剪强度、土的渗透性、土的压缩性及土的压实性。

(2)土体在承受荷载和自重作用下的应力计算和应力分布,以及对周围环境的影响,土体的变形和稳定性。

(3)建筑物设计中有关土力学内容的计算方法,包括地基承载力,土坡的稳定性,挡土结构土压力,基础设计等。

2. 土力学在水工建设中的发展

在工程建设中,特别是在水利工程建设中,土被广泛用做各种建筑物的地基、材料和周围介质。当在土层上修建房屋、堤坝、涵闸、渡槽、桥梁等建筑物时，土被用做地基。当修建土坝、土堤和路基等土木建筑物时，土还被用做填筑材料(土料)。当在土层中修建涵洞及渠道时，土又成为建筑物的周围介质。

在工程建设中，勘测、设计、施工都与土有联系，自然就离不开土力学的基本知识。

(1)勘测阶段

该阶段要为设计收集资料，因此首先必须根据土的多样性、复杂性特点，了解土的物理力学性质，重视土的工程地质勘探，取样和土工试验工作，充分研究土的类别、性质和状态，针对具体工程进行分析，区别利用。有许多工程在此阶段对地基或填土的基本资料分析研究得不够而造成浪费或工程事故。

(2)设计阶段

水工建筑物设计的基本理论，有许多基于土力学的知识，如设计土坝，需要选择土料和坝型，土坝的断面形式、尺寸是否合适，坝坡能否产生滑动，土坝的坝基及下游是否产生渗透变形。又如水闸的地基是否稳定，沉降量是否过大，挡土结构在土的压力作用下是否稳定等。总之，在水工稳定性分析及结构设计中都离不开土力学的基本理论和方法。只有依据这些理论和方法，才能确定经济安全的建筑物合理形式和断面尺寸。

(3)施工、管理运用阶段

在土坝的施工中要用碾压方法压实填土，而碾压质量控制和施工要求都与土的压实性有关。在施工中运用时要充分了解和掌握土的易变性特点，即土的性质易随外界的温度、湿度、压力等的变化而发生变化。注意加强观测，及时采取有力措施，以保证建筑物的安全。

土力学是一门既古老，又新兴的学科，由于生产的发展和生活上的需要，人类很早就已懂得广泛利用土进行工程建设。近四十年来，由于生产建设的发展和需要，土力学的领域又有了明显的扩大，如土动力学、冻土力学、海洋土力学、环境土力学、地基加固的方法与理论等。

1.4.4 水利工程建设与工程水文学

1. 工程水文学的性质、任务和内容

水文学和水资源学是水资源可持续利用的科学基础，是水利类专业技术基础课。它为水利工程设计和管理提供基本水文知识和水利计算方法。水文学是研究地球上水的时空分布与运动规律，并应用于水资源开发利用与保护的科学，水资源学是水文学在水文循环领域的延伸。

水文学的学习是要求学生了解水文测验的一般方法，能收集水文计算与径流调节所需的基本资料；初步掌握水文计算与径流调节的基本原理和主要方法；能从事中小型水利水电工程规划设计的水文计算及以灌溉为主的水库径流调节计算和一般调洪计算。为进行方案比较，进一步确定工程规模和运行管理提供水文依据。

地球上的降水与蒸发、水位与流量、含沙量等水文要素，在年际及年内不同时期，因受气候、下垫面、人类经济活动等因素的影响，而进行复杂的变化，这些变化的现象称为水文现象。经过对水文要素长期的观测和资料分析，发现水文现象具有不重复性、地区性和周期性等特点。

不重复性是指水文现象无论什么时候都不会完全重复出现。如河流某一年的流量变化过程，不可能与其他任何一年的流量变化过程完全一致，它们在时间上、数量上都不会完全重复出现。

地区性是指水文现象随地区而异，每个地区都有各自的特殊性。但气候及下垫面因素较为相似的地区，水文现象则具有某种相似性，在地区上的分布也有一定的规律。例如，我国南方湿润地区多雨，降水在各季的分布也较为均匀；而北方干旱地区少雨，降水集中在夏秋两季。因此，集水面积相似的河流，年径流量南方的就比北方的大；年内各月径流的变化，南方也较北方均匀些。

周期性是指水文现象具有周期地循环变化的性质。例如，每年河流出现最大和最小流量的具体时间虽不固定，但最大流量都发生在每年多雨的汛期，而最小流量则出现在少雨或无雨的枯水期，这是因为影响河川径流的主要气候因素有季节性变化的结果。同样，因为气候因素在年与年之间也存在周期性的变化，所以枯水年也呈现周期性的循环变化。

因水文现象具有不重复性的特点，故需年复一年地对水文现象进行长期的观测，积累水文资料，进行水文统计，分析其变化规律。由于水文现象具有地区性的特点，故在同一地区，只需选择一些有代表性的河流设站观测，然后将其观测资料进行综合分析后，应用到相似地区即可。为了弥补资料年限的不足，还应对历史上和近期出现过的大暴雨、大洪水及枯水，进行定性和定量的调查，以全面了解和分析水文现象周期性变化的规律。

工程水文学包括水文计算、水利计算和水文预报等内容。水文计算的任务是在工程规划设计阶段确定工程的规模。规模过大，造成工程投资上的浪费；规模过小，又使水资源不能被充分利用。在工程施工阶段，需要提供一定时期的水文预报。而在管理运营阶段，工程水文学的主要任务是使建成的工程充分发挥作用，因此需要一定时期的水文情况，以便确定最经济合理的调度方案。

2. 工程水文学在水工建设中的发展

水文学经历了由萌芽到成熟、由定性到定量、由经验到理论的发展过程。我国的水文知识在古代是居于世界领先地位的。如宋秦九韶在《数书九章》中记有当时全国都有天池盆测雨量及测雪量的计算方法。《吕氏春秋》最先提出水文循环，至今尚为世界学术界所称道。

近年来，城市建设、动力开发、交通运输、工农业用水和防洪等水利工程建设的发展，促进了水文科学的迅速发展。水文站网不断扩大，实测资料积累丰富，为水文分析研究提供了前所未有的条件，应用水文学取得了许多新的进展。随着电子计算技术的发展，出现了水文数学模型，为水文科学的进一步发展开创了新途径。

思 考 题

1. 你报考水利工程专业是自己选择的吗？你喜欢水利工程专业吗？

2. 试述修建水利工程的目的及任务是什么？

3. 你在入学前的职业意向和本专业培养目标一致吗？如果一致，你准备怎样实现培养目标？如果不一致，你准备怎样进行调整？

4. 通过本章的学习你知道到大学生活和想象的一样吗？有哪些不同和相同？

5. 什么叫水利工程？古代、近代、现代水利工程有哪些区别？

6. 大学生基本素质要求和发展大学生个性特征之间有什么关系？

7. 为什么报考工科，为什么报考水利水电工程专业？你所了解到的学习本专业后未来从事的职业是什么？谈谈自己对未来的设想。

8. 水利工程按其承担的任务分类，分为哪几类？

2 水资源开发利用

2.1 水资源概况

2.1.1 世界水资源概况

人类社会需要多种资源,水是其中最重要的自然资源。水资源以气态、固态和液态三种基本形态存在于自然界之中,分布极其广泛。地球水资源在自然界中的分布情况,见表 2.1。

表 2.1 地球水资源在自然界中的分布情况

水体	水储量		咸水		淡水	
	10^3 km^3	%	10^3 km^3	%	10^3 km^3	%
海 洋	1 338 000.0	96.54	1 338 000.0	99.04	—	—
冰川与永久积雪	24 064.1	1.74	—	—	24 064.1	68.70
地下水	23 400.0	1.69	12 870.0	0.95	10 530.0	30.06
永冻层中冰	300.0	0.02	—	—	300.0	0.86
湖泊水	176.4	0.013	85.4	0.006	91.0	0.26
土壤水	16.5	0.001	—	—	16.5	0.047
大气水	12.9	0.000 9	—	—	12.9	0.037
沼泽水	11.5	0.000 8	—	—	11.5	0.033
河流水	2.12	0.000 2	—	—	2.12	0.006
生物水	1.12	0.000 1	—	—	1.12	0.003
总 计	1 385 984.6	100	1 350 955.4	100	35 029.2	100

从表 2.1 可以看出,地球上的水量是极其丰富的,其总储水量约为 13.86 亿 km^3,但地球水圈内水量的分布是极不均匀的,地球上约有 96.5%的水是海水。宽广的海洋覆盖了地球表面积的 70%以上,但海水是含有大量矿物盐类的"咸水",不易被人类直接使用。人类生命活动和生产活动所必需的淡水水量有限,不足总水量的 3%,其中,还有约 3/4 的淡水以冰川、冰帽的形式存在于南、北极地和人类难以生存的高山上,人类很难使用。与人类关系最密切又较易开发利用的淡水储量约为 400 万 km^3,仅占地球总水量的 0.3%,而且在时空上的分布又很不均衡。

1988 年,联合国教科文组织(UNESCO)和世界气象组织(WMO)共同制定了《水资源评价活动——国家评价手册》,将水资源定义为"可以利用或有可能被利用的资源,具有足够的数量和可用的质量,并在某一地点为满足某种用途可被利用"。由此可见,对人类生产和生活有利用意义的水是河川总径流,包括地表河川径流和地下水径流,全球这部分水量约为 38.83 万亿 m^3。水不仅是维持地球上一切生命的必需资源,而且还是人类社会发展的至关因素。

1. 水资源的特点

水资源是在水循环背景上、随时空变化的动态自然资源。水资源有与其他自然资源不同的特点。

(1) 可恢复性与有限性

地球上存在着复杂的、以年为周期的水循环,当年水资源的耗用或流失可被来年的大气降水补给。这种资源消耗和补给间的循环性,使得水资源不同于矿产资源,因此水资源具有可恢复性,是一种可再生性自然资源。

就特定区域一定时段(年)而言,年降水量有一定的变化,但这种变化总是有个限值。这就决定了区域年水资源量的有限性。水资源的超量开发消耗,或动用区域地表、地下水的静态储量,必然造成超量部分难以恢复,甚至不可恢复,从而破坏自然生态环境的平衡。就多年均衡意义讲,水资源的平均年耗用量不得超过区域的多年平均资源量。无限的水循环和有限的大气降水补给,决定了区域水资源量的可恢复性和有限性。

(2) 时空变化的不均匀性

水资源时间变化的不均匀性,表现为水资源量年际、年内变化幅度很大。区域年降水量因水气条件、气团运行等多种因素影响,呈随机性变化,使得丰、枯年水资源量相差悬殊,丰、枯年交替出现,或连旱、连涝持续出现都是可能的。水资源的年内变化也很不均匀,汛期水量集中,不便利用;枯季水量锐减,又满足不了需水要求,而且各年年内变化的情况也各不相同。水资源量的时程变化与需水量的时程变化的不一致性,是另一种意义上的时间变化不均匀性。

水资源空间变化的不均匀性,表现为水资源量和地表蒸发量因地带性变化而分布不均匀。水资源的补给来源为大气降水,多年平均年降水量的地带性变化,基本上决定了水资源量在地区分布上的不均匀性。水资源地区分布的不均匀,使得各地区在水资源开发利用条件上存在巨大的差别。水资源的地区分布与人口、土地资源的地区分布的不一致,是另一种意义上的空间变化不均匀性。

水资源时空变化的不均匀性,使得水资源的利用要采取各种工程的和非工程的措施,或跨地区调水,或调节水量的时程分配,或抬高天然水位,或制定水量调度方案等,以满足人类生活、生产和生态环境的需求。

2. 水资源开发利用的两面性和多功能特点

水资源随时间变化不均匀,汛期水量过度集中造成洪涝灾害,枯期水量枯竭造成旱灾。因此,水资源的开发利用不仅是增加供水量,满足需水要求,而且还有治理洪涝、旱灾、渍害问题,即包括兴水利和除水害两个方面。

水可用于灌溉、发电、供水、航运、养殖、旅游、净化水环境等各个方面,水的广泛用途决定了水资源开发利用的多功能特点。这种多功能特点表现在水资源利用上,就是一水多用和综合利用。

2.1.2 中国水资源概况

中国江河众多,河流总长达 43 万 km。流域面积在 100 km^2 以上的河流有 5 万多条;在 1 000 km^2以上的有 1 580 多条;超过 1 万 km^2 的大江大河有 79 条。长度在 1 000 km 以上的河流有 20 多条。长江、黄河分别为中国的第一、第二大河。中国的河流有以下特点:

(1)除西南部有几条河流向南流以外,多数河流由西向东流入太平洋。

(2)流域面积广袤,但分布不均。绝大部分河流分布在东南的外流流域,总面积占国土面积的 2/3;少数分布在内流流域,总面积占国土面积的 1/3。

(3)江河上游多奔流于高山峡谷中,落差大,水流急,蕴藏着丰富的水力资源;中下游多贯穿在广阔的平原上,河宽水缓,利于灌溉、渔业和通航。

(4)北方河流尤其是黄河含沙量大,流域水土流失严重。

(5)大多数由降雨直接补给,有的河流是融雪、地下水及雨水混合补给。

由河流的干流、支流、人工水道、水库、湖泊、沼泽、地下暗河等组成的彼此连通的系统称为水系。中国的水系常指流域,并通常以干流或一级支流的河名作为水系的名称。其中最重要的七大水系是松花江、辽河、海河、黄河、淮河、长江和珠江。中国的河流是最主要的淡水水源,也提供了丰富的水能资源和航运条件。中国七大水系简况见表 2.2。

表 2.2 中国七大水系简况

项目	松花江	辽河	海河	黄河	淮河	长江	珠江
流域面积(万 km^2)	55.7	22.9	26.4	75.2	26.9	180.9	45.4
河长(km)	2 308	1 390	1 090	5 464	1 000	6 300	2 214
年均降水量(mm)	527	473	560	475	880	1 070	1 470
年均径流量(亿 m^3)	762	148	228	658	622	9 513	3 338

注:资料来源于 http://www.ewater.net.cn 略有改动。

在山区,河流常常在峡谷和川地间穿行,急弯卡口众多,如黄河上游河段、长江三峡河段均以此闻名。在平原区,河流有 4 种类型:①顺直型,但其主流仍然是弯曲流动;②蜿蜒型,如长江的荆江河段;③分汊型,如长江城陵矶至江阴段;④游荡型,如黄河下游花园口河段。

秦岭和淮河以北河流冬季有冰情发生,多数北方河流还有封河现象。淮河以南至长江以北,冬季河流有冰花,但基本不封河。长江以南河流则基本无冰情。中国河流中最重要的七大江河,河流长,流域面积大,年径流量也大,在中国的河流中占有非常重要的地位。

1. 河流

(1)长江流域

长江发源于青藏高原唐古拉山脉的各拉丹东峰西南侧,其干流流经青海、西藏、云南、四川、湖北、湖南、江西、安徽、江苏、上海等省(市、区),流域面积为 180.9 万 km^2,干流总长度为 6 300 km,是国内最长的河流,在世界上其长度仅次于尼罗河和亚马孙河,居世界第三位。长江流域地处亚热带,气候温暖,雨量充沛,全流域平均年降水量 1 070 mm,平均年径流量 9 513 亿 m^3,干流和支流总水能蕴藏量 26 800 万 kW,可开发的水能资源为19 700 万 kW。

(2) 黄河流域

黄河是中华民族古代文明的摇篮,以多沙而闻名于世。黄河发源于青海巴颜喀拉山北麓,流经青海、四川、甘肃、宁夏、内蒙古、山西、陕西、河南、山东等 9 省(区),在山东垦利县注入渤海。黄河干流全长 5 464 km,流域面积 75.2 万 km^2,为国内第二大河。黄河干流内蒙古托克托县河口镇以上为上游,长 3 400 多 km,区间总落差 3 464 m,蕴藏着丰富的水力资源,且地形地质条件较好,具有修建水电站的良好条件,共规划了 15 个梯级水电站,是中国十大水电基地之一。从河口镇到郑州桃花峪为黄河中游,长 1 222 km,落差 893 m,其水能资源也比较丰富,水电开发条件比较好,共规划了 10～12 个梯级水电站,包括万家寨、龙口、天桥、碛口、龙门、三门峡、小浪底、西霞院等工程,这些工程可有效地提高下游的防洪能力,同时具有发电、减淤、灌溉、供水等多种功能。黄河中游途经黄土高原,它是黄河洪水泥沙的主要来源地。郑州桃花峪以下为黄河下游,长 780 余 km,区间流域面积 2.2 万 km^2,落差 95 m,河道平缓,河面宽阔,河床淤积严重,形成了著名的“地上悬河”,河道防洪是下游的重要任务。

(3) 松花江流域

松花江是黑龙江的最大支流。松花江有南北两源，南源为第二松花江，发源于长白山主峰白头山天池，在扶余县三岔河口与嫩江汇合；北源为嫩江，发源于大兴安岭山脉的伊勒呼里山南麓，在三岔河口与第二松花江汇合后称为松花江，在同江市附近注入黑龙江。松花江自南源计，全长 2 308 km，流域总面积 55.7 万 km^2。

(4) 珠江流域

珠江又称粤江，由西江、北江、东江及珠江三角洲组成。以西江为源，全长 2 214 km，流域总面积 45.4 万 km^2，中国境内 44.2 万 km^2。珠江流域水系复杂，共有 8 个口门注入南海。西江是珠江的主要支流，发源于云南省沾益县马雄山，在珠海的磨刀门洪湾企人石注入南海。北江上源称浈水，发源于江西省信丰县石碣大茅坑，到广东省韶关市与武水汇合后称为北江。东江上源称寻乌水，发源于江西省寻乌县椏髻钵，进入广东省境内称东江，至广东省东莞石龙镇注入珠江三角洲。珠江三角洲为冲积平原，总面积 2.68 万 km^2，地势平坦，河汊密集，相互贯通；西、北江三角洲主要水道近百条，总长达 1 600 km；东江三角洲主要水道有 5 条，总长 138 km，这些水道构成一个网状水系，具有"诸河汇集，八口分流"的水系特征。

(5) 辽河流域

辽河古称句骊河，历史上汉称大辽河，五代以后称辽河，清代称巨流河。辽河发源于河北平泉县七老图山脉，全长 1 390 km，流经河北、内蒙古、吉林、辽宁等省(区)，有多条支流汇入，在辽宁盘山县注入辽东湾，流域面积 22.9 万 km^2。辽河流域分为辽河水系和太子河水系。流域内平均年降水量 473 mm，年平均气温 4～9 ℃，各种资源丰富，是中国重要的工业基地之一。辽河中下游地势低洼，洪涝灾害频繁，平均六七年发生一次较大范围的旱灾。可开发的水能资源 48.3 万 kW。

(6)海河流域

海河是中国华北地区最重要的河流，由众多河网组成。海河西起太行山脉，北临内蒙古高原，东北是滦河流域，东面是渤海湾，南面与黄河流域相接。水系内包括河北大部、北京、天津及内蒙古、山东、陕西、河南的部分地区，流域面积 26.4 万 km^2。海河流域西部为黄土丘陵，植被差，易受冲刷，洪水的含沙量很高。海河平原由黄河与海河各支流冲积而成，受这些河流改道的影响，平原地形起伏不平，分布着大大小小的岗、坡、洼、淀，低洼地易涝易碱。海河水系包括漳卫河、子牙河、大清河、永定河、潮白河、北运河、蓟运河等河流，其中多数河流在天津市附近汇入海河。海河水系平均年降水量为 560 mm。

(7)淮河流域

淮河流域位于长江、黄河之间，东临黄海，西部是伏牛山区，南部为桐柏山和大别山区，北部为沂蒙山区，中间为淮河平原，是中国重要的商品粮、棉、油和煤、电等能源的基地。

历史上，黄河曾夺淮河入黄海 700 余年，至 1855 年才改道北去，留下了一条高于地面的废旧黄河故道。流域内以废黄河故道为界，将淮河流域分为淮河和沂沭泗(沂河、沭河、泗河，下同)两个水系。

淮河发源于河南省桐柏山，流经河南、安徽、江苏三省，在三江营入长江，全长 1 000 km，总落差 200 m，流域面积 26.9 万 km^2。洪河口以上为上游，长 360 km，地面落差 178 m，流域面积 3.06 万 km^2；洪河口以下到洪泽湖出口的中渡为中游，长 490 km，地面落差 16 m，中渡以上流域面积 15.8 万 km^2；中渡以下到三江营为下游水道，长 150 km，地面落差约 7 m，三江营以上流域面积 16.46 万 km^2，里运河以东沿海地区称为里下河地区，面积为 2.54 万 km^2。淮河上中游支流众多，南岸支流主要发源于大别山和江淮丘陵区，源短流急，容易产生山洪，洪水下泄迅猛。

2. 湖泊

中国水面面积在 1 km^2 以上的湖泊共约 2 300 个(不包括时令湖)，其中面积在 1 000 km^2 以上的大湖有 12 个。湖泊总水面面积约 71 787 km^2，约占全国总面积的 0.8%；湖泊储水总量约 7 088 亿 m^3，其中淡水储量 2 261 亿 m^3，约占总量的 32%。

根据湖泊地理分布的特点，全国可划分为 5 个主要湖区。

(1)青藏高原湖区

该区湖泊面积占全国湖泊面积的一半以上，但多数为内陆咸水湖泊，较大的湖泊有青海湖、鄂陵湖、扎陵湖、纳木错、奇林错、班公错和羊卓雍错等。其中，青海湖水面面积 4 635 km^2，最大水深达 28.7 m，为中国第一大湖；羌塘高原上的喀顺错，是中国境内海拔最高的湖泊，水面高程达 5 556 m。

(2)东部平原湖区

该区湖泊分布于长江和淮河中下游、黄河和海河下游，多为外流型淡水湖。该区湖泊面积约占全国湖泊面积的 30%，中国著名的五大淡水湖——鄱阳湖、洞庭湖、太湖、洪泽湖和巢湖均在这个区内。

(3)蒙新高原湖区

该区湖泊多为内陆咸水湖，区内的湖泊面积约占全国湖泊面积的 13%，较大的湖泊有呼伦湖、博斯腾湖等。位于吐鲁番盆地的艾丁湖，水面高程为 −154 m，是中国境内海拔最低的湖。

(4)东北平原及山地湖区

该区湖泊面积约占全国湖泊面积的 3%，多为外流型淡水湖泊。著名的湖泊有兴凯湖、镜泊湖、五大连池、天池等，其中兴凯湖为中俄界湖，天池为中朝界湖。

(5)云贵高原湖区

该区湖泊面积约占全国湖泊面积的 1.5%，滇池、洱海、抚仙湖、泸沽湖、草海均在此区，其中滇池、洱海以风景秀丽而闻名遐迩。

全国主要湖泊的形态特征见表 2.3。

表 2.3　中国主要湖泊的形态特征

类别	湖名	湖面高程(m)	水面面积(km^2)	最大水深(m)	库容(亿 m^3)	所在地
咸水湖泊	青海湖	3 196.0	4 635.0	28.7	854.4	青海
	呼伦湖	545.5	2 315.0	8.0	131.3	内蒙古
	纳木错	4 718.0	1 940.0	35.0	768.0	西藏
	奇林错	4 530.0	1 640.0	33.0	492.0	西藏
	艾比湖	189.0	1 070.0			新疆
	博斯腾湖	1 048.0	1 019.0	15.7	99.0	新疆
	扎日南木错	4 613.0	1 000.0		60.0	西藏
	赛里木湖	2 071.0	464.0		232.0	新疆
	玛旁雍错	4 587.0	412.0		202.7	西藏
	喀顺湖	5 556.0				西藏
	艾丁湖	−154.0	124.0			新疆

续上表

类别	湖名	湖面高程(m)	水面面积(km^2)	最大水深(m)	库容(亿 m^3)	所在地
淡水湖泊	兴凯湖	69.0	4 380.0		27.1	中俄界湖
	鄱阳湖	21.0	3 583.0	16.0	248.9	江西
	洞庭湖	33.5	2 740.0	30.8	178.0	湖南
	太湖	3.0	2 420.0	4.8	48.7	江苏、浙江、上海
	洪泽湖	12.5	2 069.0	5.5	31.3	江苏
	南四湖	33.5～34.5	1 268.0	6.0	25.3	山东
	巢湖	10.0	820.0	5.0	36.0	安徽
	鄂陵湖	4 268.7	610.7	30.7	107.6	青海
	扎陵湖	4 293.2	526.0	13.1	46.7	青海
	滇池	1 885.0	330.0	8.0	15.7	云南
	抚仙湖	1 875.0	217.0		173.5	云南
	白头山天池	2 194.0	9.8	373.0	20.0	吉林
	日月潭	760.0	7.7		1.4	台湾

3. 中国的水资源特点及存在问题

(1) 水资源量及其特点

中国水资源总量约 28 124 亿 m^3，人均占有量很低、居世界第 108 位，是水资源十分紧缺的国家之一。中国水资源在时间和空间上的分布很不均匀，它与土地资源在地区组合上不相匹配，水的供需矛盾十分突出。中国水资源具有以下几个特点。

1)水资源总量较丰富，人均水量较少

中国的国土面积约 960 万 km^2，多年平均降水量为 648 mm，降水总量为 61 900 亿 m^3。降雨量中约有 56%消耗于陆面蒸发，44%转化为地表和地下水资源。根据水利部 1986 年完成的全国水资源调查评价成果，中国平均年径流量为 27 115 亿 m^3，年均地下水资源量为8 288 亿 m^3，扣除重复计算量，中国多年平均水资源总量为 28 124 亿 m^3。河川径流是水资源的主要组成部分，占中国水资源总量的 94.4%。表 2.4 为中国分区年降水量、年河川径流量、年地下水量、年水资源总量的统计结果。

表 2.4 中国分区年降水量、年河川径流量、年地下水量、年水资源总量统计

分 区	计算面积(km^2)	年降水量		年河川径流量		年地下水量(亿 m^3)	年水资源总量(亿 m^3)
		总量(亿 m^3)	深(mm)	总量(亿 m^3)	深(mm)		
黑龙江流域片(中国境内)	903 418	4 476	496	1 166	129	431	1 352
辽河流域片	345 027	1 901	551	487	141	194	577
海滦河流域片	318 161	1 781	560	288	91	265	421
黄河流域片	794 712	3 691	464	661	83	406	744
淮河流域片	329 211	2 803	360	741	225	393	961
长江流域片	1 808 500	19 360	1 071	9 513	526	2 464	9 613
珠江流域片	58 041	8 967	1 544	4 685	807	1 115	4 708
浙闽台诸河流域片	239 803	4 216	1 758	2 557	1 046	613	2 592

续上表

分　区	计算面积 (km^2)	年降水量		年河川径流量		年地下水量 (亿 m^3)	年水资源总量 (亿 m^3)
		总量(亿 m^3)	深(mm)	总量(亿 m^3)	深(mm)		
西南诸河流域片	851 406	9 346	1 098	5 853	688	1 544	5 853
内陆诸河流域片	3 321 713	5 113	154	1 064	32	820	1 200
额尔齐斯河流域片	52 730	208	395	100	190	43	103
全国	9 545 322	61 889	648	27 115	284	8 288	28 124

世界各国都将河川径流量作为动态水资源，近似地代表水资源。中国河川径流量为27 115亿 m^3，仅次于巴西、前苏联、加拿大，居世界第四位，约占全球河川径流量的5.8%；平均径流深度为284 mm；单位国土面积产水量28.4万 m^3/km^2，为世界平均值的90%，详见表2.5。从世界范围来看，中国河川径流总量比较丰富。但是，中国幅员辽阔，人口众多，以占世界陆地面积7%的土地养育着占世界22%的人口，因此，人均和耕地平均占有的水量大大低于世界平均水平。

由表2.5可以看出，中国人均占有水量为2 200 m^3，仅占世界平均值的约1/4。耕地平均占有水量27 876 m^3/hm^2，仅为世界平均值的79%。由此可见，中国按人口和耕地平均占有的水资源量是十分紧缺的。因此，水资源是中国十分珍贵的自然资源。

表2.5　世界各主要国家年径流量、人均和单位面积水量

国家	年径流量(亿 m^3)	单位国土面积产水量 (万 m^3/km^2)	人口(亿)	人均占有水量 (m^3/人)	耕地面积 (亿 m^2)	单位耕地面积水量 (m^3/hm^2)
巴西	695.00	81.5	1.49	466.44	32.3	215 170
前苏联	546.6	24.5	2.80	195.21	226.7	24 111
加拿大	290.10	29.3	0.28	1 036.07	43.6	66 536
中国	271.15	28.4	11.54	23.50	97.3	27 876
印度尼西亚	253.00	132.8	1.83	138.25	14.2	178 169
美国	247.80	26.4	2.50	99.12	189.3	13 090
印度	208.50	60.2	8.5	24.64	164.7	12 662
日本	54.70	147.0	1.24	44.11	4.33	126 328
合计	4 680.00	31.4	52.94	88.40	1 326.0	35 294

2)水资源时空分布极不均匀

中国地域辽阔、地形复杂，跨越了从寒温带到热带共9个气候带，从东南到西北，呈现出由湿润、半湿润到半干旱、干旱乃至极端干旱的变化趋势，各地水文循环情势有明显差异，表现出很强的地域性。因此，中国的降水具有年内、年际变化大，区域分布不均匀的特点。中国分区年降水、年河川径流的分布情况表明(见表2.4)，中国水资源的地区分布很不均匀，北方水资源贫乏，南方水资源丰富，南北相差悬殊。长江及其以南诸河的流域面积占全国总面积的36.5%，却拥有全国80.9%的水资源量；而长江以北的河流的流域面积占全国总面积的63.5%，却只占有全国19.1%的水资源量，远远低于全国平均水平。

水资源年际年内变化很大。最大与最小年径流的比值，长江以南的河流小于5；北方河流多在10以上。径流量的逐年变化存在明显的丰平枯交替出现及连续数年为丰水段或枯水段的现象。径流量年际变化大与连续丰枯水段的出现，使中国经常发生旱、涝或连旱、连涝现象，加大了水资源开发利用的难度。

3)水资源与人口、耕地分布不相匹配

中国水资源空间上分布的不均衡性与全国人口、耕地分布上的差异性，构成了中国水资源与人口、耕地不相匹配的特点，大大增加了中国水资源开发利用的难度和成本。表2.6为中国各省(区)水资源与人口、耕地资源组合状况。通过表2.6可以看出，中国水资源分布同人口、耕地分布极不协调。北方片人口占全国总人口的2/5，耕地面积占全国耕地总面积的3/5，而水资源总量仅为全国的1/5，人均水资源拥有量为1 127.2 m^3，每公顷耕地拥有水资源量为9 468.5 m^3(亩均631 m^3)。南方片人口占全国人口的3/5，耕地面积占全国耕地总面积的2/5，却拥有全国水资源总量的4/5。在全国人均水量不足1 000 m^3 的10个省(区)中，北方占了8个，主要集中在华北区。在全国耕地每公顷水量不足15 000 m^3 的15个省(区)中，北方片占了13个。另外，中国有1 333万 hm^2 可耕种的后备荒地，主要集中在北方片的西北区和东北区，如果考虑开发这些后备荒地的用水量，那么北方片每公顷耕地拥有的可用水量仅为7 687 m^3(亩均512 m^3)，为南方片的2/15。由此可见，中国北方地区虽然耕地丰富，人口稠密，但水资源占有量低，这是制约当地经济社会发展的主要限制因素。今后，我们应站在全国共同发展的高度上，深入开展区域水资源优化调配的研究工作，确保满足各地经济发展对水资源的需求。

表2.6　全国水资源与人口、耕地资源组合状况

片名	区名	省、市(区)	水资源总量(亿m^3)	人口		耕地		工农业产值(亿元)
				数量(万人)	人均水量(m^3/人)	面积(万hm^2)	耕地每公顷水量(m^3/hm^2)	
北方片	东北区	黑龙江	775.8	3 543	2 189.7	883.1	8 785.5	1 388.3
		吉林	390.0	2 483	1 570.7	393.9	9 900.0	972.1
		辽宁	363.2	3 967	915.6	346.7	10 476.0	2 678.6
		小计	1 529.0	9 993	1 530	1 623.7	9 417.0	5 039.0
	占全国比例(%)		5.56	8.76		16.97		10.92
	华北区	北京	40.8	1 086	375.7	41.3	9 885.0	1 170.3
		天津	14.6	884	165.2	43.1	3 384.0	1 060.1
		河北	236.9	6 159	384.6	655.6	3 613.5	2 153.4
		内蒙古	506.7	2 163	2 342.6	496.6	10 204.5	542.0
		山西	143.5	2 899	495.0	369.3	3 886.5	875.5
		山东	335.0	8 493	394.4	685.3	4 884.0	4 394.4
		河南	407.7	8 649	471.4	693.3	5 880.0	2 202.3
		小计	1 685.2	30 333	555.6	2 984.4	5 646.0	12 398.0
	占全国比例(%)		6.14	26.01		31.19		26.86
	西北区	陕西	441.9	3 316	1 332.6	353.3	12 508.5	804.9
		甘肃	274.3	2 255	1 216.4	347.6	7 890.0	804.9
		宁夏	9.9	470	210.6	79.6	1 243.5	489.8
		新疆	882.8	1 529	5 773.7	308.7	28 600.5	117.7
		青海	626.2	448	13 977.7	57.8	108 414.0	95.5
		小计	2 235.1	8 018	2 787.6	1 147.0	19 486.5	1 997.5
	占全国比例(%)		8.14	7.03		11.99		4.33

续上表

片名	区名	省、市(区)	水资源总量(亿 m^3)	人口		耕地		工农业产值(亿元)
				数量(万人)	人均水量(m^3/人)	面积(万 hm^2)	耕地每公顷水量(m^3/hm^2)	
南方片	西南区	四川	3 133.8	10 804	2 900.6	629.9	49 752.0	2 594.6
		贵州	1 035.0	3 268	3 167.1	185.4	55 819.5	479.0
		云南	2 221.0	3 731	5 952.8	284.5	78 055.5	727.4
		广西	1 880.0	4 261	4 414.5	259.6	72 421.5	915.9
		西藏	4 482.0	222	201 892	22.2	2 016 496.5	26.4
		小计	12 751.8	22 286	5 721.9	1 381.6	92 292.0	4 743.3
	占全国比例(%)		46.44	19.55		14.44		10.28
	东南区	上海	26.9	1 337	201.2	32.3	8 320.5	2 509.3
		江苏	325.4	6 767	480.9	455.8	7 140.0	5 347.0
		安徽	676.8	5 675	1 192.6	436.6	15 504.0	1 385.9
		湖北	981.2	5 439	1 804	347.7	28 221.0	1 809.1
		湖南	1 626.6	6 128	2 654.4	331.2	49 110.0	1 478.0
		江西	1 422.4	3 810	3 733.3	235.0	60 540.0	944.5
		浙江	897.1	4 168	2 152.4	172.3	52 054.5	2 903.0
		福建	1 168.7	3 037	3 848.2	123.6	94 519.5	1 216.2
		广东	2 134.1	7 009	3 044.8	296.0	72 106.5	4 279.4
		小计	9 259.2	43 370	2 134.9	2 430.5	38 097.0	21 972.4
	占全国比例(%)		33.72	38.04		25.4		47.61
全国			27 460.3	114 000	2 408.8	9 567.3	28 702.2	46 150.2
北方片			5 449.3	48 344	1 127.2	5 755.2	9 468.5	9 434.5
北方片占全国比例(%)			19.84	42.41		60.15		42.11
南方片			22 011.0	65 656	3 352.5	3 812.2	57 741.3	26 715.7
南方片占全国比例(%)			80.16	57.59		39.85		57.89

本表中未包含“港、澳、台”数据。

(2)中国水资源开发利用中存在的问题

新中国成立以来，中国水利事业取得了举世瞩目的成就，以仅占全球约 6%的可更新水资源和 9%的耕地，养活了占世界 22%的人口。但是由于种种原因，我国水利发展的模式基本属于粗放型，不少水利工程的安全标准不高，建设质量较差，工程老化失修，配套设施不全，管理工作薄弱，用水浪费很大，水质污染严重等。近年来，水资源在开发利用中也出现一些新的矛盾。概括起来，中国水资源开发利用中存在的问题主要包括以下几个方面。

1)防洪安全缺乏保障

中国江河的防洪工程系统大多还没有达到已经审批的规划标准。长江荆江河段和黄河主要堤防在三峡和小浪底水利枢纽及相应的配套工程完成后，可以达到防御 100 年一遇以上洪水的标准；淮河、海河、辽河、松花江、珠江等江河，除少数重点城市外，大部分堤防都还只能防御 20 年一遇左右的常遇洪水。一些大江大河的堤防工程普遍存在堤顶高程不足、堤身断面单薄、堤基渗漏严重等问题,以致洪水期间有的地段临时抢修子堤挡水,不少堤段产生管涌等渗透变形(破坏),甚至发生溃堤等事故。从1999年下半年开始到目前为止,全国共有31个省、市、自治区和新疆生产建设兵团先后申报核查的三类坝安全鉴定成果共720座,其中大型水库121座;中型水库495座(其中重要中型水库467座,西部地区一般中型水库28座),小(一)型水库104座。

2)资源紧缺与浪费并存

首先是农业干旱缺水。随着经济的发展和气候的变化,我国农业,特别是北方地区农业干旱缺水状况加重。目前,全国仅灌区每年就缺水300亿 m^3 左右。20世纪90年代年均农田受旱面积2 667万 hm^2,干旱缺水成为影响农业发展和粮食安全的主要制约因素;全国农村有2 000多万人口和数千万头牲畜饮水困难,1/4人口的饮用水不符合卫生标准。

其次是城市缺水。我国城市缺水现象始于20世纪70年代,以后逐年扩大,特别是改革开放以来,城市缺水愈来愈严重。据统计,在全国663个建制市中,有400个城市供水不足,其中110个严重缺水,年缺水约100亿 m^3,每年影响工业产值约2 000亿元。

但是无论是农业灌溉还是城市用水都普遍存在严重浪费现象。

3)水质污染严重

水资源是水资源数量与质量的高度统一,在特定的区域内,可用水资源的多少不仅取决于水资源的数量,而且取决于水资源的质量。21世纪,中国面临着水量的危机,同时,面临的水质危机更严重,甚至因水质问题所导致的水资源危机大于水量危机。

我国水利部门于2000年对全国约4 700条大、中河流近10万km河长进行了检测。结果表明:中国现有河流近1/2的河段受到污染,1/10的河长污染严重,水已失去使用价值。据水利部组织的全国六大流域的入河排污口抽样调查结果:全国年排放污水量已达560亿~600亿t,治理速度远远落后于污水排放的增长速度,污水排放没有得到有效控制。20世纪80年代初期,全国年度污水排放量达260亿t,到1997年,污水排放量比20世纪80年代初翻了一番以上。其中,80%以上的污水未经处理直接排入水域,90%以上的城市水域污染严重,给居民生活用水和当地经济社会发展带来严重影响。

中国以水库作为供水水源的能力每年达5 400亿t以上,虽然多数供水水源的水质良好,但已有1/3的水库水质受到不同程度的污染。中国湖泊水质的主要问题是富营养化,据对50个代表性湖泊的综合评价指标来看,75%的湖泊已受到不同程度污染。目前,水污染呈现出从支流向干流延伸、从城市向农村蔓延、从地表向地下渗透、从区域向流域扩展的特点。

4)水资源开采过度,环境问题严重

由于缺乏统筹规划,水资源和土地资源都有过度开发的现象。1997年,全国水资源的开发利用率为19.9%,不算很高,但地区间很不平衡,北方黄河、淮河、海河流域的开发利用率都超过50%,其中海河流域接近90%,有些内陆河流域的开发利用率超过了40%这一国际公认的合理限度。

5)人口、经济增长,供需矛盾突出

经济和社会的高速发展,对水资源提出了更高的要求。随着人口增长,城市化进程的加快,生活用水随之大幅度增加。预计到2050年,中国人口达到高峰接近16亿人,城市化率达到40%,生活用水比例将进一步提高,预测届时生活用水定额为:城镇218 L/(人·d),农村114 L/(人·d),城乡生活用水量约1 000亿 m^3。产业结构调整,工业用水将适度增长。

目前,中国水资源面临的形势非常严峻,干旱缺水地区水资源供不应求的矛盾已构成了制约国民经济和社会发展的瓶颈,尤其在北方地区,水资源短缺已成为当地经济社会发展的最大制约因素。面对21世纪中国经济社会发展的战略目标,水资源问题已成为中国实施可持续发展战略过程中必须认真解决的重大问题。如果在水资源开发利用上没有大的突破，在管理上不能适应这种残酷的现实，水资源将很难满足国民经济迅速发展的需求，水资源危机将成为所有资源问题中最为严重的问题。因此，必须对水资源实行精打细算，实现水资源的可持续利用与管理。

2.2 水资源的概念与特性

2.2.1 水资源的概念

地球上的水是在一定的条件下循环再生的，过去人们普遍认为水是“取之不尽，用之不竭”的。随着社会的发展，人类社会对水的需求量越来越大，加上环境污染、生态平衡被破坏，人们开始感到可用水资源的匮乏。经过长期的实践，人们逐渐认识到地球上水特有的循环再生、运动变化规律，并承认水是有限的，才逐渐把水的问题连同环境保护、生态平衡等问题与人类的生息和社会发展联系在一起加以考察研究，将水看成一种自然资源。

随着时代的进步，水资源的内涵也在不断的丰富和发展。迄今为止，关于水资源的定义，国内外有以下多种提法。

水资源最早出现于正式的机构名称是1894年美国地质调查局(USGS)设立的水资源处(WRD)，并一直延续至今，在这里水资源和其他自然资源一道作为陆面地表水和地下水的总称。1963年，英国的《水资源法》把水资源定义为“地球上具有足够数量的可用水”。《不列颠百科全书》将水资源定义为“全部自然界一切形态的水，包括气态水、固态水、液态水的总量”，该定义给水资源赋予了广泛含义，实际上作为资源，主要属性是体现“可利用性”，不能被人类利用的不能称为水资源。

在中国，不同时期对水资源的理解也各不相同。1988年颁布的《中华人民共和国水法》将水资源定义为“地表水和地下水”。1994年《环境科学词典》将水资源定义为“特定时空下可利用的水，是可再利用资源，不论其质与量，水的可利用性是有限条件的”。

引起对水资源的概念及内涵的不同认识和不同理解的主要原因是：水资源具有类型复杂、用途广泛、动态变化等特点，同时人们从不同角度对水资源含义有不同的理解，因此很难给出统一、准确的定义，造成对“水资源”一词理解的不一致性和认识的差异性。

水资源的定义有以下几种提法。

(1)广义的提法。包括地球上的一切水体及水的其他存在形式，如海洋、河川、湖泊、地下水、土壤水、冰川、大气水等。

(2)狭义的提法。指陆地上可以逐年得到恢复、更新的淡水。

(3)工程上的提法。指上述可以恢复、更新的淡水中，在一定的技术经济条件下可以被人们利用的那一部分水。

本书所讲的水资源仅限于狭义水资源范畴，即具有使用价值、能够开发利用的水。

2.2.2 水资源的特性

水是自然界最重要的物质组成之一，是环境中最活跃的要素。它不停地运动着，积极参与自然环境中一系列物理的、化学的和生物的过程。水资源作为自然的产物，具有天然水的特征和运动规律，表现出自然本质，即自然特性；作为一种资源，在开发利用过程中，其与社会、经济、科学技术发生联系，表现出社会特征，即社会特性。

1. 水资源的自然特性

水资源的自然特性，可以概括为水资源的系统性、流动性、有限性、可恢复性和不均匀性。

(1)系统性

无论是地表水还是地下水,都是在一定的系统内循环运动着。在一定地质、水文地质条件下,形成水资源系统。系统内部的水,是不可分割的统一整体,水力联系密切。把具有密切水力联系的水资源系统,人为地分割成相互独立的含水层或单元,分别进行水量、水质评价,是导致水质恶化、水量枯竭、水环境质量日趋下降的重要原因。人类经历了从单个水井为评价单元到含水层、含水岩组再到含水系统整体评价的历史发展过程。

(2)流动性

水资源与其他固体资源的本质区别在于其具有流动性,它是循环中形成的一种动态资源。地表水资源和地下水资源均是流体,水通过蒸发、水汽输送、降水、径流等水文过程,相互转化,形成一个庞大的动态系统。因此水资源的数量和质量具有动态的性质,当外界条件变化时,其数量和质量也会变化。例如,河流上游取水量越大,下游水量就会越小;上游水质被污染会影响到下游等。

(3)有限性

水资源处在不断地消耗和补充过程中,具有恢复性强的特征。但实际上全球淡水资源的储量是十分有限的,全球的淡水资源仅占全球总水量的2.5%,大部分储存在极地冰帽和冰川中,真正能够被人类直接利用的淡水资源仅占全球总水量的0.8%。可见,水循环工程是无限的,水资源的储量是有限的。

(4)可恢复性

水资源的可恢复性又称为再生性,这一特性与其他资源具有本质区别。地表水和地下水都处于流动状态,在接受补给时,水资源量相对增加;在进行排泄时,水资源量相对减少。在一定条件下,这种补排关系大体平衡,水资源可以重复使用,具有可恢复性。但地下水量恢复程度随条件而不同,有些情况下可以完全恢复,有时却只能部分恢复。在地表水、地下水开发利用过程中,如果系统排出的水量很大,超出系统的补给能力,势必会造成地下水位下降,引起地面沉降、地面塌陷、海水倒灌等环境、水文地质问题,水资源就不可能得到完全恢复。

(5)不均匀性

地球上的水资源总量是有限的,在自然界中具有一定的时间、空间分布。时空分布的不均匀性是水资源的又一个特性。

我国幅员辽阔,地处亚欧大陆东侧,跨高、中、低三个纬度区,受季风与自然地理特征的影响,南北气候差异很大,致使我国水资源的时空分布极不均衡。这种时空分布上的极不均匀性,不仅造成频繁的大面积水旱灾害,而且对我国水资源的开发利用十分不利,在干旱年份更加剧了缺水地区城市、工业与农业用水的困境。

2. 水资源的社会特性

水资源的社会特性主要指水资源在开发利用过程中表现出的资源的商品特性、不可替代特性和环境特性。

(1)商品特性

水资源一旦被人类开发利用,就成为商品,从水源地送到用户手中。由于水的用途十分广泛,涉及工业、农业、日常生活等国民经济的各个方面,在社会物质流通的整个过程中水资源流通的广泛性非常巨大,是其他任何商品都无法比拟的。与其他商品一样,水的价值也遵循市场经济的价值规律,水的价格受各种因素的影响。

(2)不可替代性

水资源是一种特殊的商品。其他物质可以有替代品,而水则是人类生存和发展必不可少的物质。水资源的短缺将制约社会经济的发展和人民生活水平的提高。

(3)环境特性

水资源的环境特性表现为两个方面:一方面,水资源的开发利用会对社会经济产生影响,这种影响有时是决定因素,在缺水地区,工农业生产结构及经济发展模式都直接或间接地受到水资源数量、质量、时空分布的影响,水资源的短缺是制约经济发展的主要因素之一;另一方面,水作为自然环境要素和重要的地质营力,水的运动维持着生态系统的相对稳定以及水、土和岩石之间的力学平衡。

3. 利与害的两重性

水资源的利与害两重性主要表现为:一方面,水作为重要的自然资源可用于灌溉、发电、供水、航运、养殖、旅游及净化水环境等各个方面,给人类带来各种利益;另一方面,由于水资源时间变化上的不均匀性,当水量集中得过快、过多时,不仅不便于利用,还会形成洪涝灾害,甚至给人类带来严重灾难,到了枯水季节,又可能出现水量锐减,满足不了各方面需水要求的情形,甚至对社会发展造成严重影响。水资源的利、害两重性不仅与水资源的数量及其时空分布特性有关,还与水资源的质量有关。当水体受到严重污染时,水质低劣的水体可能造成各方面的经济损失,甚至给人类健康以及整个生态环境造成严重危害。人类在开发利用水资源的过程中,一定要用其利、避其害。“除水害,兴水利”一直是水利工作者的光荣使命。

2.3 水量资源

人类对水资源开发利用的认识经历了一个漫长的过程。在古代社会,努力适应水环境变化,力图达到趋利避害、增利减害的目的;在近代社会,为了兴利除害,追求对水资源进行多目标开发;在现代社会,对于水资源的利用进入了密切协调社会与自然关系的阶段,更加注意社会、经济效益和生态平衡,以期获得最多的综合效益。

2.3.1 全球水资源的开发利用

1. 全球水资源开发利用的状况

据统计,在过去的300年中,人类用水量增加了35倍多,尤其是在近几十年里,取水量每年递增4%~8%,增加幅度最大的主要是发展中国家,而工业化国家的用水状况趋于稳定。由于世界各地人口及水资源数量的差异性,人均用水量差别较大。发达国家的人均年用水量是发展中国家和工农业落后地区的3~8倍。

1980年的统计结果表明,全球水资源的利用量为3 240 km^3,其中69%用于农业,23%用于工业,8%为居民用水。

(1)农业用水

就全球而言,历年来农业用水一直占全部用水量的2/3以上。不同自然条件、不同作物组成和不同的灌溉方式下,用水量大小也有差别。随着灌溉面积的增加,用水量将会大幅度增加。灌溉方式的改变,在一定程度上降低了农田灌溉用水量。如在我国,用传统的灌溉方式——漫灌和畦灌,灌溉用水量为7 500 m^3/hm^2,而喷灌和滴灌仅为3 000 m^3/hm^2,可降低灌溉用水量60%左右。

(2)工业用水

工业用水是全球水资源利用的一个重要组成部分。工业用水取水量约为全球总取水量的

1/4。工业用水的组成是十分复杂的,用水量的多少决定于各类工业的生产方式、用水管理、设备水平和自然条件等,同时取决于各国的工业化水平。

发展中国家由于工业基础相对较为薄弱,工业经济发展水平低下,用于工业的水量占总用水量的比例偏低,大多不到10%,工业用水的增长仍具有一定的空间。用水浪费仍是发展中国家不可忽视的重要问题。

(3)生活用水

居民生活用水量随着人口的增加和生活水平的提高而不断增加,尤其是随着居民生活水平的不断提高,不但对水资源的数量要求越来越高,而且对水资源的质量要求也越来越高。总体说来,全球的生活用水量仅占全球总用水量的很小一部分,约为8%。

(4)地下水资源在全球供水中的位置

在全球水资源的开发利用过程中,地下水资源由于水质优良、清洁卫生、受污染程度轻而在供水中占据十分重要的地位。图2.1所示日本城市生活用水中地下水和地表水所占的比例,可以看出地下水占总用水量的30%。图2.2所示为英国不同用水目的的地表水和地下水所占的比例,表明在英国地下水的利用占有相当重要的地位。尤其在农业用水中,1984年地下水占总农业用水量的92.6%,多年平均(1974—1984年)高达86.4%,这一比例甚至高于我国农业用水中的地下水所占的比例。据统计,在我国农业用水中地下水占80%左右,全国近75%的人口饮用地下水。

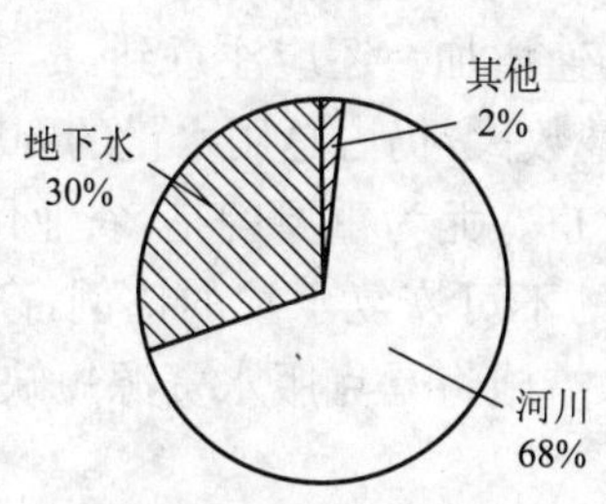

图2.1 日本城市生活用水地下水和地表水所占的比例

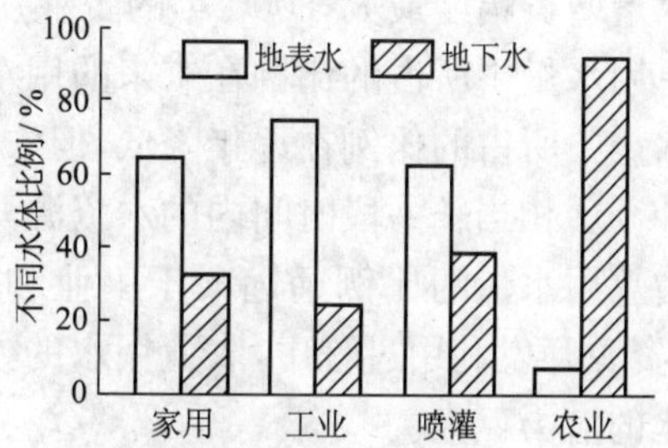

图2.2 英国不同用水目的地下水和地表水所占的比例

2. 全球水资源开发利用的趋势

20世纪初以来,全球工业化的不断发展和居民生活水平的不断提高,使工业化带来的城市化速度加快,农业生产不断发展,造成全球用水量和取水量的不断增加,尤其是第二次世界大战以来,工农业发展的迅速加快导致用水量的大幅度增加,表2.7为世界主要用水部门用水/不可恢复水量的统计。

表2.7 世界主要用水部门用水/不可恢复水量的统计 单位:km^3/a

用水部门	1900年	1940年	1950年	1960年	1970年	1975年	1985年	2000年
生活	20/5	40/8	60/11	60/14	120/20	150/25	250/38	440/65
农业	350/260	600/480	860/630	1 500/115	1 900/150	2 100/16	2 400/190	3 400/260
工业	30/2	120/6	190/9	310/15	510/2	630/25	1 100/45	1 900/70
总计	400/267	820/494	1 110/650	1 870/117	2 530/152	2 880/16	3 750/198	6 000/273

注:分子为用水量,分母为不可恢复的水量。

从表2.7中可以看出以下几点。

1)1900 年全球总的用水量为 400 km^3,1900—1940 年 40 年间的用水量约翻一番;1940-2000 年间约隔 15～25 年就翻一番,2000 年全球总的用水量达到 6 000 km^3,是 1900 年全球总用水量的 15 倍。其中不可恢复的水量(主要指植物蒸腾、土面及地面水蒸发水量)约占 50%。

2)农业用水量及农业用水中不可恢复水量均最高。1900 年农业用水量为 350 km^3,占总用水量的 87.5%;到 2000 年时达到 3 400 km^3,占总用水量的 56.7%,100 年间增长约 10 倍,平均每隔 10 年增加 1 倍。不可恢复水量占用水量的 75%左右。应该注意到,自 1900 年以来,农业用水量占总用水量的比例在逐年下降。农业节水措施的实施和灌溉方式的改变是造成这一变化趋势的关键所在。

3)工业用水量在 1900—1975 年间相对较小,在总用水量中所占的比例较低,一般低于 20%,但增长幅度大。1900 年用水量仅 30 km^3,占总用水量的 7.5%;到 1940 年,用水量增长 4 倍,所占的总用水量的比例提高了 1 倍;1960 年用水量增长 10 倍;1975 年增长 21 倍;到 2000 年工业用水在 100 年间增长约 60 倍以上,达到 1 900 km^3,占总用水量的 31.7%。不可恢复水量只占用水量的 3.6%。

4)在整个用水组成中,生活用水量所占的比例最小,一般不超过总用水量的 10%。但用水量的增长幅度较高,速度较快。1900 年用水量为 20 km^3,2000 年达到 440 km^3,增长了 21 倍,相当于 4.5 年增长 1 倍。其中不可恢复水量只占用水量的 15%。

由上述可知,全球用水量随着社会的发展在不断提高,纵观 20 世纪用水量的变化,以工业用水取水量增长幅度最大,2000 年的工业用水量是 1900 年工业用水量的 63 倍,而且工业用水量在总用水量中所占的比例在未来的用水中仍将迅速增加。还应注意到,尽管农业用水量在总用水量中所占的比例在逐年降低,但农业用水量基数大,仍占总用水量的 60%以上,仍然是当今和今后相当长一段时间内的水资源开发利用大户。尤为重要的是,农业用水的不可恢复水量占总用水量的比例远远大于工业和生活用水的不可恢复水量的比例,高达 75%。因此,在水资源开发利用过程中,农业用水的方式和节水措施将是克服水资源短缺的重要方面,而且节水的潜力巨大。

2.4 水能资源

水能资源开发利用的主要内容是水电能资源的开发利用。人们通常把水能资源、水力资源、水电能资源作为同义词而不加区别。实际上,水能资源包含水热能资源、水力能资源、水电能资源、海水能资源等广泛的内容。

水电能源是一种可再生、清洁廉价、便于调峰、能修复环境生态、兼有一次与二次能源双重功能、极大促进地区社会经济可持续发展、具有防洪航运旅游等综合效益的电能资源。

2.4.1 全球水能资源概况

水电能开发是流域水资源综合利用的重要组成部分,对江河流域综合开发治理具有极大的促进作用。现在世界各国都采取优先开发水电的政策,使得许多国家的电力工业中水电开发占据很大的比重。许多国家的水能资源已开发过半或开发殆尽。只在水能资源开发得差不多了,水电比重才下降。

世界各河流,从发源地流至海洋,或从支流发源地汇流至干流,全河段都具有一定的落差。将全河段的多年平均流量与其天然落差相乘,再乘以单位换算系数 9.81,便得出该河段的理论平均出力，以 kW 计。全河各河段平均出力之和，便是全河蕴藏的水能资源，以装机容量 kW 计。将装机容量乘以一年 8 760 h，便得全河蕴藏的年发电量，以 kW · h 计。

全世界江河的水能资源蕴藏量总计为 50.5 亿 kW，相当于年发电 44.28×10^4 亿 kW · h。技术可开发的水能资源装机容量 22.6 亿 kW，相当于年发电量 9.8×10^4 亿 kW · h。1980 年，全世界水电装机容量已达到 4.6 亿 kW，发电量为 1.75×10^4 亿 kW · h，占可开发量的 18%。

但江河蕴藏的水能资源被开发利用时会受到自然、技术条件和经济条件的制约，不是所有落差和流量都能得到利用，也不是在所有时间内都能发电。其中可能被利用的部分，一般只占 40%～60%，称为可能开发的装机容量和可能开发的年发电量。世界各大洲的水能资源见表 2.8。

表 2.8 世界各大洲的水能资源

地区	理论水能蕴藏量		技术上可开发水能资源		经济上可开发水能资源	
	电量 (10^{12}kW · h)	平均出力 (10^4MW)	电量 (10^{12}kW · h)	装机容量 (10^4MW)	电量 (10^{12}kW · h)	装机容量 (10^4MW)
亚洲	16.486	188.2	5.34	106.8	2.67	61.01
非洲	10.118	115.5	3.14	62.8	1.57	35.83
南美洲	5.67	64.7	3.78	75.6	1.89	43.19
北美洲	6.15	70.2	3.12	62.4	1.56	35.64
大洋洲	1.5	17.1	0.39	7.8	0.197	4.5
欧洲	8.3	94.8	3.62	72.4	1.807	41.3
全球合计	48.224	550.5	19.39	387.8	9.70	221.5

2.4.2 我国水能资源开发

中国水能资源极为丰富，新中国成立后曾在全国进行过比较详细的勘测，得出各河川蕴藏水能资源的理论出力为 6.76 亿 kW，年发电量为 59 221 亿 kW · h，居世界第一位。但以国土面积平均，每平方千米的可能开发容量，中国仅居第十一位，瑞士居第一位；如以人口平均，中国的位次更低，挪威居世界第一位。

中国地形极为复杂，西南地区的青藏高原是世界最高的地区，此处产生了大量自西向东流向的河流，这些河流因而具有巨大的落差与水能资源。全国可能开发的装机容量为 3.79 亿 kW，年发电量为 19 233 亿 kW · h。中国各大江河流域可能开发的装机容量及年发电量见表 2.9。

表 2.9 中国主要河流的水能资源

水系	水能蕴藏量		可开发水能资源占全国的比重(%)		蕴藏量占全国的比重 (%)
	蕴藏量(MW)	年发电量(亿 kW · h)	装机容量(MW)	年发电量(亿 kW · h)	
长　江	268 017.7	23 478.4	197 243.3	10 275.0	39.6
黄　河	40 548	3 552.0	28 003.9	1 169.9	6.0
珠　江	33 483.7	2 933.2	24 850.2	1 124.8	5.0
海河、滦河	2 944.0	257.9	2 134.8	51.7	0.4
淮　河	1 449.6	127.0	660.1	18.9	0.4
东北诸河	15 306	1 340.8	13 707.5	439.4	2.3

续上表

水系	水能蕴藏量		可开发水能资源占全国的比重(%)		蕴藏量占全国的比重(%)
	蕴藏量(MW)	年发电量(亿 kW·h)	装机容量(MW)	年发电量(亿 kW·h)	
东南沿海诸河	20 667.8	1 810.5	13 896.8	547.4	3.1
西南国际诸河	96 901.5	8 488.6	37 684.1	2 098.7	14.3
雅鲁藏布江及西藏其他河流	159 743.3	13 993.5	50 382.3	2 968.6	23.6
北方内陆及新疆诸河	36 985.5	3 239.9	9 969.4	538.7	5.5
全　国	676 047.1	59 221.8	378 532.4	19 233.1	100.0

我国水电开发采用“因地制宜地发展火电和水电，逐步把重点放在水电上”和“优先发展水电”的方针，至 2000 年底，全国水电发电量的开发利用率达到 12.5%。显然，我国在水电能资源开发方面还存在巨大的潜力和空间，进一步提高对水电能资源开发重要性的认识，采取有效措施，加快水电开发，提高水电比重，改善一次能源结构是十分必要的。

1949 年我国水电装机容量为 16.3 万千瓦，1999 年底达到 7 297 万千瓦，占可开发装机容量的 19.3%，仅次于美国，居世界第二位。2000 年全国水电装机容量达 7 935 万千瓦，占可开发水电容量的 21.0%，占电力工业总装机容量的 24.8%。

我国 1949—2000 年水电资源累计开发装机容量和年发电量，以及水电占电力工业总装机容量和年发电量的比重，见表 2.10 。

由于我国可开发水能资源的地域分布不均，其中：可开发装机容量西南地区占全国总量的 61.4%，为 23 234.33 万 kW；中南地区占 17.8%，为 6 743.49 万 kW；西北地区占 11.2%，装机容量为 4 193.77 万 kW，因此，我国水电开发的重点，必将在西南、中南和西北地区。

从 1991 年我国开始执行十二大水电能源基地建设计划，计划总装机容量为 2.1 亿 kW，占水电可开发装机容量的 55.6%；年发电量 1 万亿 kW·h，占可发电量的 52.1%。其中包括已经开始发电的三峡水电站，装机容量 1 820 万 kW。十二大水电能源基地建设的完成，将会从根本上改变我国的水电能源开发利用状况。

表 2.10　我国 1949—2000 年水电占电力工业的比重表

年份	水电开发				电力工业		比重	
	容量		电量		容量	电量	容量	电量
	(万 kW)	(%)	(亿 kW·h)	(%)	(万 kW)	(亿 kW·h)	(%)	(%)
总量	37 853	100	19 233	100	—	—	—	—
1949	16.3	0.4	7.1	0.03	184.8	43.1	8.8	16.5
1950	16.5	0.4	7.8	0.03	186.6	45.5	8.8	17.1
1960	194.1	0.5	74.1	0.4	1 191.8	594.3	16.3	12.5
1970	623.5	1.6	204.6	1.1	377.0	1 158.6	26.2	17.7
1980	2 031.8	5.4	582.1	3.0	6 568.9	3 006.3	30.8	19.4
1990	3 604.6	9.5	1 263.5	6.6	13 789.0	6 213.2	26.0	20.3
2000	7 935	21.0	2 403.5	12.5	31 900	13 685	24.8	17.5

在水能资源中，除河川水能资源外，海洋中还蕴藏着巨大的潮汐、波浪、盐差和温差能量。据估计，世界海洋的潮汐能，约为 10 亿 kW，大部分分布在潮差大的浅海和狭窄的海湾，如英吉利海峡约为 8 000 万 kW，马六甲海峡约为 5 500 万 kW，黄海为 5 500 万 kW 等。

我国海洋中，潮汐能蕴藏量约为 2 179 万 kW，波浪能蕴藏量约为 1 285 万 kW，潮流能蕴藏量约为 1 394 万 kW，盐差能蕴藏量约为 1.25 亿 kW，温差能蕴藏量约为 13.21 亿 kW，总计约 14.95 亿 kW，超过陆地河川水能理论蕴藏量 6.76 亿 kW 1 倍多，具有广阔诱人的开发利用前景。

2.5 水资源开发利用

2.5.1 地表水资源开发利用

地表水具有分布广、径流量大、矿化度和硬度低等特点，因此地表水资源是人类开发利用最早、最多的一类水资源。随着社会和经济的发展，地表水日益成为城市及工业用水的重要水源。地表水开发的方式不仅与河川径流的特征值(可供储存和利用的年、月、日径流总量，枯水流量及洪水流量)有关，而且与开发利用的目的如工业、农业用水，生活、生态用水，航运、渔业、旅游用水等有密切关系。

1. 生活用水

(1)生活用水的含义

生活用水是人类日常生活及其相关活动用水的总称，分为城市生活用水和农村生活用水。

1)城市生活用水

城市生活用水是指城市用水中除工业(包括生产区生活用水)以外的所有用水，简称生活用水，有时也称为大生活用水、综合生活用水、总生活用水。它包括城市居民住宅用水、公共建筑用水、市政、环境景观和娱乐用水、供热用水及消防用水等。

①城市居民住宅用水，是指城市居民(通常指城市常住人口)在家中的日常生活用水，也称为居民生活用水、居住生活用水等。它包括冲洗卫生洁具(冲厕)、洗浴、洗涤、烹调、饮食、清扫、庭院绿化、洗车用水以及漏失水等。

②公共建筑用水，是指包括机关、办公楼、商业服务业、医疗卫生部门、文化娱乐场所、体育运动场馆、宾馆饭店、学校等设施用水。

③市政、环境景观和娱乐用水，是指包括浇洒街道及其他公共活动场所用水，绿化用水，补充河道、人工河湖、池塘及用以保持景观和水体自净能力的用水，人工瀑布、喷泉用水、划船、滑水、涉水、游泳等娱乐用水，融雪、冲洗下水道用水等。

④消防用水，是指为扑灭城市或建筑物火灾需要的水量。其用水量与灭火次数、火灾延续时间、火灾范围等因素有关；要求必须保证足够的水量，另外根据火灾发生的位置高低，还必须保证足够的水压。

2)农村生活用水

农村生活用水可分为日常生活用水和家畜用水。前者与城镇居民日常生活的室内用水情况基本相同，只是由于城乡生活条件、用水习惯等有差异，仅表现在用水量方面差别较大。虽然随着社会经济的发展，农村生活水平的提高，商店、文体活动场所等集中用水设施也在逐渐增多，但农村生活用水量还是相对较小的。

(2)生活用水的特征

生活用水有以下几方面的特征。

1)用水量增长较快

新中国成立初期城市居民较少、生活水平低,用水量较少。随着时间推移,年总用水量和人均用水量逐步增加,全国每年以平均3%～6%的速度增长。各年份城市生活用水量见表2.11。

表2.11　我国城市生活用水量

分项指标	1949年	1957年	1965年	1980年	1985年	1987年	1990年	2000年
城市人口(亿人)	0.576 7	0.994 9	1.304 5	1.849 5	2.190 0	2.340 0	2.560 0	3.060 0
用水量(亿 m^3/a)	6.3	14.2	18.2	49.0	64.0	69.9	84.0	168.0
用水量年增长率(%)		10.6	3.2	6.8	5.5	3.8	6.8	7.2
人均用水量(L/d)	30.0	39.1	38.2	72.6	80.1	81.8	89.9	150.4

2)用水量时程变化较大

城市生活用水量受城市居民生活、工作条件及季节、温度变化的影响,呈现早、中、晚3个时段用水量比其他时段高的时变化;一周中周末用水量比正常周一到周五多的日变化;夏季最多,春秋次之,冬季最少的年变化。

3)供水保证率要求高

供水年(历时)保证率是供水得到保证的年份(历时)占总供水年份(或历时)的百分比。生活用水量能否得到保障,关系到人们的正常生活和社会的安定,根据城市规模及取水的重要性,一般取枯水流量保证率的90%～97%作为供水保证率。

4)对水质要求高

一是饮用水水质标准不断提高。我国卫生部于1959年制定生活饮用水水质指标16项,1976年增加到23项,1985年改为35项,2006年颁布(2007年7月1日实施)的新标准增加到106项;二是供水水质的要求越来越高。随着科技的进步,检测技术的提高,对水中有害物质有了进一步的了解,同时随着物质生活水平的提高,人们要求饮水水质既无害又有益,如人们偏好饮用矿泉水。

5)水量浪费严重

在城市生活用水中,由于管网陈旧、用水器具及设备质量差、结构不合理、用水管理松弛,造成了用水过程中的“跑、冒、滴、漏”现象严重。目前,大多数城市供水管网损失率在5%～10%,有的城市高于10%,仅管网漏失一项,全国城市自来水供水每年损失约15亿 m^3。其次,空调、洗车等杂用水大量使用新水,重复利用率低也造成了用水浪费。

6)生活污水排放量却逐年增长

我国城市排水管道普及率只有50%～60%,致使城市河道和近郊区水体污染严重,甚至危及城市生活水源和居民健康。北方许多以开采地下水为主的城市,地下水源也受到不同程度的污染。生活污水占污废水排放总量的30%,2000年,全国城市的污水处理率仅为34.3%,而生活污水处理率还不到10%,污水再生利用基本上是空白。

2. 农业用水

我国是个农业大国,农业是国民经济发展的基础和重要保障。在我国总用水中,农业是第一用水大户,而在农业用水中,农田灌溉占农业用水的70%～80%。可见,保证农田灌溉用水、合理安排农业用水、有效实施农业节水,对农业的发展乃至整个经济社会的发展以及水资源合理利用都具有十分重大的战略意义。

(1)农业用水的含义

农业用水指用于作物灌溉和农村牲畜的用水。水与农作物的关系十分密切。它是农作物正常生长发育必不可少的条件之一,对作物的生理活动、作物生长环境都有着重要的影响。

1)作物需水量

作物需水量是指作物在适宜的土壤水分和肥力水平下,经过正常生长发育,获得高产时的植株蒸腾、株间蒸发以及构成植株体的水量之和。农田水分消耗的途径主要有三个方面:植株蒸腾、株间蒸发和深层渗漏。

在上述三项农田水分消耗中,常把植株蒸腾和株间蒸发合并在一起,称为腾发,消耗的水量称为腾发量,一般把腾发量视为作物需水量。但对水稻田来说,也有将稻田渗漏量计算在需水量中的。

2)作物的灌溉制度

灌溉是人工补充土壤水分,以改善作物生长条件的技术措施。作物灌溉制度,是指在一定的气候、土壤、地下水位、农业技术、灌水技术等条件下,对作物播种(或插秧)前至全生育期内所制定的一整套田间灌水方案。它是使作物生育期保持最好的生长状态,达到高产、稳产及节约用水的保证条件,是进行灌区规划、设计、管理、编制和执行灌区用水计划的重要依据及基本资料。灌溉制度包括灌水次数、每次灌水时间、灌水定额、灌溉定额等内容。灌水定额是指作物在生育期内单位面积上的一次灌水量。作物全生育期需要多次灌水,单位面积上各次灌水定额的总和为灌溉定额。两者单位皆用 m^3/m^2 或用灌溉水深 mm 表示。灌水时间指每次灌水比较合适的起迄日期。

不同作物有不同的灌溉制度。如水稻采用淹灌,旱作物只需土壤中有适宜的水分即可,同一作物在不同地区和不同的自然条件下,有不同的灌溉制度。如稻田在土质黏重、地势低洼地区,渗漏量小,耗水少;在土质轻、地势高的地区,渗漏量、耗水量都较大。对于某一灌区来说,气候是灌溉制度差异的决定因素。因此,不同年份,灌溉制度也不同。干旱年份,降水少,耗水大,需要灌溉次数也多,灌溉定额大;湿润年份则相反,有时甚至不需人工灌溉。为满足作物不同年份的用水需要,一般根据群众丰产经验及灌溉试验资料,分析总结制定出几个典型年(特殊干旱年、干旱年、一般年、湿润年等)的灌溉制度,用以指导灌区的计划用水工作。

3)灌溉用水量

作物消耗水量主要来源于灌溉、降水和地下水,在一定的区域、一定的灌溉条件、一定的种植结构组成情况下,地下水对作物的补给量是较为稳定的,而降雨量的年际变化较大。因此,在计算农田灌溉用水量时,需要考虑不同降水频率的影响,即选择典型年计算地区作物灌溉用水量。

灌溉水量是指从灌溉供水水源所取得的总供水量。由于灌溉水经过各级输水渠道送入田间时存在一定的水量损失,因此灌溉水量又分为毛灌溉水量、净灌溉水量和损失水量,毛灌溉水量等于净灌溉水量与损失水量之和。同理,灌溉定额也分为净灌溉定额和毛灌溉定额。

(2)农业用水的途径

灌溉渠道系统是农业用水的主要途径,灌溉渠道系统是指从水源取水,通过渠道及其附属建筑物向农田供水,经由田间工程进行农田灌水的工程系统,包括渠首工程、输配水工程和田间工程三大部分。在现代灌区建设中,灌溉渠道系统和排水沟道系统是并存的,二者互相配合,协调运行,构成完整的灌区水利工程系统,如图 2.3 所示。

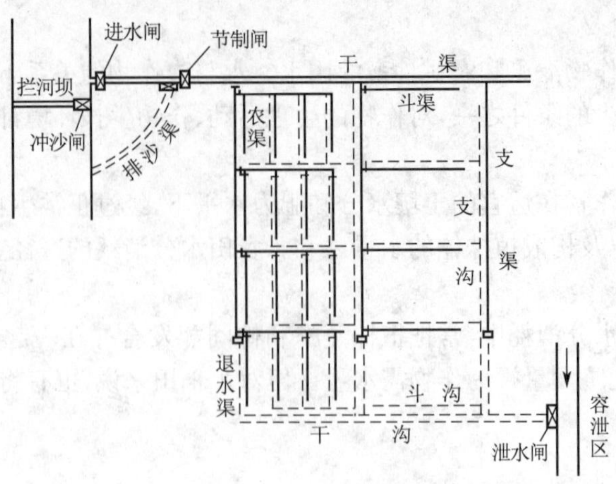

图 2.3　灌溉排水系统示意图

1)灌溉水源

灌溉水源指可以用于灌溉的水资源,主要有地表水和地下水两类。按其产生和存在的形式及特点,又可细分为河川径流、当地地表径流、地下水。另外,城市污水也可以作为灌溉水源,城市污水用于农田灌溉,是水资源的重复利用,但必须经过处理,符合灌溉水质标准后才能使用。

2)灌溉渠系

灌溉渠系由各级灌溉渠道和退(泄)水渠道组成。灌溉渠道按其使用寿命可分为固定渠道和临时渠道两种:多年使用的永久性渠道称为固定渠道;使用寿命小于1年的季节性渠道称为临时渠道。按其控制面积大小和水量分配层次可分为若干等级:大、中型灌区的固定渠道一般分为干渠、支渠、斗渠、农渠4级;在地形复杂的大型灌区,固定渠道的级数往往多于4级,干渠可分成总干渠和分干渠,支渠可下设分支渠,甚至斗渠也可下设分斗渠。在灌溉面积较小的灌区,固定渠道的级数较少。

3)田间工程

田间工程通常指最末一级固定渠道(农渠)和固定沟道(农沟)之间的条田范围内的临时渠道、排水小沟、田间道路、稻田的格田和田埂、旱地的灌水畦和灌水沟、小型建筑物以及土地平整等农田建设工程。做好田间工程是进行合理灌溉,提高灌水工作效率,及时排除地面径流和控制地下水位,充分发挥灌排工程效益,实现旱涝保收,建设高产、优质、高效农业的基本建设工作。

(3)我国农业用水状况

在我国各个用水部门中,农业用水始终占有相当大的比例。2005年,全国总用水量为5 633亿 m^3,其中农业用水量为3 580亿 m^3,占总用水量的63.6%。在农业用水中,农田灌溉是农业的主要用水和耗水对象,在各类用户耗水率中,农田灌溉耗水率为62%。据预测,到2030年我国人口将达到16亿,为满足粮食需求,农业用水将有巨大缺口,水资源紧缺将成为21世纪我国粮食安全的瓶颈。

目前,我国农业用水存在水资源短缺和用水浪费严重的双重危机。我国水资源时空分布不均,与农业发展的格局不相匹配。全年降水的60%～80%集中在6～9月。2005年全国总耕地面积为18.31亿亩,主要分布在东北、华北、西北以及长江中下游一带。华北、西北、东北地区，平原居多、土地肥沃、光热资源丰富，是我国重要的粮食产地。三北地区耕地面积约占全国耕地面积的1/2，而水资源总量仅占全国水资源总量的17%。黄淮海流域水资源量仅占全国水资源总量的8.6%，水土资源严重失衡，亩均用水指标远低于我国平均水平。西北内陆地区不仅是我国重要的能源和粮食生产基地，而且也是今后我国经济发展的重点。由于西北内陆地区处于干旱半干旱气候区，尽管沃野千里，但存在着先天的水资源不足，水资源总量仅占全国水资源总量的5.2%左右，许多地区因干旱缺水，导致农业生产力急剧下降，严重威胁粮食安全和地区稳定。干旱缺水的现象在我国其他地区也普遍存在，据统计，20世纪90年代以后，我国年均受旱面积近4亿亩，特别是近几年农作物受旱面积达6亿亩，因干旱影响粮食产量500亿kg。2010年由于持续高温少雨，江南、华南等地旱情迅速发展。浙江、福建、湖南、江西出现了1971年以来最严重的伏旱，其中，浙江东部和南部的旱情已超过建国以来干旱最严重的1967年。据浙江、福建、湖南、江西、湖北、安徽、广东、广西、重庆、贵州、云南和陕西等12个省(自治区、直辖市)民政厅局统计，截至8月，12省(自治区、直辖市)农作物受灾面积775.6万 hm^2，成灾455.8万 hm^2，绝收113.2万 hm^2；受灾人口9 041.3万人，成灾6 087万人，因旱有1 418.4万人、688.9万头大牲畜饮水一度发生困难。浙江、福建、江西、湖南、湖北5省旱情尤为严重，严重影响农作物收成。我国南方地区水资源总量相对丰富，但土地资源相对较少。我国东南沿海地区水资源总量为2 261.7亿 m^3，约占全国水资源总量的8%，相当于黄淮海流域水资源总量。西南地区水资源也比较丰富，但由于山区较多，水低田高，开发难度大，水资源利用率低，区域和季节性农业缺水问题比较普遍。

我国是世界上现代灌溉技术应用程度最低的国家之一。现代灌溉技术是指喷灌、滴灌和微灌等。实践表明，采用现代灌溉技术可以使田间输水损失率降低到10%以下。据有关科研机构对16个国家(占全世界总灌溉面积的73.7%)灌溉状况的分析，以色列、德国、奥地利和塞浦路斯的现代灌溉技术应用面积占总灌溉面积的比例平均达61%以上，南非、法国和西班牙在31%～60%；美国、澳大利亚、埃及和意大利在11%～30%；中国、土耳其、印度、韩国和巴基斯坦在0～10%。我国目前喷灌、滴灌面积仅为80万 hm^2，占有效灌溉面积的1.5%。

3. 工业用水

(1)工业用水概述

工业用水一般是指工、矿企业在生产过程中，用于制造、加工、冷却、空调、净化、洗涤等方面的用水量。

工业用水是城市用水的一个重要组成部分。在整个城市用水中工业用水不仅所占比重较大，而且用水集中。工业生产大量用水，同时排放相当数量的工业废水，又是水体污染的主要污染源。世界性的用水危机首先在城市出现，而城市水源紧张主要是工业用水问题所造成。因此，工业用水问题已引起各国的普遍重视。

(2)工业用水的分类

尽管现代工业分类复杂、产品繁多、用水系统庞大，用水环节多，而且对供水水流、水压、水质等有不同的要求，但仍可按下述三种分类方法进行分类研究。

1)按工业用水在生产中所起的作用分类

按工业用水在生产中所起的作用，工业用水可分为：①冷却用水，是指在工业生产过程中，用水带走生产设备的多余热量，以保证进行正常生产的那一部分用水量；②空调用水，是指通过空调设备用水来调节室内温度、湿度、空气洁度和气流速度的那一部分用水量；③产品用水(工艺用水)，是指在生产过程中与原料或产品掺混在一起，有的成为产品的组成部分，有的则为介质存在于生产过程中的那一部分用水量;④其他用水,如清洗场地用水等。

2)按水源分类

按水源可分为:①河水,工矿企业直接从河内取水,或由专供河水的水厂供水。一般水质达不到饮用水标准,可作工业生产用水。②地下水,工矿企业在厂区或邻近地区自备设施提取地下水,供生产或生活用的水。在我国北方城市,工业用水中取用地下水占相当大的比重。③自来水,由自来水厂供给的水源,水质较好,符合饮用水标准。④海水,沿海城市将海水作为工业用水的水源。有的将海水直接用于冷却设备;有的将海水淡化处理后再用于生产。⑤再生水,城市排出废污水经处理后再利用的水。

3)按工业组成的行业分类

在工业系统内部,各行业之间用水差异很大,由于我国历年的工业统计资料均按行业划分统计。因此,按行业分类有利于用水调查、分析和计算。一般可分为高用水工业、一般工业和火(核)电工业三类用户分别进行预测。

高用水工业和一般工业用水可采用万元增加值用水量法进行预测。火(核)电工业分循环式、直流式两种冷却用水方式,采用单位装机容量(万 kW)取水量法进行用水预测,并可以采用发电量单位(亿 kW · h)取水量法进行复核。

有条件的地区可对工业行业进一步细分后进行用水量预测。如分为电力、冶金、机械、化工、煤炭、建材、纺织、轻工、电子、林业加工等。同时在每一个行业中,根据用水和用水特点不同,再分为若干亚类,如化工还可划分为石油化工、一般化工和医药工业等;轻工还可分为造纸、食品、烟酒、玻璃等;纺织还可分为棉纺、毛纺、印染等。此外,为了便于调查研究,还可将中央、省市和区县工业企业分出单列统计。

在划分用水行业时,需要注意以下两点:

①考虑资料连续延用。充分利用各级管理部门的调查和统计资料,并通过组织专门的调查使划分的每一个行业的需水资料有连续性,便于分析和计算。

②考虑行业的隶属关系。同一种行业,由于隶属关系不同,规模和管理水平差异很大,需水的水平也不同。如生产同一种化肥的工厂,市属与区(县)所属化工厂耗用水量相差很多;生产同一种铁的炼铁厂,中央直属与市属的工厂,每生产一吨铁的需水量也不同。因此,工业行业分类既要考虑各部门生产和需水特点,又要考虑现有工业体制和行政管理的隶属关系。

工业用水分类,其中按行业划分是基础,如再结合用水过程、用水性质和用水水源进行组合划分,将有助于工业用水调查、统计、分析、预测工作的开展。一般说,按行业划分越细,研究问题就越深入,精度就越高,但工作量增加,而分得太粗,往往掩盖了矛盾,用水特点不能体现,影响用水问题的研究和成果精度。

(3)工业供水水源

作为工业用水的水源,可供利用的有河水、湖水、海水、泉水、潜流水、深井水等。选择水源时,必须充分考虑工厂的生产性质、规模及需要用水的工艺等情况,根据建设投资和维护管理费用等情况,对水量、水质等问题进行研究,从中选择合适的供水水源。

1)河流取水

从水量方面来看,一般河水水量比较丰富,而且比较可靠。但是,采用河流取水时必须事先进行详细调查,确定其具有可靠的水量和水质。

从水质方面来看,河水在上游地区流速较快,自净作用较大,溶解盐类也少,水质较好。到了下游地区,由于有来自地面的污染,自净作用也降低了,所以浑浊度和有机物含量都随之增加。特别是在人口密度大的城市和工业地区周围，生活污水、工业废水、垃圾等的流入量越来越大，污染有增无减，河流本身早已丧失了自净作用，使河水作为用水的价值降低。

2）水库（湖泊）取水

水库是以调节水量与水质为目的的，对河水、泉水等进行拦蓄，一方面，由于水库的蓄水作用，水库具备沉淀、稀释和其他自净作用，可以改善水质；但另一方面，浮游生物、藻类等生物的繁殖机会增加，有时使水产生难闻的臭味，给以后的水处理带来不良影响。因此，水库（湖泊）蓄水作用既可能改善水质，也可能恶化水质。有益影响包括：①浑浊度、色度、二氧化硅等降低；②硬度、碱度不会发生急剧的变化；③降低水温；④截留沉淀物；⑤在枯水期蓄入排放的水，有可能稀释污水等。不好的影响包括：①增加藻类繁殖；②在水库的深层溶解氧减少，二氧化碳增加；③在水库的底部，铁、锰和碱度增加；④由于蒸发或岩石矿物的分解，溶解固形物与硬度增加等。

水库的水越深，不同季节的水温、水质、生物的繁殖情况，在不同深度的变化就越大。详细调查这种变化，有利于从水库取到优质水。

3）海水取水

在沿海地区，如果单纯依靠地下水作为水源，则在凿井和确保水量的供应方面会受到限制，因此可以取海水作为工业供水水源。利用海水时要考虑的问题，原则上和一般工业用水基本一致，但在具体内容方面，利用海水作为水源有一些特殊性。

4）地下水

利用地下水作为工业用水的水源时，因为其使用目的决定了全年都处于连续工作状态，所以设计、施工不仅要在充分计划、研究的基础上进行，而且还必须进行严格的管理。

地下水是在含水层中处于饱和状态的水，因重力作用而流动，不仅水质明显地受岩层性质和地下环境等的影响，其水量也由地形、地质及其构造所决定。因此，在确定凿井地点以前应进行水文地质方面的调查。

使用井水则存在水质异变的问题，特别是在沿海平原地区，常会发生地下水盐化问题，因此对于井水的管理必须充分注意。

4. 生态用水

（1）生态用水概念

有关生态用水（或需水）方面的研究最早是在 20 世纪 40 年代，随着当时水库建设和水资源开发利用程度的提高，美国的资源管理部门开始注意和关心渔场的减少问题，由鱼类和野生动物保护协会对河道内流量进行大量研究，建立鱼类产量与河流流量的关系，并提出河流最小环境（或生物）流量的概念。此后，随着人们对景观旅游业和生物多样性保护的重视，又提出了景观河流流量和湿地环境用水以及海湾—三角洲出流的概念。

然而当时的研究尚处在原始阶段，无论是生态用水的概念还是理论方法都是十分模糊的、不确定的。直到 20 世纪 90 年代，随着水资源学和环境科学在相关领域研究的深入，生态系统用（或需）水量化研究才正式成为全球关注的焦点。Gleick 在 1995 年提出了基本生态需水量的概念，并将此概念在其后来的研究中进一步升华并同水资源短缺、危机与配置相联系。Falknmark (1995)将“绿水”的概念从其他水资源中分离出来，提醒人们注意生态系统对水资源的需求。Rasin 等(1996)也提出了水资源可持续利用必须要保证有足够的水量来保护河流、湖泊、湿地生态系统，人类所使用的作为景观、娱乐、航运的河流和湖泊要保持最小流量。Whipple 等(1999)提出了相类似的观点，认为现在的水资源规划和管理中要考虑河道内的环境用水。

在国内,20 世纪 90 年代后期,尤其是国家"九五"科技攻关项目"西北地区水资源合理利用与生态环境保护"的实施,才真正揭开了干旱区生态用水研究的序幕。通过 5 年的研究,项目组成员对我国的西北 5 省区的水资源利用情况和生态环境现状及存在问题进行了分析,探讨了干旱区生态环境用水量的概念和计算方法,建立了基于二元模式的生态环境用水计算方法,取得了一些初步成果。1999 年,中国工程院开展了"中国可持续发展水资源战略研究"项目,其中专题之一"中国生态环境建设与水资源保护利用"就我国生态环境需水进行了较为深入的研究,界定了生态环境需水的概念、范畴及分类,估算了我国环境需水总量为 800 亿~1 000亿 m^3(包括地下水的超采量 50 亿~80 亿 m^3),这一研究成果对我国宏观水资源规划和合理配置具有十分重要的指导意义,推动了生态用水研究的进程。

由于生态用水本身属于生态学与水文学之间的交叉问题,过去虽然做了大量的研究工作,但在基本概念上仍未统一,许多基本理论仍不成熟,有待进一步研究。

(2)生态用水的定义

从广义上讲,生态用水是指"特定区域、特定时段、特定条件下生态系统总利用的水分",它包括一部分水资源量和一部分常常不被水资源量计算包括在内的水分,如无效蒸发量、植物截留量。狭义上讲,生态用水是指"特定区域、特定时段、特定条件下生态系统总利用的水资源总量"。根据狭义的定义,生态用水应该是水资源总量中的一部分,从便于水资源科学管理、合理配置与利用的角度来讲,采用此定义比较有利。

生态用水量的大小直接与人类的水资源配置或生态建设目标条件有关。它不一定是合理的水量,尤其在水资源相对匮乏的地区更是如此。

与生态用水相对应的还有生态需水和生态耗水两个概念,为了便于区分,也给出了它们的定义。

生态需水:从广义上讲,维持全球生物地球化学平衡(诸如水热平衡、水沙平衡、水盐平衡等)所消耗的水分都是生态需水。从狭义上讲,生态需水量是指以水循环为纽带、从维系生态系统自身的生存和环境功能角度,相对一定环境质量水平下客观需求的水资源量。生态需水与相应的生态保护、恢复目标以及生态系统自身需求直接相关,生态保护、恢复目标不同,生态需水就会不同。

生态耗水:生态耗水是指现状多个水资源用户或者未来水资源配置后,生态系统实际消耗的水量。它需要通过该区域经济社会与生态耗水的平衡计算来确定。生产、生活耗水过大,必然挤占生态耗水。

生态用水与生态需水、生态耗水三个概念之间既有联系又有区别。通过生态需水的估算,能够提供维系一定的生态系统与环境功能所不应该被人挤占的水资源量,它是区域水资源可持续利用与生态建设的基础,也是估计在一定的目的、生态建设目标或配置条件下,生态用水大小的基础。通过对生态用水和生态耗水的估算,能够分析人对生态需水挤占程度,决策生态建设对生态用水的合理配置。

(3)生态用水的分类

生态用水可以按照使用的范围、对象和功能进行分级和分类。首先,按照水资源的空间位置和补给来源,生态用水被划分为河道内生态用水和河道外生态用水两部分。河道外生态用水为水循环过程中扣除本地有效降水后,需要占用一定水资源以满足河道外植被生存和消耗的用水;河道内生态用水是维系河道内各种生态系统生态平衡的用水。其次,依据生态系统分类,又对生态用水进行二级划分,如将河道内生态用水进一步划分为河流生态用水、河口生态用水、湖泊生态用水、湿地生态用水、地下水回灌生态用水、城市河湖生态用水;将河道外生态用水进一步划分为自然植被用水、水土保持生态用水、防护林草生态用水、城市绿化用水。最后，根据生态用水的功能不同，再进一步进行三级划分，其划分后的结果见表2.12。

(4)生态用水的意义

良好的生态系统是保障人类生存发展的必要条件，但生态系统自身的维系与发展离不开水。在生态系统中，所有物质的循环都是在水分的参与和推动下实现的。水循环深刻地影响着生态系统中一系列的物理、化学和生物过程。只有保证了生态系统对水的需求，生态系统才能维持动态平衡和健康发展，进一步为人类提供最大限度的社会、经济、环境效益。

然而，由于自然界中的水资源是有限的，某一方面用水多了，就会挤占其他方面的用水，特别是常常忽视生态用水的要求。在现实生活中，由于主观上对生态用水不够重视，在水资源分配上几乎将100%的可利用水资源用于工业、农业和生活，于是就出现了河流缩短断流、湖泊干涸、湿地萎缩、土壤盐碱化、草场退化、森林破坏、土地荒漠化等生态退化问题，严重制约着经济社会的发展，威胁着人类的生存环境。因此，要想从根本上保护或恢复、重建生态系统，确保生态用水是至关重要的技术手段。因为缺水是很多情况下生态系统遭受威胁的主要因素，合理配置水资源，确保生态用水对保护生态系统、促进经济社会可持续发展具有重要的意义。

表2.12 生态用水系统分类

<table>
<tr><th>一级分类</th><th>二级分类</th><th>三级分类</th></tr>
<tr><td rowspan="6">河道外生态用水</td><td>河流生态用水</td><td>河道基流用水
冲沙用水
稀释净化用水</td></tr>
<tr><td>河口生态用水</td><td>冲淤保港用水
防潮压咸用水
河口生物用水</td></tr>
<tr><td>湖泊生态用水</td><td>最小水位用水
水生植物用水
稀释净化用水</td></tr>
<tr><td>湿地生态用水</td><td>生物栖息地用水
沿岸带及沼泽湿地用水
稀释净化用水</td></tr>
<tr><td>地下水回灌生态用水</td><td>地下水回灌用水</td></tr>
<tr><td>城市河湖生态用水</td><td>城市各种河湖景观用水</td></tr>
<tr><td rowspan="4">河道内生态用水</td><td>自然植被用水</td><td>自然林地(乔灌)用水
自然草地用水</td></tr>
<tr><td>水土保持生态用水</td><td>人工造林用水
人工种草用水</td></tr>
<tr><td>防护林草生态用水</td><td>农田防护林用水
防风固沙林用水</td></tr>
<tr><td>城市绿化用水</td><td>城市各种植被或绿地用水</td></tr>
</table>

5. 航运、渔业、旅游

(1)内河水运

内河水运包括航运(客运、货运)与筏运(木、竹浮运)，是利用内陆天然水域(河流、湖泊)或人工水域(水库、运河)等作为运输航道,依靠水的浮载能力进行交通运输。它是利用水资源,但不消耗水量的重要部门。河川水资源能够用来进行内河运输的部分,称水运资源。

1)水运资源的特点

水运突出特点是:运量大,成本低,一个百吨级的船队,相当于几列火车的运量;水运是消耗能源最少的一种运输方式,据统计,若水运完成每吨公里消耗的燃料为1,则铁路为1.5,公路为4.8,空运为126;水运的投资较铁路省,据美国运输部门研究表明,完成同样的运量,铁路为水运投资的4.6倍,而水运成本仅为铁路的1/3~1/5,公路的1/5~1/20。因为水运有如此的优越性,一些城镇沿河发展,许多大型企业沿河建造;这些反过来又促进了水运的发展。水运还具有污染轻、占用土地少、综合效益高等特点。但是,受水域所限,水运货物往往不能直达货物目的地,而且周转速度慢。

2)航道基本要求

航道设计尺度,是保证船舶安全航运的至关重要的条件,是进行航道工程建设与治理、开挖人工运河、建造过船设施等所必须达到的标准。主要有以下几方面。

①航道水深。航道水深是航道尺度中重要的指标,它决定着船舶的航速和载重量。河流航深不足,阻碍通航,是以工程措施进行治理所要解决的主要问题;而人工运河的航道水深,又是决定工程量大小的关键。

所谓航道水深,是指在通航保证率一定的前提下,航道最低水位时所能达到的通航水深。可用下式表示

$$H=T+\Delta H \tag{2.1}$$

式中 H——航道水深,m;

T——船舶设计吃水深,m;

ΔH——富裕水深,m。

航道设计水位是通过选择某种设计保证率而确定的,为了充分利用水运资源,实际航运中丰水期可以行驶载重量较大的船舶,而枯水期可以考虑船舶的短期减载。分期分载航行更具有经济效益,更适应国民经济建设的需要。

②航道宽度。航道宽度是航道尺度中另一个重要指标。航道中一般禁止并航或超航,但准许双向航行。因此,航道宽度是以保证两个对开船队能够错船为原则(地形特殊的河段,方可考虑单线航道)进行计算。理想的航道宽度可以下式表示

$$B_L=b_1+b_2+c_1+2c_2 \tag{2.2}$$

式中 B_L——理想的航道宽度,m;

b_1,b_2——两个对开船队各自的宽度,m;

c_1——船队与船队之间的富裕宽度,m;

c_2——船队与岸线间的富裕宽度,m。

③航道弯曲半径。由于水流流经弯曲航道,其流向和流速都要发生变化,因而船舶在弯曲航道中行驶,也需要不断地变更航向和航速。变更航向和航速的过程,会使船舶承受侧压力、离心力、水动压力及力矩等的作用,促使船舶偏离航线。对此,在航道规划设计中要充分考虑。

④航道中的流速与流态。航道中的表面流速与局部比降直接影响船舶的正常行驶。表面流速由纵向表面流速和横向表面流速组成,必须予以控制。过大的纵向水流不仅使上行船舶为克服阻力而增加能量消耗,而且使下行船舶舵效难以发挥,造成操作困难;横向水流会使船舶两侧失去平衡,导致推离航道,造成海事。航道中允许的最大表面流速和局部比降,与通过

的船型、河道整治的措施等有关，必须进行实船试验，分析比较才能确定。

(2)渔业

1)水库渔业的特点

渔业是国民经济的重要组成部分，是满足人们日常生活需要的物质生产部门。水库渔业具有如下主要特点：

①产量可观。水库具有水深、面广的突出特点，并且水质肥沃，天然饵料基础丰富，鱼类生长快。

②对部分鱼类的繁殖不利。水库水位变幅较大，流速较小，流程较短，使得鲤、鲫等草上产卵鱼类的繁殖条件不能稳定，鲢、鳙等流水产卵鱼类的受精和孵化也受到限制。水库运用对鱼类繁殖生存的自然生态系统有一定负面影响，需要人为地对适宜水库发展的经济鱼类进行定向培殖，并定期投放足量的鱼种和饵料，其规格、密度应和水库承受能力相适应。积极发展网箱养鱼和流水养鱼。

③便于开展养鱼实验。水库水土资源丰富，可进行各种科学养鱼实验，开辟养殖新领域，探索稳定高产的新途径。

④投资少，收益大，见效快。水库养殖便于在水利资源综合开发中，水管单位自我积累，滚动发展。

⑤人为影响显著。对鱼苗的投入量、放养品种、成鱼捕捞等较容易控制。

2)水库渔业应注意的问题

人类在开发利用水资源过程中，在江河海口及大江大河的干、支流上，需要建一系列诸如挡潮闸、拦河坝等水工建筑物。这些工程对消除水患、造福人类作出了巨大贡献。但是，对鱼类的生活规律和环境带来了影响，其影响因素是多方面的，既有利也有弊。其中特别需要引起人们重视的是洄游性野生鱼类的繁殖问题。有些鱼类需要在河湖淡水中甚至山溪浅水总流中产卵孵化，却在河口或浅海育肥成长；另一些鱼类则要在河口或近海产卵孵化，上溯到河湖中育肥成长。这些鱼类称为洄游性鱼类，其中有不少名贵品种，例如鲥鱼、刀鱼、湖蟹等。水工建筑物如拦河坝、闸等截断了洄游性鱼类的通路，使它们有绝迹的危险。

此外，为了使水库鱼场便于捕捞，在蓄水前应做好库底清理工作，特别要清除树木、墙垣等障碍物。还要防止水库的污染，并保证在枯水期水库里留有必需的最小水深和水库面积，以利鱼类生长。也应特别注意河湖的水质和最小水深。

(3)旅游

利用水利工程发展旅游业，保护和改善自然水域的生态环境，是综合开发利用水资源，极大地发挥水利工程效益的一个重要方面。因此，有必要对它们的重要意义和基本规律进行认识和研究。

水利工程旅游是利用水利工程(主要指水库以及枢纽)开展旅游事业的简称。随着世界旅游市场的日益兴旺，人们在不断寻找和开拓新的旅游资源。由于水利工程及其系统对旅游业具有极大的吸引力和竞争力，近几十年来，受到了世界许多国家旅游者的青睐，得到了快速地发展。

水利工程旅游资源的主体是自然旅游资源，山水秀丽，环境优雅，空气新鲜，气候宜人，是发展旅游业的基础。其客体是人文旅游资源。水利工程旅游资源是自然旅游资源与人文旅游资源的有机结合，相得益彰，显示出更加强烈的吸引力和竞争力。

利用水利工程发展旅游业，不需要增加更多的投资便能较好地收到经济效益。如随着新安江水库的兴建而形成的千岛湖，山清水秀融为一体，稍加整修，增添设施，便可成为我国著名的旅游区。

在开发利用水利工程旅游资源过程中，开发形式往往是相互依存，相互补充，紧密相连的。总的来说，形式越多，综合性越强，其吸引力越大，效益越好。例如兰州的黄河风情线，兰州是万里黄河唯一穿城而过的城市，为把兰州建成山川秀美、经济繁荣、社会文明的现代化城市，兰州市政府规划了百里黄河风情线，经过多年的打造，这条全国唯一的城市内黄河风情线像一串璀璨夺目的珍珠，吸引着来自四面八方的中外游客。

2.5.2 地下水资源开发利用

1. 地下水资源的概念

地下水资源是指对人类生产与生活具有使用价值的地下水，属于地球上水资源的一部分。地下水资源与其他资源相比具有以下特点。

(1)可恢复性

地下水资源与固体矿产资源相比，它具有可恢复性。在漫长的地质年代中形成的固体矿产资源，开采一点就少一点；地下水资源却能得到补给，具有可恢复性。因此合理开采地下水资源不会造成资源枯竭；但开采过量又得不到相应的补给，就会出现亏损。所以，保持地下水资源开采与补给的相对平衡是合理开发利用地下水应遵循的基本原则。

(2)调蓄性

地下水资源与地表水资源相比，具有一定的调蓄性。如果在流域内没有湖泊、水库，则地表水很难进行调蓄，汛期可能洪水漫溢，旱季也许河道断流。而地下水可利用含水层进行调蓄，在补给季节(或丰水年)把多余的水储存在含水层中，在非补给季节(或枯水年)动用储存量以满足生产与生活的需要。利用地下水资源的调蓄性，在枯水季节(或年份)可适当加大开采量，以满足用水需要，到丰水季节(或年份)则用多余的水量予以回补。故实施“以丰补枯”是充分开发利用地下水的合理性原则。

(3)转化性

地下水与地表水在一定条件下可以相互转化。由地表水转化为地下水是对地下水的补给；反之，由地下水转化为地表水则是地下水的排泄。例如，当河道水位高于沿岸的地下水位时，河水补给地下水；相反，当沿岸地下水位高于河道水位时，则地下水补给河道水。因此在开发利用水资源时，必须对地表水和地下水统筹规划。可见转化性是开发利用地下水和地表水资源的适度性原则。

(4)系统性

地下水资源是按系统形成与分布的，这个系统就是含水系统。存在于同一含水系统中的水是一个统一的整体，在含水系统的任一部分注入或排出水量，其影响均将涉及整个含水系统，而某一含水系统可以长期持续作为供水水源利用的地下水资源，原则上等于它所获得的补给量。不论在同一个含水系统中打井取水的用户有多少，所能开采的地下水量的总和原则上不应超过此系统的补给量。在地下水资源计算时，应当以含水系统为单元，统一评价及规划利用地下水资源。

2. 地下水资源过度开发带来的环境问题

同地表水相比，地下水的开发利用具有分布广泛，容易就地取水，水质稳定可靠，能够进行时间调节,可以减轻或避免土地盐碱化等优势。因此自20世纪70年代以来,我国通过各种地下水工程大量开发利用地下水资源。但近年来,随着我国地下水资源的过度开采,许多地区(特别是在北方的一些大中型城市)地下水位急剧下降、含水层疏干、枯竭,进而引发了一系列的环境问题,主要有以下几方面。

(1)形成地下水位降落漏斗

随着我国经济的快速发展,对水资源需求日益增加,进而对地下水长期过量开采,造成地下水位持续下降,并形成地下水位降落漏斗。调查显示,截至1999年底,华北地区已形成浅层地下水降落漏斗46个,漏斗总面积达1.6万 km^2,漏斗中心水位下降15～45 m;长江三角洲地区因长期过量开采第二含水层地下水近4亿t,已形成苏州、常州、无锡等区域性地下水位降落漏斗,漏斗中心地下水位降落速率为1～2 m/a;在东北地区,位于松辽平原的大庆市形成近4 000 km^2 的地下水位降落漏斗,下降速率为11 m/a,沈阳、哈尔滨、长春也出现了埋深大于200 m的地下水位降落漏斗;在西北地区,位于黑河流域的酒泉盆地、敦煌灌区以及新疆的哈密盆地、吐鲁番盆地等,均已出现地下水位降落漏斗。

(2)引发地面沉降、地面塌陷、地裂缝等地质灾害

对地下水长期过度开采,不仅会引起地下水位下降、形成降落漏斗,还会引发地面沉降、地面塌陷、地裂缝等地质灾害。

地面沉降是指在自然或人为的超强度开采地下流体(地下水、天然气、石油等)等造成地表土体压缩而出现的大面积地面标高降低的现象。地面沉降具有生成缓慢、持续时间长、影响范围广、成因机制复杂和防治难度大的特点。我国城市地面沉降的最主要原因是城市发展导致对水资源需求量增加,进而加剧对地下水的过度开采,使得含水层和相邻非含水层中空隙水压力减少,土体的有效应力增大,由此产生压缩沉降。据不完全调查,全国已陆续发现30多个城市具有不同程度的区域性地面沉降,包括西安、上海、天津、太原、无锡、嘉兴、宁波、常州等。如西安市在1972—1983年期间,由于地下水超采造成的最大累计沉降量为777 mm;到1989年,最大累计沉降量达到1.51 m,沉降量超过100 mm的范围达200 km^2。

地面塌陷是隐伏的岩溶洞穴,在第四纪土层覆盖以后,又在人类过度抽、排岩溶区地下水的作用下产生的塌陷现象。20世纪90年代,我国对18个省、自治区、直辖市统计调查结果显示,共发现地面塌陷点700多处,塌陷坑3万多个,其中由于超采地下水而造成的塌陷点占27.5%。秦皇岛、杭州、昆明、贵阳、武汉等大城市,由于超采地下水,使碳酸盐岩溶地下水位急剧下降,造成了地面塌陷。1988年4月,秦皇岛市柳江水源地塌陷,面积达34万 m^2,出现塌陷坑286个,其中最大的坑直径12 m、深7.8 m。此外,1988年5月武汉市陆家街塌陷、黑龙江七台河市塌陷等,也都是由于过量开采地下水而引发的地面塌陷。

另外,地下水超采还会产生地裂缝。地裂缝可使城市建筑物地基下沉、墙壁开裂、公路遭到破坏,严重影响工农业生产与居民生活,并造成了很大的经济损失。例如,20世纪90年代以来,河北平原已发现地裂缝100多条,主要分布在邢台、邯郸、石家庄、沧州、衡水、廊坊等城市,其长度从几米到几百米,宽5～40 cm,最大深度达9.8 m。西安市自20世纪80年代以来,由于过量抽取承压水导致地面沉降,并进一步引发了地裂缝,地裂缝所经之处,地面及地下各类建筑物开裂,路面遭到破坏,地下供水、输气管道错断,进而危及到一些著名文物古迹的安全。

(3)泉水流量衰减或断流

我国北方平原在20世纪70年代以前,不少地区承压地下水可喷出地表,并形成了许多著

名的岩溶泉水，如济南四大泉群、太原晋祠泉等。然而近年来由于泉域内地下水开采布局不够合理，在泉水周围或上游凿井开采同一含水层的地下水，导致泉水流量衰减，枯季断流，甚至干涸。20 世纪 90 年代，济南四大泉群中多数泉水在枯季出现断流，部分泉水甚至全年断流；太原晋祠泉在 20 世纪 50 年代时流量为 1.98 m^3/s，随着地下水开采量日益增加，泉水流量逐渐衰减，至 90 年代初已断流。在我国西北内陆干旱区，由于在细土带大量开采地下水、在出山口过多兴建地表水库和在戈壁带修建高防渗渠道，改变了河流对地下水补给的天然条件，致使河流渗漏补给量大量减少，进而造成山前冲洪积扇处的泉水溢出量大幅下降。如位于河西走廊的石羊河流域，20 世纪 70 年代的山前冲洪积扇区泉水溢出量比 60 年代减少 3/5，并造成武威绿洲的泉灌区逐渐变为井灌区。

(4)引起海水(或咸水)入侵

在近海(或干旱内陆)地区过量开采地下水，常会引起海水(或咸水)入侵现象。这是因为地下水的过度开采改变了天然情况下地下含水层的水动力学条件，破坏了原有的淡水与咸水平衡界面，从而使海水(或咸水)侵入淡水含水层。近 20 年来，随着环渤海湾城市群的快速发展和扩张，地下水开采量不断增加，进而引起大连、秦皇岛、天津、青岛、烟台等沿海城市的地下含水层海水入侵现象加剧。国家海洋局最新监测结果显示，截至 2007 年，辽东湾北部及两侧的滨海地区海水入侵面积已超过 4 000 km^2，其中严重入侵区面积为 1 500 km^2，海水入侵最远距离达 68 km；莱州湾海水入侵面积达 2 500 km^2，其中严重入侵区面积为 1 000 km^2，海水入侵最远距离达 45 km。

(5)引起生态退化

在我国西北干旱地区，由于地下水与地表水联系密切，当地下水资源被过量开采时，就会造成超采区地下水位大幅度下降，包气带增厚，并引发草场、耕地退化和沙化、绿洲面积减少等生态退化问题。如位于内蒙古东部的科尔沁草原，20 世纪 60 年代沙漠化土地面积只占该草原所在兴安盟总面积的 14.3%，由于地下水资源过量开采，到 70 年代中后期，沙漠化土地面积已占到总面积的 50.2%，生态平衡被严重破坏。石羊河、塔里木河等西北内陆河流域，由于地下水过量开采以及山前戈壁带河流对地下水补给的减少，也引起了不同程度的区域性地下水位下降，进而导致下游植被衰退和土地沙化。

(6)造成地下水水质恶化

近年来，由于工业废水和生活污水不合理地排放，而相应的污废水处理设施没有跟上，从而使不少城市的地下水遭到严重污染。此外，过量开采地下水导致地下水动力场和水化学场发生改变，并造成地下水中某些物理化学组分的增加，进而引起水质恶化。例如，位于淄博市的大武水源地，由于水源地的地表区域建有齐鲁石化公司所属炼油厂、橡胶厂、化肥厂、30 万 t 乙烯工程等一批大型企业，每年工业排污量达 33 356 m^3，其中仅有 44%的工业废水排入小清河后入渤海，其余废水则在当地排放，引起水源地水环境状况不断恶化，地下水中石油类、挥发酚、苯的含量严重超标。

综上所述，由于地下水过度开发所带来的环境问题十分复杂且后果严重。此外，需要注意的是，上述问题并不是独立的，而是相互关联在一起的，往往随着地下水的超采，几个问题会同时出现。如对于石羊河流域，上述提到的环境问题都不同程度地存在。

3. 地下水资源的合理开发模式

从前面的介绍可以看出，不合理地开发利用地下水资源，会引发地质、生态、环境等方面的负面效应。因此，在开发利用地下水之前，首先要查清地下水资源及其分布特点，进而选择适当的地下水资源开发模式，以促使地下水开采利用与经济社会发展相互协调。下面介绍几种常见的地下水资源开发模式。

(1)地下水库开发模式

地下水库开发模式主要用于含水层厚度大、颗粒粗，地下水与地表水之间有紧密水力联系，且地表水源补给充分的地区，或具有良好的人工调蓄条件的地段，如冲洪积扇顶部和中部。冲洪积扇的中上游区通常为单一潜水区，含水层分布范围广、厚度大，有巨大的存储和调蓄空间，且地下水位埋深浅、补给条件好，而扇体下游区受岩相的影响，颗粒变细并构成潜伏式的天然截流坝，因此极易形成地下水库。地下水库的结构特征，决定了其具有易蓄易采的特点以及良好的调蓄功能和多年调节能力，有利于"以丰补歉"，充分利用洪水资源。目前，不少国家和地区，如荷兰、德国、英国的伦敦、美国的加利福尼亚州以及我国的北京、淄博等城市都采用地下水库开发模式。

(2)傍河取水开发模式

我国北方许多城市，如西安、兰州、西宁、太原、哈尔滨、郑州等，其地下水开发模式大多是傍河取水型的。实践证明，傍河取水是保证长期稳定供水的有效途径，特别是利用地层的天然过滤和净化作用，使难以利用的多泥沙河水转化为水质良好的地下水，从而为沿岸城镇生活、工农业用水提供优质水源。在选择傍河水源地时，应遵循以下原则：①在分析地表水、地下水开发利用现状的基础上，优先选择开发程度低的地区；②充分考虑地表水、地下水富水程度及水质；③为减少新建厂矿所排废水对大中型城市供水水源地的污染，新建水源地尽可能选择在大中型城市上游河段；④尽可能不在河流两岸相对布设水源地，避免长期开采条件下两岸水源地对水量、水位的相互削减。

(3)井渠结合开发模式

农灌区一般采用井渠结合开发模式，特别是在我国北方地区，由于降水与河流径流量在年内分配不均匀，与农田灌溉需水过程不协调，易形成"春夏旱"。为解决这一问题，发展井渠结合的灌溉，可以起到井渠互补、余缺相济和采补结合的作用。实现井渠统一调度，可提高灌溉保证程度和水资源利用效率，不仅是一项见效快的水利措施，而且也是调控潜水位，防治灌区土壤盐渍化和改善农业耕作环境的有效途径。经内陆灌区多年实践证明，井渠结合开发模式具有如下效果：一是提高了灌溉保证程度，缓解或解决了"春夏旱"的缺水问题；二是减少了地表水引水量，有利于保障河流在非汛期的生态基流；三是通过井灌控制地下水位，可改良土壤盐渍化。

(4)排供结合开发模式

在采矿过程中，由于地下水大量涌入矿山坑道，往往使施工复杂化和采矿成本增加，严重时甚至威胁矿山工程质量和人身安全，因此需要采取相应的排水措施。例如，我国湖南某煤矿平均每采1 t煤，需要抽出地下水130 m^3 左右。矿坑排水不仅增加了采矿的成本，而且还造成地下水资源的浪费，如果矿坑排水能与当地城市供水结合起来，则可达到一举两得的效果，目前，我国已有部分城市(如郑州、济宁、邯郸等)将矿坑排水用于工业生产、农田灌溉，甚至是生活用水等用途。

(5)引泉模式

在一些岩溶大泉及西北内陆干旱区的地下水溢出带可直接采用引泉模式，为工农业生产提供水源。大泉一般出水量稳定，水中泥沙含量低，适宜直接在泉口取水使用，或在水沟修建堤坝，拦蓄泉水，再通过管道引水，以解决城镇生活用水或农田灌溉用水。这种方式取水经济，一般不会引发生态环境问题。

思 考 题

1. 简述中国的水资源特点及水资源开发利用中存在哪些问题?
2. 简述水资源的概念。水资源有哪些特性?
3. 试述我国水能资源开发利用情况。
4. 简述农业用水特点。
5. 简述工业用水特点。
6. 简述生态用水的特点。
7. 简述地下水资源的概念及特点。
8. 地下水资源开发利用模式有哪些?

3 水利工程和水工建筑物

3.1 水利工程的作用

3.1.1 水利工程

水是人类赖以生存和社会生产不可缺少而又无法替代的物质资源。由于自然界的水能够循环，并逐年得到补充和恢复，因此，水资源是一种不仅可以再生而且可以重复利用的资源，是大自然赋予人类的宝贵财富，哺育着人类社会的发展，人们也习惯上把不断供给其水资源的江河称之为母亲河。然而，地球上的水资源总量是有限的，而且在时间上和空间上分布也很不均匀，天然来水和用水之间供需不相适应的矛盾非常突出。根据国民经济各用水部门的需要，合理地开发、利用和保护水资源，保证水资源的可持续利用和国民经济的可持续发展，是水利工作者的历史责任。

多年的生产和生活实践经验证明，解决水资源在时间上和空间上的分配不均匀，以及来水和用水不相适应的矛盾，最根本的措施就是兴建水利工程。所谓水利工程，是指对自然界的地表水和地下水进行控制和调配，以达到除害兴利目的而修建的工程。水利工程的根本任务是除水害和兴水利，前者主要是防止洪水泛滥和渍涝成灾；后者则是从多方面利用水资源为人民造福，包括灌溉、发电、供水、排水、航运、养殖、旅游、改善环境等。

水利工程按其承担的任务划分，可分为防洪工程、农田水利工程、水力发电工程、供水与排水工程、航运及港口工程、环境水利工程等，一项工程同时兼有几种任务时称为综合利用水利工程。水利工程按其对水的作用分类，可分为蓄水工程、排水工程、取水工程、输水工程、提水(扬水)工程、水质净化和污水处理工程等。

水利工程建设涉及面十分广泛，而作为在同一流域内重新分配径流，调节洪水、枯水流量的主要手段就是兴建水库，把部分洪水或多余的水存蓄起来，一则控制了下泄流量，减轻洪水对下游的威胁；再则可以做到蓄洪补枯，以丰补缺，为发展灌溉和水力发电等兴利事业创造必要的条件。当然，从丰水地区向干旱缺水地区引水的跨流域调水工程，则是一种更艰巨、更宏伟的工程措施。

3.1.2 中国水利工程建设的成就

中国是世界上历史悠久的文明古国。我们勤劳智慧的祖先在水利工程建设方面的光辉成就，是全世界人民熟知和敬仰的。几千年来，中国人民在治理水患、开发和利用水资源方面进行了长期斗争，创造了极为丰富的经验和业绩。例如：从传说中 4 000 多年前的大禹治水开始到至今仍在使用的长达 1 800 km 的黄河大堤，就是中国历代劳动人民防治洪水的生动记录；公元前 485 年开始兴建，至公元 1292 年完成的纵贯祖国南北、全长 1 794 km 的京杭大运河，将海河、黄河、淮河、长江和钱塘江等五大天然河流联系起来，是世界上最早、最长的大运河；公元前 600 年左右的芍坡大型蓄水灌溉工程；公元前 390 年建有十二级低坝引水的引漳十二渠工程；公元前 251 年在四川灌县修建的世界闻名的都江堰分洪引水灌溉工程，一直是成都平原农业稳产高产的保障，至今运行良好。这些水利工程都堪称中华民族的骄傲。

但是，由于旧中国长期处于封建社会，特别是新中国成立之前的近百年，中国遭受帝国主义、封建主义和官僚资本主义的统治和压迫，社会生产力受到极大摧残。已有的一些水利设施，大多年久失修，甚至遭到破坏；有的地区水旱交替，灾患频繁，使广大劳动人民饱受旱涝之苦。以黄河为例，在公元前602年至公元1938年的2 500多年内，共决口1 590余次，其中大的改道26次；1938年黄河大堤被人为决口，直至1947年才堵上，淹没良田133.3万 hm^2，受灾人口达1 250万人，有89万人死亡。

新中国成立以来，在中国共产党和人民政府的正确领导下，中国水利建设事业得到了迅速发展。人们对水利在国民经济中的重要性的认识不断得到加强，从“水利是农业的命脉”到“水利是国民经济的基础产业”进一步发展到“水利是国民经济基础产业的首位”，水利事业的地位越来越高。从20世纪50年代初开始，中国对淮河和黄河全流域进行规划和治理，修建了许多山区水库和洼地蓄水工程。1958年治理后的黄河，遇到与1933年造成大灾的同样洪水(22 300 m^3/s)，没有发生事故，经受住了考验；对淮河的规划和治理则改变了淮河“大雨大灾，小雨小灾，无雨旱灾”的悲惨景象。1963年开始治理海河，在海河中下游初步建立起防洪除涝系统，使淮河排水不畅的情况得到了改善。经过50年的建设，全国已建成水库8.6万座，其中库容大于1亿 m^3 的水库412座，库容在1 000万～1亿 m^3 的中型水库2 634座，总库容达4 500多亿 m^3，水库数量居世界之首，这些水库在防洪、灌溉、供水等方面发挥了巨大作用。水力发电得到了迅速发展，初步改变了中国的能源结构，节约了大量的煤、石油等不能再生的自然资源。机电排灌动力由9.6万马力(1马力=0.735 kW)发展到7 876万马力，灌溉面积由2.4万亩增加到7亿多亩，为农业稳产、高产做出了突出的贡献；建成通航建筑物800多座，10万t以上的港口800多处，提高了内河航道与渠化航道的通航质量，航运能力显著提高；还完成了引滦入津、引黄济青、引碧入连等供水工程。这些成就都为中国的国民经济建设和社会发展提供了必要的基础条件，对工农业生产的发展、交通运输条件的改善和人民生活水平的提高等方面起到了巨大的促进作用。

随着水利工程建设的发展，中国的水利科学技术也迅速提高。流体力学、岩土力学、结构理论、工程材料、地基处理、施工技术以及计算机技术的发展，为水利工程的建设和发展创造了有利的条件。以坝工建设为例，中国在20世纪50年代就依靠自己的力量，设计施工并建成坝高105 m、库容220亿 m^3、装机容量66万kW的新安江水电站宽缝重力坝，同期还建成了永定河官厅水库(黏土心墙坝)、安徽省佛子岭水库(混凝土支墩坝)、梅山水库(混凝土连拱坝)、广东流溪河水电站(混凝土拱坝)、四川狮子滩水电站(堆石坝)等多座各种类型的大坝，为中国大型水利工程建设开创了良好的开端。60年代又以较优的工程质量和较快的施工速度建成装机容量116万kW、坝高147 m的刘家峡水电站(重力坝)，以及装机容量90万kW、坝高97 m的丹江口水电站(宽缝重力坝)；另外，在高坝技术、抗震设计、解决高速水流问题等方面，也都取得了较大的进展。70年代在石灰岩岩溶地区建成了坝高165 m的乌江渡拱型重力坝，成功地进行了岩溶地区的地基处理；在深覆盖层地基上建成坝高101.8 m的碧口心墙土石坝，混凝土防渗墙最大深度达65.4 m，成功地解决了深层透水地基的防渗问题，为复杂地基的处理积累了宝贵的经验。80年代在黄河上游建成了坝高178 m的龙羊峡重力拱坝，成功地解决了坝肩稳定、泄洪消能布置等一系列结构与水流问题；同时，还在长江干流上建成了葛洲坝水利枢纽工程，总装机容量达271.5万kW，成功地解决了大江截流、大单宽流量泄水闸消能、防冲及大型船闸建设等一系列复杂的技术问题；这一时期还在福建坑口建成了第一座坝高56.7 m的碾压混凝土重力坝，在湖北西北口建成了坝高95 m的混凝土面板堆石坝，为这两种新坝型在中国的建设与发展开创了道路。进入 90 年代,中国在四川又建成了装机 330 万 kW、坝高 240 m 的二滩水电站(双曲拱坝);在广西红水河建成了坝高 178 m 的天生桥一级水电站(混凝土面板堆石坝);在四川建成了坝高 132 m 的宝珠寺碾压混凝土重力坝;坝高 154 m 的黄河小浪底土石坝业已完工。举世瞩目的三峡水利枢纽于 1994 年 12 月 14 日正式开工,1997 年实现大江截流,并于 2003 年首批机组发电,2009 年全部竣工。三峡水利枢纽工程水电站总装机容量达 1 820 万 kW,单机容量 75 万 kW;建成双线五级船闸,总水头 113 m,可通过万吨级船队;垂直升船机总重 11 800 t,过船吨位 3 000 t,均位居世界之首,这些成就标志着中国坝工技术包括勘测、设计、施工、科研等已跨入世界先进行列。即将开始建设的清江水布垭水电站、澜沧江小湾水电站大坝均在 250～300 m;跨世纪的南水北调东线、中线、西线工程,都是世界上少有的巨型水利工程。由此可见,中国的水利水电建设事业方兴未艾,面临着新的机遇,有着广阔的发展前景,广大的水利工作者任重道远。

3.1.3 现代水利工程建设与发展

现代水利工程建设主要表现在两个方面:①水利工程建设观念上的转变;②水利工程建设科学技术水平的提高。虽然经过几十年的努力,我们在水利水电工程建设方面取得了辉煌的成就,水利工程和水电设施在国民经济中发挥着巨大的作用。但是,从“四化”建设和可持续发展的目标来说,水利工程建设的差距还很大。第一,中国大江大河的防洪问题还没有真正解决,堤坝和城市防洪标准还比较低,随着河流两岸经济建设的发展,一旦发生洪灾,造成的损失越来越大。据资料显示,1994 年全国因洪水造成的直接经济损失达 1 700 亿元,1995 年损失 1 600 亿元,1996 年损失 2 200 亿元,1998 年损失 2 000 亿元。第二,目前中国农业在很大程度上仍受制于自然地理和气候条件,抵御自然灾害能力很低,如 1997 年因大旱农业损失达 900 亿元。随着城市供水需求迅速增长,缺水问题日益严重,已经影响到人民生活,制约了工业的发展。第三,水污染问题日益严重,七大江河都不同程度地受到污染,使有限的水资源达不到生活和工农业用水的要求,使水资源短缺问题更为严重。第四,水土流失严重,水生态失衡,使水资源难以对土壤、草原和森林资源起到保护作用,造成森林和草原退化、土壤沙化、植被破坏、水土流失、河道淤积、江河断流、湖泊萎缩、湿地干涸等一系列主要由水引起的生态蜕变。第五,水资源利用率低下,中国丰富的水能资源已开发量占可开发量的比例还相当低,与世界发达国家相比差距很大,农业用水效率仅为 0.3～0.4,工业用水重复利用率仅为 0.3 左右,各行各业用水浪费现象相当严重。

解决以上问题是关系到整个国民经济可持续发展的系统工程,仅靠“头痛医头,脚疼治脚”的局部的、单一的工程水利的建设思想是难以实现的,必须从宏观上、战略思想上实现工程水利向资源水利的转变。所谓资源水利,就是从水资源开发、利用、治理、配置、节约、保护等六个方面进行系统分析、综合考虑,实现水资源的可持续利用。正如原水利部汪恕诚部长在 1999 年中国水利学会第七次代表大会上提出的:“由工程水利转向资源水利,是一个生产力发展的过程。当前生产力发展了,更需要我们更宏观地看问题,需要我们在原有水利工作的基础上更进一步、更上一个台阶,做好水利工作。从另一个角度讲,由于科学技术的发展,现在已经具备这样做的条件。资源水利有两层意义,一层是实践意义,在实践中要把水利搞得更好,就要从水资源管理的角度来做好我们的工作;另一层意义是理论意义,全世界都提出了可持续发展问题,水资源作为环境的重要组成,也一定要高举可持续发展的旗帜,通过资源水利的思路,实现水资源的可持续利用。”制定人水和谐的大水利战略,保护母亲河健康生命等新思想、新理念是现代水利的具体体现。

随着生产的不断发展和人口的增长，水和电的需求量都在逐年增加，而科学技术和设计理论的提高，又为水利工程特别是大型水利水电工程的建设提供了有利条件。从国内外水利事业的发展看，水利工程建设的各个方面通过深入研究都在不断提高，并取得了可喜的研究成果，积累了宝贵的实践经验，主要表现在以下几个方面。

(1)大水库、大水电站和高坝建设逐年增多。据统计，全世界库容在 1 000 亿 m^3 以上的大水库有 7 座，其中最大的是乌干达的欧文瀑布，总库容为 2 084 亿 m^3；已建成的设计装机容量在 450 万 kW 以上的水电站有 11 座，其中最大的是中国的三峡水电站，设计装机容量为 1 820 万 kW；100 m 以上的高坝，1950 年前仅 42 座，现在已建和在建的有 400 多座。在 100 m 以上的高坝中，土石坝的数量接近混凝土重力坝和拱坝的总和。

(2)新坝型、新材料研究不断取得可喜成果。将土石坝施工中的碾压技术应用于混凝土坝的碾压混凝土筑坝新技术，不仅成功地用于重力坝，而且已开始在拱坝上采用。随着大型碾压施工机械的出现，混凝土面板堆石坝已被许多国家广为采用。中国的天生桥面板堆石坝，最大坝高 178 m；龙滩碾压混凝土重力坝，第一期工程最大坝高 192 m，均居世界前列。超贫胶结材料坝试验研究在国内外已经展开，并开始建筑了一些试验坝，预计在中、低坝建设中有广阔的发展前景。

(3)随着对高速水流问题研究的不断深入，在体型设计、掺气减蚀等方面技术日益成熟，泄水建筑物的过流能力不断提高。国外采用的单宽流量已超过 300 $m^3/(s \cdot m)$，如美国胡佛坝的泄洪洞为 372 $m^3/(s \cdot m)$、葡萄牙的卡斯特罗·让·博得拱坝坝面泄槽为 364 $m^3/(s \cdot m)$、伊朗的瑞萨·夏·卡比尔岸边溢洪道为 355 $m^3/(s \cdot m)$。中国乌江渡水电站溢洪道采用的单宽流量为 201 $m^3/(s \cdot m)$，泄洪中孔为 144 $m^3/(s \cdot m)$，而泄洪洞为 240 $m^3/(s \cdot m)$；从总泄量看，葛洲坝水利枢纽达 110 000 m^3/s，居全国首位；在拱坝中，以凤滩水电站的泄流量为最大，总泄量达 32 600 m^3/s，也是世界上拱坝泄量最大的工程。

(4)地基处理和加固技术不断发展，使得处理效果更加可靠，造价进一步降低。例如深覆盖层地基防渗处理，广泛采用混凝土防渗墙技术。加拿大马尼克 3 级坝的混凝土防渗墙，深达 131 m，是目前世界上最深的防渗墙。中国渔子溪、密云、碧口水库等工程采用的混凝土防渗墙，深度从 32 m 到 68.5 m，防渗效果良好。此外，利用水泥或水泥黏土进行帷幕灌浆也是处理深厚覆盖层的一项有效措施，如法国的谢尔蓬松坝，高 129 m，帷幕深 110 m，从蓄水后的观测资料看，阻水效果较好。20 世纪 70 年代初出现的利用水气射流切割掺搅地层，同时将胶凝材料(如水泥浆)灌注到被掺搅的地层中去的高压喷射灌浆，也已成功地应用于地基防渗和加固处理，使工程造价显著降低。

(5)随着高速度、大容量计算机的出现和数值分析方法的不断发展，水工结构、水工水力学和水利施工中的许多复杂问题都可以通过电算得到解决。例如：结构抗震分析已从拟静力法分析进入到动力分析阶段，同时考虑结构与库水、结构与地基的动力相互作用；三维结构分析、渗流分析、温度应力分析、高边坡稳定分析、结构优化设计等已广泛应用于工程实践中。

(6)由于大型试验设备和现场量测设备的发展，使得水工建筑物的模型试验和原型观测也得到相应的发展，并且与电算分析方法相结合，相互校核、相互验证，还可通过反演分析进行安全评价和安全预测。这些研究成果再反馈到工程设计中，使得设计更加安全、可靠，也更加经济、合理。

3.2 水 库

3.2.1 水库的作用

天然河道的来水量在各年间及一年内都有较大的变化，它与人们在相应时间的用水量往往存在着矛盾，来水量少用水量多时发生旱灾；来水量多而河道不能容纳时则发生洪涝灾害，解决这一矛盾的主要措施是兴建水库。水库在水多时把水蓄积起来，然后根据用水需求适时适量地供水，同时在汛期还可以起到削减洪峰、减除灾害的作用。这种把来水按用水要求在时间和数量上重新分配的作用，叫做水库的调节作用。根据调节周期的长短，水库可分为日调节水库、月调节水库、年调节水库和多年调节水库。水库不仅可以使水量在季节间重新分配，满足灌溉、供水和防洪要求；同时，还可以利用大量的蓄水抬高水位，满足发电、航运及水产养殖等用水部门的需求。因此，兴建水库是综合利用水利资源的有效措施。

3.2.2 水库的特征水位和库容

1. 水库的特征水位

水库在运行的过程中，其库中的水位是经常变化的。但是，有几个水位具有特殊意义，水库蓄水超过了这些水位，标志着水库运行状态的改变。

(1)正常高水位

正常高水位，也称设计蓄水位或兴利水位。是水库在正常运用情况下允许经常保持的最高水位，即为了保证兴利部门枯水期正常用水，水库在丰水期后期需要达到的水位。它是确定水工建筑物的尺寸、库区淹没及水电站出力等指标的重要数据。

(2)设计洪水位和校核洪水位

水库正常运用情况下，当发生设计洪水时，水库达到的最高水位称设计洪水位。当发生校核洪水时，水库达到的最高水位称校核洪水位。水工建筑物必须对这两种水位进行设计和校核。

(3)汛前限制水位

在汛期到来之前，预先把水库放空一部分，以便留出库容，在洪水到来时能够多蓄洪水，从而更大程度地削减洪峰，这个消落下来的水位称汛前限制水位，也称为汛期限制水位或防洪限制水位。

(4)死水位

死水位指在水库正常运用情况下允许消落的最低水位。即为满足淤沙或灌溉、发电、航运、供水、养鱼以及旅游等需要，水库必须保持的最低水位。通常死水位是由水库淤积年限、发电最小水头和灌溉最低水位等因素确定。

2. 水库的库容

水库死水位以下的库容称为死库容，它不能起水量调节作用，但可以淤积泥沙。死水位和正常高水位之间的库容称为兴利库容，兴利库容起水量调节作用。设计洪水位和汛前限制水位之间的库容称为设计调洪库容。校核洪水位和汛前限制水位之间的库容称为校核调洪库容。正常高水位和汛前限制水位之间的库容称为共用库容，汛前限制蓄水，腾出库容以利防汛，汛后蓄水用于兴利。校核洪水位以下至库底的所有库容称为总库容。水库的各特征水位与特征库容的对应关系见图 3.1。

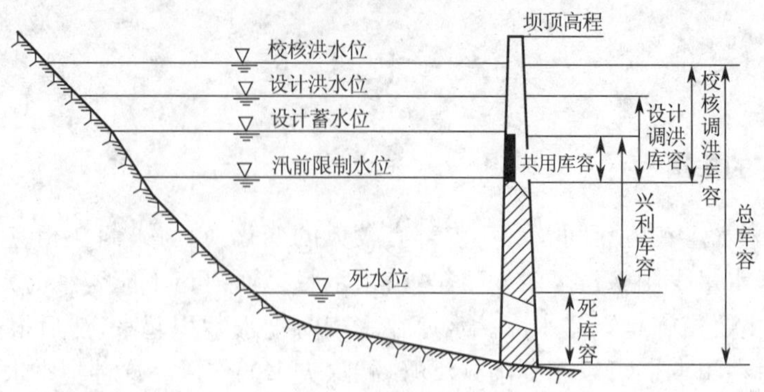

图 3.1　水库的特征水位及相应库容

3.3　水利枢纽及水工建筑物

3.3.1　水利枢纽及水工建筑物

为了综合利用水资源，最大限度地满足各用水部门的需要，实现除水害、兴水利的目标，必须对整个河流和河段进行全面综合开发、利用和治理规划，并根据国民经济发展的需要分阶段分步骤地建设实施。为了满足防洪要求和获得灌溉、发电、供水等方面的效益，需要在河流适宜地段修建各种不同类型的建筑物，用来控制和支配水流，这些建筑物统称为水工建筑物。集中建造的几种水工建筑物配合使用，形成一个有机的综合体，称为水利枢纽。

一个水利枢纽的功能可以是单一的，如防洪、灌溉、发电、引水等，但多数是同时兼有几种功能，称为综合利用水利枢纽。如果水工建筑物所组成的综合体覆盖相当大的一个区域，其中不仅包括一个水利枢纽，而且包括几个水利枢纽，形成一个总的系统，那么这一综合体便称为水利系统。例如，以苏北灌溉总渠为骨干的苏北灌溉系统、京杭南北大运河航运系统，等等。

我国目前正在建设的南水北调中线工程，计划从汉江丹江口水库引水，沿伏牛山及太行山东侧开渠，自流输水到河南、河北、北京和天津，输水总干线长达 1 200 km。二期工程还要引江补汉（从长江引水补汉江因调水而水量不足），是大规模的跨流域的调水工程系统。

3.3.2　水利枢纽的组成建筑物

一个水利枢纽究竟要包括哪些组成建筑物，应由河流综合利用规划中对该枢纽提出的任务来确定。例如，为满足防洪、发电及灌溉的要求，需要在河流适宜地点修建拦河坝，用以抬高水位形成水库，调节河道的天然流量，把河道丰水期的水储蓄在水库中供枯水期引用，即把洪水期河道不能容纳的部分洪水，存蓄在水库里，以便削减河道的洪水流量，防止洪水灾害的发生。另外，在运行过程中还可能会遇到水库容纳不下的洪水，这就需要建造一个宣泄洪水的通道，叫做溢洪道或泄洪隧洞。当用拦河坝的一段兼作溢洪道时称为溢流坝。为了引用库中蓄水以供农田灌溉和城市供水或进行水力发电等，还要建造通过坝身的引水管道或穿过岸边山体的引水隧洞；为了发电、供电，还要建水电站、开关站等。

由于水利枢纽承担的任务不同，其组成建筑物的规模、类型和数目也会有很大差异，枢纽中建筑物的种类、尺寸、相互位置与当地的地形、地质、水文及施工等条件也有着密切关系。另外需要说明的是，防洪、发电、灌溉等各部门对水的要求不尽相同，如：城市供水和航运部门要求均匀供水，而灌溉和发电需要按指定时间放水；工农业及生活用水需要消耗水量，而发电则只是利用了水的能量。又如:防洪部门希望尽量加大防洪库容,以便能够拦蓄更多的洪水;而用水部门则希望扩大兴利库容,以提高供水能力;等等。为了协调上述各部门之间的矛盾,在进行水利枢纽规划时,应当在流域规划的基础上,根据枢纽工程所在地区的自然条件、社会经济特点以及近期与远期国民经济发展的需要等,统筹安排,合理开发利用水资源,做到以最小的投资来最大限度地满足国民经济各个部门的需要,充分发挥水利枢纽的综合效益。

3.3.3 水工建筑物的分类

水工建筑物的种类繁多,形式各异,按其在枢纽中所起的作用可以分为以下几种类型。

(1)挡水建筑物。挡水建筑物用于拦截江河,形成水库或壅高水位。例如各种材料和类型的坝和水闸;为防御洪水或阻挡海潮,沿江河海岸修建的堤防、海塘等。

(2)泄水建筑物。泄水建筑物用于宣泄多余水量,排放泥沙和冰凌,或为人防、检修而放空水库等,以保证坝和其他建筑物的安全。水利枢纽中的泄水建筑物可以与坝体结合在一起,如各种溢流坝、坝身泄水孔;也可设在坝体以外,如各式岸边溢洪道和泄水隧洞等。

(3)输水建筑物。输水建筑物是为满足灌溉、发电和供水的需要,从上游向下游输水用的建筑物,如引水隧洞、引水涵管、渠道、渡槽、倒虹吸等。

(4)取(进)水建筑物。取(进)水建筑物是输水建筑物的首部建筑,如引水隧洞的进口段、灌溉渠首和供水用的进水闸、扬水站等。

(5)整治建筑物。整治建筑物用于改善河流的水流条件,调整水流对河床及河岸的作用,以及为防护水库、湖泊中的波浪和水流对岸坡的冲刷。如丁坝、顺坝、导流堤、护底和护岸等。

(6)专门建筑物。专门建筑物是为灌溉、发电、过坝需要而兴建的建筑物。如专为发电用的压力前池、调压室、电站厂房;专为渠道或航道设置的沉沙池、冲沙闸;以及专为过坝用的船闸、升船机、鱼道、过木道等。

应当指出的是,有些水工建筑物的功能并非单一,难以严格区分其类型,如各种溢流坝,既是挡水建筑物,又是泄水建筑物;水闸既可挡水,又能泄水,有时还作为灌溉渠首或供水工程的取水建筑物,等等。

3.3.4 水工建筑物的特点

水利工程的水工建筑物与一般土木工程的工业与民用建筑物相比,除了具有工程量大、投资多、工期长等特点之外,还具有以下几方面的特点。

1. 工作条件的复杂性

由于水的作用和影响,水工建筑物的工作条件比一般工业与民用建筑物复杂得多。首先,天然来水量的大小是由水文分析确定的,水文条件对工程规划、枢纽布置、建筑物设计和施工都有重要影响,要在有代表性、一致性和可靠性资料的基础上,进行合理的分析与计算,做出正确的估计。其次,水对建筑物产生作用力,包括静水压力、动水压力、浮托力、浪压力、冰压力及地震动力水压力等。因此,建筑物需要有足够的强度和抗滑稳定能力,以保证工程安全运行。水工建筑物上、下游存在水位差时,将在建筑物内部及地基中产生渗透水流,导致对建筑物稳定不利的渗透压力,还可能引起渗透变形破坏;过大的渗流还会造成水库严重漏水,影响工程效益和正常运行。因此,水工建筑物一般都要认真解决防渗问题。泄水建筑物的过水部分,水流的流速往往比较高,高速水流可能对建筑物产生空蚀、振动以及对河床产生冲刷。因此,在进行泄水建筑物设计时,需要选择合理的结构和妥善解决消能防冲等问题。

水流往往挟带泥沙带来许多问题，造成水库淤积，减少有效库容；产生泥沙压力，加大建筑物荷载；使闸门淤堵，影响正常启闭；使河道淤积影响行洪、航运，渠道淤积减小输水能力等；含有泥沙的高速水流，还会对过水建筑物和水力机械产生磨损造成破坏。因此，水工建筑物的设计必须认真研究泥沙问题。除了上述水的机械作用外，还要注意水的其他物理化学作用。例如：水对建筑物钢结构部分的腐蚀（氧化、生锈），渗透水可能对混凝土或浆砌石结构中的石灰质的溶滤作用，以及混凝土中孔隙水的周期性冻结和融化的破坏作用等。

水工建筑物的型式、构造和尺寸，与建筑物所在地的地形、地质、水文、建筑材料储量等条件密切相关。但是几乎没有两个工程的地形条件完全相同，地质条件更是不尽相同。在岩石地基中经常遇到节理、裂隙、断层、破碎带、软弱夹层等地质构造；在土基中也可能遇到压缩性大、强度低的土层或流动性强的细砂层。为此，必须周密勘测、正确判断，提出合理、可靠的处理措施。由于水工建筑物工程量大，当地建筑材料储备情况对建筑物的型式选择有重大影响，主要建筑材料应就地取材，以降低工程造价。由于自然条件的千差万别，每一个工程都有其自身的特定条件，因此，水工建筑物设计选型只能各自独特进行，以适应不同的自然条件，除非小型工程的建筑物，一般不能采用定型设计。当然，水工建筑物中某些结构部件的标准化则是可能而且必要的。

2. 受自然条件约束，施工难度大

在河道中建造水工建筑物，比在陆地上的土木工程施工难度大得多。第一，要解决复杂的施工导流问题，也就是迫使原河道水流按特定通道下泄，以创造并维持工程建设的施工空间，这是水工建筑物设计和施工中的一个重要课题；第二，工程进度紧迫，截流、度汛需要抢时间、争进度、与洪水“赛跑”，有时需要在特定的时间内完成巨大的工程量，否则就要拖延工期，甚至造成损失；第三，施工技术复杂，如大体积混凝土的温控措施和复杂地基的处理等；第四，地下、水下工程多，施工难度大；第五，机械设备部件大，建筑材料用量大，交通运输比较困难，特别是高山峡谷地区更为突出；第六，大中型水利工程的施工场面大，工种多，因而场地布置、组织管理工作也十分复杂。

3. 工程效益大，对周围的影响大

水工建筑物，特别是大型水利枢纽的兴建，将会给国民经济带来显著的经济效益和社会效益。例如：丹江口水利枢纽建成后，防洪、发电、灌溉、航运和养殖等效益十分显著。在防洪方面，大大减轻了汉江中、下游的洪水灾害；在发电方面，从 1968 年 10 月到 1983 年底就发电 524 亿 kW · h，经济效益达 34 亿元，相当于工程造价的 4 倍，还为河南、湖北灌溉农田 1 100 万亩，为南水北调创造了条件。黄河小浪底水利工程建成后，在防洪、防凌、减淤、供水、发电等方面发挥了重要作用，产生重大的社会效益和经济效益。据估计，除得到符合社会折现率 12%的社会盈余外，还可为国家创造 78 亿元的超额盈余。举世瞩目的长江三峡水利枢纽建成后，在防洪、发电、航运、旅游等各方面产生了巨大效益，并对中国的国民经济建设产生深远的影响。

4. 失事后果的严重性

作为蓄水工程主体的坝或江河的堤防，一旦失事决口，将会给下游人民的生命财产和国家建设带来巨大的损失。据统计，近年来全世界每年的垮坝率虽较过去有所降低，但仍在 0.2%左右。1975 年 8 月，中国河南省遭遇特大洪水，加之板桥、石漫滩两座水库垮坝，使下游 1 100 万亩农田受淹，京广铁路中断，死亡人数达 9 万人，损失十分惨重。大坝失事主要原因，一是洪水漫顶，二是坝基或结构出现问题，两者各占失事总数的 1/3 左右。应当指出，有些水工建筑物的失事与某些难以预见的自然因素或人们当时认识能力和技术水平限制有关，也有些是对勘测、试验、研究工作重视不够或施工质量欠缺所致，后者必须加以杜绝。鉴于水利工程和水工建筑物的失事会给下游人民的生命财产和工农业生产带来巨大损失，因此，从事勘测、规划、设计、施工、管理等方面的工程技术人员，必须要有高度负责的精神和责任感，既要解放思想敢于创新，又要实事求是按科学规律办事，确保工程安全和充分发挥工程效益。

3.4　水利枢纽的分等和水工建筑物的分级

水利工程是改造自然、开发利用水资源的重要举措，所建设的水利枢纽工程成功与否，将对国民经济和人民生活产生直接影响，成功能为社会带来巨大的经济效益和社会效益；一旦失败，轻者影响经济效益，重者给社会带来巨大的财产损失甚至造成人员伤亡。所以，水利工程建设应高度重视工程安全问题。但是，工程规模不同，对国民经济和人民生活的影响程度也不同。过分地强调工程的安全，势必加大工程投资，造成不必要的浪费，因此必须妥善解决工程安全和经济之间的矛盾。为使工程的安全可靠性与其造价的经济合理性恰当地统一起来，水利枢纽及其组成的建筑物要进行分等分级，即首先按水利枢纽工程的规模、效益及其在国民经济中的作用进行分等，然后再对各组成建筑物按其所属枢纽的等别、建筑物在枢纽中所起的作用和重要性进行分级。水利枢纽及水工建筑物的等级不同，对其规划、设计、施工、运行管理等的要求也不同，等级越高者要求也就越高。这种分等分级区别对待的方法，也是国家经济政策和技术要求相统一的重要体现。

根据中国水利部颁发的现行规范《水利水电枢纽工程等级划分及设计标准》，水利水电枢纽工程按其规模、效益和在国民经济中的重要性分为 5 等，枢纽分等指标见表 3.1。

表 3.1 中总库容系指校核洪水位以下的水库库容，灌溉面积等均指设计面积。对于综合利用的工程，如按表中指标分属几个不同等别时，整个枢纽的等别应以其中最高等别为准。挡潮工程的等别可参照防洪工程的规定，在潮灾特别严重地区，其工程等别可适当提高。供水工程的重要性，应根据城市及工矿区和生活区供水规模、经济效益和社会效益分析决定。分等指标中有关防洪、灌溉两项系指防洪或灌溉工程系统中的重要骨干工程。

表 3.1　水利水电枢纽工程分等指标

工程等别	工程规模	分等指标				
		水库总库容（亿 m^3）	防洪		灌溉面积（万亩）	水电站装机容量（万 kW）
			保护城镇及工矿区	保护农田面积（万亩）		
一	大(1)型	＞10	特别重要城市、工矿区	＞500	＞150	＞120
二	大(2)型	1.0～10	重要城市、工矿区	100～500	50～150	30～120
三	中型	0.1～1.0	中等城市、工矿区	30～100	5～50	5～30
四	小(1)型	0.01～0.1	一般城镇、工矿区	＜30	0.5～5	1～5
五	小(2)型	0.001～0.01			＜0.5	＜1

枢纽中的水工建筑物按其所属枢纽工程的等别及其在工程中的作用和重要性分为 5 级，见表 3.2。

表 3.2 水工建筑物级别的划分

工程级别	永久性建筑物级别		临时性建筑物级别
	主要建筑物	次要建筑物	
一	1	3	4
二	2	3	4
三	3	4	5
四	4	5	5
五	5	5	

表 3.2 中永久性建筑物系指枢纽工程运行期间使用的建筑物，根据其重要性程度，又可分为主要建筑物和次要建筑物。

主要建筑物系指失事后将造成下游灾害或严重影响工程效益的建筑物，例如坝、泄水建筑物、输水建筑物及电站厂房等。次要建筑物系指失事后不至于造成灾害，或对工程效益影响不大、易于恢复的建筑物，例如失事后不影响主要建筑物和设备运行的挡土墙、导流墙、工作桥及护岸等。

临时性建筑物系指枢纽工程施工期间使用的建筑物，例如导流建筑物等。

按表 3.2 确定水工建筑物级别时，如该建筑物同时具有几种用途，应按最高级别考虑，仅有一种用途时则按该项用途所属级别考虑。

对于二至五等工程，在下述情况下经过论证可提高其主要建筑物级别：一是水库大坝高度超过表 3.3 数值者提高一级，但洪水标准不予提高；二是建筑物的工程地质特别复杂，或采用缺少实践经验的新坝型、新结构时提高一级；三是综合利用工程如按库容和不同用途的分等指标有两项接近同一等别的上限时，其共用的主要建筑物提高一级；四是对于临时性水工建筑物，如其失事后将对下游城镇、工矿区或其他国民经济部门造成严重灾害或严重影响工程施工时，视其重要性或影响程度，应提高一级或两级。

表 3.3 需要提高级别的坝高界限

坝的原级别		2	3	4	5
坝高(m)	土坝、堆石坝、干砌石坝	90	70	50	30
	混凝土坝、浆砌石坝	130	100	70	40

对于低水头工程或失事后损失不大的工程，其水工建筑物级别经论证可适当降低，对不同级别的水工建筑物，在设计过程中应有不同要求。对不同级别的水工建筑物的不同要求主要体现在以下方面：

(1)抵御洪水能力。如洪水标准、坝顶安全超高等。

(2)强度和稳定性。如建筑物的强度和抗滑稳定安全度，防止裂缝发生或限制裂缝开展的要求及限制变形要求等。

(3)建筑材料。如选用材料的品种、质量、标号及耐久性等。

(4)运行可靠性。如建筑物各部分尺寸裕度和是否设置专门设备等。

思 考 题

1. 水库的作用？

2. 水库的特征水位有哪些?
3. 简述水利枢纽的概念。
4. 水利枢纽一般由哪些建筑物组成?
5. 简述水工建筑物的分类及特点。
6. 水利枢纽如何分等?
7. 现代水利工程建设有哪些成就?
8. 水利工程是如何分类的?

4 挡水建筑物

挡水建筑物主要是指坝、堤、堰和闸,有时候水电站厂房也参与挡水。拦河坝按其建筑材料可分为混凝土坝、土石坝和浆砌石坝,混凝土坝可分为重力坝、拱坝和支墩坝等型式。

本章着重介绍重力坝、拱坝、土石坝、支墩坝和橡胶坝。

4.1 重力坝

重力坝是主要依靠坝体自重所产生的抗滑力来满足稳定要求的挡水建筑物。在世界坝工史上最古老,也是采用最多的坝型之一。

我国已建的重力坝有刘家峡、新安江、三门峡、丹江口、丰满、潘家口、三峡、龙潭等。其中,三峡混凝土重力坝和龙潭混凝土重力坝分别高达 181 m 和 216.5 m。

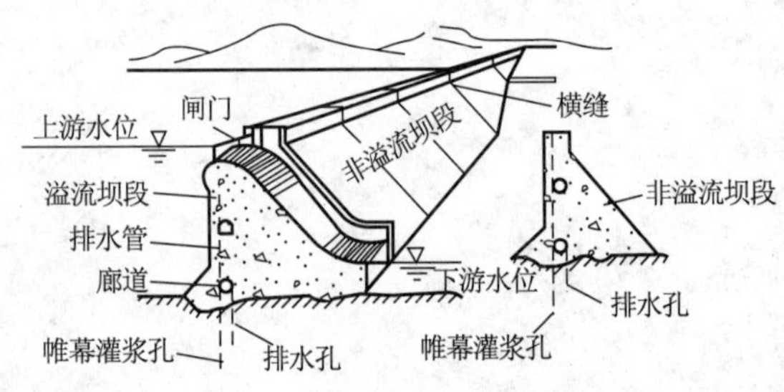

图 4.1 重力坝结构示意图

重力坝坝轴线一般为直线,垂直坝轴线方向设置横缝,将坝体分成若干个独立工作的坝段,以免因坝基发生不均匀沉降和温度变化而引起坝体开裂。为了防止漏水,在缝内设多道止水。重力坝的横剖面一般做成上游面接近铅直的近似三角形断面,结构受力形式为固结于坝基上的悬臂梁。坝基要求布置防渗排水设施,如图 4.1 所示。

4.1.1 重力坝的工作原理及特点

重力坝是用混凝土或浆砌石修筑的大体积挡水建筑物。其正常工作时,依靠坝体自身重量在坝体与地基接触面上产生的抗滑力,来抵抗由坝上、下游水位差产生的水平推力而达到稳定要求;利用坝体自重在水平截面上产生的压应力来抵消由于水压力等荷载所引起的拉应力以满足强度要求。但坝基或坝体最大压应力应小于坝基(坝体)的允许压应力。

重力坝与其他坝型相比,在施工和运行中,具有以下特点。

(1)对地形、地质条件的适应性较好。任何形状的河谷都可以修建重力坝。地质上除承载力低的软基和难以处理的断层、破碎带等构造的岩基外,均可建重力坝。

(2)重力坝便于解决泄洪及导流问题。由于筑坝材料的抗冲能力强,其施工期可以利用较低坝块或预留底孔导流,坝体可以溢流,也可在坝内设置泄水孔,重力坝一般不需另设河岸式溢洪道。

(3)重力坝结构简单,体积大,有利于机械化施工。由于断面尺寸大,材料强度高,耐久性能好,抵抗洪水漫顶、渗漏、地震及战争破坏能力强,安全性较高。

(4)传力系统明确,便于分析与设计。运行期间的维护及检修工作量较少。

(5)受扬压力影响大,需采取专门的防渗、排水设施及温控措施。由于坝体与地基的接触面大,相应坝底扬压力也较大。向上的扬压力抵消了部分坝体重量,对坝体稳定不利,故需采用有效的防渗、排水设施,以减少扬压力,节省工程量。对混凝土重力坝,因其水泥用量大,水泥水化热引起混凝土温度升高，可能导致坝体产生裂缝。在施工中，为控制温度应力，常需采用较复杂的温控措施。

4.1.2　重力坝的类型

重力坝按其结构型式可分为实体重力坝、宽缝重力坝、空腹重力坝、预应力重力坝、装配式重力坝等，如图 4.2 所示。

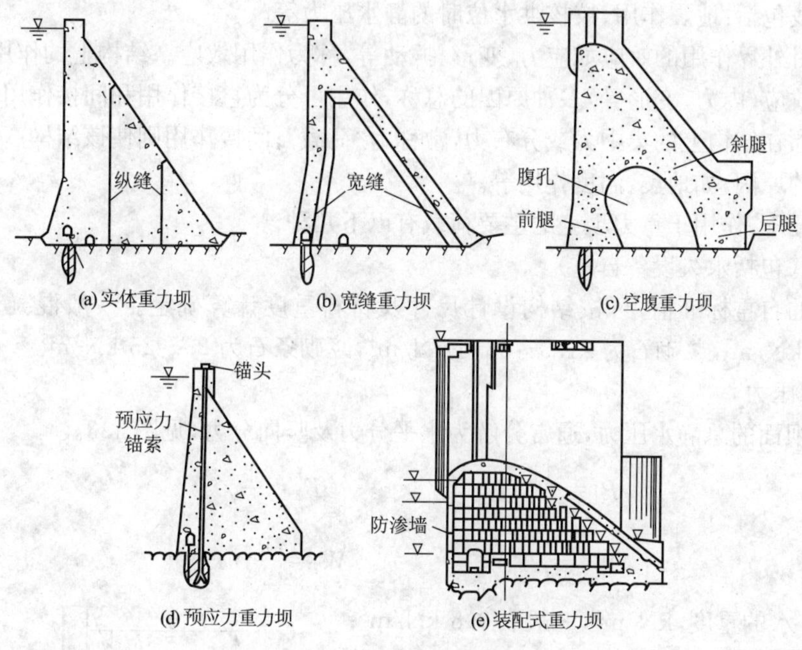

图 4.2　重力坝的类型

实体重力坝结构简单，其优点是设计和施工均较方便、坝体稳定、应力计算明确；缺点是扬压力大，工程量较大。坝内材料的强度不能充分发挥，易造成浪费。

宽缝重力坝与实体坝相比，具有降低扬压力、节省工程量（节省方量约 10%～20%）和便于坝内检查及维护等优点；缺点是施工较为复杂，模板用量较多。

空腹重力坝可进一步降低扬压力，节省工程量，并可以利用坝内空腔布置水电站厂房，坝顶溢流宣泄洪水，利于解决在狭窄河谷中布置发电厂房和泄水建筑物的矛盾。其缺点是腹孔附近可能存在一定的拉应力，局部需要配置较多的钢筋，施工也比较复杂。

预应力重力坝的特点是利用预加应力措施来增加坝体上游部分的压应力，提高抗滑稳定性，从而减小坝体剖面，目前仅在小型工程和除险加固工程中使用。

装配式重力坝是采用预制块组装而筑成的坝，可改善施工质量和降低坝的温度升高，但要求施工工艺精确，接缝应有足够的强度和防水性能。

重力坝按筑坝材料，还可分为混凝土重力坝和浆砌石重力坝。

4.1.3　重力坝上的作用（荷载）及作用效应组合

1. 荷载

荷载是指外界环境对水工建筑物的影响。荷载按其随时间的变异分为永久荷载、可变荷载和偶然荷载。设计基准期内量值基本不变的作用称永久荷载；设计基准期内量值随时间的变化而与平均值之比不可忽略的荷载称可变荷载；设计基准期内只可能短暂出现(量值很大)或可能不出现的作用称偶然荷载。

永久荷载包括：结构自重和永久设备自重、土压力、淤沙压力、预应力、地应力、围岩压力等。

可变荷载包括：静水压力、扬压力、动力压力、浪压力、风雪荷载、冰冻压力、楼面(平台)活荷载、门机荷载、温度作用、灌浆压力等。

偶然荷载包括：地震作用、校核洪水位时的静水压力等。

建筑物对外界作用的效应如应力、变形、振动等，称为作用效应。结构上的作用，通常是指对结构产生效应(内力、变形等)多种原因的总称，作用可分为直接作用和间接作用。直接作用是指直接施加在结构上的集中力或分布力，常称为“荷载”；间接作用则使该结构产生附加变形或约束变形的原因，如地震、温度作用等。

正常情况下，作用于重力坝上的主要荷载有以下几种。

(1)自重(包括永久设备自重)

建筑物的自重标准值，可按结构设计尺寸及材料重度计算确定。一般混凝土的重度为 23.0～23.5 kN/m³，浆砌石为 21.5～23.5 kN/m³，浆砌条石为 23～25 kN/m³。

(2)静水压力

作用于坝面的总静水压力，通常分解为水平分力及竖向分力，见图 4.3。

水平力 $$P_1=\frac{1}{2}\gamma H_1^2 \qquad P_2=\frac{1}{2}\gamma H_2^2 \tag{4.1}$$

垂直力 $$W_1=\gamma A_1 \qquad W_2=\frac{1}{2}\gamma n H_2^2 \tag{4.2}$$

式中 γ——水的重度，kN/m³，一般取 9.8 kN/m³；

H_1、H_2——分别为上、下游水深，m；

n——上、下游坝面坡度；

A_1——上游坝面、水面和通过坝踵的垂线所围成的面积，m²。

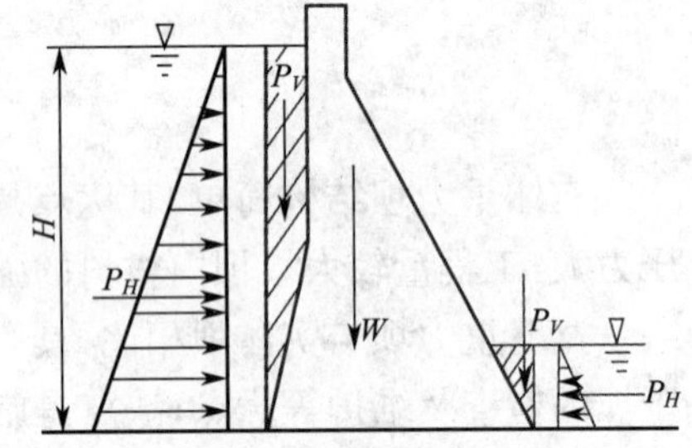

图 4.3 重力坝上静水压力分布

(3)动水压力

溢流坝泄水时，溢流坝反弧段上的动水压力可由动量方程求得，假定反弧上流速相等，并设反弧段最低点断面的平均流速为 v，则可求得反弧段上动水压力的水平分力 P_x 和垂直分力 P_y。

$$P_x=\frac{\gamma q v}{g}(\cos\varphi_2-\cos\varphi_1) \tag{4.3}$$

$$P_y=\frac{\gamma q v}{g}(\sin\varphi_2-\sin\varphi_1) \tag{4.4}$$

式中 φ_1、φ_2——图 4.4 中所示角度；

g——重力加速度；

q——单宽流量。

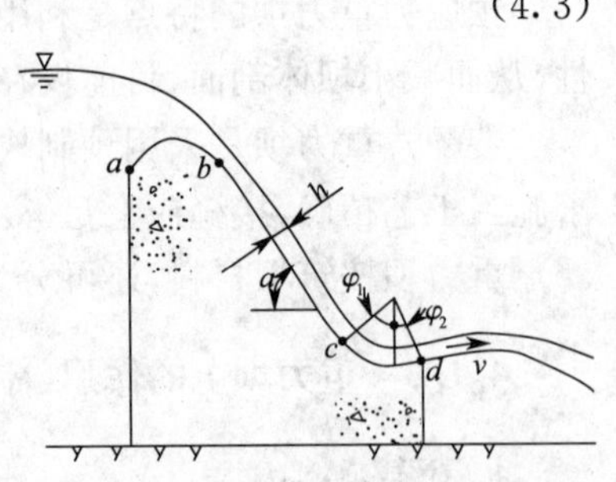

图 4.4 溢流坝动水压强计算图

(4)扬压力

扬压力包括上浮力及渗流压力。上浮力是由坝体下游水深产生的浮托力；渗流压力是在上、下游水位差作用下，水流通过基岩节理、裂隙而产生的向上的静水压力。

因为岩体中节理裂隙的产状十分复杂，所以，地基内的渗流以及作用于坝底面的渗流压力也难以准确确定。目前在重力坝设计中采用的坝底面扬压力分布图形如图 4.5(a)所示，图中 *abcd* 是下游水深产生的浮托力；*defc* 是上、下游水位差产生的渗流压力。在排水孔幕处的渗流压力为 $\alpha\gamma H$，其中，α 为扬压力折减系数，与岩体的性质和构造、帷幕的深度和厚度、灌浆质量、排水孔的直径、间距和深度等因素有关。我国 SDJ 21—1978《混凝土重力坝设计规范》补充规定，河床坝段 α=0.2～0.3；岸坡坝段 α=0.3～0.4。

坝体内各计算截面上的扬压力，因坝身排水管幕有降低渗压的作用，计算图形如图 4.5(b)所示。SDJ 21—1978《混凝土重力坝设计规范》规定，在排水管幕处的折减系数 α 值宜采用 0.15～0.3。

混凝土坝体和地基岩体都是透水性材料，在已经形成稳定渗流场的条件下，坝体和地基承受的渗流压力应按渗流体积力计算。近年来在重力坝计算中已开始采用有限元法，并按照渗流体积力计算重力坝的渗流压力。

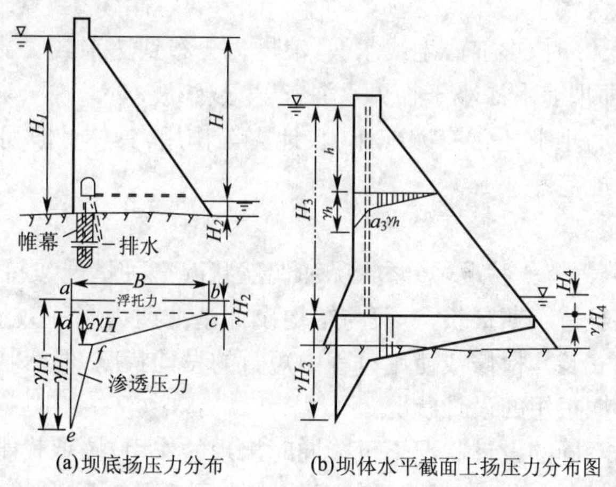

(a)坝底扬压力分布　(b)坝体水平截面上扬压力分布图

图 4.5　设计采用的扬压力计算简图

(5)淤沙压力

淤沙压力是坝体挡水后，由于泥沙淤积一定高度而作用于坝面的一种土压力。一般可根据多年泥沙淤积高度，按下式计算作用于单位坝长的水平淤沙压力标准值。

$$P_{sk}=\frac{1}{2}\gamma_{sb}h_s^2\tan^2(45°-\frac{\varphi_s}{2}) \tag{4.5}$$

式中　P_{sk}——淤沙压力标准值，kN/m；

γ_{sb}——淤沙的浮重度，kN/m³；

φ_s——淤沙内摩擦角；

h_s——坝前多年泥沙淤积高度，m。

当上游坝面倾斜时，除计算水平淤沙压力外，还应计算竖向淤沙压力。

(6)浪压力

由于风的作用，在水库水面形成波浪。波浪不但对闸坝直接施加浪压力，而且波峰所及高程也是决定坝高的重要依据。

浪压力与波浪要素有关，波浪要素指波浪的长度 L_m、高度 h_m 及波浪中心超高 h_z 等，见图 4.6。

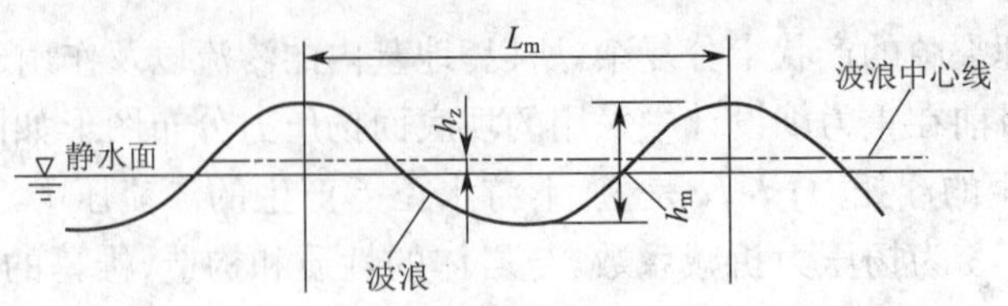

图 4.6　波浪几何要素图

1)波浪要素计算。波高及波长主要与水库作用于水面的风速和风区长度有关,对平原、滨海地区水库宜采用莆田试验站公式;内陆峡谷水库宜用官厅水库公式计算波高和波长。莆田公式、官厅水库公式的具体计算可参阅 DL 5007—1997《水工建筑物荷载设计规范》。

2)浪压力计算。波浪要素确定之后,便可根据挡水建筑物前的水深情况,计算波浪总压力。对铅直迎水面上的风浪压力,应按以下三种波态分别计算。

①当 $H \geqslant H_{cr}$ 和 $H \geqslant L_m/2$ 时,即坝前水深大于半波长,为深水波。水域的底部对波浪运动没有影响。

②当 $H_{cr} \leqslant H < L_m/2$ 时,坝前产生浅水波,浪压力分布到达水域底部。

③当 $H < H_{cr}$ 时,即坝前水深小于临界水深,产生破碎波。

除上述荷载外,重力坝上还常有冰冻压力、地震等作用,具体计算可参阅 DL 5007—1997《水工建筑物荷载设计规范》。

2. 荷载组合

结构设计状况可分为持久状况,短暂状况和偶然状况三种情况。持久状况指结构在正常使用过程中,一定出现且持续期很长,一般与结构设计基准期为同一数量级的设计状况;短暂状况是指在结构施工(安装)、检修或使用过程中短暂的设计状况;偶然状况是指结构使用过程中出现概率很小,持续期很短的设计状况。

在设计中,应根据不同的设计状况下可能同时出现的作用,按承载能力极限状态和正常使用极限状态分别进行作用组合。各种设计状况均应按承载力极限状态进行设计,持久状况应进行正常使用极限状态设计,偶然状况可不进行正常使用极限状态设计。

按承载能力极限状态设计时,应考虑基本组合和偶然组合,在设计坝体断面时,应计算下列两种组合。

(1)基本组合

基本组合是在持久状况或短暂状况下,永久作用与可变作用的(效应)组合。

按承载能力极限状态进行作用(荷载)的基本组合设计时要考虑的基本荷载。一般包括:

1)坝体及其上的永久设备自重。

2)静水压力。上游正常蓄水位或防洪高水位时,相应的上、下游静水压力。

3)相应正常蓄水位或防洪高水位时的扬压力。

4)淤沙压力。

5)相应正常蓄水位或防洪高水位的重现期 50 年一遇风速引起的浪压力。

6)冰压力(不能与浪压力重合)。

7)相应于防洪高水位时的动水压力。

8)大坝上、下游的侧向土压力。

(2)偶然组合

偶然组合是指基本组合下,计入下列一个偶然状态的组合。一般包括:

校核洪水位状态:①校核洪水位时静水压力、②校核洪水位时扬压力、③校核洪水位时风浪压力、④动水压力。

地震作用状态:包括地震惯性力和地震动水压力等。

另外,坝体在施工和检修的情况下,应按短暂状况和承载能力极限状态的基本组合和正常使用极限状态的短期组合进行设计。

4.1.4 重力坝的稳定分析与强度校核

重力坝的设计任务是:在各种作用组合情况下,对初拟的断面进行强度校核和稳定验算,最终得出满足强度、稳定要求的经济合理的断面。

1. 重力坝的抗滑稳定分析

在水平水压力及水平荷载作用下,重力坝依靠自重等作用在坝体与基岩胶结面上产生的摩阻力来维持抗滑稳定。当水平力足够大时,摩擦力与黏聚力可达到其抗剪断强度最大值,此时,将达到极限平衡状态。

2. 强度校核

(1)承载能力极限状态强度校核(规定压应力为正,拉应力为负)。

1)坝趾抗压强度极限状态。重力坝正常运行时,下游坝趾处产生最大主压应力。

2)坝体选定截面下游的抗压强度承载能力极限状态。当抗力函数大于作用效应函数并且满足规范要求时,结构强度是安全的。

(2)重力坝的正常使用极限状态计算。

1)正常使用时,要求坝踵不出现拉应力(计入或不计入扬压力),核算坝踵应力时,应分别考虑短期组合和长期组合。

2)坝体上游面的垂直正应力应大于零,根据规范要求,对于混凝土重力坝,在施工期其下游面垂直拉应力不大于 0.1 MPa。

4.1.5 重力坝材料及构造

1. 混凝土重力坝的材料

重力坝的混凝土,除应有足够的强度外,还应在使用条件下满足抗渗、抗冻、抗磨、抗裂、抗侵蚀等耐久性的要求。

(1)混凝土强度等级

混凝土强度等级是混凝土的重要性能指标,一般重力坝的混凝土抗压强度等级采用 C10,C15,C20,C25 等级别;C7.5 和 C30 使用较少。

大坝(常态)混凝土,一般采用龄期 90 d 和保证率为 80%的轴心抗压强度。对于碾压混凝土的标准值可采用 180 d 龄期、保证率为 80%的抗压强度。

(2)混凝土的耐久性

1)抗渗性。大坝上游面、基础层和下游水位以下的混凝土应具有较强的抗渗透能力。混凝土抗渗性能常用 W 表示。

2)抗冻性。混凝土的抗冻性能是指混凝土在饱和状态下,经多次冻融循环作用而不破坏,不严重降低强度的性能。通常用 F 表示。抗冻等级一般视气候、冻融循环次数、表面局部小气候条件、水分饱和程度、结构构件重要性等要求选用。

3)抗磨性。抗磨性是指抵抗高速水流或挟砂水流的冲刷、磨损的能力。目前,尚未制定出定量的技术标准。对于有抗磨要求的溢流面,应采用高强度混凝土。

为了提高坝体的抗裂性,除应合理分缝、分块和采取必要的温控措施外,还应选用低热水泥(大坝矿渣水泥),并掺入适量的粉煤灰或外加剂,以减小水泥用量及水化热。

2. 坝体混凝土的分区

由于坝体各部位的工作条件不同,因而对混凝土强度等级、抗渗、抗冻、抗冲刷等要求各异。为节省和合理使用水泥,通常将坝体按工作条件分区,各区采用不同等级的混凝土,不同重力坝的分区情况见图 4.7。

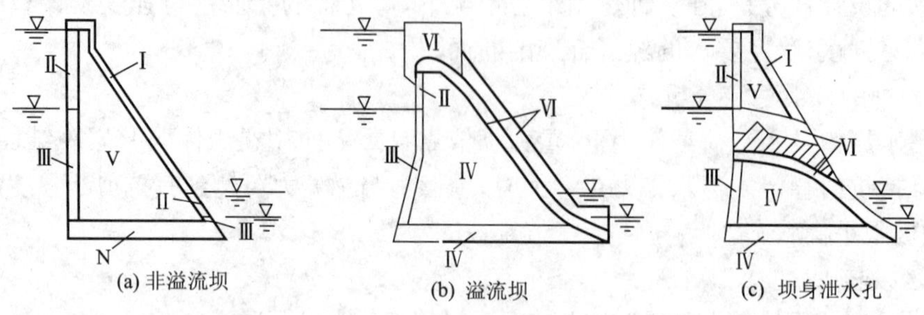

图 4.7　坝体分区示意图

Ⅰ区为上、下游水位以上坝体表面混凝土,Ⅱ区为水位变动区的坝体外表混凝土,Ⅲ区为上、下游水位以下坝体外部混凝土,Ⅳ区为坝体基础部位,Ⅴ区为坝体内部,Ⅵ区为溢流面、泄水孔等抗冲部位。

3. 坝体排水

为减少渗水对坝体的不利影响,降低坝体的渗透压力,在上游坝面设置排水管系。排水管将坝体渗水排入廊道,再由廊道汇于集水井,经由横向排水管排向下游。

排水管至上游坝面的距离一般不小于坝前水深的 1/10～1/12,且不小于 2 m。排水管常用预制无砂混凝土管,间距 2～3 m,内径 15～25 cm。施工时应防止水泥及杂物堵塞。

4. 重力坝坝身廊道

为满足坝基灌浆、排除渗水、观测检查及交通等需求,必须在坝内设置各种廊道,廊道根据需要可沿纵向、横向及竖向布置,互相连通,构成廊道系统。

坝基灌浆廊道沿坝轴向布设在坝踵附近,一般距上游面不小于(0.05～0.1)倍水头且不小于 4～5 m,其底距基岩面 3～5 m,两岸沿岸坡布置到坝肩。廊道尺寸要满足钻机和灌浆要求,一般为 2.5 m×3.0 m。

检查和观测廊道用以安放观测设备等,通常沿坝高 15～30 m 设一道。此种廊道最小尺寸为 1.2 m×2.2 m。此外,还有交通廊道,坝基的排水廊道等。

坝内廊道的布置力求一道多用,以减少廊道数目,廊道距上游坝面不小于 2～2.5 m,廊道的断面形式,多采用城门洞形。

5. 坝体分缝与止水

(1)坝体分缝

一般按缝的作用分类,可分为沉降缝、温度缝和工作缝。沉降缝是将坝体分成若干段,以防地基的不均匀沉降产生裂缝,该缝常设在地基岩性突变处。温度缝是以减小坝体伸缩时地基对坝体的约束及新旧混凝土之间的约束而造成的裂缝。工作(施工)缝主要是便于分期分块浇筑,装拆模板以及混凝土的散热而设的临时缝。

按缝的位置分类,可分为横缝、纵缝和水平缝。横缝是垂直于坝轴线的竖向缝,可兼做沉降缝和温度缝。永久性横缝从坝底至坝顶贯通,将坝体分为若干独立的坝段,不设缝槽,不灌浆。横缝间距一般为 12~24 m。当坝内设有泄水孔或电站引水管道时,还应考虑泄水孔和电站机组间距。

特殊情况下,横缝也可做成临时缝,用于岸坡较陡、坝基地质条件较差或强地震区,主要为提高坝体的抗滑稳定性。施工期坝体分段浇筑,然后对横缝进行灌浆,形成整体。

纵缝是为适应混凝土浇筑能力和减小施工期温度应力而设置的临时缝,可兼作温度缝和施工缝。纵缝布置形式有竖直纵缝、斜缝和错缝。

水平缝是上下层新老混凝土浇筑块之间的施工缝,是临时性的。施工时,先将已浇混凝土表面的水泥乳膜冲洗成干净的麻面,铺一层 2~3 cm 厚水泥砂浆,然后再浇筑新混凝土。国内外普遍采用薄层浇筑,每层厚 1.5~4.0 m,以利散热,降低混凝土温度。

(2)止水

重力坝横缝的上游面、溢流面等具有防止水流渗入的部位均应设置止水设施。止水有金属止水、橡胶止水、塑料止水、防渗沥青井等。金属止水又有紫铜片、铝片和镀锌铁片等材料。对高坝的横缝,常采用两道金属止水和一道防渗沥青井。当有特殊要求时,可在横缝的第二道止水片与检查井之间进行灌浆作为止水的辅助设施。

对于中、低坝的横缝止水,第二道止水片可采用橡胶或塑料止水片。低坝(闸)也可采用一道止水片,一般第一道止水片距上游面 0.5~2.0 m。横缝止水必须与坝基岩石妥善连接。通常将止水片嵌入基岩 30~50 cm,并用混凝土浇筑密实。

4.1.6 重力坝的地基处理

地基处理的目的:提高坝基的抗渗性,减小渗透压力,控制渗漏量;提高坝基岩体强度、整体性和均匀性,以满足抗滑稳定、减小不均匀沉陷和承受坝体的压力。

地基处理的措施,包括开挖清理,固结灌浆,断层破碎带、软弱夹层的专门处理,防渗帷幕灌浆,钻孔排水等。

1. 地基的加固处理

(1)坝基开挖、清理

根据坝高及大坝的重要性,决定基岩建基面。高坝应建在新鲜、微风化或弱风化层下部的基岩上;对一些中、小型工程,可建在微风化或弱风化上、中部基岩上,对两岸较高部位的坝段,其开挖标准可比河床部位适当放宽。

坝基开挖时,边坡保持稳定,顺河向基岩面尽量略向上游倾斜,以增强坝体的抗滑稳定,两岸岸坡应开挖成台阶形以利坝块的侧向稳定。基坑开挖轮廓应尽量平顺,避免有大的突变,以免应力集中造成坝体裂缝。

基础的开挖应分层进行,靠近底层用小炮爆破,最后 0.2~0.3 m 用风镐开挖,不用爆破。开挖后的基岩面应进行修整,使表面起伏不超过 0.3 m。

(2)坝基的固结灌浆

对岩石的节理裂隙采用浅孔低压灌注水泥浆的方法对坝基进行加固处理,称为固结灌浆。固结灌浆的范围主要根据坝基的地质条件、岩石破碎程度及坝基受力情况而定。当基岩较好时,可仅在坝基上、下游应力较大的部位进行。坝基岩石较差而坝又较高时,多进行坝基全面固结灌浆,有的工程甚至灌到坝基以外的一定范围内。

固结灌浆孔采用梅花形的布置,孔距、排距一般为 3~4 m,孔深一般为 5~8 m。帷幕区宜配合帷幕深度确定,一般采用 8~15 m。灌浆时,浆液先稀后稠,灌浆压力一般为 0.2~0.4 MPa,在有混凝土盖重时为 0.4~0.7 MPa,以不掀动岩石为限。

(3)软弱夹层及破碎带的处理

当坝基中存在较大的断层破碎带、软弱夹层、泥化层、裂隙密集带,对坝的稳定和安全影响很大时,则需要进行专门的加固处理。

对倾角较大的断层破碎带,可采用开挖回填混凝土的措施,如做成混凝土塞或混凝土拱进行加固。一般混凝土塞的高度为断层宽度的 1~1.5 倍,且不小于 1 m。混凝土塞的两侧可挖成 1∶1~1∶0.5 的斜坡,以便将坝体压力传到两侧的基岩上。则混凝土塞应向外延伸至坝基外,延伸长度取 1.5~2 m。若软弱层、破碎带与上游水库连通,还必须做好防渗处理。

对于软弱夹层,如埋深浅、倾角缓时,可将其挖除,回填混凝土。对软夹层埋藏较深的,可采用在坝踵做混凝土深齿墙、在夹层内设置混凝土塞、在坝趾岩体内设钢筋混凝土抗滑桩、预应力钢索加固等,以提高坝基的抗滑稳定性。

2. 坝基的防渗处理

重力坝常用的坝基防渗处理措施有水泥帷幕灌浆、混凝土防渗墙等。防渗帷幕灌浆是采用最多的,其灌浆深度应视基岩的透水性,坝体承受的水头和降低渗透压力的要求来确定。当坝基下存在可靠的相对隔水层时,防渗帷幕应伸入到该岩层内 3~5 m,形成封闭的阻水幕。当坝基下相对隔水层埋藏较深或分布无规律时,可根据降低渗透压力和防止渗透变形等设计要求来确定,一般可在 0.3~0.7 倍水头范围内选择。

防渗帷幕的排数、排距及孔距,应根据工程地质条件、水文地质条件、作用水头及灌浆试验资料等确定。

帷幕灌浆必须在浇筑一定厚度的坝体混凝土后进行,灌浆压力通常取帷幕孔顶段的1.0~1.5H,在孔底段为 2~3H,但不得抬动岩体。水泥灌浆的水灰比常用 0.7~0.6,灌浆时浆液由稀逐渐变稠。

3. 坝基排水

为进一步降低坝基面的扬压力,应在防渗帷幕后设置排水孔幕(主、副排水孔)。主排水孔幕可设一排,副排水孔幕视坝高可设 1~3 排。对于尾水位较高的坝,可在主排水幕下游坝基面上设置由纵、横廊道组成的副排水系统,采取抽排措施,当高尾水位历时较长时,尚宜在坝趾增设一道防渗帷幕。

主排水孔幕应设在坝基帷幕孔的下游 2 m 左右。其孔距一般为 2~3 m,副排水孔的孔距为 3~5 m,孔径为 150~200 mm。主排水孔深为帷幕深的 0.4~0.6 倍,对于高坝,不宜小于 10 m,副排水孔深可为 6~12 m,若坝基有透水层时,排水孔应穿过透水层。

4.2 拱 坝

拱坝是坝体向上游凸出,平面上呈拱形,拱端支承于两岸山体上的混凝土或浆砌石的整体结构。其竖向剖面可以直立,或有一定的弯曲。它能把上游水压力等大部分水平荷载通过一系列凸向上游的水平拱圈的作用传给两岸岩体,而将其余少部分荷载通过一系列竖向悬臂梁的作用传至坝基。它不像重力坝要有足够大的体积靠自重维持稳定，而是充分利用了筑坝材料的抗压强度和拱坝两岸拱端的反力作用。拱坝是经济性和安全性均很优越的坝型。

4.2.1 拱坝的特点

1. 结构特点

拱坝是一空间壳体结构，坝体结构可近似看作由一系列凸向上游的水平拱圈和一系列竖向悬臂梁所组成。坝体结构既有拱的作用又有梁的作用。其所承受的水平荷载一部分由拱的作用传至两岸岩体，另一部分通过竖直梁的作用传到坝底基岩。

拱坝两岸的岩体部分称做拱座或坝肩；位于水平拱圈拱顶处的悬臂梁称做拱冠梁，一般位于河谷的最深处。

2. 稳定特点

拱坝的稳定性主要是依靠两岸拱端的反力作用。

3. 内力特点

拱结构是一种推力结构，在外荷载作用下内力主要为轴向压力，有利于发挥筑坝材料(混凝土或浆砌块石)的抗压强度，坝体厚度相对较薄。对于有条件修拱坝的坝址，修建拱坝与修建同样高度的重力坝相比，拱坝工程量一般可比重力坝工程量节省 1/3～2/3。

拱坝是一高次超静定结构，当坝体某一部位产生局部裂缝时，坝体的梁作用和拱作用将自行调整，坝体应力将重新分配。所以，只要拱座稳定可靠，拱坝的超载能力是很高的。混凝土拱坝的超载能力可达设计荷载的 5～11 倍。如意大利的瓦依昂拱坝，坝高 262 m，底厚 23 m，厚高比为 0.087，建成后由于库岸大滑坡，2.7 亿 m^3 的滑坡体滑入仅 1.5 亿 m^3 库容的水库内，激起巨大涌浪，涌浪越过坝顶，引起巨大震动，而瓦依昂拱坝仍然安全屹立。拱坝的抗震能力也较强，国内外都有拱坝在受到强烈地震后坝体未曾受到破坏的例子。

4. 性能特点

拱坝坝体轻韧，弹性较好，整体性好，故抗震性能也是很高的。拱坝是一种安全性能较高的坝型。

5. 荷载特点

拱坝坝身不设永久伸缩缝，其周边通常是固接于基岩上，因而温度变化和基岩变化对坝体应力的影响较显著，必须考虑基岩变形的影响，并将温度荷载作为一项主要荷载。

6. 泄洪特点

在泄洪方面，拱坝不仅可以在坝顶安全溢流，而且可以在坝身开设大孔口泄水。目前坝顶溢流或坝身孔口泄水的单宽流量已超过 200 $m^3/(s\cdot m)$。

7. 设计和施工特点

拱坝坝身单薄，体形复杂，设计和施工的难度较大，因而对筑坝材料强度、施工质量、施工技术以及施工进度等方面要求较高。

我国在拱坝建设方面积累了丰富的经验。1949 年以后开始大规模修建拱坝，响洪甸重力拱坝是第一座高拱坝，坝高 87.5 m；流溪河拱坝是我国的第一座混凝土双曲拱坝，坝高 78 m。1999 年于四川建成的二滩双曲拱坝，坝高 240 m，在已建双曲拱坝中坝高居世界第四位，该拱坝的建成是我国拱坝史上的一个重要标志。

我国在已建成如二滩双曲拱坝、青海龙羊峡重力拱坝(高 178 m)、新疆石河子砌石拱坝(高 112 m)等众多拱坝的基础上,又于 2002 年开工建设了位于澜沧江上的小湾双曲拱坝,坝高 292 m、电站总装机容量 420 万 kW,成为继三峡工程之后新的世界之最,它标志着中国在高拱坝的勘测、设计、施工等方面已取得很大的进展。

砌石拱坝具有水泥用量较少,可以就地取材,施工技术要求较低,便于广大群众掌握等优点,因而在我国曾得到迅猛发展,主要用于中小拱坝,对我国的坝工建设起到了重要作用。截至 1999 年,我国高于 15 m 的砌石拱坝共计 1 538 座,占拱坝总数的 90%以上。但 20 世纪 80 年代以后已明显减少。

近年来由于计算机的广泛应用,用有限单元法进行拱坝应力、稳定分析取得了较好成果。对考虑地基变形、地震作用、温度变化、坝内孔口和坝基地质构造等影响的计算,也获得满意结果,为拱坝设计提供了有利条件。

4.2.2　拱坝对地形、地质的要求

1. 地形条件

衡量是否适宜修建拱坝的首要条件,是河谷断面的宽高比,即开挖后坝顶高程处河谷宽度 L 和坝高 H 的比值(宽高比)。当宽高比小时,拱作用大,可修建较薄的拱坝,当宽高比较大时,拱的作用减少,坝的断面随之增大。根据工程经验:

$L/H<2$ 时,可修建薄拱坝;$L/H=2.0\sim3.0$ 时,可修建中厚拱坝;$L/H>3$ 时,可修建重力拱坝。

在 L/H 相同的情况下,河谷断面形状会影响拱坝厚度。对于 V 形河谷,拱作用较强,可建薄拱坝;U 形河谷,底部拱的作用显著降低,大部分荷载由梁承担,拱的厚度相应加大;梯形河谷则介于二者之间。

2. 地质条件

拱坝一般要求基岩完整,没有大的断裂和弱夹层,质地均匀且有足够的强度,岩石具有不透水性和耐久性,尤其是两岸拱座岩石的稳定性要好。当坝址地质条件较差时,在查明地质情况的基础上,应进行严格的处理或采取结构措施,以满足设计要求。

4.2.3　拱坝的荷载特点及类型

1. 拱坝的荷载特点

作用在拱坝上的荷载有水平径向荷载(包括静水压力、泥沙压力、浪压力、冰压力)、自重、扬压力、地震荷载等。上述荷载与重力坝基本相同,但坝体自重和扬压力在拱坝中所起的作用与重力坝相比相对较小,拱坝坝体一般较薄,坝体内部扬压力对应力影响不大,在中、小型拱坝和薄拱坝的坝体应力分析中可不考虑扬压力的作用;对于重力拱坝和中厚拱坝则应考虑扬压力的作用;坝基及拱座稳定分析时,应计入扬压力或渗透压力荷载。对于用纯拱法计算的拱坝,一般不考虑坝体自重的影响。而温度荷载上升为拱坝设计的主要荷载。

温度荷载是指拱坝形成整体后,坝体温度相对于封拱温度的变化值。当坝体温度低于封拱温度时,称温降,此时拱圈将缩短并向下游变位,由此产生的弯矩、剪力及位移的方向都与库水压力作用下所产生的弯矩、剪力及位移的方向相同,但轴力方向相反;当坝体温度高于封拱温度时,称温升,拱圈将伸长并向上游变位,由此产生的弯矩、剪力和位移的方向与库水压力所

产生的方向相反,但轴力方向则相同。因此,在一般情况下,温降对坝体应力不利;温升将使拱端推力加大,对坝肩稳定不利。

2. 类型

按最大坝高处的坝底厚度 T 和坝高 H 之比(厚高比)分类:拱坝可分为薄拱坝、中厚拱坝和厚拱坝(重力拱坝)。$T/H<0.2$ 的为薄拱坝,$T/H=0.2\sim0.35$ 的为中厚拱坝,$T/H>0.35$ 的为厚拱坝。

按拱坝体型分,有圆筒拱坝、单曲拱坝和双曲拱坝。

按水平拱圈的型式分,有圆弧拱、三圆心拱、抛物线拱、椭圆拱、不对称拱、等厚度拱、变厚度拱等,如图 4.8 所示。另外,还有空腹拱坝、周边缝拱坝等。

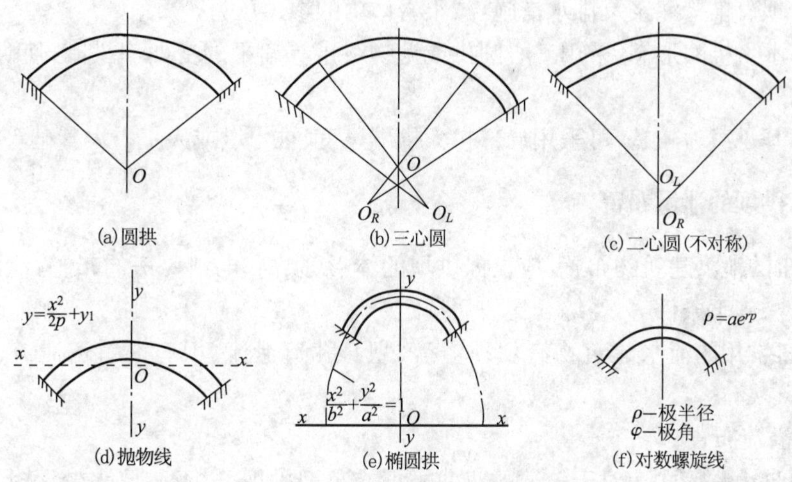

图 4.8 拱坝的水平拱圈形状

3. 拱坝类型选择

根据河谷断面选择拱坝类型。

(1)U 形河谷。由于河谷宽度变化不大,对坝体的应力和坝肩的稳定而言,采用定圆心等半径拱坝或单曲拱坝,可获得良好的工作性态。因此,对较窄的 U 形河谷,多采用圆弧拱的单曲拱坝。对宽一点的 U 形河谷,考虑到拱向刚度、拱坝推力角等因素的要求,可采用三圆心拱、抛物线拱等非圆拱型拱坝,或采用单曲拱坝。

(2)V 形河谷。由于河谷宽度变化大,应采用等中心角拱坝或变中心角、变半径拱坝,以获得较小的坝体断面及良好的工程布置。

(3)梯形河谷。介于 V 形与 U 形之间的梯形河谷,可选用单曲拱坝或者双曲拱坝。一般,当梯形河谷岸坡比较陡且接近 U 形河谷时,可采用单曲拱坝。河谷底宽较小,接近 V 形河谷时,可采用双曲拱坝。

4.2.4 拱坝坝肩稳定分析

拱坝结构本身的安全度很高,但必须保证两岸坝肩基岩的稳定。坝肩岩体失稳的最常见形式是坝肩岩体受荷载后发生滑动破坏。

坝肩稳定性与地形地质构造等因素有关,一般可分为两种情况:第一,存在明显的滑裂面的滑动问题;第二,不具备滑动条件,但下游存在较大软弱破碎带或断层,受力后产生变形问题。对第一种情况，其滑动体的边界常由若干个滑裂面和临空面组成。滑裂面一般为岩体内的各种结构面，尤其是软弱结构面，临空面则为天然地表面。滑裂面必须在工程地质查勘的基础上经初步研究得出最可能滑动的形式后确定，然后据此进行滑动稳定分析。对于第二种情况，即拱座下游存在较大断层或软弱破碎带时的变形问题，必须采取加固措施以控制其变形。

改善坝肩稳定性的工程措施有以下几点：

(1)通过挖除某些不利的软弱部位和加强固结灌浆等坝基处理措施来提高基岩的抗剪强度。

(2)深开挖，将拱端嵌入坝肩深处，可避开不利的结构面及增大下游抗滑体的重量。

(3)加强坝肩帷幕灌浆及排水措施，减小岩体内的渗透压力。

(4)调整水平拱圈形态，采用三心圆拱或抛物线拱等扁平的变曲率拱圈，使拱推力偏向坝肩岩体内部。

(5)如坝基承载力较差，可采用局部扩大拱端厚度、推力墩或人工扩大基础等措施。

4.2.5 拱坝的泄洪布置

拱坝枢纽的泄洪建筑物布置，应根据拱坝的体形、坝高、电站厂房的布置，泄洪方式，坝址地形地质条件、施工条件等，经综合比较后选定。

拱坝枢纽常用的泄水建筑物有坝顶溢流、坝身孔口泄流、坝肩滑雪道泄流、坝后厂顶溢流等。

1. 坝顶溢流布置

(1)坝顶自由跌落式。对于较薄的双曲拱坝或小型拱坝，当下游尾水较深时，可采用坝顶自由跌落式泄洪，水流经过坝顶自由跌入下游河床，其溢流坝顶可为条石或混凝土的圆弧形。此种布置构造简单、施工方便，但落水点距坝脚较近，对下游河床冲刷能力大。适用于基岩良好且单宽流量较小的工程。

(2)鼻坎挑流式。为使跌落点距坝脚远些，常在溢流堰面曲线末端连接反弧段，形成鼻坎挑流。挑坎末端与堰顶之间的高差常不大于 6～8 m，约为设计水头的 1.5 倍左右，鼻坎挑角为 10°～25°，反弧半径 R 约等于堰顶设计水头，此形式挑距较远，有利于坝身安全，适用于单宽流量较大、坝较高的情况。

(3)滑雪道式。这是拱坝特有的一种泄洪方式。滑雪道式的溢流面是由坝顶曲线段、泄槽段和挑流鼻坎段三部分组成。溢流面可以是实体的，也可做成架空的或设置在水电站厂房上，一般可在拱坝两端对称布置，使两股水舌在空中对撞消杀能量，减轻冲刷。适用于河谷狭窄而泄洪量大的拱坝枢纽。

2. 坝身泄水孔布置

拱坝的坝身泄水孔包括中孔、深孔和底孔。坝身泄水孔用来承担辅助泄洪，放空水库、排沙、导流等任务。

深式泄水孔通常设计成有压孔，其工作特点是水头高、流速大、射程远，由于拱坝较薄，孔口多采用矩形断面。底孔处于水下较深处，限于高压闸门的制造和操作条件，孔口尺寸不宜太大，进出口体形及闸门设置与隧洞类似。

4.2.6 拱坝细部构造与地基处理

1. 拱坝的材料及坝体构造

(1)拱坝的材料

拱坝的材料主要有混凝土、浆砌块石等。我国已修建的中小型拱坝多采用浆砌石，高坝则用混凝土。由于拱坝比较单薄，故对材料强度、抗渗性、耐久性等方面要求比重力坝要高。当坝内厚度小于 20 m 时，混凝土拱坝可不进行材料的分区。

(2)拱坝的构造

1)坝体分缝和接缝处理。拱坝坝体在工作时，是一整体结构。但在施工期，为使混凝土散热和降低温度应力，需分层分块浇筑。因此，混凝土拱坝应设置横缝、纵缝。水库蓄水前，横缝和纵缝必须进行接缝灌浆，使坝体形成一个整体。

缝面中应设键槽，键槽形状为梯形、三角形等，并埋设灌浆系统。横缝间距宜采用 15～25 m，当坝体厚度大于 40 m 时，可考虑设纵缝。水平施工缝间距(浇筑厚度)为 1.5～3.0 m，施工时相邻坝块高差一般不超过 10～20 m。

待混凝土充分收缩冷却后，即可进行灌浆封拱。封拱灌浆是在灌浆区四周设止浆片，常用的止浆片有镀锌铁铅片、塑料带等。灌浆时，自灌浆区底部向上进行，灌浆压力由大到小，一般控制在 0.1～0.3 MPa。进浆管和回浆管组成一个连通回路，使浆液不断流动，以免凝固。

2)坝顶构造。拱坝的坝顶高程、坝顶宽度、排水要求、防浪墙等与重力坝基本相同。但当坝顶实体宽度不足时，可在上、下游侧做成悬臂板梁结构，加宽坝顶，以满足交通、管理等方面的要求。坝体的防渗、排水、廊道设置与重力坝基本相同。

2. 拱坝地基处理

拱坝的地基处理与基岩上的重力坝基本相同，但比重力坝地基处理的要求更为严格。关键是处理好坝肩的稳定。

坝肩稳定关系到拱坝的安全，其地基处理要特别慎重。一般来讲，应开挖到坚硬新鲜岩面，开挖后的河谷断面要平顺和尽可能对称。岩石凹凸应不超过 0.3 m，拱端拱轴线与岩面等高线交角应不小于 30°～35°，必要时，可采取垫座、重力墩等措施。

4.3 土石坝

一般土石坝枢纽工程包括：挡水建筑物、泄水建筑物和取水建筑物等。

4.3.1 土石坝的工作特点、类型

土石坝是利用当地土石料填筑而成的一种挡水坝，故又称为当地材料坝。

土石坝历史悠久，应用最为广泛，具有以下优点。

(1)就地取材，可以节省大量的水泥、钢材和木材。

(2)适应地基变形能力强，任何地基，经处理后均可筑土坝。特别是在气候恶劣，工程地质条件复杂和高烈度地震区的情况下，土石坝为唯一可取的坝型。

(3)施工技术较为简单，工序少，便于机械化快速施工。

(4)结构简单，工作可靠，便于管理、维修、加高和扩建。

但土石坝存在坝顶不能溢流，需另设泄水建筑物，坝体工程量大，当采用黏性土料填筑时，易受气候条件影响等缺点。

1. 土石坝的工作特点

由于土石坝是由松散颗粒体填筑而成，因而与其他坝型相比，在稳定、渗流、冲刷、沉降等具有不同的特点和设计要求。

(1)坝坡稳定。在水平水压力作用下，土石坝一般不会发生沿坝基面的整体滑动。其失稳形式是坝坡滑动或坝坡连同部分地基(土基)一起滑动。造成坍滑的主要原因是土粒间的抗剪强度小，而坝坡过陡，引起的剪切破坏；或坝基的抗剪强度太小，承载力低，引起坝体与坝基一起滑动。坝坡滑动会影响土石坝的正常工作，严重的将导致工程失事。设计时应合理选择坝坡和防渗排水设施，严格控制施工质量和做好地基处理。

(2)渗流。由于散粒体结构的颗粒间存在着较大孔隙，坝体挡水后，在上下游水位差的作用下，库水将经过坝体及坝基(包括两岸)向下游渗透。渗流在坝体内形成的自由水面称浸润面，坝体横断面与浸润面的交线称浸润线。浸润线以下为饱和渗流区，浸润线以下的土体受到水的浮力作用，减小了坝体的有效重量，并使土体的抗剪强度指标降低，对坝坡稳定不利。当渗透坡降或渗透流速超过一定界限时，还会引起坝体或坝基土的渗透变形破坏，严重的会导致土石坝失事。另外，渗透流量过大也会影响水库的蓄水。设计时应采取防渗排水措施，减少渗漏，保证渗流稳定性。

(3)冲刷。土石坝为散粒体结构，颗粒间的黏结力很小，抗冲刷力很弱。当坝坡受到波浪、雨水冲刷时，易产生坍塌。设计时应设置护坡和坝面排水设施。为防止漫顶，坝顶应有一定的超高。同时，在布置泄水建筑物时，注意进出口离坝坡要有一定的距离，以免泄水时对坝坡造成冲刷。

(4)沉降。由于土石料填筑体内存在着孔隙，易产生相对运动，在坝体自重和水荷载的作用下，坝体和坝基都会由于压缩变形而产生沉降。均匀沉降使坝顶高程不足，不均匀沉降会使坝体开裂。坝身沉降值可通过计算确定，施工时应严格控制碾压质量。

(5)其他。严寒地区水库水面冬季结冰膨胀对坝坡产生很大的推力，导致护坡的破坏；地震区地震惯性力也会增加滑坡和液化的可能性，对此，应采取相应的保护措施。

2. 土石坝的类型

(1)按施工方法，土石坝可分为碾压式土石坝、水中填土坝、水力冲填坝、定向爆破堆石坝等，其中碾压土石坝应用最多。

(2)按防渗体的材料和在坝体内位置，土石坝可分为以下几种类型。

1)均质坝。坝体基本上由一种土料(如壤土、砂壤土)填筑而成。整个坝体剖面起防渗作用，见图 4.9(a)。

2)土质防渗体分区坝。坝体由若干透水性不同的土料分区构成。用透水性较好的砂石料作坝壳，防渗性较好的黏土作防渗体。防渗体设在坝体中部或稍向上游的称为心墙坝或斜心墙坝，见图 4.9(b)、(c)；土质防渗体靠近上游斜坡面的称为斜墙坝，见图 4.9(d)；还有土质防渗体在中央，土料透水性向两侧逐渐增大的几种土料构成的多种土质坝，见图 4.9(h)；及防渗体在上游、透水性向下游逐渐增大的多种土质坝，见图 4.9(g)。

3)非土质材料防渗体坝。坝的防渗体由沥青混凝土、钢筋混凝土或其他人工材料(如土工膜)构成，而其余部分由土石料构成，也称人工防渗材料坝。其中防渗体在上游面的称为面板坝，见图 4.9(e)，防渗体在坝体中央的称为心墙坝，见图 4.9(f)。

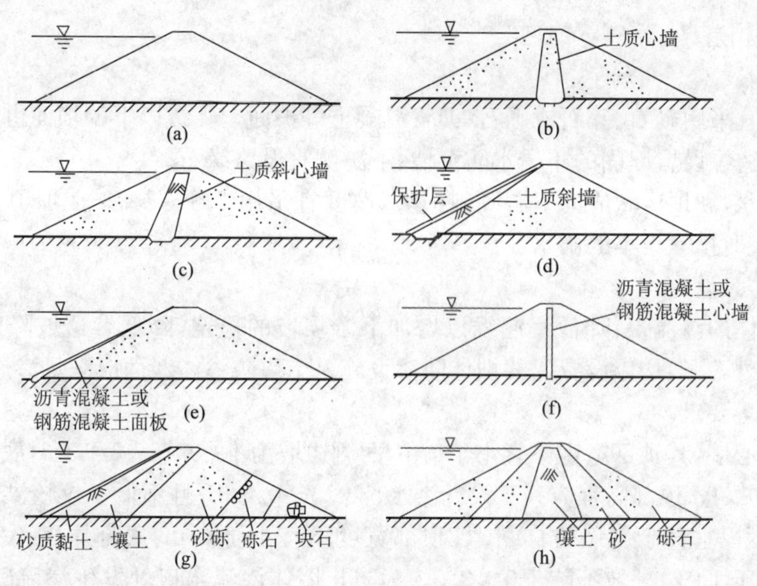

图 4.9　土石坝类型示意图

4.3.2　土石坝的基本断面与构造

1. 土石坝的基本断面

(1)坝顶高程。为保证水库运用时不发生漫溢，坝顶高程应为正常运用和非常运用的静水位加一定的超高值。坝顶超高值可用下式计算：

$$y=R+e+A \tag{4.6}$$

式中　y——坝顶超高，m；

R——波浪在坝坡上的爬高，m；

e——最大风壅水面高度，m；

A——安全加高，m。

R、e 具体计算参阅 SL 274—2001《碾压式土石坝设计规范》。

设计时应分别计算以下三种情况，取其最大值：①设计洪水位＋正常情况的坝顶超高；②校核洪水位＋非常情况的坝顶超高；③正常蓄水位＋非常情况的坝顶超高＋地震安全加高。

坝顶设防浪墙时，防浪墙顶高程可代替坝顶高程，但在正常运用条件下，坝顶应高出静水位 0.5 m；在非常运用条件下，坝顶不应低于水库最高静水位。另外，最后的坝顶高程还应计入坝体最终的沉降值。

(2)坝顶宽度。坝顶宽度应根据运用需要、交通要求、结构构造、施工条件和抗震等因素确定，当坝顶有交通要求时，应按交通规定选取。一般情况下，高坝的顶部宽度可选用 10～15 m，低坝可选用 5～10 m。

(3)坝坡坡度。土坝的坝坡坡度取决于坝高、筑坝方法、筑坝材料等，可根据实际工程经验，参照类似工程，初选坝坡，然后通过渗透、稳定分析进行修正。

一般情况下，碾压式土石坝的平均坝坡为 1∶2～1∶4。上游坝坡比下游坝坡缓。均质坝上游坝坡，较心墙坝缓。黏土斜墙坝上游坝坡比心墙坝缓，而下游坝坡可比心墙坝陡些。在坝的上部较陡，下部逐级放缓。

2. 土坝的构造

(1)坝顶构造

坝顶一般宜采用砌石、碎石或砾石、沥青混凝土等护面。Ⅳ级以下的坝面也可采用草皮护面。坝顶上游边缘设置坚固的不透水防浪墙,下游侧宜设路缘石。

为排除雨水,坝顶应做成向下游倾斜横坡,坡度宜采用 2%～3%。在坝顶下游侧设纵向排水沟,以利及时排除聚集的雨水。

(2)坝体防渗设施

为减少坝体的渗流量,降低浸润线以增加下游坝坡的稳定,降低渗透坡降以防止渗透变形。除均质坝外,一般均应设专门的坝体防渗设施。土质防渗体断面应满足渗透比降、下游浸润线和渗流量等要求。

对于黏土心墙,其顶部宽度不宜小于 3 m,两侧边坡为 1∶0.15～1∶0.3,底部厚度不宜小于作用水头的 1/4。顶部高程应高于设计洪水位 0.3～0.6 m,且不低于校核洪水位。对于黏土斜墙,其厚度以垂直于斜墙方向量取,顶部宽度不宜小于 3 m,底部厚度不宜小于水头的 1/5。内坡不陡于 1∶2,外坡不陡于 1∶2.5。为防止墙体渗流出口处发生渗流破坏,黏土防渗体两侧均设反滤层和过渡层。

非土质防渗体有钢筋混凝土、沥青混凝土、钢板等,较常用的是沥青混凝土防渗墙。

(3)坝体排水设施

排水设施的作用是及时排除坝体及坝基的渗水,降低浸润线,增加坝体及坝基的稳定性,防止发生渗透破坏。坝体排水常用的形式有以下几种。

1)贴坡排水。贴坡排水又称表层排水,布置在下游坝坡底部,用 1～2 层堆石或干砌石筑成,在石块与坝坡之间设置反滤层。

贴坡排水顶部应高于浸润线的逸出点 2 m,并应超出下游波浪爬高。当坝体为黏土料时,排水厚度应大于本地的冻深。贴坡排水底部应设排水沟,其深度要满足结冰后仍有足够的排水断面。

贴坡排水构造简单,便于维修,用石料少,可防止渗流出逸处的渗透破坏,保护下游免受尾水冲刷,但不能降低浸润线,且易因冰冻而失效。一般用于中小型工程。

2)棱体排水。棱体排水是在下游坝脚处堆成棱体状块石体,其顶部高程应超出下游最高水位 1.0 m,并高于下游波浪的爬高。排水体顶宽视施工、检查观测需要确定,但不小于 1.0 m。堆石棱体内坡一般为 1∶1.25～1∶1.5,外坡为 1∶1.5～1∶2.0。

棱体排水能有效降低浸润线,防止坝体受渗透变形和冻胀破坏,保护坝坡不受尾水冲刷,并可支撑坝体,是一种工作可靠、应用较广的排水形式。但用石料较多,造价较高,与坝体施工有些干扰,多用在较高的坝和石料较丰富的地区。

3)褥垫式排水。褥垫式排水是用厚度约 40 cm 的块石、砾石平铺在靠下游侧的坝基上,并在其周围布置反滤层而构成的水平排水体。排水体伸入坝内的长度一般不大于 1/4～1/3 坝底宽,倾向下游的纵向坡度约为 0.005～0.01,以利渗水排出。

褥垫式排水能显著降低浸润线,有助于地基的排水固结,可避免冰冻。但石料、反滤料需要量大,且对不均匀沉降的适应性差,检修、维护困难。适用于下游无水,坝体和坝基土壤的透水性较小的情况。

4)综合型排水。为充分发挥各种排水的优点,实际工程中,常将两种排水组合在一起应用,称综合式排水,如褥垫式排水与贴坡排水结合,褥垫式排水与棱柱排水结合等。

(4)护坡

为防止波浪淘刷、冰层冻胀、漂浮物撞击、雨水冲刷、干裂、动物洞穴对土石坝的破坏,应对坡面进行保护。对护坡的要求是坚固耐久,尽可能就地取材,施工简单和检修方便。

常用的上游护坡有砌石、堆石、干砌石、混凝土板、沥青混凝土等形式。上游护坡范围应由坝顶护至最低库水位以下 1.5～2.5 m。

常用的下游护坡有砌石、堆石、卵石、混凝土框格填石或草皮护坡等。气候温和湿润地区的黏性土均质坝,可用草皮护坡;若坝坡为砂性土,可先在坝坡上铺一层腐殖土,再铺植草皮。当坝址附近石料丰富时,可采用单层干砌石护坡。下游护坡范围应从坝顶护至坝趾排水棱体,无排水棱体的应护至坝脚。

各种护坡均应在马道及护坡最下端设置基脚,以增强护坡的稳定性,为了防止雨水漫流而造成坝坡表面冲刷,在下游坝坡上需设置纵横连通的排水沟。

4.3.3 土石坝渗流计算及稳定计算简介

设计土石坝时,在初步拟定了坝体断面、基本构造和基础处理方案后,应进行渗流计算和稳定分析校核,以确定初拟坝体断面是否安全、经济。

1. 渗流计算

(1)渗流计算的目的和方法

土石坝渗流计算目的有以下几点:①确定坝体浸润线及下游出逸点的位置,为坝体稳定计算和布置观测设备提供依据;②计算坝体和坝基的渗流量,以便估算水库的渗漏损失;③求出坝体和坝基局部的渗透坡降,验算渗流出逸处是否可能发生渗透破坏。

渗流计算的方法有解析法、实验法、流网法和数值法等。

解析法包括流体力学法和水力学法,前者理论严谨,但只能解决某些边界条件较为简单的情况,而水力学法是一种近似解法,计算简单,精度也可满足工程要求。流网法是一种图解流网,适用于坝体、坝基中渗流场不是很复杂的情况,精度可满足一般工程要求。对复杂地基或多种土质坝,可用电模拟实验法;对 1、2 级坝及高坝,可采用数值法进行验证。

(2)土石坝的渗透变形

土体由于渗透的作用而出现的破坏称为渗透变形。渗透变形有管涌、流土、接触冲刷、接触流土四种型式。实际工程中发生的渗透变形主要是管涌和流土。

管涌是指土坝中的细颗粒在渗流作用下从骨架孔隙流失的现象。管涌只发生在无黏性的土中,对于没有凝聚力的砂土、砾石砂土容易出现管涌。在坝基、坝坡下游渗流逸出处渗透坡降较大,容易产生管涌破坏。

流土是指在渗流的作用下,局部土体从坝坡或坝基表面掀起的现象,流土主要发生在黏性土及均匀非黏性土体的渗流出口处。

土体发生渗透变形的原因取决于渗透坡降、土颗粒的性质。设计时,一方面应降低渗透坡降,从而减小渗流流速和渗透压力;另一方面,应增加渗流出逸处土体的抗渗透变形的能力,具体措施可以设置防渗设施、反滤排水、减压设施和盖重。

2. 土石坝的稳定分析

土石坝稳定分析的目的是为了校核所拟坝坡是否安全、经济。

(1)滑裂面的形状及分析工况

由于坝体结构、坝基地质及坝的工作条件不同,土石坝可能出现的滑裂面形状也不同,一般可分为圆弧形、直线或折线形、复合形几种。

1)圆弧滑裂面。通过黏性土的坝体或连同黏性土坝基的滑裂面的形状是上陡下缓的曲面。分析时，该曲面常用圆弧代替。

2)直线或折线滑裂面。当通过无黏性土时，其滑裂面可能是直线或折线。即砂性干、湿坝坡，滑弧为直线，坝坡部分浸水时呈折线形；当有斜墙时，折线面常通过斜墙的顶面或底面。

3)复合滑裂面。当通过几种性质不同的土体时，滑裂面可能是由直线和曲线组成的复合形状的滑裂面。

坝坡稳定分析时，应考虑下列四种工况，分别进行验算：①施工期的上、下游坝坡；②稳定渗流期的下游坝坡；③水库水位降落期的上游坝坡；④正常运用遇地震时上、下游坝坡。

(2)滑坡分析的原理

一般情况下，视滑坡体为刚体，利用刚体极限平衡理论进行分析。计算时，先判断破坏面(滑动面)的形式，然后选取某可能的危险滑动面，求出其抗滑稳定安全系数。改变相关参数，假设若干个可能的滑裂面，分别计算，最后求出最小抗滑稳定安全系数。当求出的最小安全系数大于规范允许值时，则说明验算的边坡稳定。

4.3.4　土石坝的地基处理

1. 砂卵石地基处理

砂卵石地基的处理目的是，截断坝基渗流或延长渗径，以降低渗透坡降、防止渗透变形的发生，减少渗漏量等。

防渗措施主要有黏土截水槽、混凝土防渗墙、灌浆帷幕、水平黏土铺盖等。在技术许可时，优先采用垂直防渗、截渗设施。排水减压设施有排水沟、减压井、透水盖重等。

(1)黏土截水槽

截水槽是均质坝、斜墙或心墙向透水地基中延伸的部分，当砂砾石深度在 15 m 以内，在坝轴线处或略偏上游的坝基上，平行坝轴线方向开挖一梯形槽，槽深直达不透水层或基岩，槽内回填黏土与坝体防渗体连成整体。

截水槽底宽不应小于 3.0 m。边坡一般不陡于 1∶1～1∶1.5。截水槽内回填与坝体防渗体的土料相同，两侧设置过渡层或反滤层。对于均质坝，可将截水槽设于距上游坝脚 1/3～1/2 坝底宽度内。

截水槽底部与不透水层接触面是防渗的薄弱环节。不透水层为岩基时，常在接触面上修建混凝土齿墙。若不透层为黏土，则将截水槽底部嵌入黏土层 0.5～1.0 m。截水槽结构简单，工作可靠，防渗效果好，应用广泛。

(2)混凝土防渗墙

当砂砾石深度在 15～80 m 以内，可采用混凝土防渗墙。混凝土防渗墙是在平行坝轴线方向打圆孔或槽孔，在槽中浇筑混凝土，形成一道地下防渗墙。混凝土防渗墙的厚度一般为 0.6～0.9 m，最大为 1.3 m，墙底嵌入基岩石 0.5～1.0 m，墙顶插入坝身防渗体内的深度，宜为坝高的 1/10，低坝应不低于 2 m。

(3)帷幕灌浆

当砂卵石厚度很深或采用其他措施不合理时，可采用帷幕灌浆。一般用钻孔灌浆的办法，将水泥浆或水泥黏土浆压入砂砾的孔隙中，胶凝成帷幕。灌浆帷幕的适宜深度为 30～100 m。也可深层采用灌浆帷幕，上部采用黏土截水槽或混凝土防渗墙。

(4)防渗铺盖

铺盖是一种水平防渗设施。它是从坝体防渗体向上游延伸而成。铺盖不能完全截断渗流,但可增长渗径,减小渗透坡降和渗流量。铺盖的长度一般为设计水头的4～6倍。上游端最小厚度取0.5～1.0 m,向下游逐渐加厚,与斜墙连接处长达3～5 m。铺盖与地基粗粒土接触时,应设置反滤层或垫层,铺盖表面应设保护层。

2. 细砂及软弱土基的处理

(1)细砂地基

细砂和可能产生液化地基的处理可采用挖除、人工加密、围封等工程措施。对表层或较浅的细砂层,可采用挖除的方法;当砂层较厚挖除有困难时,可采取爆炸压实、夯击压实、振动水冲等方法进行人工加密。还可采用板桩、截水墙或沉箱等围封法处理,但这些方法造价高,应用较少。

(2)软黏土地基。对于厚度不大的淤泥层,可全部挖除。如淤泥层或软弱土层较厚,分布范围较广时,可采用加荷预压、振冲置换或打砂井法处理。

3. 土坝与地基、岸坡的连接

土石坝与地基的接触面,容易发生集中渗流而造成渗透破坏,因此,对于均质坝,当坝体与土基连接时,应在坝基开挖齿槽,回填坝体土料,齿槽深度不小于1.0 m,槽宽2～3 m。接合槽沿接触面增加的渗径长度,应为坝底宽的5%～10%。坝与岩石地基连接时,先对岩石表面进行清理、缺陷堵塞,为使坝体与基岩紧密结合,可在接合处设置混凝土齿墙。

土石坝与岸坡连接时,为防止不均匀沉陷而产生裂缝,岸坡的开挖应大致平顺,不得开挖成台阶形,坡度不宜太陡,岩石岸坡应不陡于1∶0.5;土质岸坡不陡于1∶1.5。

土石坝的坝体与混凝土坝、溢洪道、船闸、涵管等建筑物连接时,必须防止接触面的集中渗流和不均匀沉降而产生的裂缝,以及水流对下游坝脚的冲刷等有害影响。

4.4 支墩坝

支墩坝是由一系列支墩及其支承的上游挡水盖板组成。盖板形成挡水面,将水压力、泥沙压力等荷载传递给支墩,再由支墩传至地基。支墩沿坝轴线排列,支撑在岩基上。支墩坝按其结构形式可分为平板坝、大头坝和连拱坝,如图4.10所示。

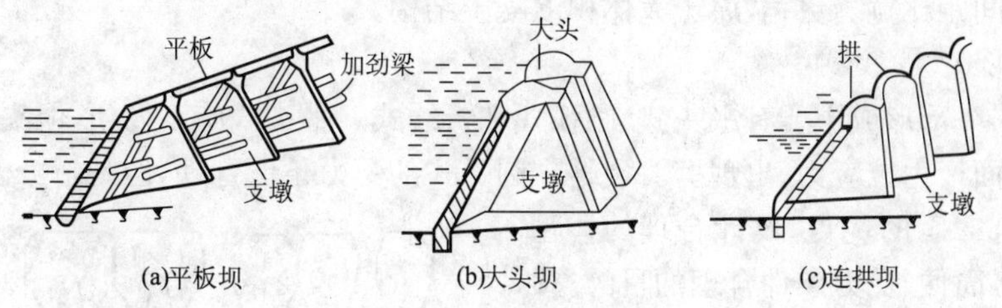

图4.10 支墩坝示意图

4.4.1 支墩坝的特点

支墩坝一般用混凝土或钢筋混凝土建造。与重力坝相比,支墩坝有以下特点:

(1)混凝土用量小。支墩坝的支墩较薄,墩间空间大,作用在坝底面的扬压力小。上游挡水面板的坡度较缓，可利用上游水重帮助坝体稳定。所以，混凝土的用量小。

(2)充分利用材料强度。支墩坝的支墩可以随受力情况调整厚度，因而可以充分地利用混凝土的抗压强度。连拱坝则可进一步将挡水盖板做成拱形结构，使材料的强度得到充分的发挥。但是对上游面板混凝土的抗裂和抗渗性能要求较高。

(3)坝身可以溢流。大头坝接近宽缝重力坝，坝身可以溢流，单宽流量可以较大。平板坝因其结构单薄，单宽流量不宜过大，以防坝体振动。连拱坝坝身一般不做溢流设施。

(4)侧向稳定性较差。一方面，因支墩本身单薄又互相分立，侧向稳定性比纵向稳定性低；另一方面，支墩是一块单薄的受压板，当作用力超过其临界值时，即使应力分析所得支墩应力未超过材料的破坏强度，支墩也会因丧失纵向稳定性而破坏。

(5)对地基的要求较高。支墩坝的坝底应力大，对地基的要求较重力坝高，尤其是连拱坝对地基要求更加严格。平板坝因面板与支墩常设成简支连接，对地基的要求有所降低，在非岩石或软弱岩基上也可修建较低的平板坝。

(6)施工条件有所改善。支墩间存在的空间减少了基坑开挖清理等工作量，便于在枯水期将坝体抢修出水面，支墩间的空腔还可以布置底孔，便于施工导流。因坝体施工散热面增加，故混凝土温度应力、收缩应力较小，温控措施容易，可以加快大坝上升速度，但立模相对复杂且模板用量大。

4.4.2　平板坝

平板坝由平面盖板和支墩组成。平面盖板即面板，由支墩支撑，其连接方式有简支式和连续式两种，一般采用简支式，以避免面板上游产生拉应力，并可适应地基变形。

支墩形式有单支墩和双支墩两种。支墩间距 5～10 m，顶厚 0.3～0.6 m，向下逐渐加厚。上下游坡度取决于地基条件，上游面板坡角为 40°～60°，下游支墩坡角为 60°～80°。支墩之间常采用加强梁，增加单支墩的侧向稳定性。

平板坝适用于气候温和地区的中、低水头枢纽。如我国 20 世纪 70 年代建成的福建古田二级水电站，坝高为 43.5 m。

4.4.3　大头坝

大头坝的头部和支墩连成整体，即头部是由上游面的支墩扩大形成。大头坝接近于宽缝重力坝，其墩间距比宽缝更宽，属于大体积混凝土结构。

1. 头部形式

大头坝的头部形成主要有平头式、圆弧式和折线式。平头式施工简便，但头部应力条件较差，容易在坝面产生拉应力，出现劈头裂缝。圆弧式的受力条件合理，但是施工模板比较复杂。折线式则兼有二者的优点，设计合理的体型能够达到施工简便、受力条件合理的目的。

2. 支墩形式

大头坝的支墩通常有开敞式单支墩、封闭式单支墩、开敞式双支墩、封闭式双支墩四种形式，如图 4.11 所示。

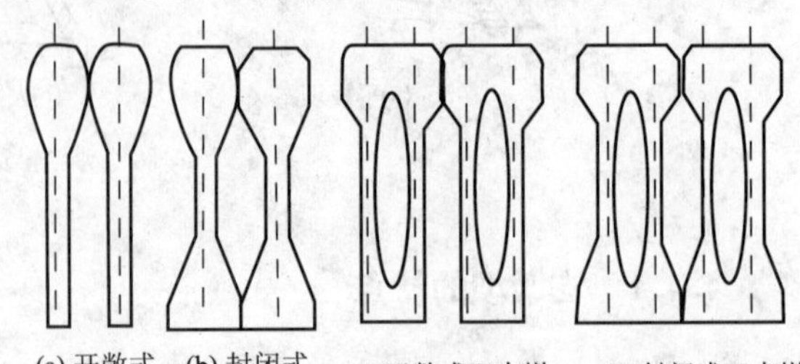

图 4.11　大头坝支墩的水平剖面图

1)开敞式单支墩。结构简单，施工方便，便于观察检修，但是侧向刚度较低，保温条件差。高大头坝较少采用。

2)封闭式单支墩。侧向刚度较高,墩间空腔被封闭,保温条件好,便于坝顶溢流,采用最广泛。

3)开敞式双支墩。侧向刚度高,支墩内设空腔,可改变头部应力状态,但施工较复杂,多用于高坝。

4)封闭式双支墩。侧向刚度最高,但施工也最复杂,多用于高坝。

在支墩坝中,我国建造较多的是大头坝。如,广东新丰江水电站,单支墩大头坝,坝高105 m,装机容量 292.5 MW;安徽磨子潭水电站,双支墩大头坝,坝高 82.4 m,装机容量 16 MW。

4.4.4 连拱坝

连拱坝的挡水面板是一连串的拱筒,拱筒与支墩刚性连接成超静定结构。连拱坝利用拱承载能力高,受力条件较好的特点,其拱筒可以做得较薄,支墩间距较大,且连拱坝能充分利用材料强度,所以在支墩坝中,以连拱坝的混凝土工程量最小,但施工复杂,钢筋用量也多。

连拱坝支墩的基本剖面为三角形,其尺寸受抗滑稳定与支墩上游面的拉应力两个因素控制。一般上游坡角为 45°～60°,下游坡角为 70°～80°。

连拱坝的拱壳一般采用圆弧形。支墩有单支墩和双支墩两种,后者侧向刚度较大,多用在高连拱坝中。连拱坝不宜从坝顶溢流,应另设溢洪道,但当泄流量不大时,可将溢流堰或底孔设在支墩内,或在支墩上建造陡槽。泄水管或引水管可穿过拱筒,支墩之间可布置水电站厂房。

连拱坝适用于气候温和和岩基良好的情况。我国建成于 20 世纪 50 年代的安徽梅山水电站,坝高 88.24 m,装机容量 40 MW,是当时世界上最高的连拱坝。

4.5 橡胶坝

橡胶坝是随着高分子合成材料工业的发展而出现的一种新型水工建筑物。它是以高强力合成纤维布为受力骨架,内外两面为硫化氯丁橡胶层作为止水层和保护层的胶布,它代替了自古以来筑坝所用的土、石、木、钢等建筑材料,是建筑材料的一项技术创新。按工程设计要求其锚固在河道基础底板和端墙上,形成一个封闭的橡胶布囊,充气或充水形成橡胶柔性体挡水。根据坝袋所采用材料的性质和本身特性,橡胶坝在国外又称橡胶坝、尼龙坝、织物坝、可充胀坝、可伸缩坝或软壳水工结构等,在我国习惯上称橡胶坝。

4.5.1 橡胶坝的特点

1. 结构简单,节省三材,造价低

橡胶坝坝袋是以橡胶和作为受力骨架的合成纤维织物等制成的薄壁柔性结构,代替钢、木及钢筋混凝土结构。由于不需要修建中间闸墩、工作桥和安装启闭机具等钢和钢筋混凝土水上结构,并简化水下结构,因此三材用量显著减少,一般可节省钢材 30%～50%、水泥 50%左右、木材 60%以上,从而大大节省了工程投资。橡胶坝的造价与同规模的常规闸坝相比,造价较低,一般可减少投资 30%～70%,这是橡胶坝的突出优点。

2. 施工期短

橡胶坝坝袋是先在工厂按设计要求的尺寸加工制造,然后运到现场安装,因此施工速度快。长 30～60 m 的坝袋,重量约 10～20 t,运输方便。坝袋锚固安装也比较简单,一般 3～15 d即可安装完毕。由于整个工程结构简单,三材用量少,工期一般为 3～6 个月。橡胶坝工程可做到当年施工,当年受益。

3. 管理方便,运行费用低

橡胶坝工程的挡水主体为充满水(气)的坝袋,通过向坝袋内充排水(气)来调节坝高,控制系统仅为水泵(空压机)、阀门等,简单可靠,管理方便。制作坝袋的胶布平时几乎不需维修,不像钢闸门那样需定期涂刷防锈漆。

4. 抗震性能好

橡胶坝的坝体为柔性薄壳结构,富有弹性,其冲击弹性 35%左右,制作坝袋的橡胶伸长率可达 600%,具有以柔克刚的性能,从而能抵抗强大的地震波和特大洪水、海水的波浪冲击。

5. 坚固性较差,易老化

坝袋多为 5～20 mm 厚的胶布制品,具有重量轻和柔性好的优点,但同时其耐磨和坚固性较差,易受机械损伤,所以在运输、安装和运用中要注意维护,避免尖锐物等的刺伤。高分子合成材料虽然是很有发展前途的新材料,但也存在着易老化的弱点,制造坝袋的材料是合成高分子聚合物,在日光、大气和水的作用下,会引起高分子材料组成和结构的破坏,使其逐步失去原有的优良性能,以致强度和弹性都将逐渐降低,最后丧失其使用价值。

4.5.2 橡胶坝的适用范围

橡胶坝这一结构新颖的水工建筑物,坝袋所使用的原材料来源于石油的副产品。随着科技进步和我国石油化工、纺织工业的发展,为橡胶坝的推广应用提供了可靠的材料保证。橡胶坝的适用范围主要包括以下几个方面。

(1)用于水库溢洪道上的闸门或活动溢流堰,以增加库容及发电水头。建在溢洪道或溢流堰上的橡胶坝,坝后紧接陡坡段,无下游回流顶托现象,袋体不易产生颤动。从水资源高效利用方面分析,将橡胶坝应用于水库溢洪道或拦河坝的增高,这种方式可充分利用水资源,发挥水库或水电站的潜在效益。从工程角度分析,由于在现有水库溢洪道上加建橡胶坝,常可免去橡胶坝工程的上游防渗和下游防冲设施,坝底板不需处理或稍加修整即可;橡胶坝坝袋、锚固和充排水系统等在厂家生产,在工程现场主要是安装,施工期短;橡胶坝的施工是在原溢流坝顶上进行,不影响水库电站运行,施工方便。因此,在水库溢洪道上兴建橡胶坝效益最为显著。

(2)用于河道上的低水头溢流坝或活动溢流堰。平原河道的特点是水流比较平稳,河道断面较宽,宜建橡胶坝,它能充分发挥橡胶坝跨度大的优点。如海河流域下游地区的复式河床,一般窄深河槽为经常过水部分,此外有 500～1 000 m 宽的漫滩行洪部分,窄深河槽适宜建造橡胶坝。坍坝泻洪时,几乎保持原有河床断面,不阻水;洪水、漂浮物和泥沙等能顺利过坝。所以在黄淮海平原的河道上修建橡胶坝有着广阔的发展前景。

(3)用于沿海岸作防浪堤或挡潮闸。由于橡胶制品有抗海水浸蚀和海生生物影响的性能,而且耐老化性能在海水中优于在淡水中,不会像钢、铁那样因生锈引起性能降低,故沿海地区的挡潮闸门更适合采用橡胶坝。

(4)用于地下水回灌。如辽宁省大连旅顺口区受自然地理条件限制,水资源严重缺乏,同时本地区长期受海水入侵影响,地下水被严重污染。为满足当地农业灌溉用水,保证城镇工业和居民用水,先是修建地下拦水坝将龙河地下潜流截住,再在地面上用橡胶坝拦住地表水,形成一个库容 87 万 m^3 的水库。

(5)用于渠系上的进水闸、分水闸、节制闸等工程。建在渠系上的橡胶坝，由于水流比较平稳，柔性袋体止水性能好，能保持水位并通过控制坝高来调节水位和流量。

(6)用于船闸的上、下游闸门。与传统船闸相比，该船闸具有运作便捷，不影响行洪，节省占地和投资等优点。橡胶坝船闸作为一种新开发的新型船闸，具有省时、省力、省投资、省占地、方便快捷的特点，充气式橡胶坝更有节水的优点，这对于我国北方干旱地区的季节性河道更具特殊意义。

(7)用于施工围堰或活动围堰。橡胶活动围堰有其特别优越之处，如高度可升可降，并且可从堰顶溢流，解决了在城市取土的困难，不需用土筑围堰，可保持河道清洁，节省劳力和缩短工期等。这种活动围堰适用于水利工程施工截流、维修、临时性或半永久性的挡水建筑物。

(8)用于城区园林美化工程。起初，我国兴建的橡胶坝工程主要是为农业灌溉服务，但由于橡胶坝所具有的独特优点，应用范围越来越广，近年来，大规模应用于城区园林美化，改善生态环境。

4.5.3　国外橡胶坝的发展状况

第一座橡胶坝是由美国加利福尼亚州洛杉矶水利电力局工程师伊姆伯逊设计的，并取得专利权，这种坝型还被命名为伊姆伯逊织物坝，如图 4.12 所示。

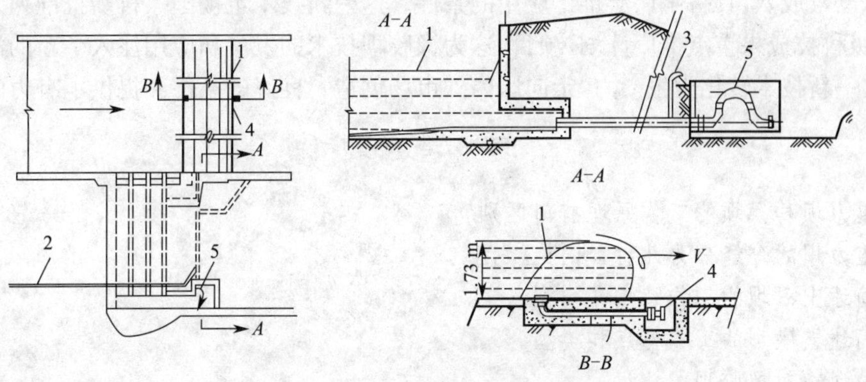

图 4.12　美国洛杉矶河橡胶坝图

1—橡胶坝；2—冲排水管；3—溢流管；4—阀门；5—虹吸管

为强化橡胶坝，胶面常涂一层防老化层，其颜色有银灰色和绿色。多以氯磺化聚乙烯为防老化涂层。

法国为了防止坝袋被漂浮物刺破，采用在坝面上再覆盖一层高强度的柔性胶布作保护层。其下游边与坝袋分别固定在底板上，下游边为自由端。当跨度很大时；保护胶布互相搭盖，但不粘结。

日本为使坝袋免受硬冲击而损伤，增设了缓冲层结构，即在坝袋内上下锚固线之间的基础底板面上、坝袋下游侧与基础面接触的坝袋内壁上，粘上一层“海绵”层，厚度为 4～12 mm，坝袋坍平后，上层坝袋平铺在海绵垫上，可减轻过坝卵石等物对坝袋的冲击力。

为了减轻坝袋振动，美、日、英等国在坝袋上加一个加劲圈挑水棒或加一个鳍状物，都有减轻振动的效果。

4.5.4 我国橡胶坝的发展研究

我国地域辽阔,气候多变。在北方,河流多属于季节性河流,非汛期水量小,冬季河流结冰,在南方,降水量大,即使在非汛期,河水流量也比较大。为适应在不同条件下应用橡胶坝,进行了大量的试验研究,如坝袋胶布的胶料配方研究,帆布试制,坝袋抗波浪试验,泥沙冲淤试验,坝袋振动试验,橡胶坝流量系数试验,坝袋锚固,充气橡胶坝技术研究等。所有这些试验研究为我国在南北方地区的不同条件下兴建橡胶坝提供了可靠的保证。同时,在实践和运用中,也积累了许多宝贵经验。

面对橡胶坝在国外得到广泛应用和我国水利事业蓬勃发展的需求状况,我国于1965年下半年开始进行了橡胶坝的研制建设工作。北京右安门橡胶坝可称为我国第一座橡胶坝。从1966年到1993年近三十年间全国仅建成橡胶坝366座,20世纪90年代,橡胶坝在我国得到迅速发展,据不完全统计,截至2006年10月,我国已建成橡胶坝约2 000座,近年来更是以每年新建300座左右的速度发展。国内橡胶坝目前最高6m,单跨最长176 m,多跨最长1 135 m,建于1980年的西藏羊八井橡胶坝海拔4 300多米,是我国海拔最高的橡胶坝。橡胶坝在我国分布广泛,西到新疆维吾尔自治区石河子市,东到黑龙江省鸡西市梨树区,北到黑龙江省大兴安岭林区加格达奇,南到海南省五指山市,遍布我国内地所有的省、自治区和直辖市。此外,香港特别行政区截至1999年已建成橡胶坝20座,台湾省也建有橡胶坝钢闸门。

我国橡胶坝发展至今,在橡胶坝的科研、设计、施工和运用管理以及坝袋制造和防护等方面的技术已较成熟,具备了广泛推广应用的条件。这一新技术也被国家科委批准列入1992年的《国家级科技成果重点推广计划》项目,这为橡胶坝技术的发展和应用注入了新的活力,并为迅速将这一新技术转化为生产力,走向国内外市场创造了良好的条件和提供了有力的保证。

思考题

1. 重力坝和拱坝的工作原理有何区别?
2. 重力坝的分缝分为几种,有何区别?
3. 简述土石坝的工作特点和类型。
4. 简述支墩坝的工作特点和类型。
5. 谈谈你对橡胶坝的认识。
6. 重力坝和土石坝的工作原理有何区别?
7. 简述作用于重力坝上的荷载。
8. 土石坝的分类有哪些?

5 泄水建筑物

5.1 泄水建筑物的作用与分类

泄水建筑物是指为宣泄水库、河道、渠道、涝区超过调蓄或承受能力的洪水或涝水，以及为泄放水库、渠道内的存水以利于安全防护或检查维修的水工建筑物。常用的泄水建筑物有：①低水头水利枢纽的滚水坝、拦河闸（泄水闸）和冲沙闸。②高水头水利枢纽的溢流坝、溢洪道、泄水（底）孔、泄水涵管、泄水隧洞。③由河道分泄洪水的分洪闸、溢洪堤。④由渠道分泄入渠洪水或多余水量的泄水闸、退水闸。⑤由涝区排泄涝水的排水闸、排水泵站等。泄水建筑物是保证水利枢纽和水工建筑物安全、减免洪涝灾害的重要的水工建筑物。

由混凝土或浆砌石坝构成的水利枢纽，一般将坝的一部分做成溢流坝，有时还在坝内设置泄水（底）孔；由土石坝构成的水利枢纽，有时也将其一部分做成溢流坝，有的则在坝内设置泄水涵管，这些都称为坝身式泄水建筑物。土石坝水利枢纽中更为常用的是在岸边垭口处设置的溢洪道和在岸边山体中开挖的泄洪隧洞，称为岸边式泄水建筑物。

泄水建筑物的泄水方式有堰流和孔流两种。通过溢流坝、溢洪道、溢洪堤和全部开启的水闸的水流属于堰流；通过泄水隧洞、泄水涵管、泄水（底）孔和局部开启的水闸的水流属于孔流。

溢流坝、溢洪道、溢流堤、泄水闸等泄水建筑物的进口为不加控制的开敞式溢流孔或由闸门控制的开敞式闸孔。泄水隧洞、坝身泄水（底）孔、坝身泄水涵管等泄水建筑物的进口淹没在水下，需设置闸门，由井式、塔式、岸塔式或斜坡式的进口设施来控制启闭。

泄水建筑物中的堰流和孔流多为高速水流。为防止对坝身引起磨损特别是空蚀破坏，应做好堰面和孔口的体形设计，控制表面的不平整度，采用抗冲耐磨材料，必要时设置通气槽等通气减蚀措施。还必须注意高速水流引起闸门振动的问题。

泄水建筑物出口应结合泄流方式、流量流速大小、下游水位以及地形地质条件，选用合适的消能防冲措施，使出口水流的流态以及冲坑、雾化等现象不致影响坝身和岸坡的安全和水电站、航道的正常工作。

泄水建筑物的布置、形式和轮廓设计等取决于水文、地形、地质以及泄水流量、泄水时间、上下游限制水位等任务和要求。设计时，一般先选定泄水形式，拟定若干个布置方案和轮廓尺寸，再进行水力和结构计算，与枢纽中其他建筑物进行综合分析，选用既能满足泄水需要又经济合理、便于施工的最佳方案。必要时采用不同的泄水方式，进行方案优选。

中国修建泄水建筑物的历史悠久，早在春秋战国时期就有相关记载。随着实践经验的不断丰富和科学技术的不断发展，世界上的泄水建筑物在形式、构造、材料以及消能防冲、防空蚀、抗振动、地基处理、施工技术等方面都日趋进步，规模也在不断扩大。如巴西图库鲁依工程泄水建筑物的最大泄量为 104 400 m^3/s，中国葛洲坝水利枢纽的最大泄量达 110 000 m^3/s，巴基斯坦门格拉水利枢纽岸边溢洪道的单宽流量达 290 $m^3/(s \cdot m)$，中国东江水电站右岸滑雪道式溢洪道采用窄缝式挑流消能，窄缝收缩段始端的单宽流量为 151 $m^3/(s \cdot m)$，末端则达 604 $m^3/(s \cdot m)$。

5.2 溢洪道

5.2.1 概　　述

在水利枢纽中，修建泄水建筑物是为了泄放超过水库调蓄能力的洪水，满足防洪调节和放空水库等要求，以确保大坝安全。

泄水建筑物可以与挡水建筑物相结合，建于河床中，称为河床泄水建筑物，常见的型式有：通过坝顶泄水的溢流坝，在坝身中部或底部设置的中孔泄洪孔、深式泄水孔，坝下涵管等；泄水建筑物也可以修建在大坝以外的水库岸边，称为岸边泄水建筑物，常见的型式有：岸边溢洪道、泄水隧洞等。

5.2.2 岸边溢洪

1. 岸边溢洪道的一般工作方式与分类

岸边溢洪道常布置在拦河坝两侧的河岸(图5.1)或拦河坝上游水库库岸的适宜地形处。岸边溢洪道的结构一般为地面开敞式，它常以堰流方式泄水，泄流能力与堰顶水头的1.5次方成正比，有较大的超泄能力，即泄水能力会随水库水位的升高而迅速增加，从而减少洪水翻坝漫顶的可能性。堰上常设表孔闸门控制，以增大水库的调洪能力和便于调度运行。由于受下游泄量限制或降低闸门高度等原因，在堰顶闸孔上可以设置胸墙，在高水位运行时，泄流方式将由堰流转变为孔流。中小型工程也可考虑不设闸门，这时水库正常蓄水位与堰顶齐平，水位超过堰顶即自动泄洪。岸边开敞式溢洪道检查方便，运用安全可靠，可充分利用地形，减少土石方开挖量，所以应用很广。

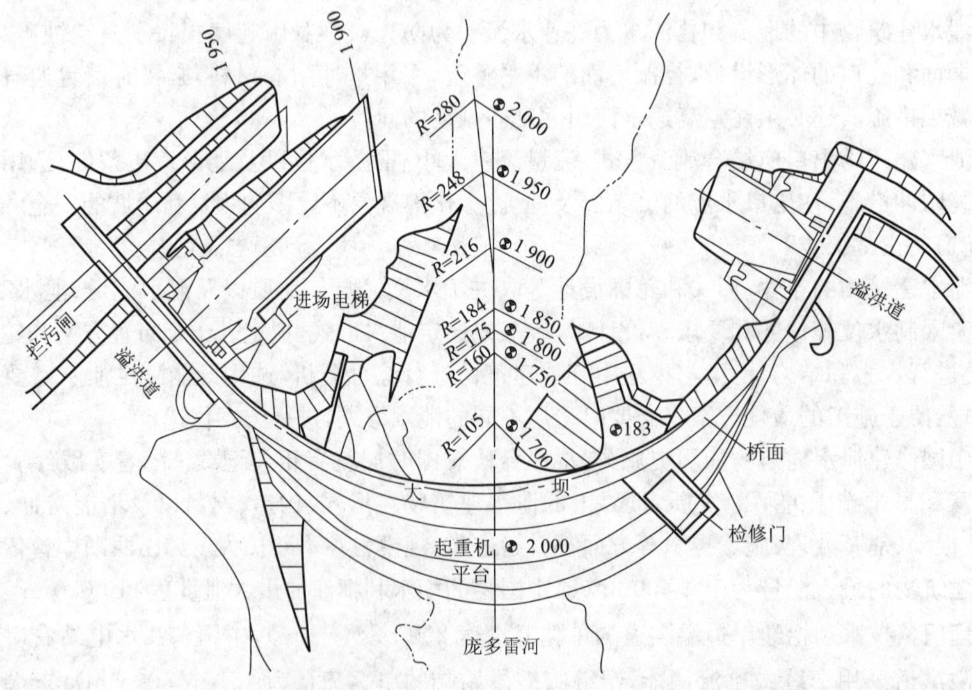

图5.1　美国邦德里(Boundary)水电站平面布置图(单位:m)

岸边溢洪道可以划分为正常溢洪道和非常溢洪道，正常溢洪道的泄洪能力应满足设计洪水标准的要求；非常溢洪道用于宣泄出现概率较低的特大洪水。

岸边溢洪道的类型很多。按流态可分为以下几种型式。

(1)正槽溢洪道。溢洪道的泄槽与溢流堰轴线正交，过堰水流与泄槽轴线方向一致，是应用最广的型式。

(2)侧槽溢洪道。溢洪道的泄槽与溢流堰轴线接近平行，水流过堰后，在侧槽段的极短距离内转弯约 90°，再经泄槽或斜井、隧洞泄入下游。

(3)井式溢洪道。水流从平面呈环形的溢流堰四周向中心汇入，再经竖井、隧洞泄入下游。

(4)虹吸溢洪道。利用虹吸作用，使水流翻越堰顶的虹吸管，再经泄槽泄入下游。虹吸溢洪道是一种封闭式溢洪道。

2. 岸边溢洪道的适用条件

岸边溢洪道广泛应用于以下几种情况：坝型不适宜坝身过水，如挡水建筑物为土石坝的大、中、小型水利枢纽(图 5.2)；当河谷狭窄而要求泄量很大时，坝身布置溢洪道在结构构造上有困难，为保证安全泄洪，可以采用岸边溢洪道(图 5.3)。另外，由于其他条件的影响，不得不采用河岸溢洪道，如泄洪要求的前缘宽度大于坝轴线长度时；为满足布置坝后式水电站厂房的需要；坝外布置溢洪道技术经济条件更为有利时。如果河岸一侧在地形上有天然垭口，高程恰当，地质上又有抗冲性能好的岩基，则最适宜设坝外溢洪道。

泄水建筑物在水利水电枢纽工程中占有极其重要的地位，河岸溢洪道是其主要型式。本章主要论述正槽溢洪道的基本设计理论和方法，简要介绍其他型式的溢洪道。

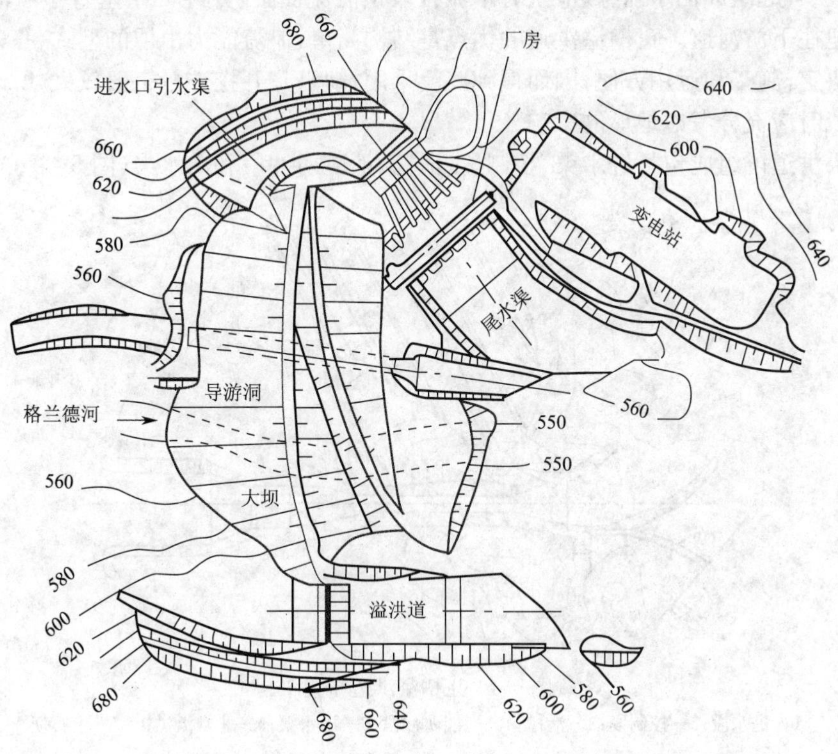

图 5.2 巴西埃斯特雷图(Estreito)电站总体布置图

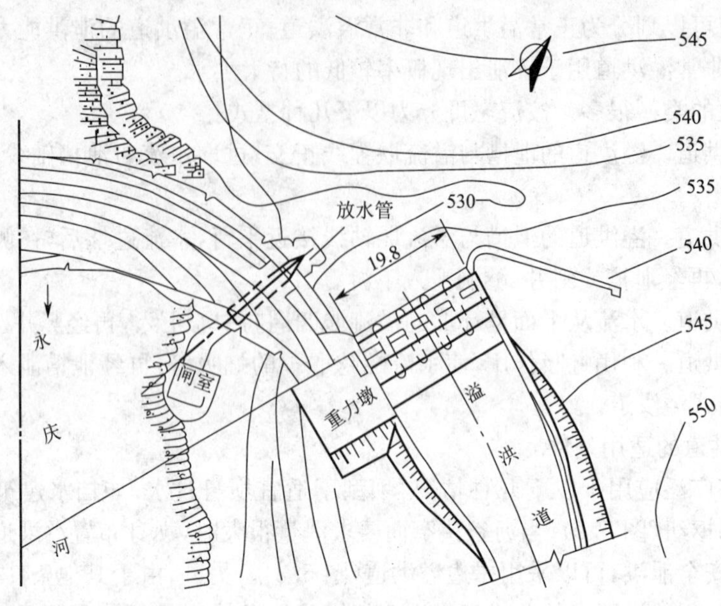

图 5.3　河口拱坝的平面布置图(单位:m)

5.2.3　正槽溢洪道

正槽溢洪道是以宽顶堰或实用堰为控制堰的岸边溢洪道，蓄水时控制堰(设闸门或不设闸门)与拦河坝一起组成挡水前缘，泄洪时水流自堰顶溢流而下，并经一条垂直于溢流堰方向的陡坡泄槽泄往下游河道。正槽溢洪道的优点是结构简单，泄流能力由堰的型式、孔口尺寸以及堰顶水头决定，施工和运用方便，因而得到广泛采用；缺点是开挖方量一般较大，所以确定正槽溢洪道轴线时应充分考虑地形的影响。

正槽溢洪道的组成包括进水渠、控制段、泄槽、消能防冲段和出水渠(图 5.4)。

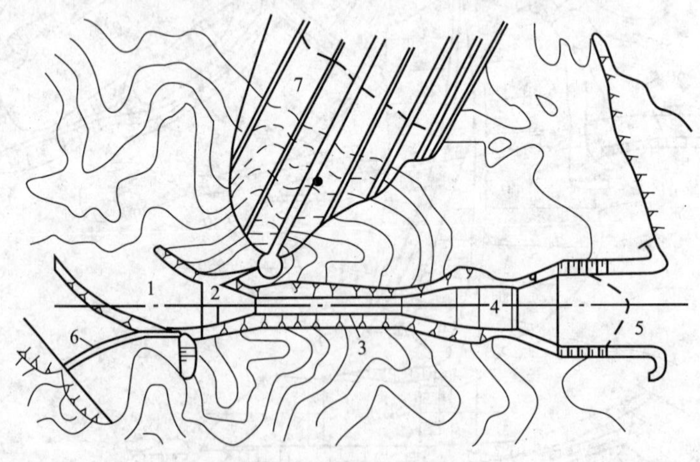

图 5.4　正槽溢洪道布置图

1—进水段；2—控制段；3—泄槽；4—消能防冲段；5—出水渠；6—非常溢洪道；7—土石坝

1. 进水渠

受地形、地质条件限制，溢流堰一般不能紧靠水库，需在溢流堰前开挖进水渠，将水库的水平顺地引向溢流堰。当进口直接面临水库或紧靠大坝时，为避免产生涡流及横向流，大都在靠坝一侧设置导水墙，布置成拐弯式的喇叭口形。图 5.5 所示是两种进水渠的布置型式。

进水渠的水流条件不仅影响泄量及控制段的均匀泄流，还影响泄槽的水流流态。因此，要求进水渠轴线方向进水顺畅，且前缘不得有阻碍进流的山头或建筑物，以便水流平稳、均匀入渠。对于多泥沙、小库容的工程，还应考虑防沙防淤的措施。进水渠中的设计流速应大于悬移质不淤流速，小于渠道不冲流速，且水头损失较小。通常进水渠中的水流设计流速为 3～5 m/s，从而可根据最大流量拟定渠道断面，并使任一断面的过水流量大于控制堰段断面的过水流量。渠线越长，流速越大，水头损失就越大。有时在山高坡陡的岩体中开挖溢洪道，为了减少土石方开挖，也可考虑采用较大的流速，如碧口水电站的岸边溢洪道，其进水渠中的流速，在设计情况下选用 5.58 m/s。

进水渠的渠底视地形条件可做成平底或具有不大的逆坡。渠底高程要比堰顶高程低些，因为在一定的堰顶水头下，行进水深大，流量系数也较大，泄放相同流量所需的堰顶长度要小。在满足水流条件和渠底容许流速的限度内，如何确定进水渠水深和宽度，需要经过方案比较后确定。在临近控制堰前采取呈喇叭口形的渐变段(图 5.5)，渐变段的导墙顺水流方向的长度宜大于堰前水深的 2 倍，墙顶高程应高于泄洪时最高库水位，渠底则用混凝土衬护，衬砌厚度 0.2～0.3m。渐变段上游的边坡及渠底是否需要衬砌，应根据天然地基上开挖成的断面，在稳定、抗冲、抗风化等方面是否安全而定。进水渠沿水流方向的中心线在平面上最好呈直线，而且横断面最好与中心线对称，以取得优良的水流条件。当不得不设弯段时，其转弯半径应不小于 4～6 倍渠底宽度。

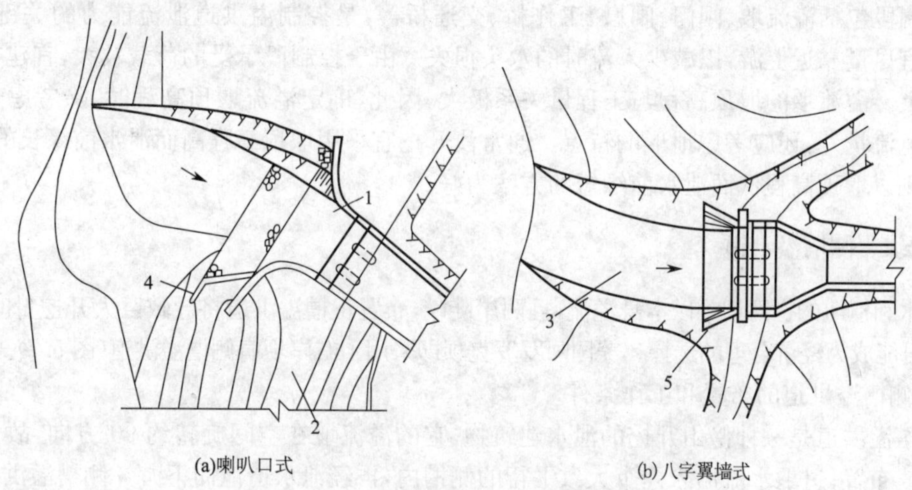

图 5.5　正槽溢洪道进水渠型式

1—喇叭口；2—土石坝；3—进水渠；4—导水墙；5—八字翼墙

进水渠的横断面，在岩基上接近于矩形，边坡根据岩体条件确定，新鲜岩石一般为 1∶0.1～1∶0.3，风化岩石可用 1∶0.5～1∶1.0。在土基上采用梯形，边坡根据土坡稳定要求及有无衬砌确定，一般选用 1∶1.5～1∶2.5。

进水渠的渠线不宜过长，当受地形、地质条件限制，必须布置较长的进水渠时(图 5.6)，则在泄流计算中应考虑该段的水头损失。

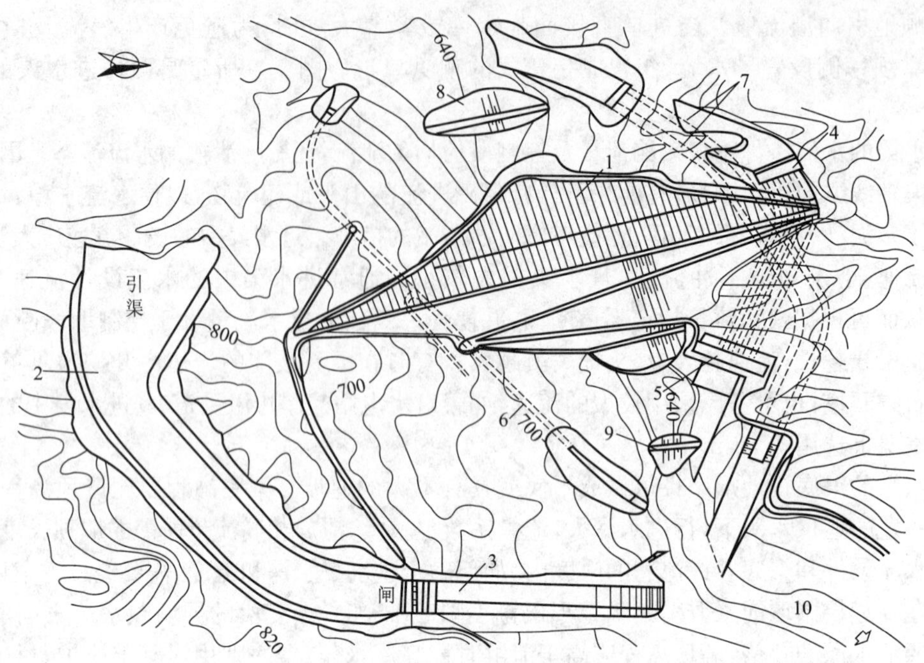

图 5.6　天生桥一级面板堆石坝平面图

1 —面板堆石坝;2 —溢洪道;3 —泄槽;4 —进水口;5 —水电站;6 —泄洪洞;
7 —导流洞;8 —上围堰;9 —下围堰;10 —南盘江

2. 控制段

控制段包括溢流堰、闸门、闸墩、工作桥、交通桥等,是控制溢洪道泄流能力的关键部位。控制段宜尽量靠近上游,以减少入流时的水头损失。由于控制段承受的荷载较大,宜建在较好的地基上。溢流堰的堰顶高程与工程量关系极大,因此,确定溢流堰顶高程时,除考虑选用合理的单宽流量外,还应考虑地形的特点。通常浅开挖宜采用堰顶高程高而泄水前缘长的方案,深开挖则以堰顶高程低而泄水前缘短的方案为好。

5.2.4　侧槽溢洪道

当水利枢纽的拦河坝难以本身溢流,且两岸陡峭,布置正槽溢洪道将导致巨大开挖量时,侧槽溢洪道可能成为经济合理的选择。美国阿罗罗克坝即采用了右岸坝肩侧槽溢洪道(图 5.7)。

1. 侧槽溢洪道的布置和工作条件

侧槽溢洪道是一种傍山开挖的泄水建筑物,它的溢流堰在空间旋转约 90°方向,故而大致沿等高线布置;过堰水流溢入一个大致平行的侧槽内,再经泄水道泄向下游。侧槽溢洪道适用于狭窄河谷的水利枢纽,对采用土石坝等的枢纽无适当地形修建河岸式正堰溢洪道的情况尤为适用。侧槽溢洪道的溢流前缘可适应地形、地质条件,侧槽及泄水道的断面较为窄深,可减少开挖。且由于溢流前缘的长度比泄水道和侧槽的宽度大得多,堰顶水头和闸门高度可大为减小,故经济效益较好。

但是侧槽中的水流条件比较复杂,在槽中有横向漩滚,水流的紊动和撞击很强烈。因此侧槽多建在完整坚实的岩基上,且要有质量较好的衬砌。一般不宜在土基上修建侧槽溢洪道。

2. 侧槽溢洪道的水流条件和断面设计

侧槽溢洪道由溢流堰、侧槽、泄洪槽或明流泄洪洞、出口消能设施和尾水渠组成。溢流堰轴线大致沿坝前河岸等高线布置，过堰水流进入大致与溢流堰平行的侧槽内，水流转向，经顺河岸方向的泄洪槽或泄洪隧洞，到消能设施和尾水渠，最后泄入下游河道。

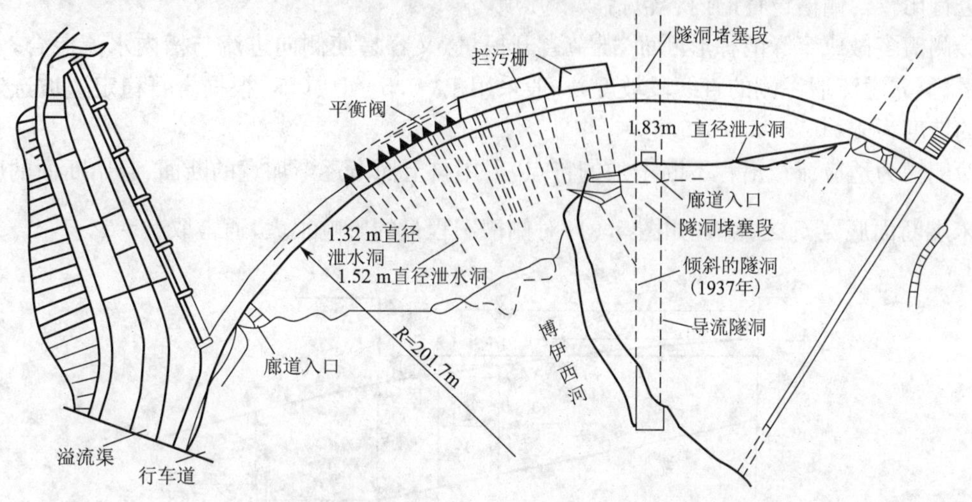

图 5.7 美国阿罗罗克(Arrowrock)坝平面布置图

由于水流条件复杂，侧槽溢洪道的水力条件，包括泄流能力、流态、水面曲线、消能防冲以及对下游河道和其他建筑物的影响，以及溢流堰的宽度、孔数、堰顶高程等，必须经水工模型试验验证，必要时还要参照已建工程来确定。

(1)溢流堰

溢流堰(图 5.8)是侧槽溢洪道的关键组成部分，其位置选择应与侧槽的位置选择统一考虑，布置在较好的岩基上，尽量靠近水库，且满足强度、稳定和抗渗的要求。溢流堰的地基防渗设施应与大坝的地基防渗设施连接在一起。

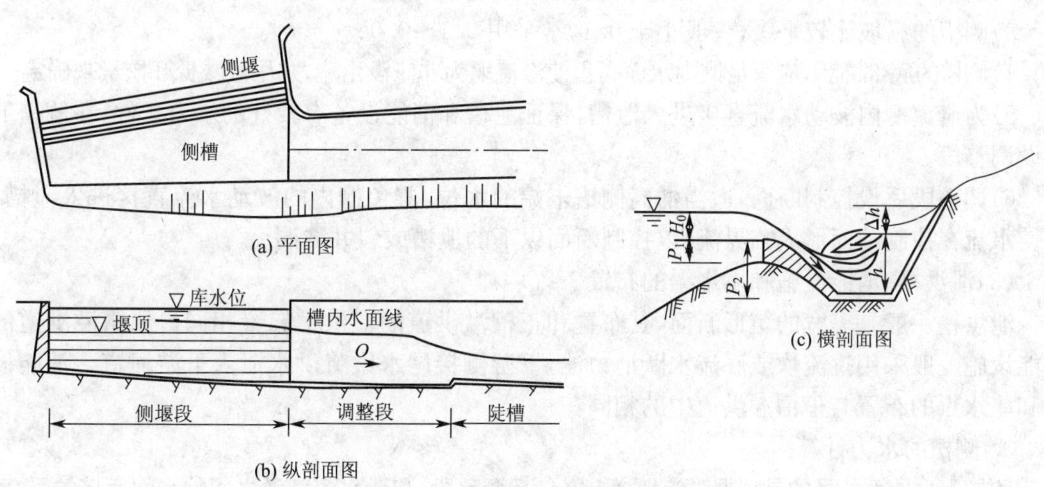

图 5.8 溢流堰和侧槽断面

侧槽溢洪道的溢流堰设计类似于正槽溢洪道，泄水道为明流泄槽时，泄槽设计也类似。

(2)侧槽

侧槽的主要水力特性是侧向进流、纵向泄流。由于溢流能量大部分消耗于水体间的漩滚撞击，故应在槽底形成一定的纵坡，来帮助水流顺槽方向的流动。侧槽中的水面高程应保证溢流堰为自由出流，以便提高泄流能力，在下游泄槽内形成良好的水流流态。

侧槽的设计应根据地质、地形条件和规划要求，拟定不同的方案，分别算出水面曲线和工程量进行比较。侧槽设计的内容包括以下几项。

1）侧槽多做成窄深的梯形断面，既节省开挖量，又容易使侧向进流与槽内水流混合，水面较为平稳，靠溢流堰一侧的直线段坡度，一般采用1∶0.5～1∶0.9；根据岩石稳定边坡选定另一侧的坡度为1∶0.3～1∶0.5。

2）侧槽为适应流量沿程不断增加的特点，采用自上而下逐渐加宽的断面，起始断面的底宽 b_0 与末端断面底宽 b_l 之比值（如图5.9），对侧槽工程量的影响很大，通常取$\frac{b_0}{b_l}=1\sim1/4$。

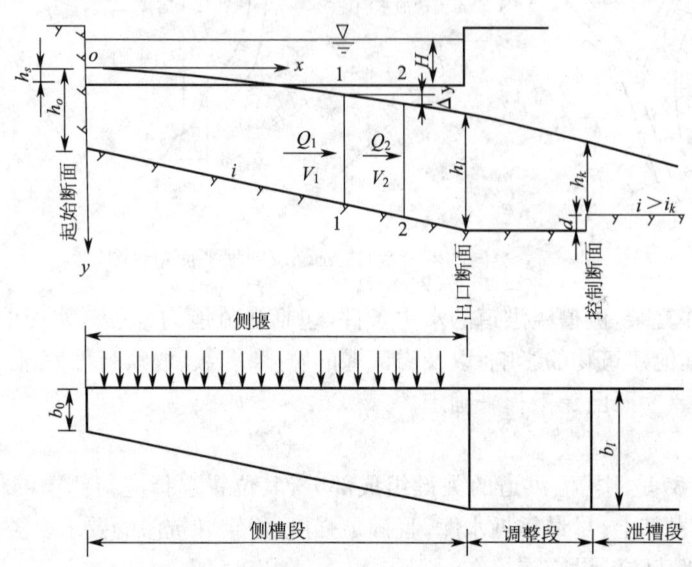

图5.9　侧槽水面曲线计算简图

3）侧槽的纵坡比较平缓，一般小于0.1，常采用0.1～0.05。

4）侧槽的底部高程，应满足槽内水面高程使溢流堰为非淹没出流，并尽量减少开挖量来确定。

5）为避免槽内波动水流直接进入泄槽，保证泄槽和消能设备有较好的水力条件，在侧槽下游设调整段。

6）调整段后设控制断面，适当涌高侧槽末端的水位，避免槽内的波动水流直接进入泄槽，并使水流在控制断面形成临界流，以控制断面以下的泄槽或斜井隧洞。

（3）泄洪槽、消能设施和尾水渠的布置

泄洪槽一般是等宽的矩形断面，其布置和正槽溢洪道的泄洪槽布置相同。侧槽溢洪道的消能设施一般采用挑流坎或底流水跃消力池，下游侧接尾水渠将洪水泄入下游河道。消能设施和尾水渠的布置与正槽溢洪道中的相同。

3. 侧槽的水力计算

侧槽水力计算的目的是根据溢流堰、侧槽（包括调整段）和泄水道三者之间的水面衔接关系，确定侧槽的水面曲线和相应的槽底高程。当计算侧槽水面线时，首先必须确定起始计算断面。一般选在侧槽段末端，其水深称为经济的末端水深 h_l，约为泄槽首端断面（控制断面）临界水深的1.20～1.35倍。侧槽中水流为缓变流，其水面线可由动量原理导出的水面曲线差分式来逐渐推求。

$$\Delta y=\frac{Q_1}{g}\frac{(v_1+v_2)}{(Q_1+Q_2)}\left[(v_2-v_1)+\frac{v_2(Q_2-Q_1)}{Q_1}\right] \tag{5.1}$$

式中　Δy——上、下两计算断面的水面高差，m；

Q_1、Q_2——分别为上、下计算断面的流量，m^3/s；

v_1、v_2——分别为上、下计算断面的流速，m/s。

4. 侧槽溢洪道设计的步骤

(1)根据规划泄洪要求和地形、地质条件，通过调洪演算及方案优选等手段，首先计算出侧堰堰顶高程和过堰单宽流量，定出侧槽长度 l。

(2)根据水力计算的步骤完成以下设计：

1)根据侧槽溢洪道的最大泄量 Q 及溢洪最大水头 H，定出侧槽长度 l。

2)根据地形、地质条件，参考已有工程经验，选定侧槽断面形状、侧槽边坡系数 m、底宽变率 b_0/b_l、槽底坡度 i、经济的侧槽末端水深。

3)利用侧槽末端断面至控制断面之间的能量方程，算出控制断面处槽底的抬高值 d，即

$$d=(h_l-h_k)-(1+\xi)\left(\frac{v_k^2-v_l^2}{2g}\right) \tag{5.2}$$

式中　h_l、v_l——分别为侧槽末端断面的水深和流速；

h_k、v_k——分别为控制断面的临界水深和临界流速；

ξ——局部损失系数，可采用0.2。

4)以侧槽末端断面为起算断面，按式(5.1)推算水面高差和相应水深。

5)根据允许的淹没水深 h_s，定出侧槽起始断面的水面高程，根据4)逐段向下游推算水面高程和槽底高程，从而得到侧槽的全部形态。

对于重要工程，上述设计结果宜通过水工模型试验进行验证，并根据流态观测结果进一步修正侧槽体形尺寸，至满意为止。

5.2.5　井式溢洪道

在狭谷中筑坝，岸坡较陡，修建正槽溢洪道或侧槽溢洪道有困难时，若地质条件良好，在坝上游附近又有适宜的地形可布置喇叭口溢流堰进口，可考虑采用井式溢洪道；高水头水利枢纽有必要设置坝外溢洪道时，采用井式溢洪道也是较有利的选择，但须建于坚固岩基中。

1. 井式溢洪道的布置

井式溢洪道包括环形溢流堰的喇叭口、带渐变段的竖井、弯道、出水隧洞和出口消能设备等部分，如图5.10所示。出水隧洞常与导流洞结合，在竖井与导流洞相交处用混凝土塞封堵，形成平顺的弯段，隧洞出口可采用挑流或水跃消能。

2. 井式溢洪道的水流与构造特点

当水位上升，超过喇叭口溢流堰顶后，泄流方式由堰流转变为孔流，所以井式溢洪道的超泄能力较低。当流量小于设计流量时，原设计为孔流工况的直井和隧洞，其内水流连续性遭到破坏，水流变得不稳定，将出现负压，易发生振动和空蚀。

从井式溢洪道的结构可以看出，进入喇叭口的流量取决于堰顶水头、堰的型式和井口周长，而此流量是否能顺利泄出隧洞还要取决于隧洞断面尺寸以及竖井内形成的压力水头。因此，井式溢洪道的泄流能力取决于喇叭口溢流堰的布置和隧洞的水头与直径。合理的设计应做到泄小流量时汇交点不致降到弯段以下，破坏隧洞的有压流态；泄大流量时汇交点不致壅高到影响环形堰的自由溢流。由于进水为自由堰流、出水为有压管流的特点，使井式溢洪道适应的水头达100～200 m。

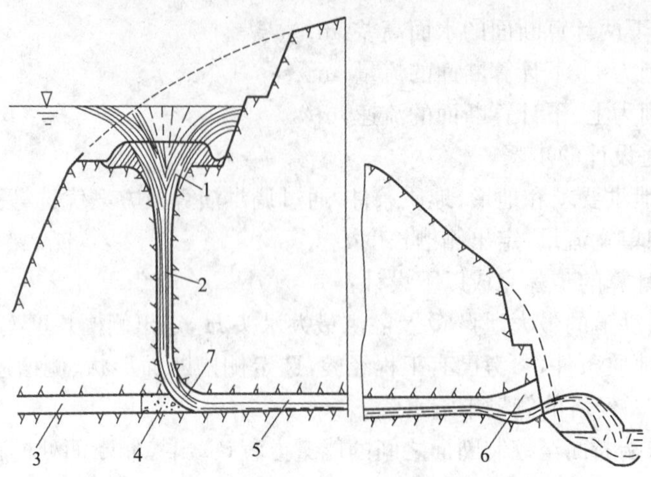

图 5.10　井式溢洪道

1—溢流喇叭口;2—竖井;3—导流隧洞;4—混凝土塞;5—水平泄洪隧洞;6—出口段;7—弯道段

喇叭口溢流堰的断面型式有顺水流抛物线的实用堰剖面和平缓圆锥形宽顶堰剖面(图 5.11)两种,以实用堰采用较多。在两种型式的溢流堰上都可以布置闸墩,安设闸门。但因实用堰周径较小,有时为了避免设置闸墩而采用圆筒闸门,闸门下降到堰体内时即可溢流。在多沙河道上,环形门室易被泥沙堵塞,不宜采用。在堰顶设置闸墩或导水墙可起导流和阻止发生立轴漩滚的作用。

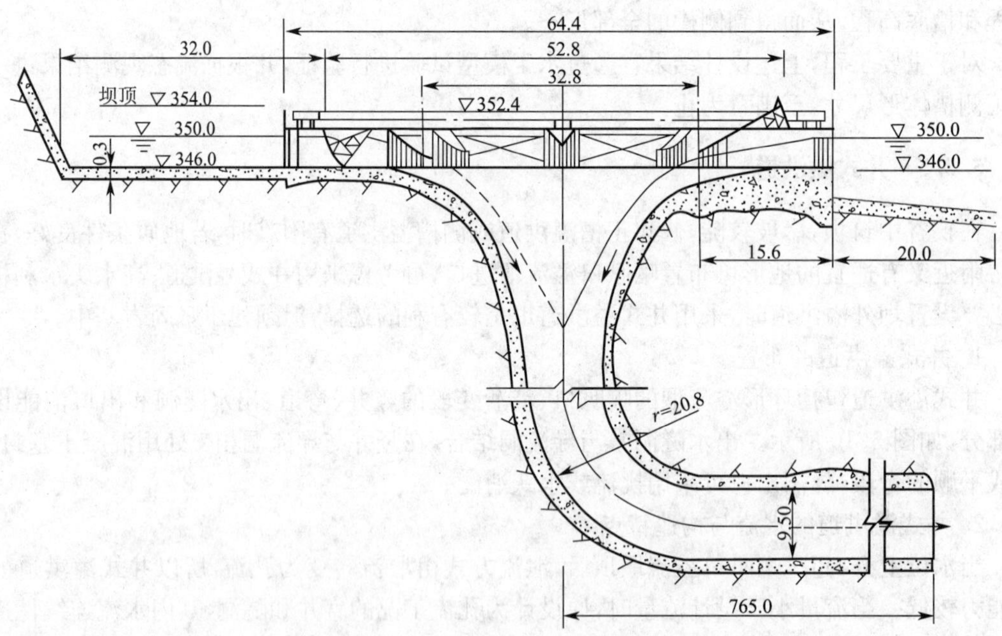

图 5.11　装有弧形闸门的圆锥宽顶堰型井式溢洪道(单位:m)

5.2.6　虹吸溢洪道

虹吸溢洪道是利用虹吸管原理,借助大气压力泄洪的设备,其工作原理是:当水位略超过堰顶高程时,水将流过堰顶,并与空气混合,逐渐将水道内的空气带出,从而在其中形成真空,增加进入的流量;当水流充满整个水道时,就成为完全的虹吸泄流。

虹吸溢洪道可以与坝体结合在一起,也可建在岸边,虹吸溢洪道一般由断面变化的进口部分、虹吸管、具有自动加速发生和停止虹吸作用的辅助设备、泄槽及下游消能设备等组成。图 5.12为北苏格兰卢列赫(Lubrecch)坝高水头虹吸溢洪道，坝高 32 m，虹吸道 2 孔，共泄流速 68 m^3/s。

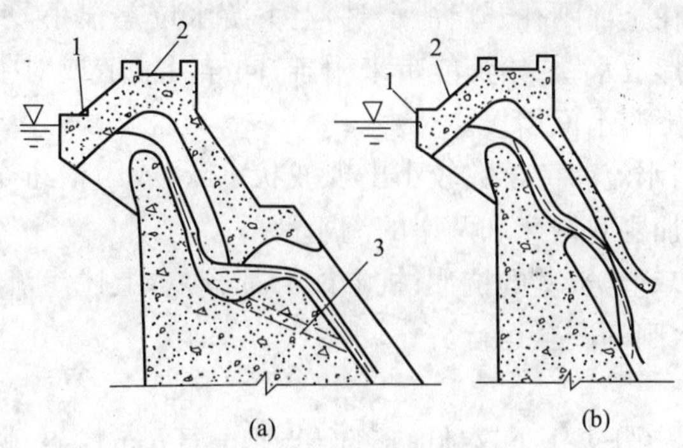

图 5.12　虹吸溢洪道

1—通气孔；2—顶盖；3—泄水孔

虹吸溢洪道的优点是：不用闸门；能自动形成虹吸作用，管理简单；能比较灵敏地调节上游水位。缺点是：构造比较复杂，进口易被堵塞；管内检修不便；水力学条件比较复杂，易发生空穴，引起混凝土空蚀；洪水位上升时，泄水量增加较少，因此运用受到限制。

5.3　水　闸

5.3.1　概　述

1. 水闸的功用

水闸是一种低水头水工建筑物，在水利水电工程中应用很广。

水闸用闸门挡水。通过闸门的启闭，水闸可以控制闸前水位，调节过闸流量，起到挡水和泄水、取水的作用。在一些水利枢纽中，水闸被用于防洪、排涝、挡潮、排沙，以及供水、发电、灌溉、航运等多种目的。

1949 年以来，中国修建了上千座大中型水闸和难以数计的小型涵闸，大大增强了所在地区的防洪抗旱和排涝能力，保证了城镇供水和发电用水。与此同时，在水闸的结构型式、消能防渗措施，特别是地基处理技术方面也取得了很大的发展和进步。

2. 水闸的工作特点

水闸可建于各种地基上。在中国，绝大多数水闸建在土基上，因此，本节重点介绍土基上的水闸。下面分别从水、地基、结构三个方面对水闸的特点进行介绍。

(1)水的方面

水对水闸的作用方面，需要解决以下两方面的问题：

1)水闸在关闭闸门挡水的时候，闸室上下游形成一定的水位差。在水的推力作用下，闸室必须在自重和水重的作用下维持自身稳定；上下游水位差在水闸的闸基下部和闸室两岸埒会产生渗流；闸基渗流和岸坡绕渗导致水库漏水，并可能在闸室下游渗流出逸处发生渗透变形，渗压还对闸室和两岸连接建筑物的稳定产生不利影响。水闸的抗滑稳定和闸基渗流都是水闸设计中要解决的重要问题。

2)水闸在开闸泄水时，需尽可能地在闸室下游的消力池中消刹水能，防止高速下泄的水流对河床和河岸造成不利冲刷。水闸泄水消能的最危险的工况不一定发生在最大流量下。水闸初始开门泄流、闸门小开度控制泄流或多孔水闸部分开启闸门泄流时，闸室下游无水或水深很浅,过闸下泄水流可能形成远驱。如果直接冲刷河床,会严重威胁闸室的安全。随着闸门的开度增大或开启孔数的增加,泄水量增加,下游水深急剧变化,消力池内形成临界水跃,直至淹没度较大的水跃。特别是在全部闸孔开启泄水时,上下游水位差很小,水流弗劳德数(水的惯性力与重力之比)低,难以形成水跃,给消能带来困难,同样可能造成对下游的不利冲刷。这时,重要的是顺利地进行上下游水面衔接。

此外,水闸下游常因水流弗劳德数较小出现波状水跃,或因枢纽布置不当产生折冲水流,这些水流现象会进一步加剧对河床和两岸的淘刷。

水闸大都修建在土基上,土基的抗冲、抗渗能力都较差,上述渗流和消能问题若得不到妥善处理,将会严重影响水闸的安全运行。

(2)地基方面

平原地区的水闸多建于土基上。这种地基的特点是土层分布复杂,常夹有压缩性大、承载能力低、抗震强度差的软土,或含有结构松散、易于液化、抗冲能力低的粉砂或细砂层,其抗冲刷能力和允许渗透坡较低,对防渗、消能不利。软土地基对闸室本身的稳定和沉降也会带来严重的影响,而且这些问题处理起来都比较复杂。因此,在水闸设计时,不仅要适当控制渗流,加强消能防冲措施,还要妥善解决闸室结构与地基处理的问题,以确保闸室和闸基的稳定,并使闸室结构与地基变形相适应。

建于岩基上的水闸在挡水泄水、地基处理方面与岩基上的混凝土坝相类似,在结构型式方面两者区别不大。

(3)结构方面

水闸的闸室结构与大体积的重力坝或散粒体的土石坝有较大差别。水闸是由闸墩、底板、胸墙等薄壁构件组成的空间结构体系,承受水压力、自重、地基反力等不同性质的荷载。闸室内的薄壁、轻型结构在强度和刚度方面均有一定要求,整体结构和某些构件受力条件复杂。在进行闸室结构设计计算时,一般不采用有限元法,而是将整个结构视为板、梁、柱等独立构件,分别对这些构件用结构力学、材料力学方法进行设计计算。在对构件进行结构设计中,如何选用合理的受力图形(包括如何简化成合理的平面结构受力图形),也是一个值得重视的问题。合理的结构受力图是保证结构设计安全、经济的前提。

3. 水闸的类型(图 5.13)

(1)按承担的主要任务分类

1)进水闸。又称取水闸,建在河流、湖泊、水库或引水干渠等的岸边一侧,其任务是为灌溉、发电、供水或其他用水工程引取足够的水量。由于它通常建在渠道的首部,又称为渠首闸。

2)拦河闸。拦河闸的闸轴线垂直或接近于垂直河流、渠道布置,其任务是截断河渠、抬高河渠水位、控制下泄流量。在航运工程中,拦河闸不仅能为上游航运提供稳定的航道水深,也能通过保持一定泄流量为下游提供稳定的航道水深。在取水工程中,为进水闸(或分水闸)提供高保证率的取水流量。拦河闸控制河道下泄流量,又称为节制闸。拦河闸在枯水期尽量维持上游水位,以满足取水或航运等需要;在洪水期需要随时泄放上游库区无法容纳的多余流量,避免上游水位过度上涨导致淹没或水灾,同时,还必须有足够的泄流能力,以排泄洪水。

3)泄水闸。用于宣泄库区、湖泊或其他蓄水建筑物中无法存蓄的多余水量。在水闸枢纽中,由拦河闸和冲沙闸承担泄水闸的任务。建在土石坝等水利枢纽中的泄水闸是河岸溢洪道的控制段,下接泄槽或泄水渠。

4)排水闸。常建于江河,用于排除河岸一侧的生活废水和降雨形成的渍水。当江河水位较高时,可以关闭排水闸,防止江水向河岸倒灌;当江河水位较低时,可以开闸排涝。由于它既要排除内涝,又要挡住江河的高水位,故具有闸底板高程较低、闸身较高以及承受双向水头作用的特点。

5)挡潮闸。在沿海地区,潮水沿入海河道上溯,易使两岸土地盐碱化;在汛期受潮水顶托,容易造成内涝;低潮时内河淡水流失无法充分利用。为了挡潮、御咸、排水和蓄淡,在入海河口附近修建的闸,称为挡潮闸。挡潮闸类似排水闸,也承受双向水头的作用,但操作更为频繁。

6)分洪闸。常建于河道的一侧,在洪峰到来时,分洪闸用于分泄河道暂时不能容纳的多余洪水,使之进入预定的蓄洪洼地或湖泊等分洪区,及时削减洪峰,确保下游河道安全。待河道洪水过后,分洪区积水又要经过排水闸排入原河道。

7)冲沙闸。为排除泥沙而设置,防止泥沙进入取水口造成渠道淤积,或将进入到渠道内的泥沙排向下游。在取水枢纽中,冲沙闸的位置一般布置在靠近进水闸处,底板高程低于进水闸的底板高程,以利于降低进水闸前的泥沙淤积高度。冲沙闸在水闸枢纽中往往兼作节制闸。

此外,还有排冰闸、排污闸等。各种类型水闸及其在河道的位置如图 5.13 所示。

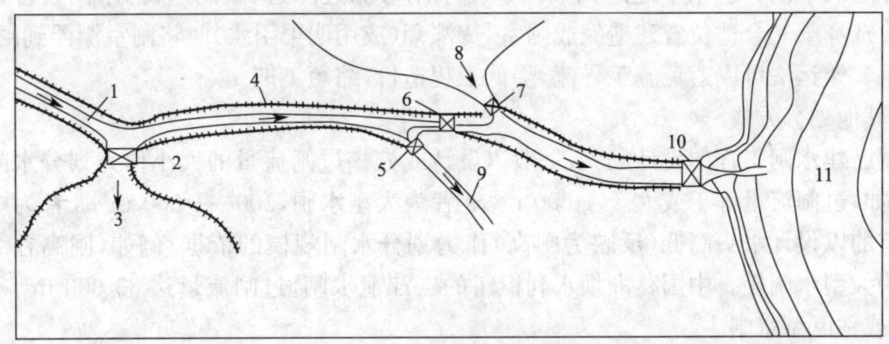

图 5.13 水闸的类型及位置示意图

1—河流;2—分洪闸;3—滞洪区;4—堤防;5—进水闸;6—拦河闸;
7—排水闸;8—渍水区;9—引水渠;10—挡潮闸;11—海

(2)按闸室的结构型式分类

1)开敞式水闸。开敞式水闸的闸室上部没有阻挡水流的胸墙或顶板,过闸水流能够自由地通过闸室,如图 5.14(a)。开敞式水闸的泄流能力大,一般用于有排冰、过木等要求的泄洪闸,如拦河闸、排冰闸等。

2)胸墙式水闸。当上游水位变幅大,而下泄流量又有限制时,为了避免闸门过高,可设置胸墙,如图 5.14(b),胸墙式水闸在低水位过流时也属于开敞式,在高水位过流时为孔口出流。胸墙式水闸多用于进水闸、排水闸和挡潮闸等。

3)封闭式水闸。又称涵洞式水闸,是指闸(洞)身上面填土封闭的水闸,如图 5.14(c)。填土可增加闸室的稳定,代替交通桥,当水头较高时往往是经济的,但地基压力较大,常用于穿过堤防的水闸。涵洞可做成有压的或无压的,前者多用于排沙闸和排水闸,后者则多用于小型分水闸。

(3)按施工方法分类

1)现浇式水闸。在闸址处架立模板现场浇筑,是目前多数水闸的施工方法。

2)装配式水闸。闸室底板在现场浇筑,其他部分在预制件厂制作完成,然后再运到闸址进行现场装配组成。装配式水闸的构件质量稳定,施工方便,周期短,节省模板,受水文气象的影响较小,但构件之间的连接强度较差。装配式水闸的构件设计要考虑运输、吊装能力,以及在运输和吊装过程中构件的受力,防止出现裂缝。在充分发挥材料强度的同时,要尽量减少构件重量。构件的接缝、连接要满足受力和防渗等要求。

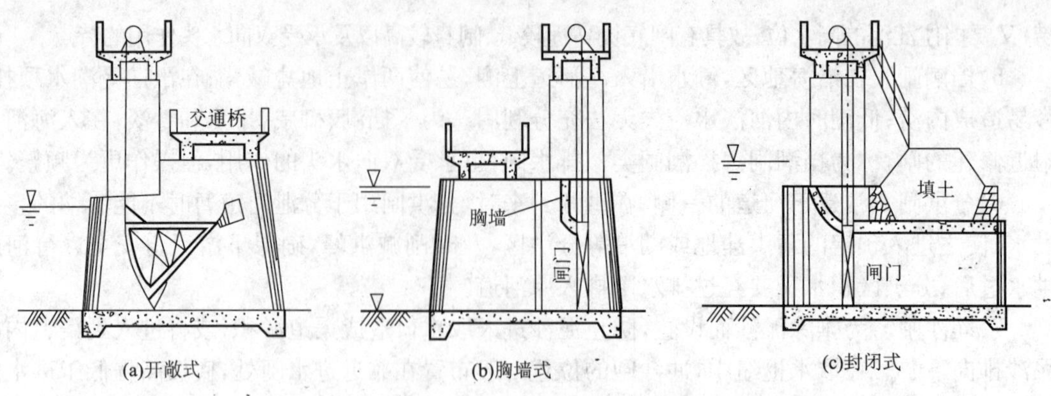

图 5.14 水闸的结构型式

3)浮运式水闸。适用于建造挡潮闸或排水闸等靠近海边(或湖边)的水闸。首先在海边(或湖边)选择某一合适位置建造完成闸室,待涨潮(或用明渠引水)时将闸室漂浮到闸轴线处,定位下沉。浮运法可以避免施工导流,降低工程造价,缩短工期。

(4)其他划分方式

根据已建水闸工程的设计经验,一般以设计或校核过闸流量的大小作为划分水闸规模的依据,例如,过闸流量等于或大于 1 000 m^3/s 者为大型水闸,100～1 000 m^3/s 者为中型水闸等。也有的以设计水头高低(反映为闸高)作为划分水闸规模的依据,例如,闸高在 8～10 m 以上者为大型水闸等。中国葛洲坝水利枢纽的二江泄水闸,过闸流量达 83 900 m^3/s,属特大型水闸,或称巨型水闸。

5.3.2 水闸的组成及枢纽布置

水闸由闸室段和上、下游连接段三大部分组成,图 5.15 为水闸组成示意图。

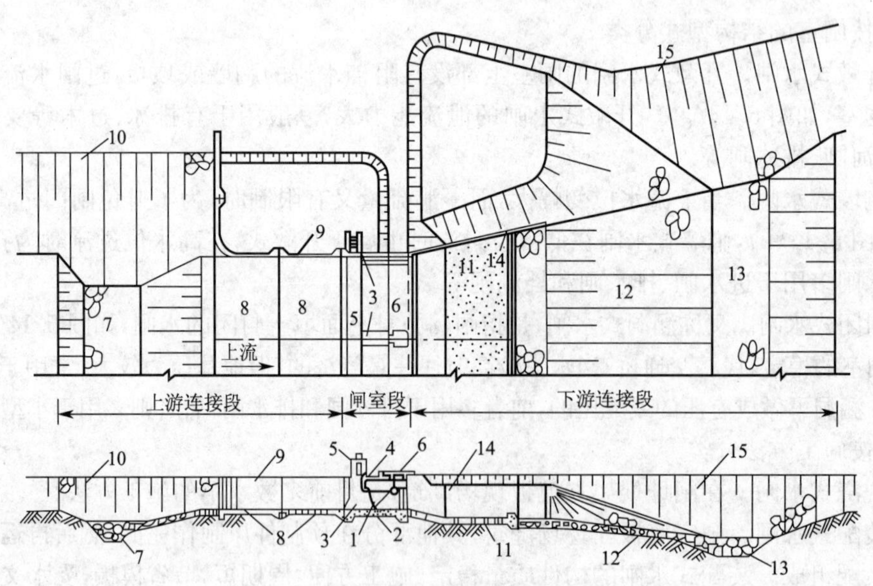

图 5.15 水闸组成示意图

1—闸门;2—底板;3—闸墩;4—胸墙;5—工作桥;6—交通桥;7—上游防冲槽;8—上游防冲段、铺盖;9—上游翼墙;10—上游护岸;11—护坦;12—海漫;13—下游防冲槽;14—下游翼墙;15—下游护岸

1. 闸室段

闸室段是控制水流,并连接两岸和上、下游连接段的主体。闸室段包括闸门、闸墩、底板、工作桥、交通桥、胸墙、启闭机等。

闸门用于控制上游水位和调节下泄流量。闸门安放在闸底板上,横跨孔口,由闸墩支撑。闸门分为检修闸门和工作闸门,工作闸门用于正常运用时挡水,控制下泄流量,常用的型式有平面闸门和弧形闸门;检修闸门多用平面叠梁门。

闸墩用来分隔闸孔,支撑闸门,同时用做桥墩支撑上部桥梁,安装闸门启闭机等设备。闸墩将闸门、胸墙以及闸墩本身挡水所承受的水压力传递给底板。

胸墙设于工作闸门上部,帮助闸门挡水。在上游水位变幅较大的情况下,完全用闸门挡水将导致闸门尺寸和启闭机等设备过大,设置胸墙后,可以减小闸门尺寸。胸墙也可以做成活动型,当遭遇特大洪水时,可以开启胸墙加大泄流量。

底板是闸室段的基础,它将闸墩、上部结构的重量、底板自重和所承受的水重一起传给地基。建在软基上的闸室主要由底板与地基间的摩擦力来维持稳定。底板还具有防冲、防渗的作用。

工作桥用于安装卷扬式启闭机,便于工作人员操作。交通桥连接两岸交通,供汽车、拖拉机、行人通过。

底板、闸墩和胸墙通常为混凝土或钢筋混凝土结构,小型水闸也可采用浆砌石结构。

2. 上游连接段

上游连接段处于水流行近区,主要作用是引导水流从河道平稳地进入闸室,同时有防冲、防渗作用。一般包括上游翼墙、铺盖、护底和两岸护坡等。

上游翼墙的作用主要是导引水流,使之平顺地流入闸孔,抵御两岸填土压力,保护闸前河岸不受冲刷并有侧向防渗的作用。

铺盖主要起防渗作用,其表面还应进行保护,以满足防冲要求。护底设在铺盖上游,起保护河床的作用。铺盖或其防护的上游端有时设置上游防冲槽,以保护铺盖不被损坏。

上游两岸要适当进行护坡,目的是保护河床两岸不受冲刷。

3. 下游连接段

从闸室出来的水流具有相当的能量,下游连接段的主要作用是消减下泄水流的动能,使其顺利与下游河床水流连接,避免发生不利冲刷现象。下游连接段的建筑物一般有护坦(包括消力池)、海漫、下游防冲槽(防淘墙)、下游翼墙、护底和两岸护坡等。

下游翼墙导引水流均匀扩散,并有挡土、防冲作用。消力池是消刹水能的主要区域,护坦是消力池底板,保护河床底部,从而保护闸室的安全。有时,要在消力池内设置辅助消能工,增强消能效果。海漫则用于进一步消除水流余能,保护河床免受冲刷。下游防冲槽的作用是防止海漫末端冲刷,避免河床局部冲刷向上游发展。下游护坡和护底的作用与上游相同。

4. 枢纽布置

拦河闸一般布置在主河床上,使水闸建成后的下泄水流尽量符合天然河道的水流特性。拦河闸闸轴线一般选在河道较狭窄处,以节省工程量。

泄水闸前缘总宽度由过闸洪水流量确定。当泄水闸的前缘总宽度等于或略小于天然河床宽度时,拦河闸泄水水流对天然河势的改变不大,水闸的上下游连接建筑物的工程量相对较小。在多数情况下,总是尽量减小前缘总宽度,以减少造价高昂的闸室数量。所以,水闸总宽度小于天然河道。这时,往往需要较长的上、下游连接段,使过闸水流平顺地与天然河水相连接。

在某些宽阔的河道上，拦河闸的宽度远小于闸址处的河道宽度，在沿闸轴线的其余部分用拦河坝或水电站厂房挡水，水闸的上、下游连接建筑物简化为上、下游导墙。在宽阔的河道上，拦河闸也可以修建在靠近主河道的一侧滩地上，使主体工程在旱地上施工，便于实施导流，但是，往往需要一定长度的进水渠和出口渠以平顺进出闸水流。这时，还应对局部河势改变作充分的预测和评估，防止不利淤积和冲刷。

在无坝取水枢纽中，进水闸最好是位于河道转弯段凹岸，以利用弯道环流，引取表层清水，避免泥沙进入引水渠道。进水渠的轴线与主河道的夹角一般为30°～45°。

在水闸枢纽中，冲沙闸的位置要紧靠进水闸。进水闸前设置导沙坎，阻止泥沙进入闸室，使冲沙闸能够顺利、有效地泄水拉沙。

图5.16所示为湖北庙子头泄水闸布置，水闸分为3个区，分别为9孔、4孔和2孔，用导墙分隔。1区、2区的工作闸门为平板门，3区两孔兼作冲沙闸，工作闸门为弧形门。采用驼峰堰，堰顶高程110.0 m，最大泄流量13 200 m^3/s。水电站装机3台，紧靠泄水闸布置。

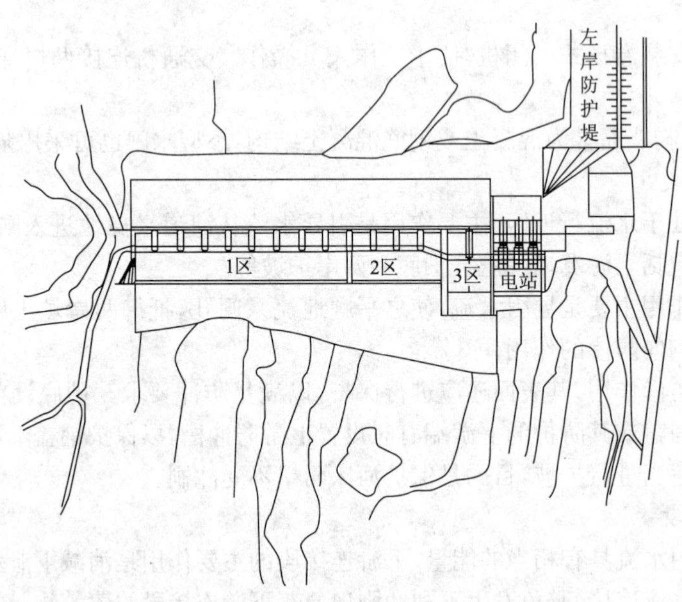

图5.16　湖北庙子头泄水闸枢纽布置图

5.3.3　水闸的孔口尺寸

水闸的孔口尺寸应根据水闸的类型和闸室结构型式确定。本节重点介绍拦河闸的孔口尺寸设计，同时介绍进水闸、排水闸的设计原则和要点。

1. 泄流能力

不管用于何种用途的水闸，都应该具有足够的过流能力，以完成它所承担的任务。水闸的泄流能力与闸孔宽度、孔数、闸墩厚度、闸底板堰型、堰顶高程、过流时的上下游水位等因素有关。

拦河闸在通过校核洪水流量时，下游水位较高，常处于淹没出流状态，一般为计算泄流能力的控制工况。在枯水期，为了维持上游水位，常常采用孔口局部开启或敞开部分孔口来控制下泄流量，此时下游水位较低，甚至无水，多为孔口自由出流。进行泄流量计算时要考虑这两种不同情况。一般来说，拦河闸孔口尺寸的控制因素是下泄最大洪水时的泄流能力。拦河闸在上游一般没有调蓄能力，泄流量等于相应重现期的洪峰流量。有调节能力水库的泄水闸，其泄流量由调洪演算确定。

进水闸要求在上游水位为河道或水库的最低运行水位时，能够引取到足够的取水流量。下游水位由总体设计布置确定。为了减少水闸进流前缘宽度和闸孔数量，一般要求设计为非淹没出流，或尽量采用小淹没度出流。

水闸闸门全开敞时的泄流能力按堰流计算，泄流量 Q 计算式为

$$Q=n\sigma\varepsilon mb\sqrt{2gH_0^{\ 3}} \tag{5.3}$$

$$H_0=H+\frac{v_0^2}{2g} \tag{5.4}$$

式中 n——泄水闸的孔数；

σ——淹没系数，水闸由于下游变幅大，淹没系数常常小于 1.0；

ε——侧收缩系数，由闸墩引起，$\varepsilon<1.0$；

m——流量系数，宽顶堰形闸底板 $m=0.36\sim0.385$，实用堰和驼峰堰的流量系数可查水力学手册；

b——单孔闸室净宽，m；

H_0——堰顶水头，m；

v_0——闸前平均流速，水闸的进闸流速往往较大，计算时应该计入行近流速水头，m/s。

设有胸墙或用闸门控制泄流时，泄流能力按孔流计算。泄流量 Q 为

$$Q=\mu nA\sqrt{2gH_0} \tag{5.5}$$

$$A=eb \tag{5.6}$$

式中 μ——流量系数；

n——闸孔数量；

A——孔口控制断面面积，m^2；

e——闸门开度或胸墙以下闸孔高度，m。

式(5.3)、式(5.5)中的 σ、ε、m、μ 可查水学手册(计算方法见参考文献[29])。

2. 拦河闸

拦河闸的孔口尺寸与洪水流量、河床地形地质条件、上游壅高限制条件、下游水位流量等外部条件有关，还与闸孔结构形式、泄水方式等自身条件有关。

(1)洪水流量

拦河闸的洪水流量根据其工程等别及水文分析确定。由于拦河闸上游水库的库容较小，一般没有调蓄能力，过闸流量等于河道来水流量。

值得注意的是，在具有发电或灌溉任务的枢纽中，设计过闸流量可以从洪水流量中扣除发电流量或灌溉流量。但是，许多拦河闸在通过洪水的时候，闸上、下游的水位差往往很小，没有足够的水头发电。这时，也往往因降水量大而不需要灌溉。

(2)单宽流量

单宽流量的选择是确定拦河闸总宽度的主要因素。选择较大的单宽流量时，可以减少拦河闸的闸室数量和缩短泄水前缘总宽度，降低闸室总造价。但是，较大的单宽流量使水流对河床冲刷破坏的能量增大，容易发生冲刷破坏，需要加强消能防冲设施和护底措施，造价相应也会增大。因此，河床抗蚀能力是决定单宽流量的重要因素之一。

河床抗冲能力还与水流条件有关。在水深较大，上、下游水位差较小，出闸水流扩散较平顺的情况下，同样的土基条件可以承受较大的单宽流量冲刷。

我国一般采用的单宽流量为 5～30 $m^3/(s\cdot m)$，表 5.1 为江苏省对不同闸基土壤研究得出的单宽流量的经验值，在砂砾石地基上可以取更大的单宽流量。

表 5.1　不同闸基土壤可选用的单宽流量

闸基土壤	粉土、粉砂	淤土	细沙土	粉质土壤	黏土
单宽流量 $m^3/(s\cdot m)$	5～16	9	4～9	9～12	12～24

(3)上下游水位

拦河闸的下游水位由下游河道水位流量关系曲线确定。

拦河闸建成后，将在相当长的一段时间内改变河道的水沙平衡，下游河道往往呈现出先冲后淤的现象。此外，修建水工建筑物以后，必然在局部改变天然河道的地形和水流形态，泄水造成闸址周边一定范围的冲刷和淤积，进一步改变了闸址附近的河道形态，对原河道水位流量关系会造成一定的影响。这种改变在拦河闸建成初期比较显著，随着一段时间的运行，局部冲淤逐渐趋于新的平衡。中小型工程在初步设计时，可以直接引用原天然河道的水位流量关系曲线。大型工程或重要工程则应该对工程建成后的冲淤对下游水位的影响情况进行综合评价以后确定。

拦河闸的上游正常蓄水位，要根据泄水闸承担的任务、建成后上游淹没损失等因素确定。在正常运用情况下，拦河闸的任务是控制上游水位为正常蓄水位，以满足取水、航运的要求。

泄水闸的上游最高水位由水闸的泄水能力决定。泄水闸泄放校核洪水时，其上游水位为最高水位。此时，闸门全开下泄洪水流量，上游水位等于校核洪水流量下天然河道水位加上上游水位壅高。在平原地区建水闸，往往对上游水位壅高值的限制较严。一般在洪水期泄洪时，上游水位壅高值只允许控制在 0.1～0.3 m，否则将造成较大的上游淹没。修建在山区和丘陵地区的水闸，其上游水位壅高往往没有严格限制。可以根据水闸的任务、上游淹没损失、工程造价、两岸堤防、地下水位等因素，经多方案综合比较后确定。

(4)闸孔型式

土基上建拦河闸，闸孔型式多采用开敞式宽顶堰。这种型式结构简单，施工方便，地基应力均匀，泄流能力大，上游水位壅高较小，有利于完成冲沙、排污等其他任务。宽顶堰的流量系数为 0.36～0.385。在地基条件较好的拦河闸可以采用驼峰堰，岩基上的水闸常采用实用堰，驼峰堰和实用堰的流量系数较宽顶堰大，可以使枢纽布置得更紧凑。水闸上的实用堰多为低堰，其流量系数可参考有关文献。值得注意的是，实用堰在淹没出流的情况下，流量系数急剧减少，因此，经常或主要工况为淹没出流的泄水闸适宜于选用宽顶堰或驼峰堰。

对于上游水位变幅较大的水闸，可以考虑设置胸墙，以减少闸门挡水高度和闸门受力。在高水位情况下也需要用闸门控制泄水时，泄流量按孔流计算。

(5)堰顶高程

水闸闸室堰顶高程是指宽顶堰的上表面高程或驼峰堰、实用堰的堰顶高程。宽顶堰的堰顶高程又称为底板高程。堰顶高程一般根据水闸的任务，综合考虑工程任务、过闸单宽流量、地形地质条件、河床抗冲能力、施工和工程总投资等因素确定。在满足运用和安全要求的前提下，要使工程总投资最少。

拦河闸的底板为平底板时，闸底板高程等于或略高于河底高程，有利于减轻闸前泥沙淤积。闸底板应尽量建在较坚硬的土层基础上，必要时可适当降低底板高程。闸底板高程往往与水闸过流前缘总宽度相关，较低的底板高程可以获得较大的泄流能力，从而缩短水闸前缘总宽度。但是，水闸要承受较大的上、下游水位差，单宽流量增大。拦河闸全开敞泄洪水时，上、下游水位差最小，过流量最大，往往是确定闸底板高程的主要工况。小型拦河闸可以适当调整闸室底板高程，使总宽度与天然河床的宽度相当，以减少两岸连接建筑物的工程量。大中型水闸，特别是多孔水闸，如抬高底板将使闸孔数量增多，从而增加总投资。

3. 进水闸

进水闸的闸孔尺寸应该在设计保证率的年份内能够取到额定引水流量。其孔口尺寸应根据引水流量，综合考虑上下游水位、单宽流量、闸孔型式和闸底板高程等因素确定。

进水闸的上游水位为水库正常蓄水位或河道最低水位。从河道取水流量较大时，要考虑取水口处河道水位局部降落。进水闸的下游水位由渠系规划确定，取水流量由工程任务确定。

灌溉渠首可根据灌区规划，绘出全年的流量过程线（$Q—T$ 曲线），并据此计算出渠首处的闸下水位过程线。同时，根据河流或库区水位变化绘出上游水位过程线。在上、下游水位过程线基础上，取最小水位差较小且引水流量较大的情况作为确定闸孔尺寸设计的控制工况，取上、下游水位差较大工况作为闸抗滑稳定安全校核的控制工况。当上游水位变幅较大，可以用胸墙降低闸门高度，胸墙尺寸的确定以不影响取水流量为原则。

进水闸的底板高程应该高于冲沙闸或泄水闸的底板高程，在地基条件好和上游水位较高的情况下，尽量提高底板高程，或采用泄流能力高的实用堰。库区或河道水位变幅较大时，进水闸常采用胸墙来减小闸门高度，胸墙的下缘高程以不影响取水流量为宜。可以将其设计在正常取水情况下为堰流。

进水闸的总宽度与引水渠宽度接近时，便于水流衔接和消能防冲。这时，进水渠闸室单宽流量约为引水渠宽度的 1.2～1.5 倍。

闸孔泄流方式分为堰流和孔流。一般情况下为堰流，闸门挡水或有胸墙时为孔流。

4. 排水闸

排水闸应设计为自流排水。由于在湖区降水后，外江外湖水位也会相应上涨，因此，要求在排水闸能够短时间内迅速地排除低凹区域的渍水，尽可能在外湖水位上涨前完成排水任务，一般要求“一天渍水三天排，两天渍水五天排”。影响孔口尺寸的因素有：涝区水位（上游水位），江、河水位（下游水位），暴雨强度和持续时间，渍水区对排水时间的强度等。

排水闸的闸底板在条件允许的情况下，首先应考虑采用开敞式平底板，以利于快速排水。江河水位变幅较大的排水闸，可以设置胸墙来适应水位变化，降低闸门高度。在城市等地区，多采用涵洞式。排水闸的底板高程往往较低。暴雨是产生低凹区渍水的原因，暴雨标准（历时和强度）根据防涝地区的重要性选定。排水流量根据渍水积水区域的暴雨标准和汇流特性经水文计算确定。江河水位往往在排水期间是上涨的，其泄流量在江河水位的顶托下逐渐减小，可以分段计算，验算排水时间能否满足要求。

由于各影响因素难以精确选定，即使采用较短的计算时段和复杂的计算方法也不能提高计算精度。在实际工程中，常根据当地情况，采用“平均流量法”计算，根据所选定的暴雨历时计算径流总量，除以规定的排渍时间，得到过闸平均流量，再按一般规定的 10～30 cm 的设计水头，计算孔口尺寸。

在外江水位较高而难以自流排水或难以全部自流排水时，往往要设置机站，或机排和自排结合。

5.4 坝身泄水孔

5.4.1 重力坝的泄水孔

泄水孔可设在溢流坝段或非溢流坝段内，其主要组成部分包括进口段、闸门段、孔身段、出口段和下游消能设施等。

1. 坝身泄水孔的作用及工作条件

坝身泄水孔的进口全部淹没在水下，随时都可以放水，其作用主要有：①预泄库水，增大水库的调蓄能力；②放空水库以便检修；③排放泥沙，减少水库淤积；④随时向下游放水，满足航运或灌溉等要求；⑤施工导流。

坝身泄水孔内水流流速较高，容易产生负压、空蚀和振动；闸门因为在水下，检修较困难，闸门承受的水压力大，有的可达 20 000～40 000 kN，启门力也相应加大；门体结构、止水和启闭设备都较复杂，造价也相应增高。水头越高，孔口面积越大，技术问题越复杂。所以，一般都不用坝身泄水孔作为主要的泄洪建筑物。泄水孔的过水能力主要根据预泄库容、放空水库、排沙或下游用水要求来确定。在洪水期，泄水孔可作为辅助泄洪设施使用。

2. 坝身泄水孔的形式

按水流条件，坝身泄水孔可分为有压的和无压的；按泄水孔所处的高程可分为中孔和底孔；按布置的层数又可分为单层的和多层的。

(1)有压泄水孔

有压泄水孔(图 5.17)的工作闸门布置在出口，门后为大气，可以部分开启。其优点是：出口高程较低，作用水头较大，断面尺寸较小。其缺点是：闸门关闭时，孔内承受较大的内水压力，对坝体应力和防渗都不利，常需钢板衬砌。因此，常在进口处设置事故检修闸门，平时兼用来挡水。中国安砂等工程即采用了这种形式的有压泄水孔。

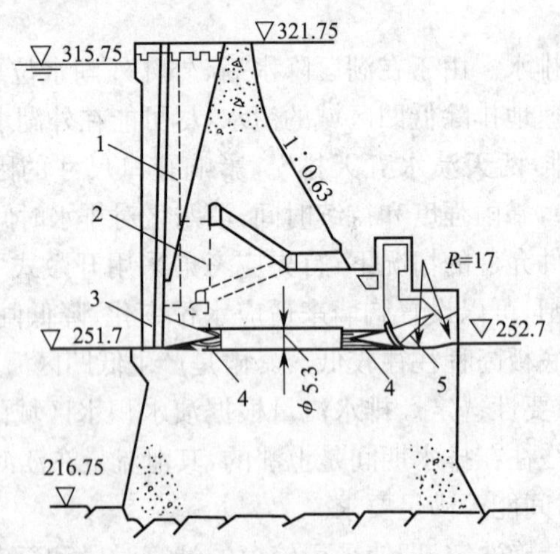

图 5.17 有压泄水孔(单位：m)

1—通气孔；2—平压管；3—检修门槽；4—渐变段；5—工作闸门

(2)无压泄水孔

无压泄水孔(见图 5.18)的工作闸门布置在进口。为了形成无压水流，需在闸门后将断面顶部升高。闸门可以部分开启，闸门关闭后孔道内无水。明流段可不用钢板衬砌，施工简便、干扰少、有利于加快施工进度；与有压泄水孔相比，对坝体削弱较大。国内重力坝多采用无压泄水孔,如三门峡、丹江口、刘家峡工程等。

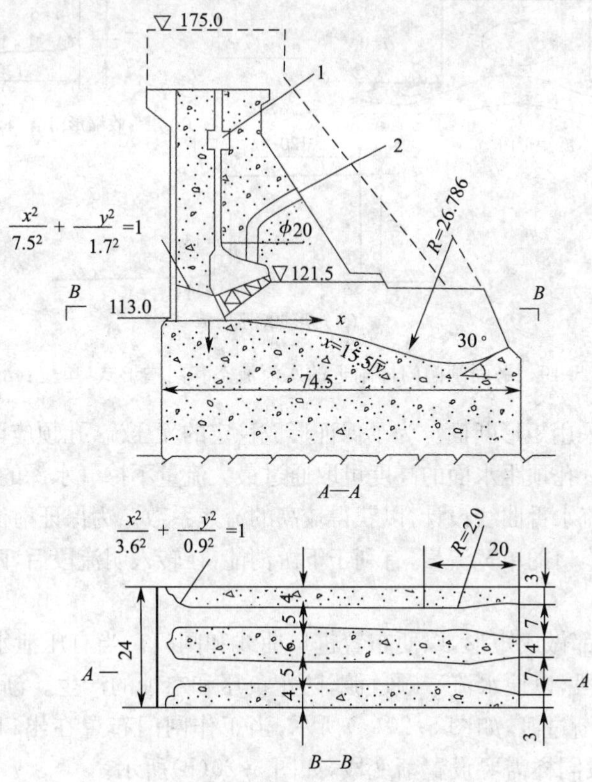

图 5.18 无压泄水孔(单位:m)

1—启闭机廊道;2—通气孔

3. 进口段

泄水孔的进口高程一般应根据其用途和水库的运用条件确定。例如:对于配合或辅助溢流坝泄洪兼作导流和放空水库用的泄水孔,在不发生淤堵的前提下,进口高程应尽量放低,以利于降低施工围堰或大坝的拦洪高程;对于放水供下游灌溉或城市用水的泄水孔,其进口高程应与坝后引水渠首高程相适应;对于担负排沙任务的泄水排沙孔的进口高程,应根据水库不淤高程和排沙效果来确定。

4. 闸门段

在坝身泄水孔中最常采用的闸门是弧形闸门和平面闸门。弧形闸门不设门槽,水流平顺,这对于坝身泄水孔是一个很大的优点,因为泄水孔中的空蚀常常发生在门槽附近;弧形闸门的另一个优点是启门力较平面闸门小,运用方便。弧形闸门的缺点是:闸门结构复杂,整体刚度差,门座受力集中,闸门启闭室所占的空间较大。而平面闸门则具有结构简单,布置紧凑,启闭机可布设在坝顶等优点。平面闸门的缺点是:启门力较大,门槽处边界突变,易产生负压引起空蚀,图 5.19 所示为平面闸门门槽附近的水流流态和门槽形式。对于尺寸较小的泄水孔,可以采用阀门,目前常用的是平面滑动阀门,闸门和启闭机连在一起,操作方便,抗震性能好,启闭室所占的空间也小。

5. 孔身段

有压泄水孔多用圆形断面,但泄流能力较小的有压泄水孔常采用矩形断面。由于防渗和应力条件的要求,孔身周边需要布设钢筋,有时还需要采用钢板衬砌。

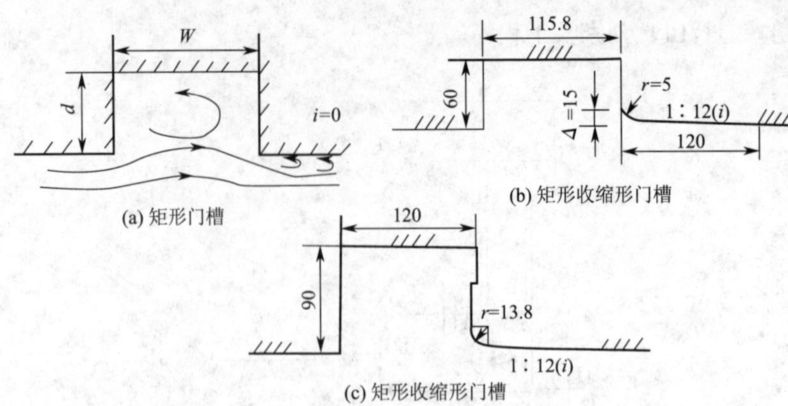

图 5.19　平面闸门门槽附近的水流流态和门槽形式(单位:cm)

无压泄水孔通常采用矩形断面。为了保证形成稳定的无压流,孔顶应留有足够的空间,以满足掺气和通气的要求。孔顶距水面的高度可取通过最大流量不掺气水深的30%~50%。门后泄槽的底坡可按自由射流水舌曲线设计,以获得较高的流速系数。为保证射流段为正压,可按最大水头计算。为了减小出口的单宽流量,有利于下游消能,在转入明流段后,两侧可以适当扩散。

6. 渐变段

泄水孔进口一般都做成矩形,以便布置进口曲线和闸门。当有压泄水孔断面为圆形时,在进口闸门后需设渐变段,以便水流平顺过渡,防止负压和空蚀的产生。渐变段可采用在矩形四个角加圆弧的办法逐渐过渡,如图 5.20(a)所示;当工作闸门布置在出口时,出口断面也需做成矩形,因此在出口段同样需要设置渐变段,如图 5.20(b)所示。

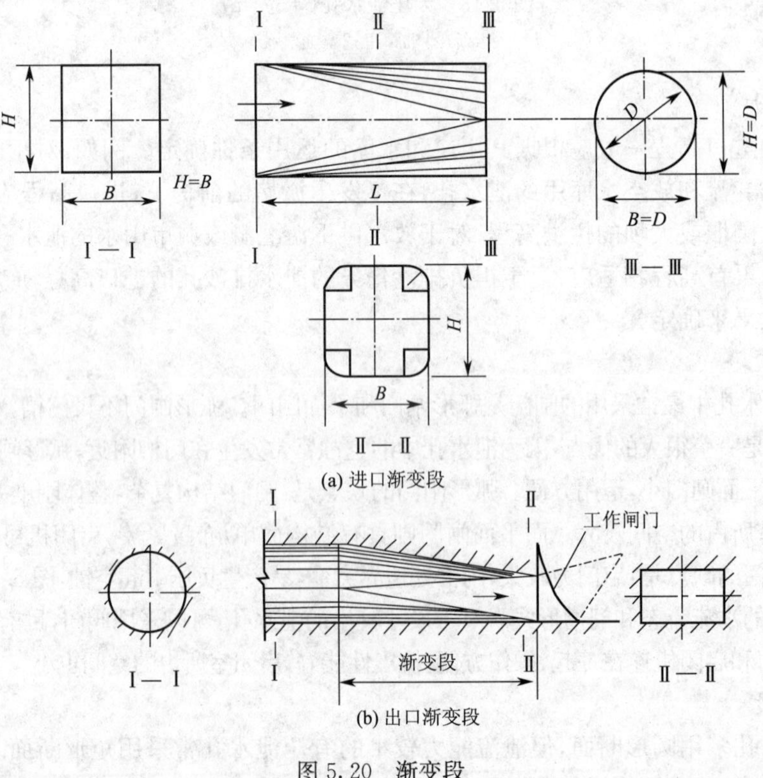

图 5.20　渐变段

7. 平压管和通气孔

(1)平压管

为了减小检修闸门的启门力,应当在检修闸门和工作闸门之间设置与水库连通的平压管。开启检修闸门前先在两道闸门中间充水,这样就可以在静水中启吊检修闸门。平压管直径应根据规定的充水时间决定,控制阀门可布置在廊道内。当充水量不大时,也可将平压管设在闸门上,充水时先提起门上的充水阀,待充满后再提升闸门。

(2)通气孔

当工作闸门布置在进口,提闸泄水时,门后的空气被水流带走形成负压,因此在工作闸门后需要设置通气孔。在向两道闸门之间充水时,需将空气排出,因此有时在检修闸门后也需设通气孔。

5.4.2 拱坝的泄水孔

拱坝是一种空间整体结构,在坝体内布置泄水孔的技术问题较重力坝复杂。对于薄拱坝,为防止削弱坝体的整体性,通常将检修闸门设于拱坝的上游面,工作闸门设于拱坝下游面泄水孔的出口处。这样不仅便于布置闸门的启闭设备,而且结构模型试验资料表明,在坝的下游面孔口末端设置闸墩和挑流坎,也局部增加了孔口附近坝体的厚度,可以明显地改善孔口周边的应力状态。出口下游的挑流坎除把水流挑射远离坝体外,还可改善孔底的拱向应力。对于较薄的拱坝,泄水中孔的断面一般都采用矩形。为了使水流平顺地通过泄水孔,避免发生空蚀和振动,应合理设计泄水孔的体型。对大、中型工程的泄水孔体型,包括从进口到出口的形状和曲线,应通过水工模型试验确定。

思 考 题

1. 常用的泄水建筑物有哪些?
2. 溢洪道有哪些类型?
3. 简述岸边溢洪道的工作方式?
4. 侧槽溢洪道水力计算目的是什么?
5. 简述水闸的功用。
6. 简述水闸的工作特点。
7. 常见水闸的类型有哪些?
8. 水闸的孔口尺寸如何确定?
9. 坝身泄水孔的作用及工作条件?

6 取水和输水建筑物

水工建筑物按其功能可分为两大类:服务于多目标的通用性水工建筑物和服务于单一目标的专门性水工建筑物。在1992年国家技术监督局发布的学科分类中,前者称为一般水工建筑物,后者称为专门水工建筑物。

6.1 渠 首

为了满足农田灌溉、水力发电、工业及生活用水的需要,在河道适宜地点修建由几个建筑物组成的水利枢纽,称为取水的水利枢纽。因其位于引水渠之首,又称为渠首或渠首工程。

引水枢纽工程的等别划分应遵照1999年颁布的中华人民共和国国家标准《灌溉与排水设计规范》执行,具体指标见表6.1。

表6.1 引水枢纽工程分等指标

工程等别	一	二	三	四	五
规模 引水流量(m^3/s)	大(1)型 >200	大(2)型 200~50	中型 50~10	小(1)型 10~2	小(2)型 <2

取水枢纽有两种取水方式,一是自流引水,二是提水引水。对于自流引水按有无拦河坝(闸)又分为无坝取水和有坝取水两种类型。

6.1.1 无坝取水枢纽

当引水比(引水流量与天然河道流量之比)不大、防沙要求不高、取水期间河道的水位和流量能够满足或基本满足要求时,只需在河道岸边的适宜地点选定取水口,即可从河道侧面引水,而无须修建拦河闸(坝)的取水方式,称为无坝取水。这是一种最简单的取水方式,其特点是工程简单、投资少、工期短、易于施工,但不能控制河道的水位和流量,受河道水流和泥沙运动的影响,取水保证率低。

6.1.2 有坝取水枢纽

当河道水量丰沛,但水位较低或引水量较大,无坝取水不能满足要求时,应建拦河闸或溢流坝,用以抬高水位,以保证引取需要的水量。

6.2 水工隧洞

水工隧洞是指为满足水利水电工程各项任务而设置的隧洞,其功用是:①配合溢洪道宣泄洪水,有时也作为主要泄洪建筑物;②引水发电,或为灌溉、供水和航运输水;③排放水库泥沙,延长使用年限,有利于水电站等的正常运行;④放空水库,用于人防或检修建筑物;⑤在水利枢纽施工期用来导流。

按隧洞的功用分类，水工隧洞可分为泄洪隧洞、引水发电隧洞和尾水隧洞、灌溉和供水隧洞、放空和排沙隧洞、施工导流隧洞等。按隧洞内的水流状态分类，又可分为有压隧洞和无压隧洞(见图 6.1)。从水库引水发电的隧洞一般是有压的；灌溉渠道上的输水隧洞常是无压的，有的干渠及干渠上的隧洞还可兼用于通航；其余各类隧洞根据需要可以是有压的，也可以是无压的。在同一条隧洞中可以设计成前段是有压的而后段是无压的。但在同一洞段内，除了流速较低的临时性导流隧洞外，应避免出现时而有压时而无压的明满流交替流态，以防引起振动、空蚀和对泄流能力的不利影响。

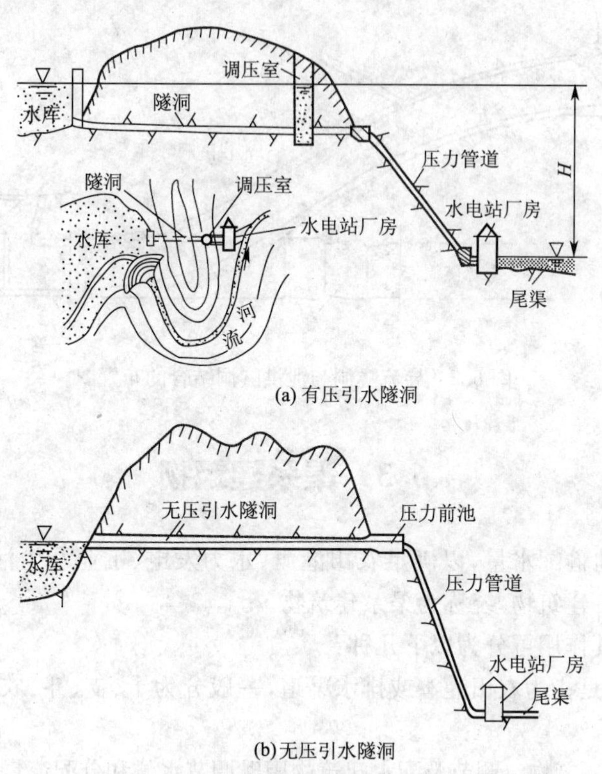

图 6.1　发电引水隧洞示意图

在设计水工隧洞时，应该根据枢纽的规划任务，按照一洞多用的原则，尽量设计为多用途的隧洞，以降低工程造价。如导流洞在完成导流任务后可以改装成泄洪洞和排沙洞等(见图 6.2)。

有压隧洞和无压隧洞在工程布置、水力计算、受力情况及运行条件等方面差别较大，对于一个具体工程，究竟采用有压隧洞还是无压隧洞，应根据工程的任务、地质、地形及水头大小等条件提出不同的方案，经过技术经济比较后选定。

水利枢纽中的泄水隧洞主要包括三个部分：①进口段，位于隧洞进口部位，包括拦污栅、闸门室及渐变段等，用以控制水流；②洞身段，用以输送水流，断面比较固定或变化不大；③出口段，用以连接消能设施。无压泄水隧洞因工作闸门布置在洞身段的上游，出口段一般不再设置闸门。压力泄水隧洞的出口一般设有渐变段及工作闸门室。

1949 年以来，我国修建了大量的水工隧洞，其中，甘肃“引大入秦”工程的盘道岭隧洞长 15 723 m，引水发电的渔子溪一级电站隧洞长 8 429 m，目前已建的水工隧洞中，断面最大的是二滩水电站的导流隧洞，隧洞断面尺寸为 17.5 m×23 m。

随着我国水利水电建设事业的发展，水工隧洞日趋增多，规模也在不断加大。近年来，水工隧洞在设计理论、施工方法和建筑结构方面有了新的发展。但由于隧洞属地下结构，影响其工作状态的因素很多且复杂多变，一些作用力的计算及设计理论都还存在某些不尽符合实际的假定，所有这些均有待在实践经验的基础上进一步完善和提高。

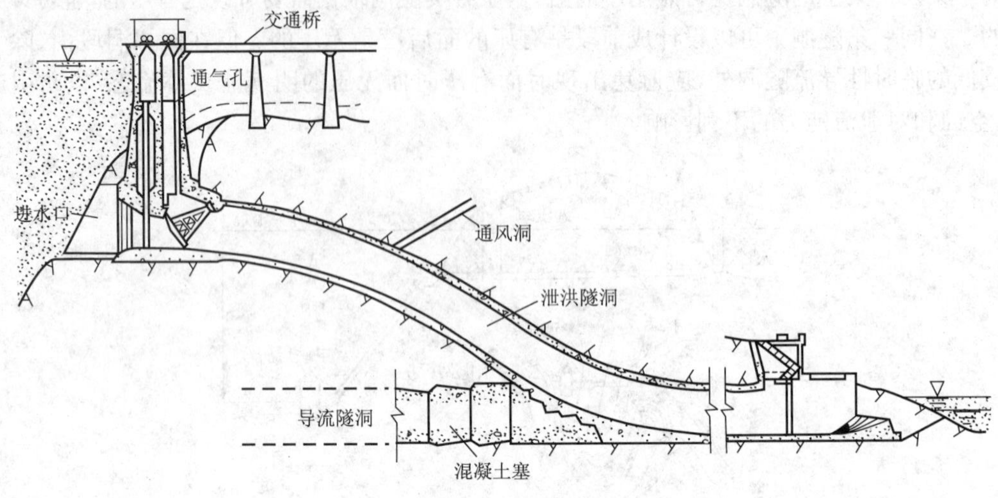

图 6.2　导流隧洞与泄洪隧洞结合的布置图

6.3　渠系建筑物

为了安全合理地输配水量，以满足农田灌溉、水力发电、工业及生活用水的需要，在渠道(渠系)上修建的水工建筑物，统称为渠系建筑物。

渠系建筑物按其作用可分为以下几种：

(1)渠道。渠道是指为农田灌溉或排水渠道，一般分为干、支、斗、农四级，构成渠道系统，简称为渠系。

(2)调节及配水建筑物。调节及配水建筑物用以调节水位和分配流量，如节制闸、分水闸等。

(3)交叉建筑物。渠道与山谷、河流、道路、山岭等相交时所修建的建筑物称为交叉建筑物，如渡槽、倒虹吸管、涵洞等。

(4)落差建筑物。在渠道落差集中处所修建的建筑物称为落差建筑物，如跌水、陡坡等。

(5)泄水建筑物。为保护渠道及建筑物安全或进行维修，用以放空渠水的建筑物称为泄水建筑物，如泄水闸、虹吸泄洪道等。

(6)冲沙和沉沙建筑物。为防止和减少渠道淤积，在渠首或渠系中设置的冲沙和沉沙设施称为冲沙和沉沙建筑物，如冲沙闸、沉沙池等。

(7)量水建筑物。量水建筑物是用以计量输配水量的设施，如量水堰、量水管嘴等。

渠系中的建筑物，一般规模不大，但数量多，总的工程量和造价在整个工程中所占比例较大。为此，应尽量简化结构，改进设计和施工，以节约原材料和劳动力，降低工程造价。以下仅就渠道、渡槽、倒虹吸管、涵洞、跌水及陡坡做简要介绍。

6.3.1　渠　　道

渠道按用途可分为灌溉渠道、动力渠道(引水发电用)、供水渠道、通航渠道和排水渠道等。

在实际工程中常是一渠多用，如发电与通航、供水结合，灌溉与发电结合等。

渠道设计的主要内容有：选定渠道线路、确定断面形状和尺寸、拟定渠道的防渗设施等。

渠道线路选择是渠道设计的关键，可结合地形、地质、施工、交通等条件初选几条线路，通过技术经济比较，择优选定。渠道选线的一般原则是：

(1)尽量避开挖方或填方过大的地段，最好能做到挖方和填方基本平衡；

(2)避免通过滑坡区、透水性强和沉降量大的地段；

(3)在平坦地段，线路应力求短直，受地形条件限制，必须转弯时，其转弯半径不宜小于渠道正常水面宽的5倍；

(4)通过山岭，可选用隧洞，遇山谷，可用渡槽或倒虹吸管穿越，应尽量减少交叉建筑物。

渠道的断面形状，在土基上呈梯形，两侧边坡根据土质情况和开挖深度或填筑高度确定，一般用1∶1～1∶2；在岩基上接近矩形，见图6.3。

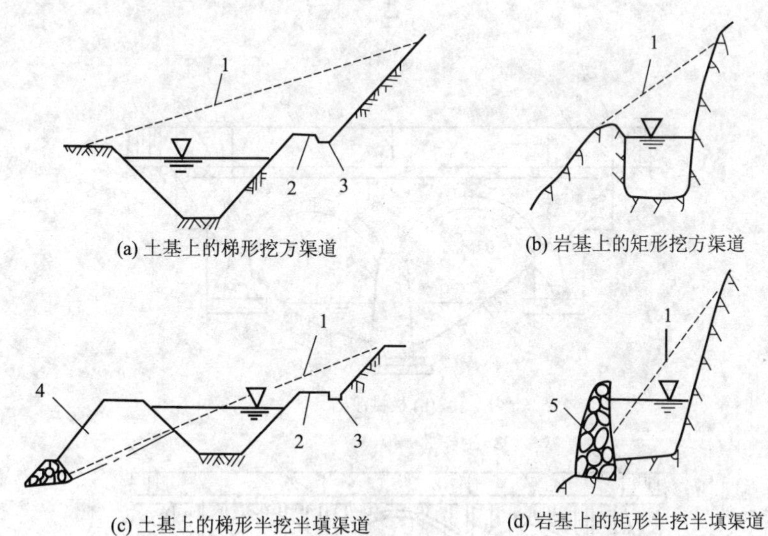

图6.3　渠道的断面形状

1—原地面线；2—马道；3—截水沟；4—渠堤；5—渠墙

断面尺寸取决于设计流量和不冲不淤流速，可根据给定的设计流量、纵坡等用明渠均流公式计算确定。不冲、不淤流速与土的性质、水中悬浮泥沙的粒径和水深有关，黏性土渠道的不冲流速一般不超过1.0～1.5 m/s，人工护面渠道，依护面材料而定。为防止渠道淤积和生长水草，要求流速不小于0.5～0.8 m/s。在实际工程中，受自然条件、施工和运行条件的限制，渠道断面往往不能按经济断面设计，如：在地势较为平坦的地段，以采用宽浅形断面较为有利，而在深挖方及山坡较陡的地段或寒冷地区，则宜采用窄深形的断面。人工开挖的渠道底宽，一般不小于0.5 m；机械开挖的，应根据设备情况适当加宽，一般不小于1.5 m；对通航渠道，还应满足航运要求。堤顶高程为渠内最高水位加超高，超高值一般不小于0.25 m。堤顶宽度根据交通要求和维修管理条件确定。

通过非密实黏土层、无黏性土层或裂隙发育的岩石层，长渠道的渗漏量有的可达引水量的50%～60%。渗漏不仅会降低工程效益，还将抬高通水区的地下水位，造成土壤次生盐碱化、沼泽化，严重的还可使填方渠道出现滑坡。为减小渗漏量和降低渠床糙率，一般均需在渠床加做护面，护面材料主要有：砌石、黏土、灰土、混凝土以及防渗膜等。

6.3.2 渡　槽

当渠道与山谷、河流、道路相交时，为连接渠道而设置的过水桥称为渡槽。

1. 渡槽的形式

渡槽由进口段、槽身、出口段及支承结构等部分组成。按支承结构的形式可分为梁式渡槽和拱式渡槽两大类，如图 6.4 所示。

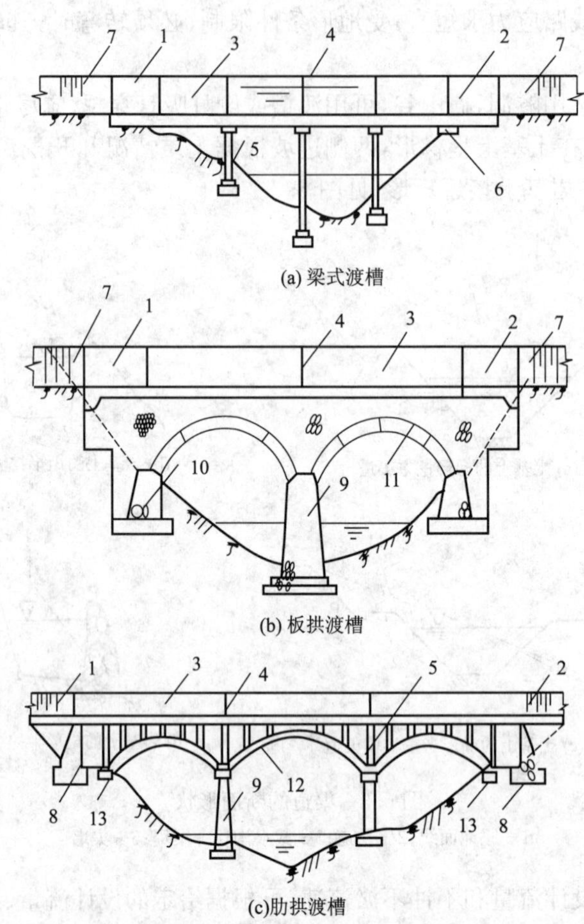

(a) 梁式渡槽

(b) 板拱渡槽

(c)肋拱渡槽

图 6.4　各式渡槽结构示意图

1—进口段；2—出口段；3—槽身；4—伸缩缝；5—排架；6—支墩；7—渠道；8—重力式槽台；9—槽墩；10—边墩；11—砌石板拱；12—肋拱；13—拱座

(1)梁式渡槽

梁式渡槽的槽身直接地撑在槽墩或槽架上，既可用以输水又起纵向梁作用。各伸缩缝之间的每一节槽身，沿纵向有两个支点，一般做成简支的，也可做成双悬臂的，前者的跨度常用 8～15 m，后者可达 30～40 m。

支承结构可以是重力墩或排架，如图 6.5 所示。重力墩可以是实体的或空心的，实体墩用浆砌石或混凝土建造，由于用料多，自重大，仅用于槽墩不高、地质条件较好的情况；空心墩壁厚 20 cm 左右，由于自重小，刚度大，省材料，因而其在较高的渡槽中得到了广泛应用。槽架有单排架、双排架和 A 字形排架等形式。单排架的高度一般在 15 m 以内；双排架高度可达 15～

25 m;A 字形排架稳定性好,适应高度大,但施工复杂、造价高,用得较少。

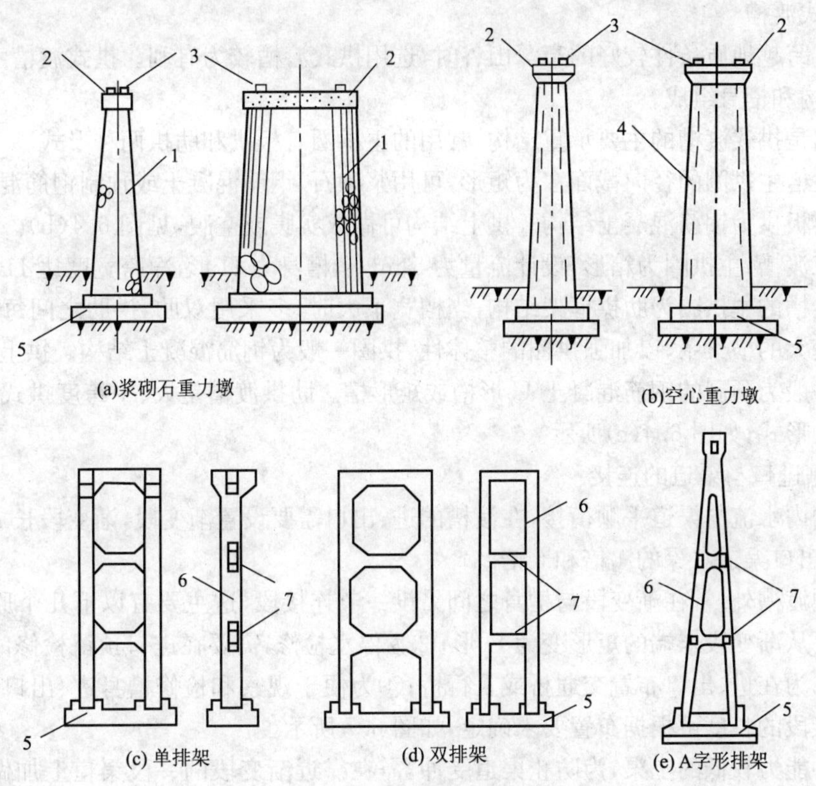

图 6.5 槽墩及槽架

1—浆砌石;2—混凝土墩帽;3—支座钢板;4—预制块砌空心墩身;5—基础;6—排架柱;7—横梁

基础形式与上部荷载及地质条件有关,根据基础的埋置深度可分为浅基础和深基础,埋置深度小于 5 m 的为浅基础;大于 5 m 的为深基础,深基础多为桩基和沉井。

槽身横断面常用矩形和 U 形。矩形槽身可用浆砌石或钢筋混凝土建造。对无通航要求的渡槽,为增强侧墙稳定性和改善槽身的横向受力条件,可沿槽身在槽顶每隔 1~2 m 设置拉杆。如有通航要求,则可适当增加侧墙厚度或沿槽长每隔一定距离加肋,如图 6.6 所示,槽身跨度采用 5~12 m。

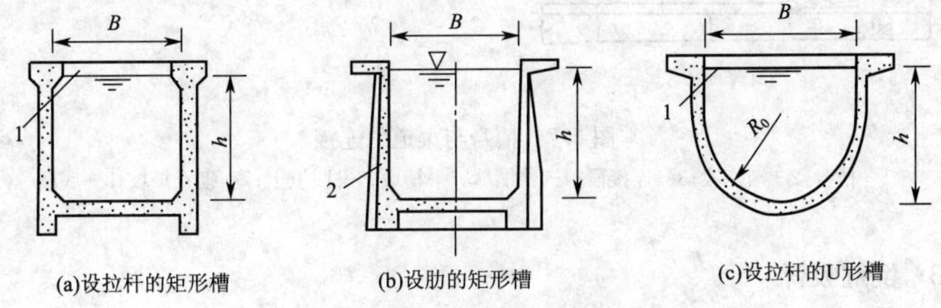

图 6.6 矩形及 U 形槽身横断面

1—拦杆;2—肋

U 形槽身是在半圆形的上方加一直段构成,常用钢筋混凝土或预应力钢筋混凝土建造。为改善槽身的受力条件,可将底部弧形段加厚。与矩形槽身一样,可在槽顶加设横向拉杆。

矩形槽身常用的深宽比为 0.6～0.8，U 形槽身常用的深宽比为 0.7～0.8。

(2)拱式渡槽

当渠道跨越地质条件较好的窄深山谷时，选用拱式渡槽较为有利。拱式渡槽由槽墩、主拱圈、拱上结构和槽身组成。

主拱圈是拱式渡槽的主要承重结构，常用的主拱圈有板拱和肋拱两种形式。

板拱渡槽主拱圈的径向截面多为矩形，可用浆砌石、钢筋混凝土或预制钢筋混凝土块砌筑而成。箱形板拱为钢筋混凝土结构。拱上结构可做成实腹或空腹，见图 6.4(b)。中国湖南省郴县乌石江渡槽，主拱圈为箱形，设计流量为 5 m^3/s，槽身为 U 形，净跨宽度达 110 m。

肋拱渡槽的主拱圈为肋拱框架结构，当槽宽不大时，多采用双肋，拱肋之间每隔一定距离设置刚度较大的横梁系，以加强拱圈的整体性，拱圈一般为钢筋混凝土结构。拱上结构为空腹式。槽身一般为预制的钢筋混凝土 U 形槽或矩形槽。肋拱渡槽是大、中跨度拱式渡槽中广为采用的一种形式，如图 6.4(c)所示。

2. 渡槽进口与渠道的连接

为使槽内水流与渠道平顺衔接，在渡槽的进、出口需要设置渐变段，渐变段长 l_1 和 l_2 可分别采用进、出口渠道水深的 4 倍和 6 倍。

除小型渡槽外，常在渐变段与槽身之间另设一节连接段，这主要有以下几个原因：①对 U 形槽身需要从渐变段末端的矩形变为 U 形；②为停水检修，需要在进口预留检修门槽(有时出口也留)；③为在进、出口布置交通桥或人行桥；④为便于观察和检修槽身进、出口接头处的伸缩缝。连接段的长度可根据布置要求确定，如图 6.7 所示。

对抗冲能力较低的土渠，为防止渠道受冲，需在靠近渐变段的一段渠道上加做砌石护面，长度约等于渐变段的长度。

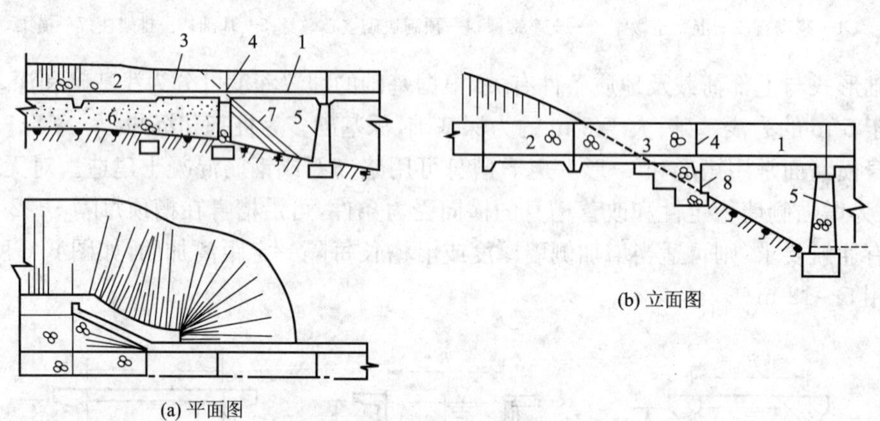

图 6.7 槽身与渠道的连接

1—槽身；2—渐变段；3—连接段；4—伸缩缝；5—槽墩；6—回填土；7—砌石护坡；8—底座

6.3.3 倒虹吸管

倒虹吸管是当渠道横跨山谷、河流、道路时，为连接渠道而设置的压力管道，其形状如倒置的虹吸管。渠道与山谷、河流等相交，既可用渡槽，也可用倒虹吸管。当所穿越的山谷深而宽时，采用渡槽不经济；当交叉高差不大，或高差虽大，但允许有较大的水头损失时，一般来说，采用倒虹吸管比渡槽工程量小，且造价低，施工方便。但倒虹吸管水头损失大，维修管理不如渡槽方便。

选定倒虹吸管位置所应遵循的原则与渡槽基本相同:①管路与所穿过的河流、道路等保持正交,以缩短长度;②进、出口应力求与挖方渠道相连,如为填方渠道,则需做好夯实加固和防渗排水设施;③为减少开挖,管身宜随地形坡度敷设,但弯道不能过多,以减少水头损失;也不宜过陡,以便于施工。

倒虹吸管由进口段、管身和出口段三部分组成。

1. 进口段

进口段包括渐变段、闸门、拦污栅,有的工程还设有沉沙池。进口段要与渠道平顺衔接,以减少水头损失。渐变段可以做成扭曲面或八字墙等形式,长度为 3～4 倍渠道设计水深。闸门用于管内清淤和检修。不设闸门的小型倒虹吸管,可在进口侧墙上预留检修门槽,需用时临时插板挡水。拦污栅用于拦污和防止人畜落入渠内被吸进倒虹吸管。

在多泥沙河流上,为防止渠道水流挟带的粗颗粒泥沙进入倒虹吸管,可在闸门与拦污栅前设置沉沙池,如图 6.8 所示。对含沙量较小的渠道,可在停水期间进行人工清淤;对含沙量大的渠道,可在沉沙池末端的侧面设冲沙闸,利用水力冲淤。沉沙池底板及侧墙可用浆砌石或混凝土建造。

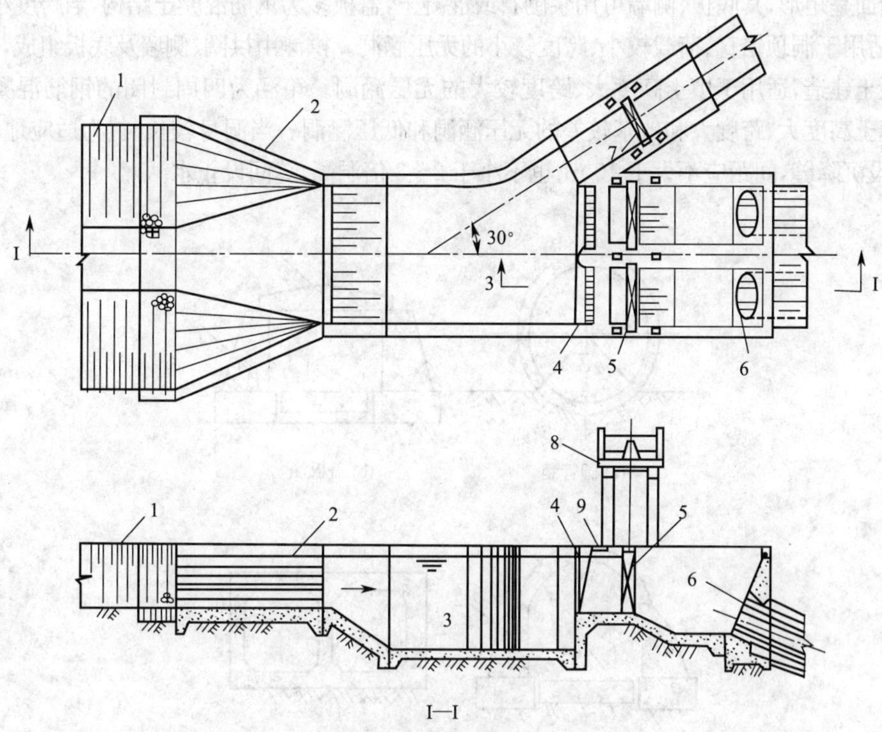

图 6.8 带有沉沙池的倒虹吸管进口布置

1—上游渠道;2—渐变段;3—沉沙池;4—拦污栅;5—进口闸门;
6—进水口;7—冲沙闸;8—启闭台;9—便桥

2. 出口段

出口段的布置形式与进口段基本相同。单管可不设闸门;若为多管,可在出口段侧墙上预留检修门槽。出口渐变段比进口渐变段稍长。由于倒虹吸管的作用水头一般都很小,管内流速仅在 2.0 m/s 左右,因而渐变段的主要作用在于调整出口水流的流速分布,使水流均匀平顺地流入下游渠道。

3. 管身

管身断面可为圆形或矩形。圆形管因水力条件和受力条件较好，大、中型工程多采用这种形式。矩形管仅用于水头较低的中、小型工程。根据流量大小和运用要求，倒虹吸管可以设计成单管、双管或多管。管身与地基的连接形式及管身的伸缩缝和止水构造等与土坝坝下埋设的涵管基础相同。在管路变坡或转变处应设置镇墩。为防止管内淤沙和放空管内积水，应在管段上或镇墩内设冲沙放水孔（可兼作进人孔），其底部高程一般与河道枯水位齐平。

6.3.4 涵　洞

当渠道与道路相交而又低于路面时可设置输水用的涵洞；当渠道穿过山沟或小溪，而沟溪流量又不大时，可用一段填方渠道，下面埋设用于排泄沟、溪水流的涵洞。前者称为输水涵洞，后者称为排水涵洞。

涵洞由进口段、洞身和出口段三部分组成。

按洞身断面形状，涵洞可以做成圆管涵、盖板涵、拱涵或箱涵，如图 6.9 所示。圆管涵因水力条件和受力条件较好，且有压、无压均可，是普遍采用的一种形式，管材多用混凝土或钢筋混凝土。盖板涵的断面呈矩形，其底板、侧墙可用浆砌石或混凝土，盖板多为钢筋混凝土结构，当跨度小时，也可用条石，适用于洞顶铅直、荷载较小、跨度较小的无压涵洞。拱涵由拱圈、侧墙及底板组成，可用浆砌石或混凝土建造，适用于填土高度大、跨度较大的无压涵洞。箱涵为四周封闭的钢筋混凝土结构，适用于填土高度大、跨度大和地基较差的无压涵洞和低压涵洞。当洞身较长时，为适应地基不均匀沉降，需设沉降缝，间距应不大于 10 m，也不小于 2～3 倍洞高，缝间设止水。

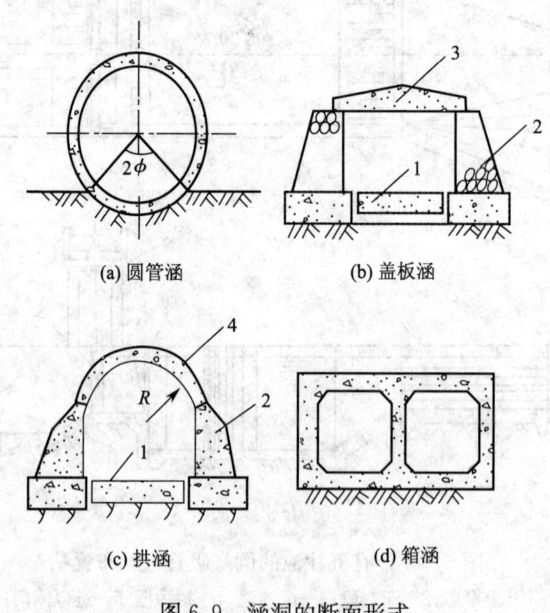

图 6.9　涵洞的断面形式

1—底板；2—侧墙；3—盖板；4—拱圈

思　考　题

1. 水工隧道的作用有哪些？

2. 泄水隧洞主要包括那几个部分?
3. 渠系建筑物按其作用可以分为哪几种?
4. 渠道设计的主要内容有哪些?
5. 常见的渡槽有哪些类型?
6. 选定虹吸管位置的原则有哪些?
7. 涵洞由哪些部分组成?
8. 取水建筑物的取水方式有哪些?

7 水电站及水电站建筑物

7.1 水电开发及水能利用

7.1.1 水电开发在能源开发中的地位和作用

1. 水能资源在全国能源资源中居重要地位

我国能源资源的开发利用，当前和可以预见的相当长时间内，主要是煤炭和水力，石油、天然气和核资源等资源的比重均相对较小。

经勘探证实，至 1996 年底，相当于世界能源委员会定义的中国煤炭探明储量为 3 006 亿 t，其中可采储量为 1 145 亿 t，人均储量不足世界平均值的 1/2；剩余可采储量 950 亿 t，按目前开采速度，最多可开采 85 年。石油资源更少，到 1996 年底的探明储量约 940 亿 t，其中剩余可采储量仅 33 亿 t，人均储量不及世界平均值的 1/10；按目前开采速度，最多可采 20 年。天然气资源也不多，已探明储量为 38 万亿 m^3，剩余可采储量仅 1.7 万亿 m^3。据估计，全国铀矿资源储量仅可满足 4 000 万 kW 压水堆电站运行 30 年的需要。唯独常规水力资源，可富甲天下。其河流理论蕴藏年电量 6.03 万亿 kW·h，技术可开发量 2.14 万亿 kW·h，经济可开发量 1.27 万亿 kW·h，分别占世界总量的 14.6%、14.3%和 13.7%（未计海洋能资源），人均拥有水能资源分别为世界平均值的 79.9%、62.5%和 67.9%。

在目前的经济和技术条件下，水能资源是我国所有可再生能源中唯一可以大规模开发的清洁能源，是国家能源工业可持续发展的重要组成部分，因而在能源资源开发中，有着特殊重要的战略意义。

2. 水电参与全国能源平衡作用巨大

从能源资源分布条件考察，中国各地区的能源资源富集程度相差悬殊，能源资源的地域分布既普遍又很不均匀。总的情势是，各地区都有一定的资源蕴藏量，具有在全国范围内普遍建立中小型能源工业的潜力；但地域上的集中程度，又相对极高。在常规能源中，水能资源主要分布在西南部的三大区，占总量的 9/10，东部三大区仅占 1/10。已探明的煤炭、石油资源布局恰好相反，东部三大区占 3/4，西南部三大区仅占约 1/4。在平衡地区能源布局中，开发水能资源将起到十分重要的资源补偿作用，有力地减轻煤炭、石油生产与运输的压力，有效地缓解东部能源的供需矛盾。

3. 水电经济效益维系着电力网局的持续运行和发展

水电开发除在能源，特别是电源开发中，起着与火电等其他电源极为重要的互补作用外，还在电力系统中很好发挥着调峰、调频、负荷跟踪、负荷备用、事故备用、设备完好率等动态功能效益，同时在水利系统中，还发挥防洪、灌溉、航运、供水、养殖、旅游等综合利用效益。水电的这种特有经济、社会效益和作用，远大于火电。我国东北、华东、华中三大电网的水电实际单位经济效益，分别为火电的 4～10 倍。如 1993 年华中电网的水电电量仅占全网的 20%，但其利润却为全网净利润总额的 119%。这说明，水电的经济有利性维系着各个电力网局的持续运行和发展。随着国家经济改革的不断深化，对水电在电力工业发展中的支柱作用也日益被社会认同，从而将更大规模地加速开发水电能源。

4. 水电开发的环境社会效益显著

能源的环境问题，主要是能源开发和利用的污染物排放和生态影响，煤炭对大气环境的污染，以及废渣、废水等对生态的破坏。水资源是清洁的一次和二次能源，在开发、转换为电能的过程中不发生化学变化，不排出有害物质，对环境没有污染。有水库的水电站建成后，还可以改善局地气候和生态环境。并且，水电开发促进了地区经济大发展，其所产生的灌溉、防洪、航运、养殖、供水等社会效益巨大，同时也节约了大量能源。据全国有代表性的21座大中型水电站调研分析，黄河龙羊峡至青铜峡等5级电站相继建成投产，不仅形成了小川、古城和青铜峡市等20～30万人口的中型城市，同时使该地区的国民生产总值较建库前增长了10倍左右；丹江口水电站的建成，使丹江口由一个村贸小镇发展成为10余万人口的新型城市；东江水库虽然淹没资兴市5.7万亩耕地，但随着电站的建成和开发，全市1994年的工业总产值和地方财政收入即分别比建库前增长了6.1倍和7.9倍；新安江电站建成投产，相继创建了全新的淳安、建德等中型城市，连同周围的金华、衢县、桐庐、富阳等6县市的工业总产值，较建库前分别增加了5.1～7.1倍。

由于水电对国民经济起着巨大的推动作用，自20世纪30年代以来，世界各国都很注意发展水电。许多工业化国家的早期发展，都曾得益于水电开发，有的国家至今仍以水电为国民经济的一大支柱。据统计，全世界可以开发的水电容量约为22亿kW，平均开发程度已达到25%以上。西方不少国家水力资源已接近开发完毕。世界主要国家常规水电装机容量情况(1991年)见表7.1。

表7.1　世界主要国家常规水电装机容量

国家	装机容量(万kW)	水能资源利用程度(%)	
		容量	电量
美国	7 640.5	39.3	39.9
前苏联	6 524.3	24.6	15.7
加拿大	5 989.7	39.2	54.8
巴西	4 884.7	22.9	17.9
中国	3 540.6	9.5	6.6
挪威	2 740.6	72.1	20.7
法国	2 060.0	98.1	96.7
日本	2 048.1	61.3	67.4
西班牙	1 775.0	60.8	38.0
印度	1 754.7	20.9	12.8

7.1.2　我国水能资源的分布及其开发利用

我国是世界上利用水能资源最早和水能资源最富有的国家之一。广义的水能资源包括河流水能、潮汐水能、波浪能和海洋热能等资源；狭义的水能资源指河流水能资源。我国河流水能资源非常丰富，居世界第1位。根据1977～1980年的调查结果显示，全国总的理论水能资源蕴藏量约为6.76亿kW，年发电量约为5.9万亿kW·h，可开发水能资源装机容量约为3.78亿kW，年发电量约为1.92万亿kW·h。我国分水系、省(区)水能资源蕴藏量和可能开发水能资源统计，见表7.2～7.5。我国的水能资源利用状况，见表7.6。

表 7.2　中国分水系水能蕴藏量统计表

水系	水能蕴藏量		
	万 kW	亿 kW·h/a	占全国百分比
全国	67 604.71	59 221.8	100.0
长江	26 801.77	23 478.4	39.6
黄河	4 054.80	3 552.0	6.0
珠江	3 348.37	2 933.2	5.0
海河、滦河	294.40	257.9	0.4
淮河	144.96	127.0	0.2
东北诸河	1 530.60	1 340.8	2.3
东南沿海诸河	2 066.78	1 810.5	3.1
西南国际诸河	9 690.15	8 488.6	14.3
雅鲁藏布江及西藏其他河流	15 974.33	13 993.5	23.6
北方内陆河及新疆诸河	3 698.55	3 239.9	5.5

注:1　本表不包括台湾省。

2　本表系根据中国统一的统计界限,即水能蕴藏量 1 万 kW 以上的河流 3019 条统计为 6.56 亿 kW,并包括部分省统计的水能蕴藏量 1 万 kW 以下的河流,其统计界限各省自定。合计为 6.76 亿 kW。

3　水能蕴藏量系根据各河段的多年平均流量计算。

表 7.3　中国分省(自治区)水能蕴藏量统计表

地区、省(自治区)	水能蕴藏量			地区、省(自治区)	水能蕴藏量		
	万 kW	亿 kW·h/a	占全国百分比(%)		万 kW	亿 kW·h/a	占全国百分比(%)
全国	67 604.71	59 221.8	100.0	中南地区	6 408.37	5 613.8	9.5
华北地区	1 229.93	1 077.4	1.8	河南	477.36	418.2	0.7
北京、天津、河北	220.84	193.5	0.3	湖北	1 823.13	1 597.1	2.7
山西	511.45	448.0	0.8	湖南	1 532.45	1 342.4	2.3
内蒙古	497.64	435.9	0.7	广东	823.60	721.5	1.2
东北地区	1 212.66	1 062.3	1.8	广西	1 751.83	1 534.6	2.6
辽宁	175.19	153.5	0.3	西南地区	47 331.18	41 462.1	70.0
吉林	297.98	261.0	0.4	四川及重庆	15 036.78	13 172.2	22.2
黑龙江	739.49	647.8	1.1	贵州	1 874.47	1 642.0	2.8
华东地区	3 004.88	2 632.3	4.4	云南	10 364.00	9 078.9	15.3
上海、江苏	199.10	174.4	0.3	西藏	20 055.93	17 569.0	29.7
浙江	606.00	530.9	0.9	西北地区	8 417.09	7 373.9	12.5
安徽	398.08	348.7	0.6	陕西	1 274.88	1 116.8	1.9
福建	1 045.91	916.2	1.5	甘肃	1 426.40	1 249.5	2.1
江西	682.03	597.5	1.0	青海	2 153.66	1 886.6	3.2
山东	73.76	64.6	0.1	宁夏	267.30	181.6	0.3
				新疆	3 355.45	2 939.4	5.0

注:1　本表不包括台湾省。

2　本表系根据中国统一的统计界限,即水能蕴藏量 1 万 kW 以上的河流 3019 条统计为 6.56 亿 kW,并包括部分省统计的水能蕴藏量 1 万 kW 以下的河流,其统计界限各省自定。合计为 6.76 亿 kW。

3　水能蕴藏量系根据各河段的多年平均流量计算。

表 7.4　中国分水系可开发水能资源统计表

水系	装机容量(万 kW)	发电量(亿 kW·h/a)	占全国比重(%)
全国	37 853.24	19 233.04	100.0
长江	19 724.33	10 274.98	53.4
黄河	2 800.0	1 169.91	6.1
珠江	2 485.02	1 124.78	5.8
海河、滦河	213.48	51.68	0.3
淮河	66.01	18.94	0.1
东北诸河	1 370.75	439.42	2.3
东南沿海诸河	1 389.68	547.41	2.9
西南国际诸河	3 768.41	2 098.68	10.9
雅鲁藏布江及西藏其他河流	5 038.23	2 968.58	15.4
北方内陆河及新疆诸河	996.94	538.66	2.8

注：1　本表按单站 500 kW 以上电站统计。

2　根据发电量计算占全中国比重。

表 7.5　中国分省(自治区)可开发水能资源统计表

地区、省(自治区)	装机容量(万 kW)	发电量 亿 kW·h/a)	占全国比重(%)	地区、省(自治区)	装机容量(万 kW)	发电量 亿 kW·h/a)	占全国比重(%)
全国	37 853.24	19 233.04	100.0	中南地区	6 743.49	2 973.65	15.5
华北地区	691.98	232.25	1.2	河南	292.88	111.63	0.6
北京、天津、河北	183.71	417.77	0.2	湖北	3 309.47	1 493.84	7.8
山西	263.98	106.98	0.6	湖南	1 083.84	488.91	2.5
内蒙古	244.29	83.50	0.4	广东	638.99	239.80	1.3
东北地区	1 199.45	383.91	2.0	广西	1 418.31	639.47	3.3
辽宁	163.34	55.85	0.3	西南地区	23 234.33	13 050.36	67.8
吉林	432.92	109.55	0.6	四川及重庆	9 166.51	5 152.91	26.8
黑龙江	603.19	218.51	1.1	贵州	1 291.76	652.44	3.4
华东地区	1 790.22	687.94	3.6	云南	7 116.79	3 944.53	20.5
上海、江苏	9.75	3.10		西藏	5 659.27	3 300.48	17.1
浙江	465.52	145.63	0.8	西北地区	4 193.77	1 904.93	9.9
安徽	88.15	26.09	0.1	陕西	550.71	217.04	1.1
福建	705.12	320.20	1.7	甘肃	910.97	424.44	2.2
江西	510.86	190.4	1.0	青海	1 799.08	772.08	4.0
山东	10.82	2.38		宁夏	79.50	31.62	0.2
				新疆	853.51	459.75	2.4

注：1　本表按单站 500 kW 以上电站统计。

2　根据发电量计算占全中国比重。

表 7.6　中国水能资源各阶段开发利用程度

年份	水电发电量(亿 kW·h/a)	占可能开发水能资源比重(%)	水电占总发电量比重(%)	年份	水电发量(亿 kW·h/a)	占可能开发水能资源比重(%)	水电占总发电量比重(%)
1949	12.0	0.06	25.0	1985	923.7	4.80	22.5
1952	18.3	0.095	23.4	1990	1263.5	6.57	20.3
1957	48.2	0.25	24.9	1995	1867.7	9.71	18.5
1965	104.1	0.54	15.4	1996	1869.2	9.72	17.3
1970	204.6	1.06	17.1	1997	1945.7	10.12	17.2
1975	476.3	2.48	24.3	1998	2042.9	10.62	17.6
1980	582.1	3.03	19.4	1999	2129.3	11.07	17.3

我国大陆和海岛的海岸线全长 32 000 余 km，1982 年曾对全国 156 个海湾和 33 个河口进行普查统计，沿海装机容量在 500 kW 以上的潮汐电站站点共 191 处，技术可开发总容量为 2 158万 kW，相应年发电量 619 亿 kW · h。具体布局情况列于表 7.7。

表 7.7 我国沿海潮汐能资源统计表

省区名称	平均潮差(m)	装机容量(万 kW)	占全国比重(%)	年发电量(亿+C24kW · h)	占全国比重(%)
全国合计		2 156.5		618.7	
山东	2.36	11.8	0.55	3.6	0.59
江苏		0.1			
长江北支	3.04	70.4	3.26	22.8	3.68
浙江	4.29	880	40.79	2.64	42.68
福建	4.2	1 032.4	47.85	283.8	45.88
辽宁	2.57	58.6	2.72	16.1	2.61
河北	1.01	0.5		0.1	
广东	1.38	64	3.01	17.2	2.78
广西	2.46	38.7	1.8	10.9	1.77

注：1 长江北支分属江苏省、上海市。

2 除海南岛外，南海诸岛和台湾省暂缺。

我国的水能资源在开发利用方面，具有以下特征。

(1)资源总量丰富，但地区分布不均

我国常规水能资源位居世界第一，海洋能资源和抽水蓄能资源蕴藏量也极为丰富。在常规水能资源蕴藏量、技术和经济可开发量中，我国分别拥有全球总量的 14.6%、14.3% 和 13.7%。就世界七个水能资源大国而言，我国拥有的技术可开发量约为巴西的 1.8 倍，美国、印度和扎伊尔三国之和的 1.1 倍，是世界上唯一可以大规模开发的再生水能资源大国。

另一方面，我国水能资源地域分布极不均衡，82.9%集中于西部地区，其中西南 4 省区即占全国总量的 73.6%；而东部 15 省市区仅占 7.0%。这种情况表明，占全球总量约 1/7 的我国常规水能资源的开发利用，很自然地将是富集度最高的西部资源区。

(2)大型水电站比重大，区域布局相对集中

在全国规划的单站装机容量 1.0 万 kW 以上的 1946 座水电站中，装机等于和大于 25.0 万 kW 以上的大型水电站共有 225 座，但其装机容量和年发电量却占全国总量的约 80%；装机 200.0 万 kW 以上的特大型电站有 33 座，相应装机容量和年发电量却占总数的 50%左右。同时，近 75.0%的大型电站和约 80%的 100 万 kW 以上的特大型电站，均集中分布在西部地区，其中云、贵、川、藏四省(区)占全国总数的 55%～65%。

(3)多数水库调节性能低，电站季节性能量较多

我国各地气候受季风影响很大，河川天然径流年内分配不均匀。各大区夏秋季 4～5 个月的径流量。一般占全年径流的 60%～70%，冬、春季径流量很少。更为突出的是，一些河流的径流量还存在着连续多年丰沛或干旱的现象。如黄河就出现过 1922—1932 年连续 11 年的枯水期，也有过连续 9 年的丰水期；松花江出现过 1898—1908 年连续 11 年和 1916—1928 年连续 13 年少水期，其间年径流量较多年平均值低 40%；而当发生 1960—1966 年连续 7 年丰水期时，相应平均径流量比正常年份多 32%。为了有效利用水能资源和较好地满足用户要求，一般需修建水库以调节径流；但因受移民和环境等社会经济条件制约，修建水库大都调节性能

较低，电站季节性能量相对较多。

(4)水电开发中的综合利用问题较复杂

我国大部分河流的开发利用，特别是其中、下游，往往同时有防洪、灌溉、航运、供水、养殖、防凌、旅游、生态等多方面要求，在用水或耗水的数量、时间与空间分配上，往往彼此呈现一定程度的矛盾现象。开发水电能源，大都需要遵循综合利用河流水资源的原则，同时应考虑市场经济是人类共同创造的资源配置的一种有效方式，依据市场经济的特征与运行机制采取积极评估决策，以取得各部门效益的较好协调。根据对全国已建130座大中型水电站的初步统计，其中同时具有上述一项或二项、三项和四项综合效益的水电站，分别占电站总座数的51%、24%、13%和9%。

(5)山区水电开发的高坝工程较艰巨

我国地少人多，修建水电站往往受水库淹没影响的限制；而在深山峡谷河流中建筑水电站，虽可减少淹没损失，但需建设高坝，工程较艰巨。

(6)特大型电站远离用电市场，输变电工程较大

由于全国水能资源的约70%和装机容量25万kW以上大型水电站的约80%位于西部地区，而能源和电力消费的约65%在东部地区，所以各特大型水电工程"西电东送"的输电距离一般较长，输变电投资相对较多。几座大水电站的具体输电距离见表7.8。

表7.8　中国部分大型水电站输电距离

水电站	装机容量(万kW)	电力送达城市	输电距离(km)
二滩	330	成都、重庆	600
龙潭	540	广州	700
小湾	420	广州	1 500
溪洛渡	1 440	武汉/上海	1 300/1 900
白鹤滩	1 440	武汉/上海	1 500/2 100
乌东德	800	上海	2 200

7.2　水能资源开发方式及电站的主要类型

水能资源开发方式，按其集中落差的方式分类，有坝式、引水式和混合式三种。水电站布置形式与水能开发方式密切相关，如坝式开发方式有坝后式、河床式及从河岸引水的旁引式等；引水式分无压引水式和有压引水式两种。从建筑物的组成和形式来说，旁引式、混合式和有压引水式是基本相同的，作为水电站基本布置形式可以统称为有压引水式。本节重点介绍坝后式、河床式、无压引水式和有压引水式四种水电站的基本布置形式。

7.2.1　坝后式水电站

坝后式水电站的特点是建有相对较高的拦河坝形成水库，利用大坝集中落差形成库容，并进行水量调节。水库一般具有防洪、灌溉、发电、航运、给水等综合效益。其主要建筑物有拦河坝、泄水建筑物和水电站厂房(见图7.1)。另外，可能有为其他专业部门而设的建筑物，如船闸、灌溉取水口、工业取水口、筏道和鱼道等。水电站建筑物集中布置在电站坝段，坝上游侧设有进水口，进水口设有拦污栅、闸门及启闭设备等。压力钢管一般穿过坝身向机组供水。电站

厂房置于坝下游，坝与厂房一般用沉陷缝分开。

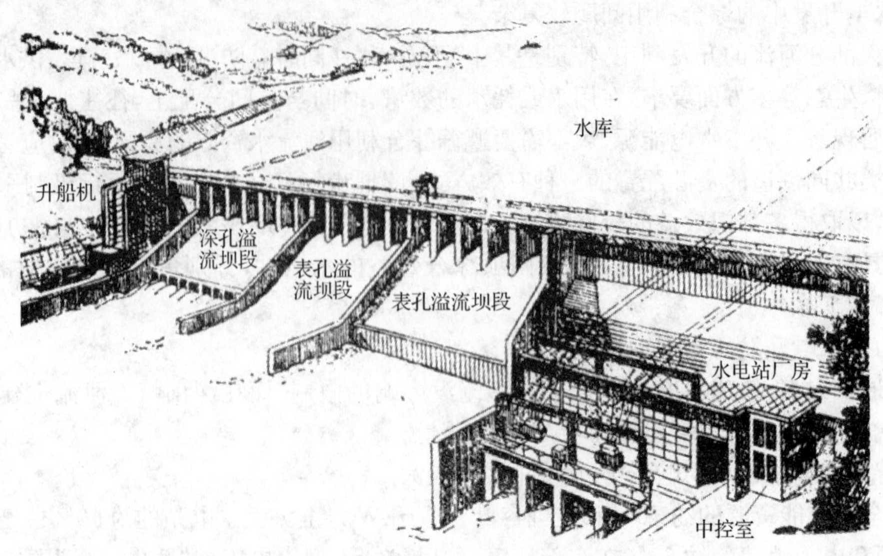

图 7.1　坝后式水电站示意图

坝后式水电站一般修建在河流的中、上游，由于筑坝壅水，会造成一定的淹没损失，在河流中上游一般允许淹没到一定高程而不致造成太大损失。

7.2.2　河床式水电站

河床式水电站多修建在河流水面较宽且河道比降较小的中、下游河段上，由于地形平坦，不允许淹没更多的土地，只能修建较低的闸坝来适当抬高水头。这种水电站因为水头低，流量相对较大，水轮机多采用钢筋混凝土蜗壳。另外，其厂房尺寸和重量均较大，可以直接承受水的压力，作为挡水建筑物的一部分与闸坝并肩位于河床中。实践经验表明，其适用水头范围，对大中型水电站可达 25～35 m，对小型水电站一般在 8～10 m。

河床式水电站没有专门的引水管道，水流直接由厂房上游侧的进水口进入水轮机。图 7.2所示为河床式水电站示意图。

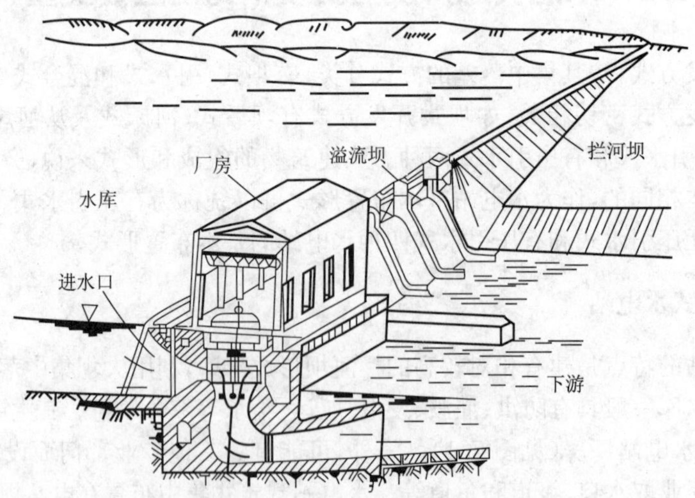

图 7.2　河床式水电站示意图

7.2.3 无压引水式水电站

无压引水式水电站的主要特点是具有较长的无压引水道。多修建在河道比降较陡或有较大河湾的河段上，利用比降较缓的引水道来集中落差，如图 7.3 所示。无压引水式水电站建筑物一般由以下三部分组成。

1. 首部枢纽

首部枢纽包括拦河闸坝、冲沙闸、进水口、沉沙池等。拦河闸坝一般较低，河床部分多建成溢流坝以宣泄洪水。进水口采用进水闸形式。冲沙闸建在进水闸上游附近，以保证有害泥沙不致进入引水道。在多泥沙河流上，进入引水道的泥沙由沉沙池处理后排入原河道或其他洼地。

2. 引水建筑物

引水建筑物为明渠或无压隧洞，其前端直接与首部枢纽的进水口相接，根据地形和需要，在引水建筑物上可设渡槽、涵洞、倒虹吸、桥梁等附属建筑物。其尾部与压力前池相连。

3. 厂区枢纽

厂区枢纽主要包括压力前池、泄水道、压力管道电站厂房、尾水渠及变电配电建筑物等。压力前池的作用主要是将引来的水通过压力管道分配给水轮机，另外，它还有清除污物、宣泄多余水量与平稳渠末水位等作用。当电站担任峰荷时，还可在压力前池附近设日调节池。

图 7.3 无压引水式水电站示意图

1—挡水坝；2—溢流坝；3—进水闸；4—引水渠道；5—压力前池；
6—日调节池；7—压力管道；8—厂房；9—泄水道；10—开关站；11—尾水渠

无压引水式水电站的优点是淹没损失小，工程简易，造价较低。但因库容很小，河流水量利用率低，其综合利用效益很小。

7.2.4 有压引水式水电站

有压引水式水电站的主要特点是有较长的有压引水道，如有压隧洞或压力管道，其组成建筑物也可分为首部枢纽、引水建筑物和厂区枢纽三部分。

首部枢纽包括拦河坝、电站进水口和泄水建筑物等。进水口为潜没式进水口。当采用当地材料坝时，多建有河岸溢洪道。在有压引水道很长时，为了减小因负荷突然变化在压力管中产生的水锤压力和改善水电站运行条件，常常需要在有压引水道和压力水管的连接处设置调压室。图 7.4 为有压引水式水电站建筑物组成和布置示意图。

图 7.4　有压引水式水电站示意图

7.3　水电站的机电设备

水力发电的基本原理是将水能变为机械能，再把机械能通过机械设备转化为电能，通过一系列的电气设备将电能送向电力系统。

采用引水渠道或隧洞将上游河流或水库引来的水流经前池或调压室，再由压力水管输送给水轮机，通过水轮机将水能转变为机械能，水流通过水轮机后由尾水渠泄入下游河道。机械能变为电能是由发电机来实现的，发电机出线电压一般较低，有些小型水电站可能直接将发电机发出的电能送往用户或地方电网，而一般水电站必须经变压器升压将电能输送到较远的地方或电网。为了保证上述基本过程的实现，水轮机、发电机、变压器必须正常运行，同时配套有一系列的辅助设备。一般可将水电站的机电设备分为如下五个系统。

1. 水流系统

水流系统是将水能转化为机械能的一系列过流设备，包括引水管、蝴蝶阀、蜗壳、水轮机、尾水管、尾水闸门、尾水渠等。

2. 电流系统

电流系统是发电、变电、配电系统，包括发电机、发电机引出线、发电机低压配电装置、主变压器、户外开关站(高压配电装置)及各种电缆、母线等。

3. 电气控制设备系统

电气控制设备系统是控制水电站运行的电气设备，包括机旁盘、励磁设备、中控室各种电气设备以及各种控制监测和操作设备。

4. 机械控制设备系统

机械控制设备系统包括水轮机的调速设备以及主阀、减压阀、拦污栅和各种闸门的操作控制设备等。

5. 辅助设备系统

辅助设备系统是为了安装、检修、维护、运行所必需的各种机、电辅助设备。辅助设备系统包括厂用电系统、油系统、气系统、水系统、起重设备、各种机电维修和试验设备以及采光、通风、取暖、防潮、防火、保安、生活卫生等设备。

7.4 水电站建筑物

7.4.1 水电站的无压进水口

无压进水口也称为开敞式进水口，一般适用于无压引水式电站。无压进水口分为有坝进水口和无坝进水口两种。由于无坝进水口只能引用河道流量的一部分，不能充分利用河流资源，故较少采用。以下主要介绍有坝无压进水口。

1. 无压进水口的位置选择

无压进水口多为低坝引水，洪水期河道中流量流速较大，水流挟带大量泥沙与各种漂浮物直至进水口前。因此，无压进水口拦沙、排沙和拦截漂浮物的问题较潜没式进水口更为突出。考虑到上述情况，无压进水口位置应选择在比较稳定河段，并布置在河道的凹岸(见图 7.5)。由于横向环流的作用，凹岸不会形成回流，泥沙、漂浮物不易堆积，且表层清水是流向凹岸的。这样可以减少进入进水口的泥沙，还可以利用进水口前的主流将拦污栅前的漂浮物冲向下游。当无合适的稳定河段可以利用时，可采用工程措施造成人工弯道；在布置上也可采取一些减沙排污的工程措施。

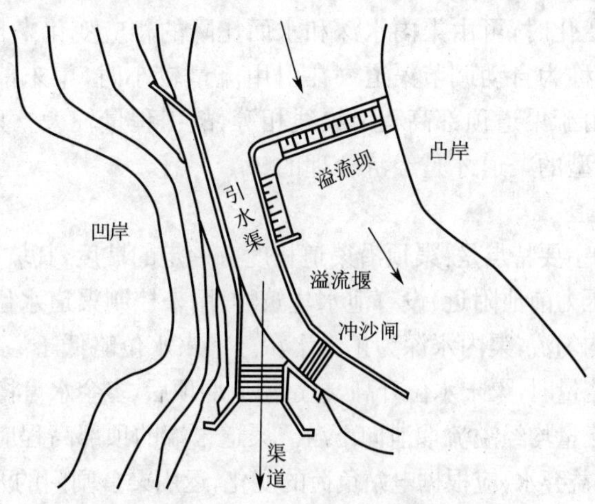

图 7.5 某水电站无压进水口布置图

2. 无压进水口的组成建筑物及其布置

有坝开敞式进水口的组成建筑物一般有拦河低坝(或拦河闸)、进水闸、冲沙闸及沉沙池等。这些组成建筑物的总体布置形式多样，布置时一般应遵循以下原则：

(1)进水闸与冲沙闸的相对位置以“侧面进水，正面排沙”的原则进行布置。应根据自然条件和引水量的大小确定最佳引水角度,条件许可时应尽量减小引水角度。

(2)进水闸的底板高程应高于冲沙闸和冲沙廊道进口的底板高程,其高差一般不宜小于1.0 m,以防止淤沙进入引水道。另外,还可以设置拦沙坎,在非洪水期引水系数较大而河道推移质较多的情况下,防止底沙进入引水道。拦沙坎高度约为冲沙槽设计水深的1/4~1/3,最好不小于1.0~1.5 m。

(3)当河流含沙量较大时,会有少量的推移质和大量的悬移质泥沙进入渠道,不仅会造成渠道淤积,还会使压力水管和水轮机的过流部件遭到破坏。为此,一般当河流挟沙量超过0.5 kg/m³及进入水轮机的悬移质大粒径泥沙($d>0.25$ mm,的泥沙)量超过0.2 kg/m³时,则应考虑设置沉沙池。沉沙池应设置于进水闸之后或其附近,以便先排除泥沙,再将清水引入渠道或无压隧洞。

7.4.2 动力渠道

1. 动力渠道的类型及水力特性

水电站的无压引水渠道称为动力渠道,它位于无压进水口或沉沙池之后。根据动力渠道的水力特性,可将其分为自动调节渠道和非自动调节渠道两种类型。

(1)自动调节渠道

自动调节渠道的主要特点是:渠顶高程沿渠道全长不变,且高出渠道内可能的最高水位;渠底按一定坡度逐渐降低,断面也逐渐加大;在渠末压力前池处不设泄水建筑物。依动力渠道的运行要求,当渠道通过设计流量时,水流为恒定均匀流,水面线平行于渠底,水深为正常水深h_0;当水电站出力减小、水轮机引用流量小于渠道设计流量时,水流为恒定非均匀流,水面形成壅水曲线,且引用流量越小,渠末水深越大;当水电站停止工作、引用流量为零时,渠末水位将与渠首水位齐平,渠道堤顶应高于渠内最高水位,以免发生漫顶溢流现象。

自动调节渠道无溢流水量损失。渠道最低水位与最高水位之间的容积可用以调节水量,当电站引用流量发生变化时,可由渠内水深和水面比降的相应变化来自动调节,不必运用渠首闸门的开度来控制,故称为自动调节渠道。在引用流量较小时,渠末能保持较高的水位,因而可获得较高的水头。由于渠道顶部高程沿渠线相等,故工程量较大。只有在渠线较短、地面纵坡较小时,采用此种类型的渠道才是经济合理的。

(2)非自动调节渠道

非自动调节渠道的主要特点是:渠顶沿渠道长度有一定的坡度,其坡度一般与渠底坡度相同。在渠末压力前池处(或压力前池附近)设有泄水建筑物,用来控制渠道水位的升高。当渠道通过设计流量时,水流为恒定均匀流,渠内水深为正常水深。渠末水位略低于溢流堰顶;当水电站出力减小、引用流量小于设计流量时,渠末水位升高,超过溢流堰顶后,多余水量将通过溢流堰泄向下游;当引用流量为零时,全部流量均经溢流堰泄向下游。渠道末端的顶部高程应高于全部流量下泄时的渠末水位。为了减少无益弃水,应根据电站负荷的变化,运用渠首闸门的开度调节入渠流量。这种类型的渠道有弃水损失,引用流量较小时渠末水位较自动调节渠道的水位低,但渠道工程量较小。对于渠道线路较长的电站或电站停止运行后仍需向下游供水时,可广泛采用非自动调节渠道。

2. 动力渠道路线选择

渠道的选线应根据确定的引水高程和水电站厂房位置,选择一条从进水口至压力前池的渠道中心线。选线一般应遵循以下原则。

(1)渠线应尽量短,以期减小工程量和水头损失。

(2)渠道大致沿等高线布置,以期减小工程量。根椐需要可修建渠系建筑物(无压隧洞、渡槽、倒虹吸等)。在渠末应有厂区布置的有利地形。

(3)渠线应选择在地质较好的地段,需转弯时其转弯半径不小于5倍渠道设计水面宽度。

3. 动力渠道的断面形式和护面类型

(1)渠道的断面形式

由于动力渠道沿线的地形和地质条件不同,渠道的断面形式也有所不同。盘山修建的渠道多采用窄深式的矩形断面,在土基上一般采用梯形断面。另外,渠道按其建筑条件又可分为挖方渠道和半挖半填渠道,如图7.6所示。

(2)渠道护面类型

在渠道的表面用各种材料做成的保护层叫做渠道护面。护面的作用主要有以下几点。

1)可以减少渠道的渗漏损失,加强渠道的稳定性;

2)可以减小渠道的糙率,从而降低水头损失;

3)防止渠中长草和穴居动物对渠道的破坏。

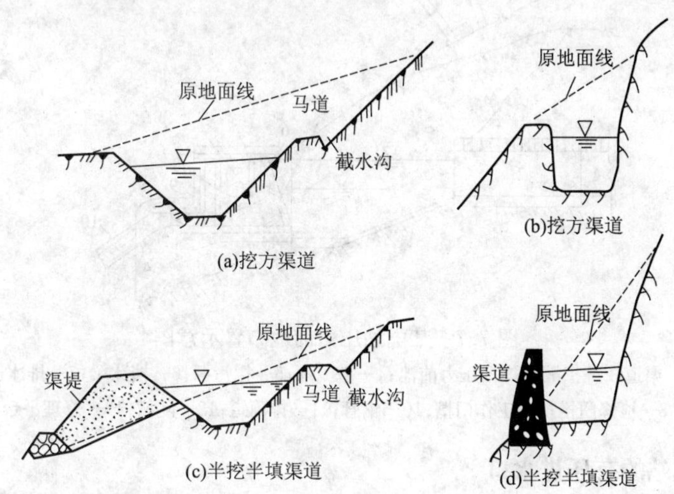

图7.6 动力渠道断面形式

渠道护面的类型根椐所用材料不同,可分为混凝土护面、砌石护面、砾石护面、黏土和灰土护面等。

4. 动力渠道水力计算

动力渠道水力计算的目的是根据渠道的设计流量 Q_P 来选择合理的渠道断面,并计算在此断面下水电站在不同运行情况下渠道水位变化。这种计算可分为明渠恒定流计算和非恒定流计算,其中恒定流计算又分为均匀流计算和非均匀流计算。

7.4.3 压力前池

压力前池是无压力引水道与压力水管之间的平水建筑物,它设置在引水渠道或无压引水隧洞的末端。压力前池的主要功能有以下几点:

(1)将渠道来水分配给各条压力水管,并设置闸门控制进入压力水管的流量。

(2)拦截渠道中的漂浮物和有害泥沙,防止其进入压力管。在严寒地区压力前池中还应设有排冰道,以防止冰凌的危害。

(3)当压力前池设有泄水建筑物时,可宣泄多余水量,限制水位升高。当下游有其他用水要求时,在电站停止运行的情况下,可通过泄水建筑物向下游供水。

(4)压力前池有一定容积,当电站负荷发生变化时,可暂时补充水量不足或容纳多余水量。

压力前池的主要组成部分包括前室、进水室、泄水建筑物、冲沙孔和排水道等。图 7.7 所示为我国北方某电站压力前池的布置图。

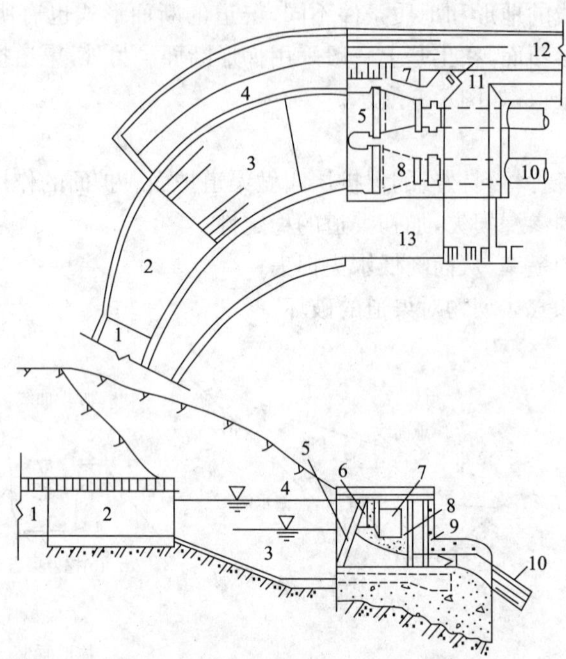

图 7.7 某电站压力前池布置示意图

1—渠道;2—扩散段;3—压力前池;4—溢流堰;5—拦污栅;6—挡冰梁;7—排冰道;8—检修门槽;9—工作门槽;10—钢管;11—排雨道;12—陡槽;13—修理平台

7.4.4 水电站的有压进水口

有压进水口通常在一定的压力水头下工作,可单独设置,也可和挡水建筑物结合在一起。有压进水口通常工作在一定的压力水头下,适用于从水位变幅较大的水库中取水。有压进水口设计时应满足水量、水质、水头损失小,可节制流量及水工建筑物的一般要求。

1. 有压进水口的主要类型及适用条件

有压进水口的类型主要取决于水电站的开发方式、坝型、地形地质等因素,可分为隧洞式、压力墙式、塔式和坝式四种。

(1)隧洞式进水口

隧洞式进水口的进口段、闸门段和渐变段三部分系从山体中开挖而成,如图 7.8 所示。进水口闸门安置在山岩中开挖出的竖井(闸门井)中,因此又称为竖井式进水口。

这种类型的进水口适用于水库岸边地质条件较好、开挖竖井和进口断面均不致引起塌方的情况。由于比较充分地利用了岩石的作用,隧洞式进水口的钢筋混凝土工程量较少。

(2)压力墙式进水口

当隧洞进口处的地质条件较差或地形陡峭,不宜扩大断面和开挖竖井时,可采用压力墙式进水口,如图 7.9 所示。这种情况下,可将进口段与闸门段均布置在山体之外。

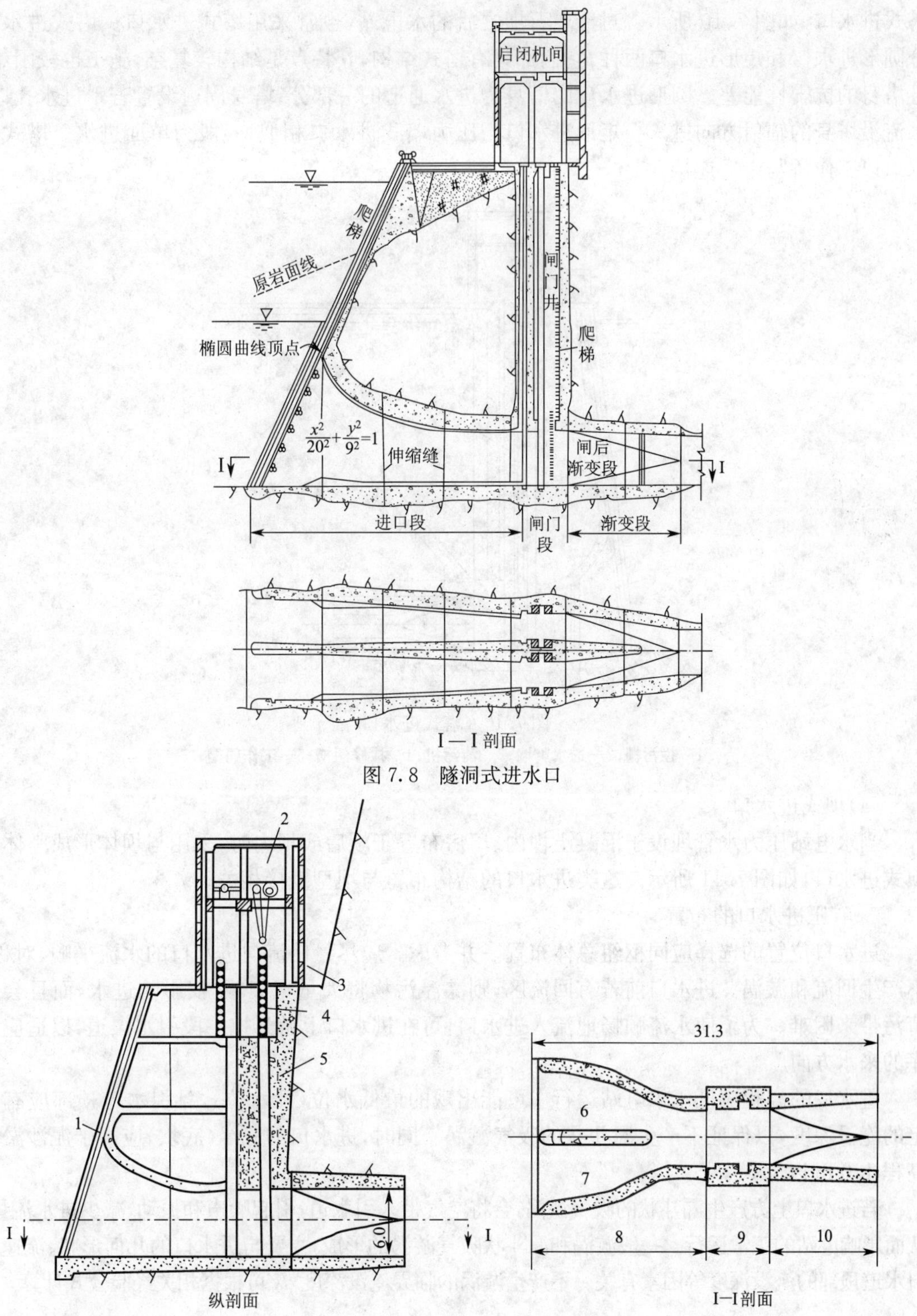

图 7.8　隧洞式进水口

图 7.9　压力墙式进水口(单位:m)

1—拦污栅;2—闸门操纵室;3—排水沟;4—定轮闸门;5—通气孔;6—支墩;7—侧墙;8—进口段;9—直井;10—渐变段

(3)塔式进水口

当山坡平缓、地质条件较差且采用隧洞式或压力墙式进水口会引起过大的挖方时,可采用塔式进水口,如图 7.10 所示。对于土石坝之后的水电站,也常采用塔式进水口。塔式进水口分圆形进水口和矩形进水口两种,它们都具有塔式结构,其特点是结构较复杂,施工也较困难,且塔身的抗震性能差。圆形进水口的塔身为进水通道的一部分,塔身周边设置若干进水孔口,水流沿塔身的辐射方向进入。矩形进水口与压力墙式进水口相似,一般为单面进水。塔式进水口以工作桥与岸边连接。

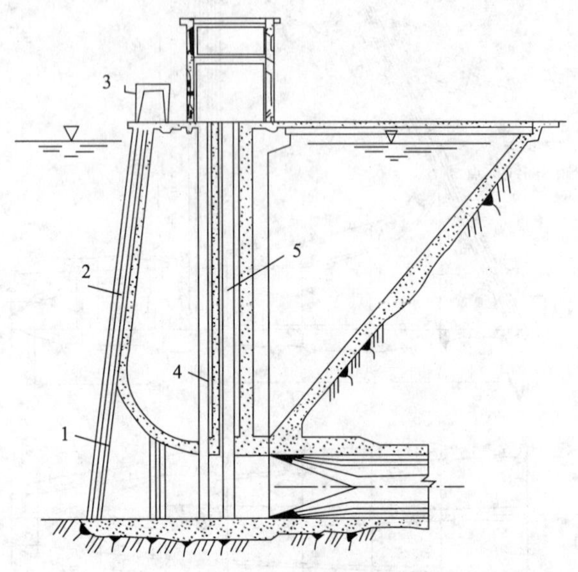

图 7.10　塔式进水口

1—拦污栅;2—透水胸墙;3—清污机;4—检修门槽;5—工作门槽

(4)坝式进水口

当水电站压力水管埋设于混凝土坝内、厂房布置于坝后或坝内时,采用与坝体形成整体的坝式进水口,如图 7.11 所示。这类进水口的结构布置与坝型直接相关。

2. 有压进水口的布置

进水口位置的选择应同枢纽总体布置一并考虑。应尽量使流向进水口的水流平顺、对称,不产生回流和漩涡。进水口前若有回流区,则漂浮污物将大量聚集,不仅影响进水,而且会给清污带来困难。为了使水流顺畅地流入进水口,可在进水口上游开挖一段引水渠道,以适应水库的来水方向。

进水口的高程应低于水电站运行中可能出现的最低水位(死水位),且引水道顶部应有一定的淹没深度,以保证不产生漏斗状的吸气漩涡。同时,进水口的底缘(底坎)应高于泥沙淤积高程 1.0 m 以上。

若进水口上方产生漏斗状的吸气漩涡,会将空气带入引水道,引起噪声和振动,减少进水流量,从而影响电站的正常运行。一般漩涡和漏斗状吸气漩涡的形成,主要与进水口的几何形状、流速和引水道顶部的淹没深度等因素有关。不产生漩涡的临界淹没深度 d_0 可根据相关经验公式计算。

7.4.5　水电站引水压力水管

压力水管的作用是将水库、压力前池或调压室中的水引入厂房中的水轮机,并将流量在机组间分配。它是水电站枢纽的重要组成部分,其特点是坡度陡,内水压力大。因此在设计和施工方面都必须重视其安全可靠性和经济合理性,压力水管一旦失事将直接危及厂房的安全。

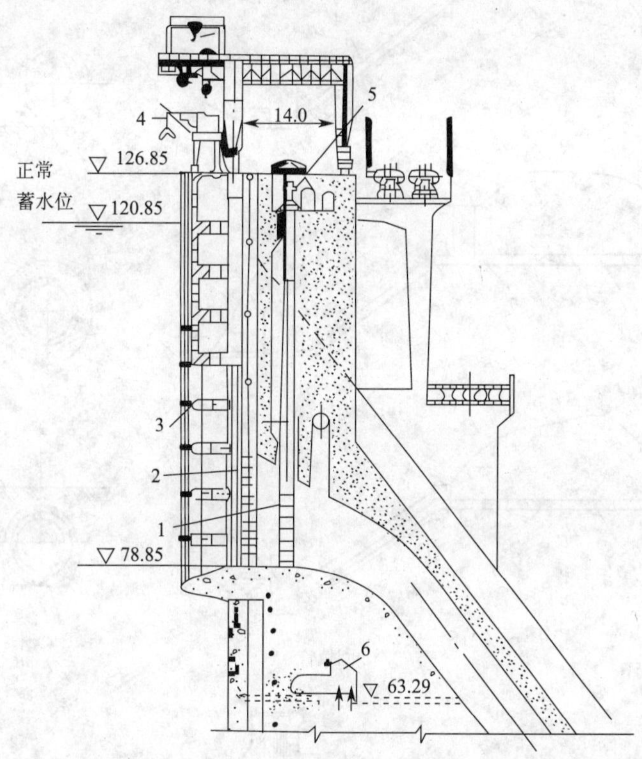

图 7.11 坝式进水口(单位:m)

1—工作闸门;2—检修闸门;3—拦污栅;4—门吊;5—工作闸门起吊设备;6—观测廊道

1. 压力水管的类型

(1)按制作压力水管的材料分类

1)钢管。钢管一般为钢板焊接而成。它具有强度高、抗渗性能好等优点,故多用于高水头电站和坝后式电站,其适用水头范围可由数十米至一千余米。

2)钢筋混凝土管。钢筋混凝土管分为现场浇筑的或预制的普通钢筋混凝土和预应力、自应力钢筋混凝土管等类型。它们具有耐久、低廉、节约钢材等优点。普通钢筋混凝土管一般适用 $HD<60\ m^2$(H 为静水头,D 为管直径)且静水头不宜超过 50 m 的中、小型水电站。

近年来,预应力、自应力钢筋混凝土管得到广泛应用,它们具有弹性好、抗拉强度高等优点。其适用范围可达 $HD<300\ m^2$,静水头可达 150 m,用以代替钢管可节约大量的钢材,但其制作要求较高。目前,中国广东省在这方面取得了许多成功的经验。

(2)按压力水管的结构形式分类

1)明管。敷设于地表、暴露在空气中的压力水管称为明管,又称为露天式压力水管。无压引水式电站多采用此种结构形式,如图 7.12(a)所示。

2)地下埋管。埋入地层岩体中的压力水管称为地下埋管,又称为隧洞式压力水管。有压引水式电站多采用此种结构形式,如图 7.12(b)所示。

3)坝内埋管。埋设于坝体内的压力水管叫做坝内埋管。混凝土重力坝或重力拱坝等坝后式厂房,一般采用此种结构形式,如图 7.12(e)所示。

压力水管除上述三种结构形式外,尚有回填管、坝后背管等结构形式,如图 7.12(c)、(d)所示。

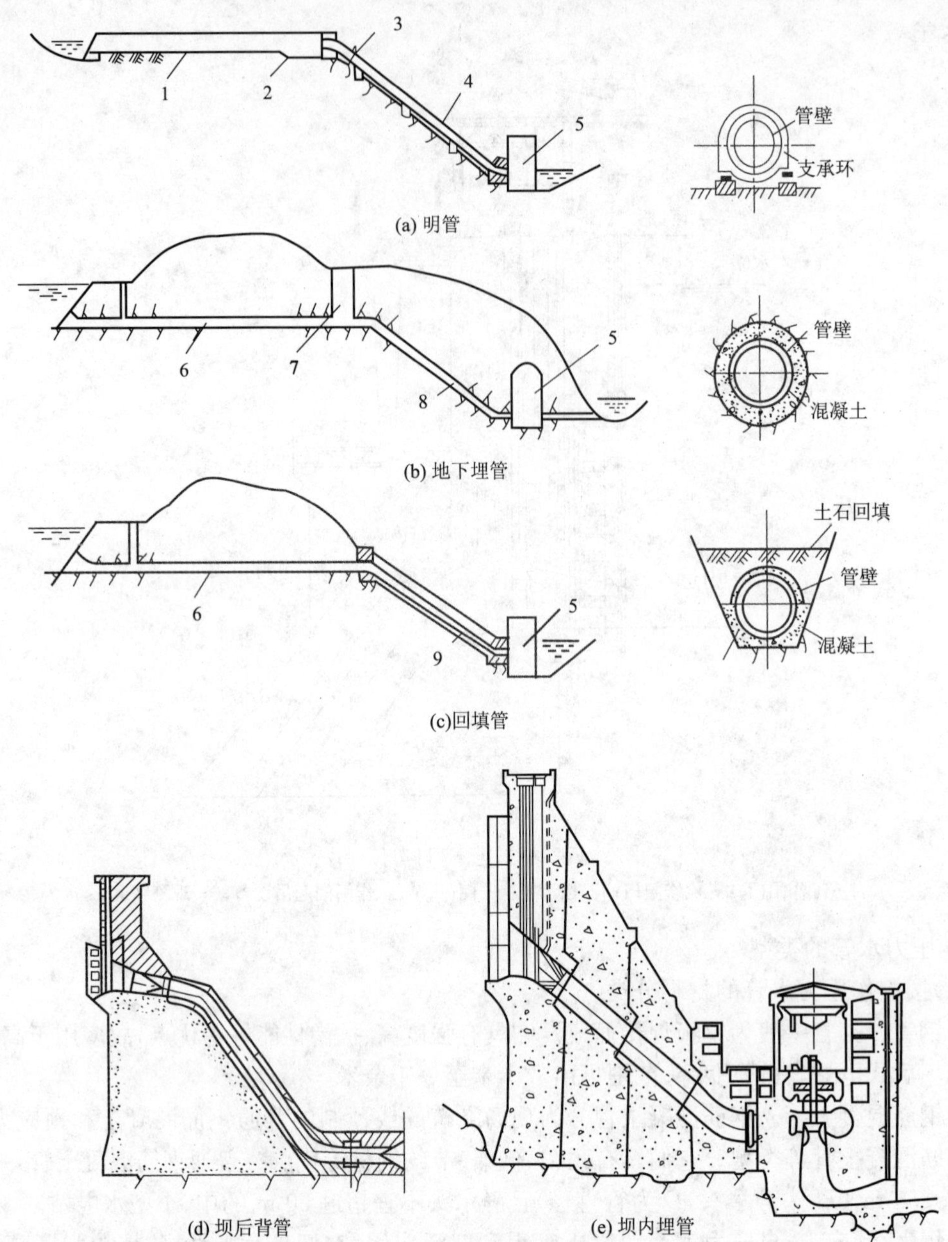

图 7.12　压力水管的结构形式

1—引水明渠;2—前池;3—伸缩节;4—明管;5—厂房;6—引水隧洞;7—调压室;8—地下埋管;9—回填管

2. 压力水管的路线和布置形式选择

(1)压力水管路线的选择

正确选择压力水管的路线是设计压力水管的首要任务,路线选择的合理与否,对于工程造价及运行的安全可靠性影响极大。在进行路线选择时,应与水电站总体布置统一安排,并考虑地形、地质条件,经技术经济比较后确定。选择压力水管路线的一般原则为:

1)一般宜选取短而直的路线,这样不仅可以节约管材和工程量,而且也减少了水头损失和水击压力。

2)明管路线应避开可能发生滑坡、石崩和覆盖层很深的地段。个别管段若无法避开山洪、坠石等影响时，可做成洞内明管、地下埋管或外包混凝土的回填管。地下埋管的路线宜选择在地形、地质条件较好的地区，应尽量避开山岩压力、地下水压力和涌水量很大的地段。坝内埋管的平面位置宜位于坝段中央，其直径不宜大于坝段宽度的1/2。布置管线时应考虑钢管对坝体稳定和应力影响及施工干扰。

3)为了适应地形、地质的变化，压力水管有时需要转弯，注意转弯半径不宜小于3倍管径。转弯分为平面转弯、竖直转弯和立体转弯三种，位置相近的平面转弯和竖直转弯宜合并成立体转弯；位置相近的弯管和渐缩管宜合并成渐缩弯管。

4)明管两侧应设置排水沟，并应在钢管下的地面上设置横向排水沟。应沿管线设置交通道。

5)对于地下埋管，在地下水压较高的地区宜设置排水设施，排水设施必须安全可靠并易于检修。

(2)压力水管的数量和向水轮机的供水方式

压力水管的根数应根椐机组台数、管线长短、机组安装的分期、运输条件、制造安装水平、地形条件、地质条件、电站的运行方式及其在电力系统中的地位等因素，经技术经济比较后确定。水管向水轮机的供水方式可分为单元供水、联合供水和分组供水三种，如图7.13所示。

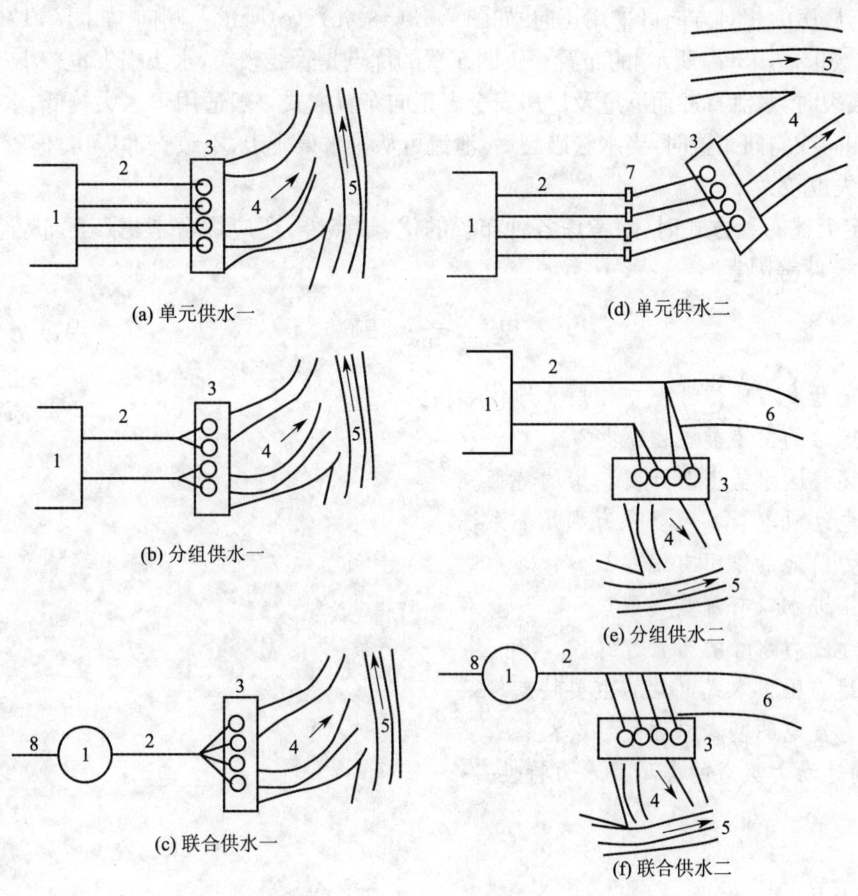

图7.13　压力水管向机组的供水方式

1—压力前池或调压室；2—压力水管；3—厂房；4—尾水渠；5—河流；6—排水渠；7—镇墩；8—压力隧洞

①单元供水。单元供水是指每台机组各由一条水管自压力前池或调压室向水轮机供水，

如图 7.13(a)、(d)所示。这种供水方式结构简单,运行灵活可靠,当其中一根钢管或一台机组发生故障需要检修时,其他机组仍可正常运行,但此种方法管材用量较多,造价较高。这种供水方式多用于压力水管较短的电站,如果采用其他的供水方式,虽可降低管身造价,却增加了分岔管与弯管等复杂结构,水头损失也因而增大,往往并不经济。此外,当引水流量很大时,若采用其他供水方式,将使管径过大,给制造和施工带来很多困难。

②联合供水。联合供水是指由一根总管在末端分岔后向电站所有机组供水,如图 7.13(c)、(f)所示。这种供水方式的显著优点是在高水头小流量的水电站中采用可以节省管材,降低造价。其缺点是运行的灵活性和可靠性较单独供水方式差,当总管发生故障或检修时,将使电站全部机组停止运行;而且由于增加了分岔管、弯管等构件,结构上较复杂,且水头损失也较大。

③分组供水。分组供水是指每根主管在末端分岔后向两台或两台以上机组供水,如图 7.13(b)、(e)所示。这种供水方式的优、缺点同联合供水方式相似,区别只是当一根主管发生故障或检修时,不致造成电站所有机组停止运行。分组供水方式一般适用于管线较长、机组台数较多的电站。

无论采用联合供水或者分组供水,与每根水管相连的机组台数一般不宜超过 4 台。压力水管的轴线与厂房的相对方向可采用正向[如图 7.13(a)、(b)、(c)所示]、侧向[如图 7.13(e)、(f)所示]或斜向[如图 7.13(d)所示]的布置。正向布置的优点是管线较短,水头损失也较小;缺点是当水管失事破裂时,水流直冲而下危及厂房安全。正向布置方式一般适用于水头较低、水管较短的水电站。侧向或斜向布置时,当水管破裂后,泄流可从排水渠排走,不致直冲厂房,但管材用量较多,水头损失也较大。

在确定上述布置方式时,除考虑各种布置的优、缺点外,还应综合考虑厂区布置要求以及地形、地质条件等因素。

思　考　题

1. 水电开发在能源开发中作用和地位如何?
2. 水电站的主要类型由哪些?
3. 简述我国水能资源开发利用的特征。
4. 水电站机电设备可以分为那几个系统?
5. 压力前池的作用有哪些?
6. 有压进水口有哪些类型?
7. 简述压力水管的布置方式。
8. 简述有压引水式电站的主要特点。
9. 水力发电的基本原理是什么?
10. 简述动力渠道的类型及水力特性。

8　农业水利工程和水土保持

8.1　灌排制度与灌水技术

目前，我国农业用水量占全国总用水量的70%左右，其中绝大部分用于农田灌溉。灌溉工程是我国水利工程的重要组成部分，研究分析灌溉制度及灌水技术是灌溉工程规划、设计和管理的重要前提。

8.1.1　灌排制度

1. 灌溉制度的内容

农作物的需水特性和当地的气候、土壤性质、作物种类及生长阶段、农业技术措施以及灌溉方式等因素有关，根据这些因素的具体情况不同为作物高产及节约用水而制定的适时、适量的灌水方案称为灌溉制度。其内容包括作物播种前及全生育期内的灌水次数、每次的灌水时间和灌水定额以及灌溉定额。灌水定额是指一次灌水单位灌溉面积上的灌水量，全生育期内各次灌水定额之和称为灌溉定额。总灌溉定额包括播种前灌溉以及全生育期的灌溉定额。灌水定额和灌溉定额常以 m^3/亩或 mm 表示。

2. 制定灌溉制度的方法

作物的灌溉制度随作物的种类、品种、灌区的自然社会经济条件及农业技术措施的不同而异，在确定作物的灌溉制度时，必须对当地、当年的具体实际情况进行分析研究。在对灌区进行规划、设计或管理时，常用以下三种方法来确定灌溉制度。

(1)总结当地先进的灌溉经验，结合当地水资源条件确定灌溉制度

多年来进行灌溉的生产实践经验是制定灌溉制度的重要依据。根据设计要求的干旱年份，研究在这些年份内当地的灌溉经验，调查分析灌区范围内不同作物的灌水时间、灌水次数、灌水定额及灌溉定额。根据调查到的资料，拟定出符合当地水资源条件的、不同干旱年不同作物的灌溉制度。北方地区灌溉制度调查成果如表8.1所示。

表8.1　我国北方地区几种主要旱作物灌溉制度调查结果

作　　物	灌水次数	灌水定额(m^3/亩)	灌溉定额(m^3/亩)	备注
小麦	3～6	40～80	200～300	干旱年
棉花	2～4	30～40	80～150	
玉米	3～4	40～60	150～250	

(2)根据灌溉试验资料确定灌溉制度

为了实施科学灌溉，我国各地设置了许多灌溉试验站，试验项目一般包括作物需水量、灌溉制度、灌水技术、地下水补给量等。灌溉试验站积累的试验资料是制定灌溉制度的主要依据，但在选用这些试验资料时，必须注意原试验条件与需要确定灌溉制度地区条件的相似性，在认真分析研究对比基础上确定灌溉制度，不能直接照搬。

(3)用水量平衡原理分析确定灌溉制度

这种方法根据农田水量随时间变化的平衡方程进行计算分析来确定灌溉制度，有明确的理论依据，但必须根据当地具体条件，参考丰产灌溉经验和灌溉试验成果，才能使确定的灌溉制度更符合实际。

3. 确定灌溉用水流量和灌溉用水量

在灌溉工程的规划设计中，要进行来、用水量的配合，以确定灌溉工程的类型、规模及其灌溉面积，确定渠道及渠系建筑物的尺寸；在灌溉工程的管理运行中，也需要进行来、用水量配合，以便制定水库的控制运用计划、灌区用水计划等，这就要求在制定灌溉制度的基础上计算灌溉用水流量和灌溉用水量。

8.1.2　灌水技术

灌水技术是指灌溉水进入田间并湿润根区土壤的方法与方式，其目的是将集中的灌溉水转化为分散的土壤水分，以满足作物对水、气、肥的需要。

1. 全面灌溉

全面灌溉是指灌溉时湿润整个农田根系活动层内的土壤，传统的常规灌溉水技术都属于这一类。比较适合于密植作物，主要有地面灌溉和喷灌两类。

(1)地面灌溉

水是从地表面进入田间并借重力和毛细管作用浸润土壤，所以也称为重力灌水法。这种方法具有操作简便、费用低廉、节省能源等优点，是最古老的也是目前应用最广泛、最主要的一种灌水方法。它的缺点是：灌水定额较大，劳动生产率较低。按其湿润土壤方式的不同，又可分为畦灌、沟灌、淹灌和漫灌。

1)畦灌。畦灌是用田埂将灌溉土地分隔成一系列小畦。灌水时，将水引入畦田后，在畦田上形成很薄的水层，沿畦长方向流动，在流动过程中主要借重力作用逐渐湿润土壤。

2)沟灌。沟灌是在作物行间开挖灌水沟，水从输水沟进入灌水沟后，在流动的过程中主要借毛细管作用湿润土壤。与畦灌相比较，其明显的优点是不会破坏作物根部附近的土壤结构，不会导致田面板结，能减少土壤水分蒸发损失。

3)淹灌。淹灌是用田埂将灌溉土地划分成许多格田，灌水时，使格田内保持一定深度的水层，借重力作用湿润土壤。

4)漫灌。漫灌是在田间不做任何沟埂，灌水是任其在地面漫流，借重力渗入土壤，是一种比较粗放的灌水方法。

(2)喷灌

喷灌是利用专门设备将有压水送到灌溉地段，并喷射到空中散成细小的水滴，像天然降雨一样进行灌溉。其突出的优点是对地形的适应性强，机械化程度高，灌水均匀，灌溉水利用系数高，尤其是适合于透水性强的土壤，并可调节空气湿度和温度。

2. 局部灌溉

这类灌溉技术的特点是灌溉时只湿润作物周围的土壤，远离作物根部的行间或棵间的土壤仍保持干燥。为了做到这一点，这类灌水技术都要通过一套管道系统将水和作物所需要的养分直接输送到作物根部附近。并且准确地按作物的需要，将水和养分缓慢地加到作物根区范围内的土壤中去，使作物根区的土壤经常保持适宜于作物生长的水分、通气和营养状况。

这类灌水技术的主要优点是：灌水均匀，节约能量，灌水流量小；对土壤和地形的适应性强；能提高作物产量，增强耐盐能力；便于自动控制，明显节省劳力。主要有以下几种方式。

(1)渗灌

渗灌是利用修筑在地下的专门设施(地下管道系统)将灌溉水引入田间耕作层，借毛细管作用自下而上湿润土壤，所以又称为地下灌溉。其优点是灌水质量好，蒸发损失少，耕地占用少且便于机耕，但地表湿润差，地下管道造价高，容易淤塞，检修相对困难。

(2)滴灌

滴灌源于以色列，是由地下灌溉发展而来的。利用一套塑料管道系统将水直接输送到每棵作物根部，再由每个滴头直接滴在作物根部附近的土壤表面，然后渗入土壤并浸润作物根系最发达的地区。其突出优点是非常省水，自动化程度高，可以使土壤湿度始终保持在最优状态。但需要大量塑料管，投资较高，滴头极易堵塞，应用范围受局限。如果把滴灌毛管布置在地膜的下面，可基本上避免地面无效蒸发，称之为膜下灌。

(3)微喷灌

微喷灌又称为微型喷灌或微喷灌溉。它是用很小的喷头将水喷洒在土壤表面。微喷头的工作压力与滴头差不多，但是它是在空中消散水流的能量。由于同时湿润的面积大一些，这样流量可以大一些，喷洒的孔口也可以大一些，出流流速比滴头大得多，所以大大减小了堵塞的可能性。

(4)涌灌

涌灌又称涌泉灌溉。它是通过置于作物根部附近的开口的小管向上涌出的小水流或小涌泉将水灌到土壤表面。此种方法灌水流量较大，远远超过土壤的渗吸速度，因此通常需要在地表形成小水洼来控制水量的分布。其特点是工作压力很低，与低压管道输水的地面灌溉相近，出流孔口较大，不易堵塞。

(5)膜上灌

膜上灌是近几年我国新疆试验研究的灌水方法，它是让灌溉水在地膜表面的凹形沟内借重力流动，并从膜上的出苗孔流入土壤进行灌溉。

局部灌溉还有多种形式，如托管灌溉、雾灌等。各种灌水方法适用条件见表8.2。

表8.2 各种灌水方法适用条件简表

<table>
<tr><th colspan="2">灌水方法</th><th>作　用</th><th>地　形</th><th>水　源</th><th>土　壤</th></tr>
<tr><td rowspan="4">地面灌溉</td><td>畦灌</td><td>密植作物(小麦、谷子等)、牧草、某些蔬菜</td><td>坡度均匀、坡度不超过0.2%</td><td>水量充足</td><td>中等透水性</td></tr>
<tr><td>沟灌</td><td>宽行作物(棉花、玉米等)、某些蔬菜</td><td>坡度均匀、坡度不超过2%～5%</td><td>水量充足</td><td>中等透水性砂壤土</td></tr>
<tr><td>淹灌</td><td>水稻</td><td>平坦或局部平坦</td><td>水量丰富</td><td>透水性小盐碱土</td></tr>
<tr><td>漫灌</td><td>牧草</td><td>较平坦</td><td>水量充足</td><td>中等透水性</td></tr>
<tr><td colspan="2">喷灌</td><td>经济作物、蔬菜、果树</td><td>各种坡度均可，尤其适用于复杂地形</td><td>水量较少</td><td>适用于各种透水性，尤其是透水性大的土壤</td></tr>
<tr><td rowspan="3">局部灌溉</td><td>渗透</td><td>根系较深的作物</td><td>平坦</td><td>水量缺乏</td><td>透水性较小</td></tr>
<tr><td>滴灌</td><td>果树、瓜类等宽行作物</td><td>较平坦</td><td>水量极其缺乏</td><td>适应于各种透水性</td></tr>
<tr><td>微喷灌</td><td>果树、花卉、蔬菜</td><td>较平坦</td><td>水量缺乏</td><td>适用于各种透水性</td></tr>
</table>

8.2 节水灌溉

随着我国人口的增加，城市化进程的加快，工农业生产进一步发展，全国各地的用水量及耗水量持续增加，更显现出我国水资源的紧缺，供水矛盾进一步加剧。由于我国的水资源人均、亩均占有量少，地区和时间分布很不均匀，使农业灌溉用水矛盾突出。而农业灌溉用水大约占到总用水量的65%，是名副其实的"用水大户"。因此，发展节水灌溉是势在必行和行之有效的节水途径。

8.2.1 节水灌溉内涵

节水灌溉是根据供水条件和作物需水规律，采用各种方法和措施，提高自然降水和灌溉水的利用率，获取农业最佳经济效益、社会效益和生态环境效益。灌溉水从水源地到田间的各个环节都存在水量无益损耗，凡在这些环节中能够减少水量损耗、提高灌溉水利用率的各种措施，均属于节水灌溉范畴。由于灌溉是补充天然降水的不足从而使作物高产，节约用水当然应考虑提高天然降水的利用率。因此，把"节水灌溉"仅仅理解为节约灌溉用水是不全面的，广义的节水灌溉内涵不仅包括灌溉过程中的节水工程措施，还包括与灌溉密切相关、提高农业用水效率的其他措施。

8.2.2 节水灌溉途径

1. 工程节水途径

在节水灌溉工程中，通过采用渠道防渗、低压管道输水灌溉、喷灌、微灌(涌流灌溉、滴灌、微喷灌、地下渗灌)等，进行高效的水资源利用。

工程节水实施的措施：建设防渗渠道区，灌渠用各种类型的材料进行硬化。如支、斗渠采用混凝土护坡板，渠采用混凝土"U"形槽；建设低压管灌、滴灌、渗灌、喷灌、微喷等设施喷灌区，起示范区作用，主要用于高效农业；新建、改造机电灌溉站，扩建地表蓄水工程和桥类、涵洞、水闸、渡槽、跌水、倒虹吸等各类水工构筑物。

2. 管理节水途径

根据作物的需水规律调配水资源，最大限度地满足作物对水分的需求，实现区域效益最佳的农田水分调控管理技术。

具体措施包括建立各种管水组织，制定工程管理和经营管理制度，做到计划用水、优化配水、水量计量、合理征收水费，提高水的利用率，对作物灌溉进行预测预报，采用先进的量测仪、控制设备和计算机技术，实现灌溉用水管理自动化等。

3. 农艺节水途径

根据不同农业区的自然、经济特点，采取合理施肥，蓄水保墒的耕作技术，地膜和秸秆覆盖保墒技术，合理调整作物的种植结构，选用耐旱作物及节水品种，充分利用多种水资源，提高水分利用率，达到节水高产目的。

8.2.3 节水灌溉方法

1. 喷灌

喷灌是利用自然水头落差或机械加压把灌溉水通过管道系统输送到田间，利用喷头将水喷射到空中，并使水分散成细小水滴后均匀地洒落在田间的一种灌溉方法。同传统的地面灌溉方法相比，它具有适应性强、节水、灌水均匀、易于实现灌溉自动化等优点。喷灌适宜于各种作物，不要求地面平整，可用于地形复杂、土壤透水性大等进行地面灌溉有困难的地方，可比地面灌溉省水30%～50%。

喷灌系统一般由水源、水泵、动力设备、管网、喷头及田间工程组成。喷灌工程按其主要组成部分是否移动和移动的程度可分为固定式、移动式和半固定式3类。

2. 微灌

微灌是根据作物需水要求，通过低压管道系统与安装在末级管道上的灌水器，将作物生长所需的水分和养分以较小的流量均匀、准确地直接输送到作物根部附近的土壤表面或土层中的灌水方法。微灌属于局部湿润灌溉，即只湿润作物根部附近的一部分面积，具有节能、灌水均匀、适应性强、操作方便等优点。

微灌系统通常由水源工程、首部枢纽、输配水管网和灌水器四部分组成。微灌工程按选用灌水器的不同进行分类，可分为滴灌、微喷灌、渗灌、涌灌和雾灌等。

3. 低压管道灌溉

低压管道灌溉是指利用低压输水管道代替土渠将水直接送到田间沟畦灌溉作物，以减少水在输送过程中的渗漏和蒸发损失的技术措施。低压管道灌溉具有省水、节能、少占耕地、管理方便、省工省时等优点。由于低压管道输水灌溉技术的一次性投资较低，要求设备简单，管理也很方便，农民易于掌握，特别适应于我国农村当前的经济状况和土地经营管理模式，是一项很有发展前途的节水灌溉技术。

低压管道灌溉系统由水源与取水工程部分、输水配水管网系统和田间灌水系统三部分组成。在面积较大的灌区，管网可由干管、分干管、支管、分支管等多级管道组成。低压管道灌溉工程按固定方式可分为固定式、半固定式、移动式和管渠结合式四大类。

4. 节水型地面灌溉

地面灌溉，如沟灌、畦灌等至今仍是我国广泛使用的灌水方法。传统的地面灌溉定额大、渗漏多，比其他方法费水，但在改进以后可节省很多水量。例如，平整土地，长畦改短畦，大畦改小畦，利用地膜输水灌溉等，均有显著的节水效果。

田间灌溉水有效利用程度与田间工程、土地平整以及所采用的灌水方法和技术有密切关系。例如，在半干旱地区用塑料软管代替水沟进行长畦分段灌溉，比一般长畦灌溉可省水40%～60%，微灌时水的利用率更高，一般要比地面灌溉省水30%～50%，也比喷灌省水15%～25%。

8.3 不同类型地区的灌溉特点与要求

由于我国地域辽阔，存在不同的地形地貌，所以不同类型地区的灌溉特点和要求也不相同，下面分类加以介绍。

8.3.1 山区、丘陵区的灌排特点与要求

我国山区及丘陵区分布很广，约占全国总面积的70%，其中耕地面积占全国耕地面积的40%，在农业生产上占有重要地位。

山区和丘陵区在地形上的特点是：地势起伏，地形很不规则，耕地比较分散，田面坡度常常较大，雨期集流迅速，冲刷力很大，渠系布置困难，灌溉时容易引起田面冲刷。土壤方面的特点

是：山区土层较薄，缺乏团粒结构，雨后常常含水不足。水源方面的特点是：灌区缺少较大水源的河道通过，或者水源距灌区较远，一般的小沟、小河和山冲较多，但这些水源经常流量很小，甚至是干枯的，而洪水期的流量往往又很大。

由于上述特点，山丘区的农田水利必须采取治山、治水、治土的综合性措施，即把农业的、林业的和水利的措施紧密结合起来，就地蓄水，减少地面排水，修筑梯田，减缓地面和田面坡度，达到"蓄水固土、缓流防冲"等目的。在水利措施方面，主要是开展水土保持和发展灌溉，要求做到下列几点：

(1)采用各种措施(田间工程、水土保持及其他小型水利工程)，充分利用三水(天上水、地面水和地下水)，特别是雨季尽量拦蓄地面径流，分散蓄水，扩大水源，必要时可援引外水。

(2)在水地保持和农田建设方面，要求沟、坡、田兼治，逐步实现"四化"(沟谷川台化、荒坡梯田化、梯田水平化、耕地水利化)。

(3)援引外来水时，应充分利用地形，合理布置输水渠道，使控制面积最大，尽量发展自流灌溉，必要时才辅以扬水灌溉和井灌等。

(4)输水系统与蓄水系统互相联系起来，以便调蓄水量，同时蓄水系统可兼作渠道的紧急退水之用。

(5)由于地面、田面坡度较大，在布置渠道和田间调节网时，应注意防止渠道和田面发生冲刷。

根据上述要求，在规划山丘区的灌溉系统时，一方面要建立地区(或灌区)内部的蓄水系统(如塘坝、山冲水库、田间蓄水工程等)；另一方面可考虑修建取水系统(如拦河坝、进水闸、多级扬水站等)，援引外水，扩大水源；与此同时还必须建立输配水系统和田间调节网，以便调配水量和调节农田水分。

在山丘区，宜用渠道将灌区内部的塘堰、水库以及截水沟等连接起来，同时又与引水河道相接，做到库渠相通、塘库相连，使库、塘、渠、沟、田形成一个完整的蓄、引、灌、排系统，这种方式称为"长藤结瓜"，如图 8.1 所示。

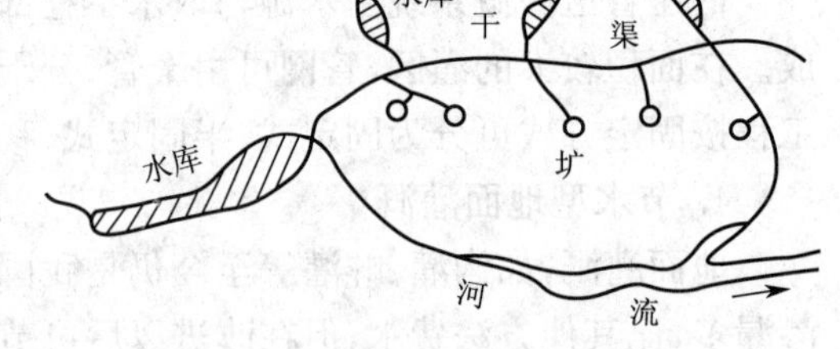

图 8.1 长藤结瓜式水利系统

8.3.2 平原地区的灌排特点与要求

我国平原地区(包括盆地)约占全国总面积的 26%，其中耕地面积占全国耕地面积的 50% 以上。由于平原地区地势平坦，多数地方土壤肥沃，因此在农业生产上占有很重要的地位。

我国平原地区分布很广，各地气候条件差别较大。有些地区年降雨量较少，水源不足，容易发生干旱和土壤盐碱化，属于干旱、半干旱平原地区，有些地区年降雨量较大，降雨强度较高，大部分土地低于江河洪水位，农田排水不畅，经常受到内涝和洪水的威胁，属于平原低洼易涝地区。

1. 干旱、半干旱平原地区

干旱地区降雨稀少，蒸发量大，绝大部分年降雨量为 100～200 mm，还有的在 100 mm 以下，甚至终年无雨，干旱及盐碱化的现象均很严重。半干旱地区年平均降雨量在 200～500 mm之间，干旱及盐碱化的现象亦较严重，局部洼地并有轻度的内涝。这些地区的灌溉水源有融雪之水、河水及地下水，为了充分利用这些宝贵的水源，应尽量设法储蓄水量。但是，由于平原土壤内部盐碱化严重。又缺乏适宜蓄水的地形，因此应尽量在河流上游的丘陵地带选择蓄水地点，这样既可引水远灌，又可避免增加盐碱化的危害。由于地面水源不足，引水远程灌溉的沿程水量损失很大。因此，有许多地方需要打井抽取地下水灌溉。在这类地区兴修农田水利工程，重点是解决灌溉问题和防治盐碱化问题;在进行灌区规划时,要求建立灌溉与排水分开的两套系统。

2. 平原低洼易涝地区

这类地区(包括水网圩区)主要分布在长江、淮河、黄河、海河、珠江等大河流的中、下游。在这类地区,由于多雨季节里农田的水分过多,降雨又常以暴雨形式出现,容易涝渍成灾,而在少雨季节里,雨量又不能满足农作物的需要,加上河流上游水土流失严重,造成中、下游河床逐年淤高,农田经常受到洪涝威胁。在东部沿海地带及黄、淮、海平原的局部洼地,还存在土壤盐碱化的问题。在这类地区兴修农田水利工程,重点是解决涝渍和部分地区的防治盐碱化问题。在进行灌区规划时,要求做到灌排分开,防止灌排不分或以灌夺排。作物布局要合理,防止水包旱,旱包水,排水要有出路,严格控制江河及地下水位。在排涝方面做到高水高排、低水低排、洪涝分治。

8.4 水土保持

水土保持是全人类关注的重要环境问题,是引起生态环境恶化的最直接的原因。我国是世界上水土流失最严重的国家之一,全国几乎每个省都有不同程度的水土流失,严重的制约着我国经济社会的可持续发展。新中国成立以来,特别是 20 世纪 90 年代以来,国家高度重视水土保持生态环境建设,大大改善了水土流失区生产和生活条件,取得了显著的经济效益和社会效益。但是,我国水土流失面广量大,水土保持事业面临的建设和管理任务仍十分艰巨。

8.4.1 水土保持的重要性

水土流失是指在水力、重力、风力等外力作用下,水土资源和土地生产力遭受的破坏和损失,包括土地表层侵蚀及水的损失,又称水土损失。土壤表层侵蚀是指在水力、风力、冻融、重力以及其他外力的作用下,土壤、土壤母质及岩屑、松软岩层被破坏、剥蚀、搬运和沉积的全部过程。水土流失的形式除雨滴溅蚀、片蚀、侵蚀、沟道侵蚀等典型的土壤侵蚀形式外,还包括河岸侵蚀、山洪侵蚀、泥石流侵蚀及滑坡侵蚀等形式。

水土保持即防治水土流失,其目的是保护、改良与合理利用水土资源,维护和提高土地生产力,以利于充分发挥水土资源的生态效益、经济效益和社会效益,建立良好的生态环境。水土保持的对象不只是土地资源,还包括水资源。保持的内涵不只是保护,而且包括改良与合理利用。

水土保持不仅可以保水保土,从而拦洪蓄水达到防洪减灾的目的,而且是国土整治、江河治理的根本,也是国民经济和社会发展的基础,这是我们必须长期坚持的一项基本国策。水土保持关系着中华民族的生存、发展和未来,是一项艰巨的、长期的、伟大的事业,我们必须从战略的高度进一步认识水土保持的重要性,开创水土保持工作的新局面,促进我国生态环境在 21 世纪的可持续发展。

8.4.2 水土流失的危害

1. 水土流失对水资源的危害

水土流失减少了水资源可利用量。流域上游山丘区地表植被遭到严重破坏后,降低了蓄水保水能力;同时缺乏拦蓄降雨和径流的蓄水保水措施,就会使降雨时地表径流增大,流速加快,大部分降雨以地表径流方式汇集于河道,成为山洪流入江河湖海,土壤入渗量减少,地下水得不到及时补给,水位下降。暴雨时山洪暴发,暴雨过后又很快使河流干枯、土壤干旱、人畜饮水困难。同时,水土流失淤积水库,阻塞江河。地表径流携带泥沙和固体废弃物,沿程淤积于水库与河流中，降低了水库调蓄和河道行洪的能力，影响水库资源的综合开发和有效利用，加剧洪涝旱灾。

黄河流域黄土高原地区年均输入黄河泥沙16亿t中，约4亿t淤积在下游河床，致使河床每年抬高8～10 cm，形成著名的“地上悬河”，对周围地区构成严重威胁。中华人民共和国成立以来，由于泥沙淤积，全国共损失水库库容约200亿 m^3。水土流失还是水质污染的一个重要原因，长江水质正在遭受污染就是典型的例子。

2. 水土流失对土地资源的危害

水土流失对土地资源的破坏表现在外力对土壤及其母质的分散、剥离以及搬运和沉积上。由于雨滴击溅、雨水冲刷土壤，把坡面切割得支离破碎，沟壑纵横。在水力侵蚀严重地区，沟壑面积占到土地面积的5%～15%，支毛沟数量多达30～50条/km^2，沟壑密度2～3 km/km^2。上游土壤经分散、剥离，砂砾颗粒残积在地表，细小颗粒不断被水冲走，沿途沉积，下游遭受水冲砂压。如此反复，土壤沙化，肥力降低，质地变粗，土层变薄，土壤面积减少，裸岩面积增加，最终导致弃耕，成为“荒山荒坡”。

同时，在内陆干旱、半干旱地区或滨海地区，由于水土流失，地下水得不到及时补给，在气候干旱、降水稀少、地表蒸发强烈时，土壤深层含有盐分(钾、钠、钙、镁的氯化物、硫酸盐、重碳酸盐等)的地下水就会由土壤毛管孔隙上升，在表层土壤积累，逐步形成盐碱土。盐土进行着盐化过程，表层含有0.6%～2%的易溶性盐。碱土进行着碱化过程，交换性钠离子占交换性阳离子总量的20%以上，结构性差，呈强碱性。盐渍土危害作物生长的主要原因是土壤渗透压过高，引起作物生理干旱和盐类对植物的毒害作用以及由于过量交换性钠离子的存在而引起的一系列不良的土壤性状。

3. 水土流失对生态环境的危害

水土流失对水土资源的破坏，使生物生存的环境恶化，物种减少。由于环境问题，目前，世界上物种灭绝的规模和速度比任何时候都要大和快，比我们原先预料的要高1 000倍。

水土流失威胁城镇，破坏交通，危及工矿设施和下游地区生产建设和人民生命财产的安全，特别是在高山深谷地区，因水力和重力的双重作用而发生的山体滑坡、泥石流灾害。近年来北方地区连续遭受沙尘暴袭击，也与水土流失有关。水土流失流走的是沃土，留下的是贫瘠。在水土流失严重地区，地力衰退，产量下降，形成“越穷越垦、越垦越穷”的恶性循环。

8.4.3　我国水土流失的特点

1. 分布范围广，面积大

根据公布的全国第二次遥感调查结果，我国土壤侵蚀面积356万 km^2，占国土面积的37.1%，其中水力侵蚀面积165万 km^2，风力侵蚀面积191万 km^2，水蚀风蚀交错区面积26万 km^2。西部地区土壤侵蚀最严重，分布面积最大，中部次之，东部流失相对较轻。水蚀面积包括东部10省9万 km^2，中部10省49万 km^2，西部12省107万 km^2。

2. 侵蚀形式多样，类型复杂

水力侵蚀、风力侵蚀、冻融侵蚀及滑坡、泥石流等重力侵蚀特点各异，相互交错，成因复杂。西北黄土高原区、东北黑土漫岗区、南方红壤丘陵区、北方土石山区、南方石质山区以水力侵蚀为主，伴随有大量的重力侵蚀；青藏高原以冻融侵蚀为主；西部干旱地区、风沙区和草原区风蚀非常严重；西北半干旱农牧交错带则是风蚀水蚀共同作用区。

3. 土壤流失量巨大

据统计，中国每年流失的土壤总量达50亿t。长江流域年土壤流失总量24亿t，其中上游地区达 15.6 亿 t；黄河流域的黄土高原区每年进入黄河的泥沙多达 16 亿 t。

水土流失是我国面临的头号环境问题，是我国生态环境恶化的主要特征，是贫困的根源。要解决这一问题，争取继续生存、继续发展的权利，必须调整好人类、环境与发展三者之间的关系，特别是要调整好经济发展的模式。

8.4.4　水土保持措施

1. 预防措施

(1)组织全民植树造林，鼓励种草，扩大森林覆盖面积，增加植被。

(2)根据当地情况，组织各类经济组织和国营农、林、牧场，种植薪炭林和饲草、绿肥植物，有计划地进行封山育林育草、轮封轮牧，防风固沙，保护植被。

(3)在 25°以上陡坡地禁止开垦种植农作物；已开垦的，应根据实际情况，逐步退耕，植树种草，恢复植被，或者修建梯田。开垦禁止开垦坡度以下、5°以上的荒坡地，必须经县级人民政府水行政主管部门批准；开垦国有荒坡地，经县级人民政府水行政主管部门批准后，方可向县级以上人民政府申请办理土地开垦手续。

(4)采伐林木必须因地制宜地采用合理采伐方式，并在采伐后及时完成更新造林任务。对水源涵养林、水土保持林、防风固沙林等防护林只准进行抚育和更新性质的采伐。

(5)在 5°以上坡地上整地造林，抚育幼林，必须采取水土保持措施，防止水土流失。

2. 治理措施

在水力侵蚀地区，应当以天然沟壑及其两侧山坡地形成的小流域为单元，实行全面规划，综合治理，建立水土流失综合防治体系。在风力侵蚀地区，应当采取开发水源、引水拉沙、植树种草、设置人工沙障和网格林带等措施，建立防风固沙防护体系，控制风沙危害。具体治理措施有如下几个方面：

(1)生物措施。造林、种草，培育植被，禁止滥伐乱垦。

(2)农业措施。修筑梯田，合理耕作等。

(3)水利措施。修建蓄水池、淤地坝、沟头防护等工程，以及引水上山、引洪漫地，防治崩山等。

由于各水土流失区的高程、坡度、坡向、土壤等自然条件和耕作、放牧等人为因素的不同，每块土地的水土流失程度和生产力差异很大。此外，地形、地质和气候条件也各不相同，因此，要因地制宜合理利用土地，采取农、林、牧、水等综合治理的水土保持措施。

思　考　题

1. 简述灌溉制度的基本内容。
2. 全面灌溉与局部灌溉有什么不同？
3. 谈谈节水灌溉的重要性。
4. 节水灌溉有哪些途径？
5. 节水灌溉有那些方法？
6. 简述黄土高原地区的灌溉特点和要求。
7. 浅谈水土保持的重要性。
8. 论述我国水土流失的特点以及保护措施。

9　防洪治河工程

9.1　洪水基本知识及防洪措施

9.1.1　洪水基本知识

1. 洪水概述

河湖在较短时间内发生的流量急剧增加,水位明显上升的水流现象,称为洪水。洪水有时来势凶猛,具有很大的自然破坏力,可以淹没河中滩地,漫溢两岸堤防。因此,研究洪水特性,掌握其发生与发展规律,积极采取防治措施,是研究洪水的主要目的。

(1) 洪水特性

洪水的形成往往受气候、下垫面等自然因素与人类活动因素的影响。洪水按成因和地理位置的不同,常分为暴雨洪水、融雪洪水、冰凌洪水、山洪以及溃坝洪水等,但中国大部分地区以暴雨洪水和山洪为主,海啸、风暴潮等,也可引起洪水灾害。各类洪水的发生与发展都具有明显的季节性与地区性。洪水的主要特性有:涨落变化、汛期、年内与年际变化等。

1)涨落变化。一次洪水过程,一般包括起涨、洪峰出现和落平三个阶段。山区性河流河道坡度陡、流速大,洪水涨落迅猛;平原河流坡度缓、流速小,涨落相对缓慢。

2)汛期。汛期即发生洪水的季节,有春汛、伏汛、秋汛之分。中国幅员辽阔,气候的地区差异很大,因此各地汛期很不相同,但有明显的规律。

3)年内与年际变化。每年发生的最大洪水流量与年平均流量的比值,可作为表示洪水年内大小的一个指标。该比值在中国各地有很大的差异。从大范围来看,最大比值出现在江淮地区,一般达 20～100,有的可达 300～400;其次是黄河、辽河部分地区,比值一般在 40～150;最小的比值发生在青藏融雪补给区,仅为 7～9。洪水的年际变化也很大,对比河流多年最大流量的最大值与最小值的比值,可以看出洪水年际变化状况。通常,小流域的年际变化更大,南方河流小于北方河流。

(2)特征洪水

1)暴雨洪水。由暴雨通过产流、汇流在河道中形成的洪水。中国是多暴雨的国家,暴雨洪水的发生很频繁,造成的灾害也很严重。我国河流的主要洪水大都是由流域内降雨引起。暴雨洪水多发生在夏、秋季节,南方一些地区春季也可能发生。

2)融雪洪水。高寒积雪地区,当气温回升到 0 ℃以上,积雪融化,形成融雪洪水。若此时有降雨发生,则形成雨雪混合洪水。融雪洪水主要发生在大量积雪或冰川发育地区。我国新疆与黑龙江等地区往往发生融雪洪水。

3)冰凌洪水。河流中因冰凌阻塞和河道内蓄冰、蓄水量的突然释放,而引起的显著涨水现象叫冰凌洪水。它是热力、动力、河道形态等因素综合作用的结果。按洪水成因,可分为冰塞洪水、冰坝洪水和融冰洪水。

①冰塞洪水。河流封冻后,冰盖下的冰花、碎冰大量堆积,堵塞部分过水断面,造成上游河段水位显著壅高。当冰塞融化后,蓄水下泄形成洪水过程。

②冰坝洪水。冰坝一般发生在开河期，大量流冰在河道内受阻，冰块上爬下插，堆积成横跨断面的坝状冰体，严重堵塞过水断面，使坝的上游水位显著壅高，当冰坝突然破坏时，原来的蓄冰和槽内蓄水量迅速下泄，形成凌峰向下游演进。

③融冰洪水。封冻河流或河段主要因热力作用，使冰盖逐渐融解，河槽蓄水缓慢下泄而形成的洪水。

4)山洪。流速大，过程短暂，往往夹带大量泥沙、石块，突然爆发的破坏力很大的小面积山区洪水。山洪主要由强度很大的暴雨、融雪在一定的地形、地质、地貌条件下形成。由于其突发性，发生的时间短促并有很大的破坏力，山洪的防治已成为许多国家防灾的一项重要内容。

5)溃坝洪水。水坝、堤防等挡水建筑物或挡水物体突然溃决造成的洪水。溃坝洪水具有突发性和来势汹涌的特点，对下游工农业生产、交通运输及人民生命财产威胁很大。所以水利工程设计和运行时，需要估计大坝万一失事对下游的影响，以便采取必要的措施。

洪水未必能形成灾害，如何变害为利，利用工程措施将洪水灾害降低到最低程度是防洪治河工程的根本任务。

2. 洪水特征值

定量描述洪水的指标有洪峰流量、洪峰水位、洪水过程线、洪水总量、洪水频率(或重现期)等。

(1)洪峰流量。洪峰流量是指一次洪水从涨水至落水过程中出现的最大流量值，以 m^3/s 为单位。

(2)洪峰水位。洪峰水位是指一次洪水过程中出现的最高水位，以 m 为单位。洪峰水位一般是与洪峰流量相对应的，但也有些河流例外。

(3)洪水过程线。以时间为横坐标，以江河的水位或流量为纵坐标，绘出洪水从起涨至峰顶再回落到接近原来状态的整个过程曲线称为洪水过程线。该次洪水所经历的时间称为洪水历时。

(4)洪水总量。洪水总量是指一次洪水过程中，从洪水来临到回落的基流流量的整个洪水历时内的总水量，简称洪量，常以 m^3 为单位。水文上也常以一次洪水过程中，通过一定时段的水量最大值来比较洪水的大小，如最大 3 d、7 d、15 d、30 d、60 d 等不同时段的洪量。

(5)洪水频率(或重现期)。如将某站多年实测雨量、洪水资料，分别按大小顺序排列后可以看出，大暴雨、大洪水出现的机会少，特大暴雨、特大洪水出现的概率更少；而一般暴雨、一般洪水出现的机会较多。反映某一暴雨在多年内发生的概率值叫做暴雨频率；反映某一洪水在多年内可能出现的概率值称为洪水频率，通常折合为某一百年内可能出现的次数，用百分数表示，它的倒数值称为洪水重现期。在水利工程设计中，通常用洪水频率划分设计标准，称为设计洪水频率。采用的洪水频率越小，设计标准越高。如某大坝是按百年一遇设计，千年一遇校核。

9.1.2 防洪治河工程措施

防洪治河工程措施是防洪规划的具体表现。防洪工程措施是指采取修建水利工程防止洪水对人类生活形成灾害或将洪水灾害降低到最低程度。一般有水土保持、堤防工程、分(蓄、滞)洪工程、河道整治工程措施等。除此之外，还有非工程性防洪措施，如洪水预报、社会保险、社会救济等。

1. 水土保持

水土保持是指在山地沟壑区采用水土保持措施防止或减少地表径流对地面土壤形成冲蚀。水土保持常采取的措施有生物措施、农业措施和水利措施。生物措施包括造林、种草、培育植被、封山育林等;农业措施有修筑梯田、种植耐旱作物品种、合理耕作等;水利措施包括修建蓄水池、淤地坝、山坡雨水集蓄利用等。

2. 蓄水工程

蓄水工程是指在山区干支流适宜地段兴建水库拦蓄洪水的工程措施。蓄水工程不但能有效地防止下游河道洪水的发生,还能在干旱季节供下游作物用水。除满足灌溉外,还可利用水库修建水电站、开发旅游、渔业养殖等进行综合利用。

3. 堤防工程

堤防工程是在河流的两岸修筑防护堤,以增加河道过水能力,减轻洪水威胁,保护两岸农田及沿岸村镇人民生活安全。堤防工程是目前河流防洪治河采取的主要工程措施之一。

4. 分洪工程

分洪工程是在河流适当位置修建分洪闸将一部分洪水泄入滞洪区,待河道水位下降后再将滞洪区洪水排入河道,防止行洪期间洪水冲毁堤防对两岸人民造成灾害。分洪工程常常与滞洪工程配套使用。

5. 河道整治

河道整治是指由于河道冲淤演变妨碍了正常的行洪、航运、引水灌溉、供给工业与生活用水等,这种现象在北方多泥沙河道上尤为突出,因而必须采取相应措施,使河道得到控制和改善。河道整治一般包括河床整理、疏浚、裁弯、护岸等工程措施。

防洪工程措施不是孤立的,对同一条河流,必须遵循上下游和左右岸统筹兼顾、近远期结合的原则,全面规划,综合治理。一般是采取多种工程措施相结合,构成防洪工程系统来完成。现阶段我国主要江河都采取"拦蓄分泄、综合治理"的方针。即在上游地区采取水土保持措施和在干支流修建水库,以拦蓄上游洪水,在中下游修筑堤防和进行河道整治,充分发挥河道的宣泄能力,并利用河道两岸的湖泊、洼地辟为分蓄洪区,分滞超额洪量,以减轻洪水压力与危害。

9.2 河道整治工程

9.2.1 河道整治的基本方法

河道整治首先要有规划,也就是说要在确定整治目标的前提下,考虑国民经济各部门的基本要求,制订出总体计划安排。河道整治是以综合治理为目的,除防止洪水灾害外,还有航运、取水、保护滩地等方面要求。河道整治的目的不同,具体措施亦不相同。因此在制定河道整治方案之前,要征求各部门的意见,做到协调合理,统筹兼顾。

河道整治规划的基本原则是:全面规划,综合治理,因势利导,重点整治。具体地说有以下几点要求。

1)全面规划就是要有全局观点,对河道上下游、左右岸、干支流等各方面的矛盾,进行统盘考虑,在使整体利益最大的前提下,合理解决各方面的矛盾。

2)综合治理就是要采取各种有效措施进行治理,如兴建水利枢纽工程、修筑护岸、裁弯取直、塞支强干、疏浚与扩宽河槽、淤截堤河等。

3)因势利导就是要充分研究河道演变规律,掌握限制其不利的一面。顺河势往往可取得事半功倍的效果。

4)河道整治战线长、投资大,难以在短期内全面奏效。因此实施时必须分清主次,按轻重缓急有重点地进行。

不同的整治目的,要求控制的河槽是不同的。例如防洪要求控制洪水河槽,而航运主要要求控制枯水河槽。河道整治时应根据整治目标,确定设计整治线、设计流量及相应水位,并应注意洪水河槽、中水河槽和枯水河槽三者之间的相互关系和影响。

1. 护岸工程

护岸工程是平原河流常用的整治措施。平原性河流两岸多系砂质土壤,抵抗水流冲刷能力较小,特别是河流弯道的凹岸水流顶冲的地方,冲刷最为强烈。在规划河岸冲刷的防护措施时,也不能局限于防护受冲刷的局部地区,应同时考虑附近河段的整治。采用护岸工程可以改善这一状况,保护河岸并控导水流。护岸建筑物通常有护坡、护底、坝、垛,如图 9.1 所示,以下为其一般布置原则。

1)护岸工程应沿河岸线布设在凹岸,布设长度必须大于河岸冲刷的长度,以防止主流位置发生变化时,水流在岸边顶冲位置移动而引起冲刷。

2)在河道宽阔、水流横向摆动大、变化剧烈的游荡性河段上,应该用较长的丁坝挑流,稳定河势,而用短丁坝及护坡保护河岸。

3)对相对较为稳定的河段宜采用护岸护底,尽量保持原水流状态,避免因工程修建使水流产生移动。

4)河流位于丘陵地区的护岸工程以短丁坝或丁坝与护岸护底结合方式较好。

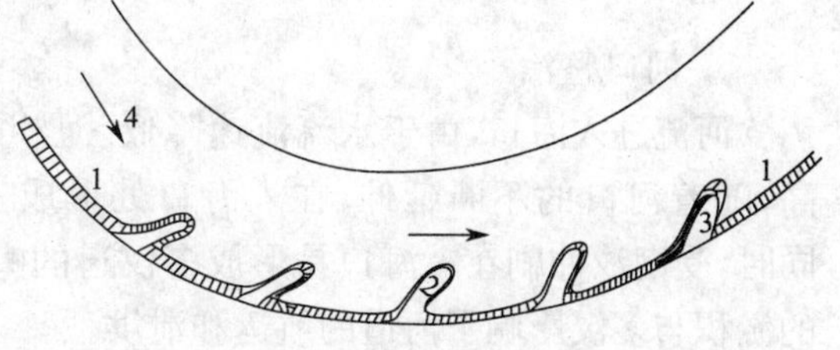

图 9.1 护岸工程示意图

1—护坡;2—丁坝;3—人字坝;4—流向

5)必要时可在受冲刷河岸的对岸,切边滩或开引河,以减轻被冲刷的程度。还可用植柳和沉树等方法保护河岸不受冲刷。

2. 浅滩的整治

我国北方河流含沙量较大,洪水过后会在河道形成淤积,在靠近两岸处形成大面积边滩,严重影响河道的泄洪和通航。

整治浅滩,主要是利用丁坝、顺坝等整治枯水河槽。根据河道的具体情况,护滩固槽,堵塞支沟,束窄河身,增加浅滩水流的冲刷能力,保持通航深度。

整治浅滩也可用疏浚的办法,用挖泥船在航道上把妨碍航行的泥沙挖掉。疏浚时关键在于选择挖槽,应使挖槽与河底流向基本一致,这样可以减少回淤。采用疏浚的办法改善航道,虽然费用省、见效快,但常常回淤,往往每年都要进行疏浚。

3. 弯曲河道的整治

水流在河道弯曲处比较紊乱,主流靠凹岸底部会不断对凹岸形成淘刷,加大弯道的弯曲程度。当弯到一定程度时,既不利于泄洪又不利于通航,特别是当河道弯曲成近似弧形河流时,水流与河床之间的矛盾更加突出。

通过在河流环道颈口采用人工裁弯取直,加速了河流自然裁弯取直的进程,可以达到人为控制,有效地避免自然灾害的发生。裁弯取直示意图如图 9.2 所示。河流裁弯取直后,由于流程缩短,糙率降低,一般会使上游水位下降,裁弯后上游的浅滩碍航程度加剧,下游则往往会产生淤积，这些问题在设计时应予以充分考虑。

4. 分汊河道整治

游荡性河流由于泥沙沉积不均匀，易形成分汊河道。分汊河道流量分散，水深相对较浅，不利通航。同时，分汊河道主流不明晰，给过流建筑物设计带来麻烦。

分汊河道的整治，一般采用堵塞汊道的方法，具体工程措施有丁坝、顺坝、护坡护底、导流堤锁坝等。当河道汊道流量相差较悬殊时，一般采用丁坝、顺坝封堵较小流量汊口，将水流挑向主河槽，并在下游采取封堵措施，防止水流回流，如图 9.3 所示。

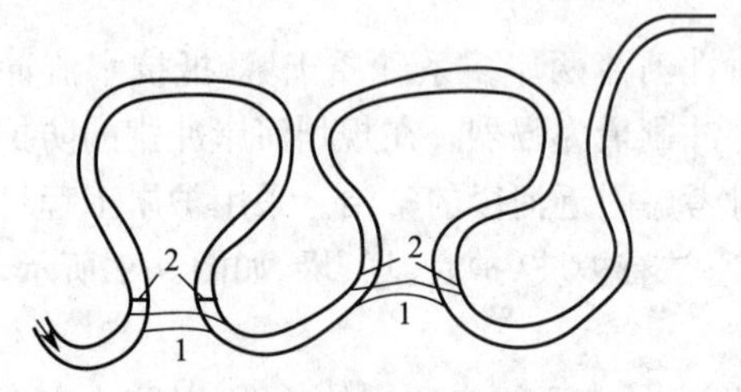

图 9.2　裁弯取直示意图

1—引河；2—锁坝

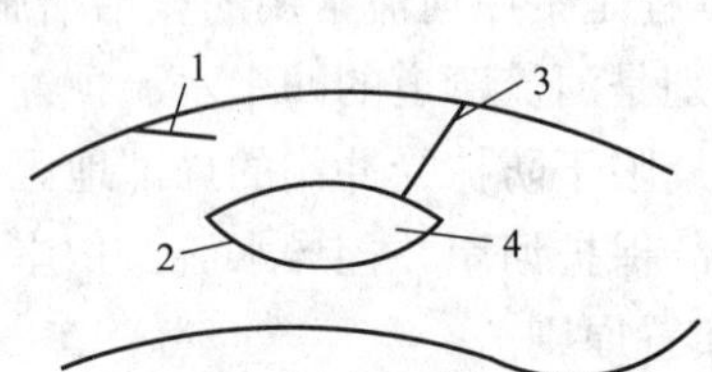

图 9.3　分汊河道整治示意图

1—丁坝；2—护坡；3—封堵堤；4—中心岛

5. 河口整治

河流进入海口，由于水流流速降低，泥沙沉积，河床抬高，随着河口的不断延伸，在入海口处形成三角洲淤积。同时，受潮汐冲刷在入海口易形成多汊道的喇叭口。河口的淤积与多汊影响了河道的航运和泄洪。

整治的措施是采取工程方法形成相对稳定的入河口，并防止外河潮汐对入河口的侵袭，在近乎垂直内河岸线建设丁坝固定河槽，如图 9.4 所示。

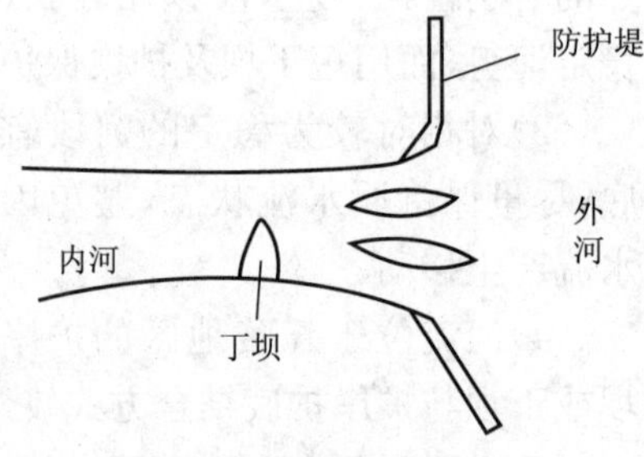

图 9.4　河口整治示意图

9.2.2　河道整治建筑物

以整治河道为目的而修建的各种形式的建筑物统称为河道整治建筑物。河道整治建筑物的形式与河道整治的目的、使用的材料、河道水流条件等因素有关。河道整治建筑物按其型式和作用分为丁坝、顺坝、锁坝、护坡和导流屏等五类。

1. 丁坝

丁坝是从河岸伸向河槽，坝轴线与水流方向正交或斜交的坝形建筑物。与河岸相接的一端习惯上叫做坝根，伸向河槽的另一端则叫坝头，中部叫做坝身。丁坝种类繁多，根据坝轴线长短可分为长丁坝、短丁坝；按坝轴线与水流方向的交角分，有上挑丁坝、垂直丁坝和下挑丁坝(见图 9.5)；根据筑坝材料可划分为土丁砍、抛石丁坝和柳石丁坝。

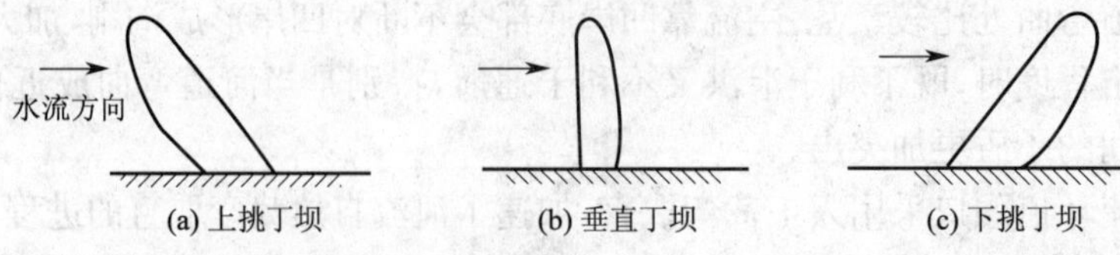

图 9.5　丁坝形式

丁坝是使用较广泛的一种河工建筑物，主要作用为：

1)束狭河床。多用于航道整治工程中，束狭浅滩河床以加大航深。此时所有的丁坝一般为淹没于水下的上挑丁坝。此种丁坝可促成丁坝之间的淤积。丁坝长短视需要而定，既可做成不透水的，也可做成透水的。

2)保护河岸。如果所保护的河岸是包括堤身在内的洪水河岸，应修建高于洪水位的下挑丁坝。此种丁坝的水流情况较好，丁坝的长短可视需要而定。如果保护的是漫长的滩岸，可采用顶部与河漫滩齐平的、在洪水时淹没的垂直丁坝。此种丁坝的水流情况优于下挑丁坝，丁坝之间的河岸冲刷也不如淹没下挑丁坝严重。

无论束狭河床或保护河岸，往往需要联合使用若干个丁坝，坝与坝之间的距离一般约为坝身长度的1.5倍。

2. 顺坝

顺坝是坝轴线沿水流方向，坝根与河岸相连，坝头与河岸相连或留有缺口的河道整治建筑物。顺坝与丁坝的结构基本相同，既可以是透水的，也可以是不透水的，坝顶高程因坝体作用而异。其主要作用是束窄枯水河床，增加通航水深或用以导引水流，改善水流条件。一般顺坝与格堤联合使用，用于增加顺坝坝身结构稳定性并加速顺坝与河岸之间的淤积，如图9.6所示。

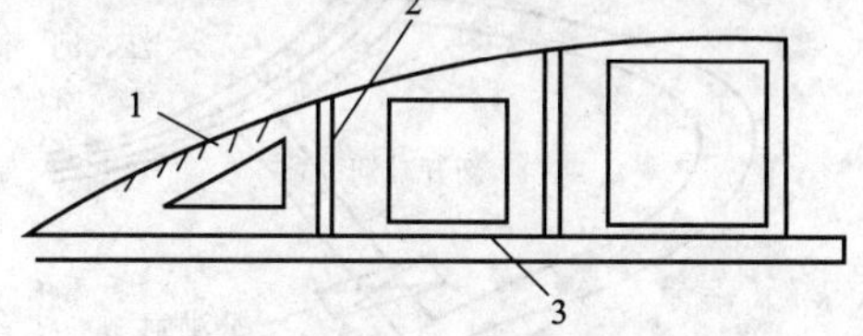

图9.6　顺坝与格堤布置

1—河岸；2—格堤；3—顺坝

3. 锁坝

锁坝是堵塞串沟或支汊，以加强主流，增加航深的常用整治工程形式，其结构与丁坝类似。考虑到坝面在洪水时仍要溢流的特点，锁坝坝坡应适当放缓，且背水坡应缓于迎水坡。锁坝在枯水期起塞支强干的作用，但对水流渗透无严格要求，故可由坝上游泥沙淤积自行封闭，无须设专门的防渗措施。中高水位时，则与溢流坝堰相同，在坝下游可能发生较严重冲刷，甚至危及坝体安全，所以一般要有防冲护底措施。

4. 护坡与护底

护坡、护底是指用抗冲能力强的材料覆盖在河岸边的护岸工程。它不改变水流的运动情况，既可单独使用，也可与丁坝、顺坝等结合使用，多用于保护河道的凹岸。

护坡与护底的材料与结构型式很多，一般水上部分多用干砌石，而水下部分多用抛石、沉排、柳石枕或石笼等来保护。在采用沉排或柳石枕时，水上水下之间多用抛石体来衔接。

5. 导流屏

导流屏是一组漂浮在表层或沉没在底层的导流建筑物。它能改变水流的结构，形成人工环流，控制泥沙运动的方向，从而控制河床的冲淤变化。

导流屏还可用于防止泥沙进入渠道，疏浚浅滩，防止河岸冲刷，吸引泥沙进入非通航汊道等。导流屏有多种形式，常用的有平板形与弓形，弓形绕流情况好，但制作麻烦。导流屏根据不同河势和目的要求，既可单个布设，也可多个串起来组成导流系统。

9.3　分(蓄、滞)洪工程

我国的主要河流分布于中下游平原地区，平原性河流、游荡性河流河道宽浅，淤积严重。主槽左右摇摆，洪水期易造成淹没，目前主要依靠堤防来保护防洪安全。现有堤防一般只能防御 10～20 年一遇的洪水，重点堤段也只能防御 50～100 年一遇的洪水，出现超标准洪水将会给沿河两岸造成巨大的经济损失，所以必须考虑出现超标准洪水时的对策。因此，针对中国堤防工程这一现状，应有目的、有步骤地采取分（蓄、滞）洪措施，确保沿河两岸城镇及农田防洪安全，把洪水灾害降低到最低程度。

分洪工程是在河流的适当地点，修建引洪道或分洪闸，分泄部分洪水，将超过河道安全泄量的洪峰流量通过分洪闸泄入滞洪区或通过分洪道泄入下游河道或相邻其他河道，减小下游河道的洪水负担。滞洪区多为低洼地带、湖泊、人工预留滞洪区、废弃河道等。

分洪工程形式虽有所不同，但目标都是削减原河道洪峰，减小洪水对沿河两岸城镇、工矿企业、农田的威胁。依据分洪工程的作用，可将分洪工程分为以下三类。

(1)减洪工程

将洪水分泄于其他河流、湖泊、低洼地带等地方的分洪工程称为减洪工程，如图 9.7 所示。

(2)滞洪工程

将洪水存入泛区，待洪峰过后，再将洪水输入原河道的分洪工程称为滞洪工程，如图 9.8 所示。

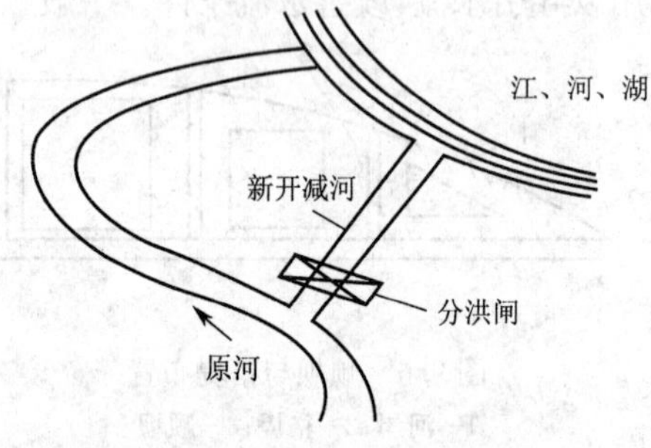

图 9.7　减洪工程示意图

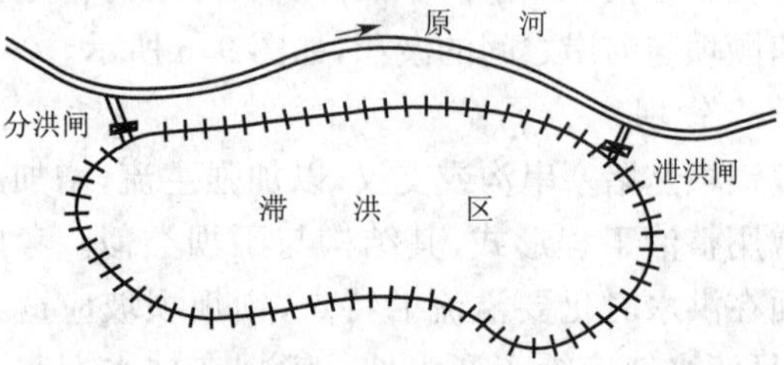

图 9.8　滞洪工程示意图

(3)蓄洪工程

在河道上修建水库，利用防洪库容拦蓄洪水的分洪工程称为蓄洪工程，如图 9.9 所示。

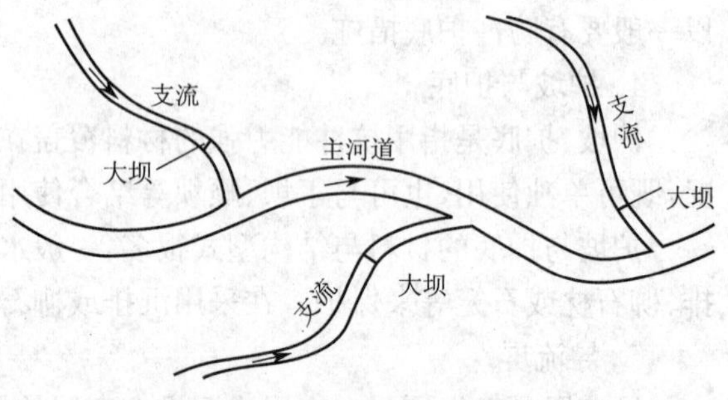

图 9.9　蓄洪工程示意图

分洪闸一般情况下不开闸，只有当河道洪水上涨到一定高度从而危及到下游河道安全时，方开闸泄水。当河道水位降低到一定程度后，再将滞洪区的水排入原河道。滞洪区在枯水年份或枯水季节，要考虑安排农业生产，故滞洪区还需修建灌排渠系，干旱期引河道水灌溉，多雨季节排降雨的内涝积水。排水系统出口应尽量与泄洪出口协调统一，这样可以降低工程造价。滞洪区内的居民应建在较高的台地上，并在居民区周围加设围堤，以保护居民区安全。滞洪期间，居民应撤离滞洪区。规划分洪工程时，一般应将分洪垦植结合起来，做到有计划、有安排、分洪与垦植有序，充分利用土地资源。一般来说，分洪区在规划时应考虑以下几个方面的因素。

1)利用河道两岸的湖泊、洼地作为分洪区，既能对洪水进行调节，又能减小分洪时过多地占用土地。

2)分洪区应尽可能接近被保护区，因为分洪的作用在分洪口附近最显著。

3)分洪区选择应根据洪峰大小进行确定,力求经济合理、少占用耕地。

4)分洪区规划应与分洪区建筑物统一考虑。分洪工程的水工建筑物主要包括:进洪闸、泄洪闸、围堤工程及主河道防护工程等。分洪建筑物的设置应结合分洪区的具体情况而定。

9.4　堤防工程

堤防是沿河流、湖泊、海洋的岸边或蓄滞洪区、水库库区的周边修筑的挡水建筑物。其目的是约束洪水,平顺水流,减轻洪水对下游的危害,保护沿河两岸人民生命财产安全。堤防虽不是防治洪水的唯一措施,但如今仍是重要的防洪工程措施。

我国党和政府历来十分重视江河堤防工程建设,一方面对原有的堤防进行大力整修、加高加固;另一方面,修建了大量新的堤防。目前,我国七大江河中下游两岸,现已形成完整的堤防系统,产生了巨大的减灾经济效益和社会、生态环境效益。

9.4.1　堤防工程的分类

按堤防所处位置可分为河堤、湖堤、海堤、围堤和水库堤防等;按堤防的功用可分为防洪堤、防涝堤、防波堤、防潮堤等;按堤防所在河流级别分为干堤、支堤。

本节主要介绍河堤,其一般原则也可适用于其他类型的堤防。河堤按其作用不同可分为遥堤、缕堤、格堤、月堤等,如图9.10所示。

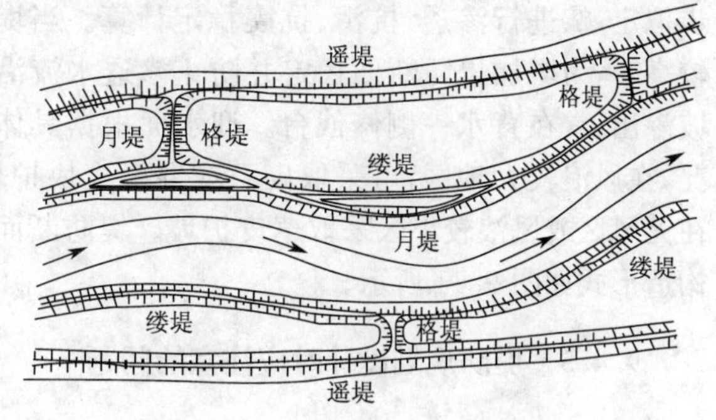

图9.10　黄河堤防布置示意图

遥堤即干堤,距河较远,堤高身厚,用于防御一定标准的大洪水,是防洪的最后一道防线。缕堤距河较近,堤身低薄,保护范围较小,多用于保护滩地生产,遇大洪水时允许漫溢溃决。格堤为横向堤防,连接遥堤和缕堤,形成格状。缕堤一旦溃决,水遇格堤即止,受淹范围仅限于一格,同时防止形成顺堤串沟,危及遥堤安全。格堤和月堤皆依缕堤修筑,形成月形,其作用之差异是:当河身变动远离堤防时,为争取耕地修筑格堤;当河岸崩退逼近缕堤时,则筑建月堤退守新线。

9.4.2　堤防工程防洪标准及其级别

堤防工程的防洪标准是衡量堤防工程承受洪水的能力。在堤防工程规划设计时,可按现行国家《防洪标准》(GB 50201—1994),取防护区内要求较高的防护对象的防洪标准。在堤防工程设计中,设计洪水标准主要有两种方法确定:一是以洪水的频率或重现期为设计标准;二是采用实际出现的某年洪水为设计标准。实际工程中,往往是根据实际发生的大洪水、历史调查洪水和频率计算成果,经综合分析比较之后,定出堤防设计洪水标准。堤防工程的级别与其防洪标准有关,应符合我国现行《堤防工程设计规范》(GB 50286—1998)的规定(表9.1)。

表9.1　堤防工程的级别

防洪标准 P[重现期(a)]	$P \geqslant 100$	$50 \leqslant P < 100$	$30 \leqslant P < 50$	$20 \leqslant P < 30$	$10 \leqslant P < 20$
堤防工程的级别	1	2	3	4	5

9.4.3 堤防的选线原则

堤线的选择是规划设计的前提，堤线选择合理与否，对河道泄洪、当地经济、防汛抢险影响很大，故在选线时要考虑以下几点：

(1)堤线尽量与河流流向保持一致，两岸堤线基本平行，避免出现局部突然变窄或变宽的现象，以利洪水宣泄。

(2)堤线与主河槽保持一定距离，在河道弯曲处，不宜离凹岸河槽太近，以防洪水主流顶冲，造成坍塌，危及堤防安全。

(3)堤线应选在地质情况良好的地带，并尽量沿等高线修建，避免通过流沙、淤泥地带，以降低工程造价。

(4)堤线不宜随河道局部较小弯曲而弯曲，应沿河槽弯曲外沿布设。对于河道较大弯曲，堤线布设时应有较大的转弯半径，并在堤防临水面采取贴护措施，避免局部过分突出而影响洪水宣泄。

9.4.4 堤防断面构造形式

堤防多采用土石料填筑，断面一般为梯形或复式梯形。其设计包括两部分内容：①断面尺寸的初步拟定；②进行渗透、抗滑、抗震稳定计算。当堤防较高时，为增加堤防断面稳定并防止渗透水流沿堤坡渗出，常在背水一侧修戗台。迎水面根据具体情况，在风浪较大地区，可采取砌石或混凝土块护坡，在无风区或风浪较小区采取草皮护坡。堤防断面的构造形式如图 9.11 所示。

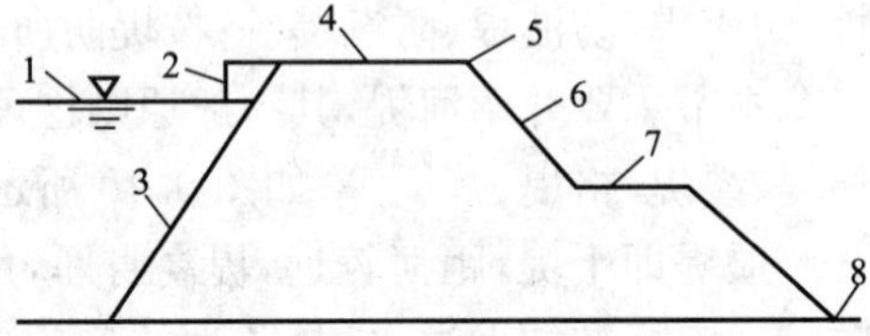

图 9.11 堤防断面示意图

1—设计洪水位；2—超高，3—迎水坡；4—堤顶；5—堤肩；6—背水坡；7—戗台；8—坡脚

9.4.5 堤防规划设计时应注意的问题

进行堤防规划设计时应注意的问题有以下几点。

(1)堤防规划设计时，应通过泄洪量计算确定合理的堤防间距。

(2)堤防的修建，势必切断沿河城市、工矿企业的排水出路，因此应注意协调解决洪水时堤防排涝、洪水倒流入排水系统等问题。

(3)堤防建设应与滞洪区、泄洪建筑物统一考虑，应注意超标准洪水的解决对策。

(4)堤防建设提高了同标准洪水水位，上游淹没面积将增加。

9.4.6 堤防工程管理

为了确保堤防长期安全御水，我国的主要江河堤防，均设有专门的管理机构，平时负责对堤防进行例行检查、维护和管理；汛后根据当年汛期堤岸出现的险情，负责组织进行除险加固。此项工作因需要年年进行，故称岁修。

(1)工程管理

养护主要包括：水沟浪窝的填垫，铺道、戗台、堤身的补残，堤顶的平整夯实，土牛备积，防汛器材、通信设备管理，排水沟、护堤地、护岸工程及导渗墙、减压井等排渗设施，以及涵闸、虹吸、道路、桥梁等穿(跨)堤建筑物的维护与管理等。

(2)隐患查除

堤防常见的隐患有:人为洞穴、动物洞穴,腐木空穴等;此外还可能因修堤质量不合要求而留下的界缝、裂隙等。对此均应通过锥探方法或隐患探测仪,探明堤身隐患部位。对于较小隐患可进行灌浆处理,范围较大的则应翻筑回填。

(3)植树种草

堤坡种草,外滩营造防浪林,堤内种植经济林或果木林,是用生物措施将护堤治险同美化环境和充分利用堤防两侧国土资源相结合的一种好方法。

思 考 题

1. 简述防洪治河的工程措施。
2. 简述河道整治的基本方法。
3. 根据分洪工程的作用,分洪工程分为几类?
4. 堤防规划设计时应该注意哪些问题?
5. 河道整治建筑物按其型式和作用分为几类?其特点有哪些?
6. 防治洪水灾害的技术措施主要有哪几种?

10 水利工程施工

10.1 概　　述

水利水电工程施工是指按照水利工程设计内容和要求进行的建筑与安装工程施工。

10.1.1 水利工程施工内容及任务

水利工程施工内容主要包括以下几个方面。

(1)施工准备工程。包括施工交通、施工供水、施工供电、施工通信、施工供风及施工临时设施等。

(2)施工导流工程。包括导流、截流、围堰及度汛、临时孔洞封堵与初期蓄水等。

(3)地基处理。包括桩工、防渗墙、灌浆、沉井、沉箱以及锚喷等。

(4)土石方施工。包括土石方开挖、土石方运输、土石方填筑等。

(5)混凝土施工。包括混凝土原材料制备、储存,混凝土制备、运输、浇筑、养护,模板制作、安装,钢筋加工、安装,埋设件加工、安装等。

(6)金属结构安装。包括闸门安装、启闭机安装、钢管安装等。

(7)水电站机电设备安装。包括水轮机安装、水轮发电机安装、变压器安装、断路器安装以及水电站辅助设备安装等。

(8)施工机械。包括挖掘机械、铲土运输机械、凿岩机械、疏浚机械、土石方压实机械、混凝土施工机械、超重运输机械、工程运输车辆等。

(9)施工管理。包括施工组织、监督、协调、指挥和控制。按专业划分为计划、技术、质量、安全、供应、劳资、机械、财物等管理工作。

目前我国项目建设中,已形成了以项目法人责任制、招标投标制、建设监理制为核心的建设管理体系。其目的是促进参与工程建设的项目法人、承包商、监理单位,科学系统地进行管理,确保工程质量和工期,减小风险和提高投资效益。

一般来讲,水利工程施工的主要任务可归纳为以下几方面:

(1)编制施工组织计划。根据工程特点和施工条件,充分利用有限的资源,按网络计划原理,编制工程施工的组织计划,进行资源优化配置。

(2)精心组织施工,确保工程质量。施工开始后,按施工组织计划,严格管理。工程的质量是管理核心,施工管理工作要紧紧围绕此中心进行。

(3)开展观测、试验研究工作。根据工程的特点和管理要求,要卓有成效地开展工程原型观测和相关的科学试验研究工作,为工程设计、科学施工和运行管理提供可靠数据。针对水利工程施工需要和特点,进一步研究安全、经济及快速施工的技术和方法。

10.1.2 水利工程施工的特点

水利工程施工受自然条件的影响较大,涉及专业工种较多,施工组织和管理比较复杂。一般水利工程施工具有以下特点。

1. 受自然条件影响大

水利工程一般建在江河、湖泊上,受地形、地质、水文、气象等影响较大。为便于作业和保证工程质量,需采取施工导流、基坑排水等工程措施,另外,还应注意雨、雪天气和防洪度汛等问题。

2. 施工条件艰辛,工程量大

水利工程大多远离城市,交通、电力、生活条件艰苦,工作地点不稳定,生活环境差。由于水利工程的土石方工程、混凝土工程、金属结构及机电设备安装工程量均较大。往往施工强度高,施工机械多,施工干扰大,施工组织复杂,施工工期较长。

3. 施工技术复杂,涉及专业多

水利工程施工涉及土石开挖、混凝土、钢结构、机电设备、计算机等技术领域,施工程序多且技术要求高。施工作业平面、立体交叉,存在一定安全隐患。因此,需精心组织,妥善安排。使工程在保证施工质量的前提下,施工连续、均衡、高效、安全。

4. 水利工程的重要性

水利工程规模大、投资多,在防洪、发电、经济、战略等方面,具有重要影响。如施工质量不良,轻则影响其效益和寿命,重则可能给国家和人民带来毁灭性的灾难。

5. 工程施工对生态环境有影响

工程建成后,可减轻水旱灾害,改善水质和局地气候,使生态系统向有利方向发展。但工程施工时,可能对环境带来不利影响,如土石方开挖,会砍伐树木和破坏植被,施工产生的废渣、废油等也会产生一些污染。因此,在施工时,特别要注意保护自然生态环境,使施工对生态的影响降低到最小。

10.1.3 我国水利工程施工的成就与展望

在我国历史上,水利建设成就卓著。几千年来,勤劳勇敢的中国人民,修建了许多兴利除害的水利工程,积累了丰富的施工经验。公元前250年以前修建的四川都江堰水利工程,按"乘势利导,因时制宜"的原则,发挥了防洪和灌溉的巨大效益。用现代系统工程的观点来分析,该工程在结构布局、施工措施、维修管理制度等方面都是相当成功的。

解放以后,在党和政府的正确领导下,我国水利水电建设事业取得了辉煌的成就。有计划、有步骤地开展了大江大河的综合治理;修建了一大批综合利用的水利枢纽工程和大型水电站,如辽宁省大伙房、北京市密云、浙江省新安江、湖南省柘溪、湖北省丹江口和葛洲坝、甘肃省刘家峡、四川省龚嘴、青海省龙羊峡等工程。

随着水利水电建设事业的发展,施工机械的装备能力迅速增长,已经具有实现高强度快速施工的能力,施工技术水平不断提高,进行了长江、黄河等大江大河的截流,采用了光面爆破、预裂爆破、岩塞爆破、振冲加固、化学灌浆、防渗墙、预应力锚索、钢模、滑模、人工制砂、碾压混凝土施工等新技术新工艺;土石坝工程、混凝土坝工程和地下工程的综合机械化组织管理水平逐步提高。水利工程施工的发展,为水利水电事业展示出一片广阔的前景。

10.2 土石坝施工

土石坝包括各种碾压式土坝、堆石坝和土石混合坝,是一种充分利用当地材料的坝型。土石坝施工简便,可就地取材,料源丰富、对地质条件要求低,造价较便宜,因其诸多优势,建成数量很多，是水利水电工程中重要的坝型之一。

土石坝按坝体防渗结构形式，一般可分为均质土坝、土质防渗体坝和非土质材料防渗体坝。土石坝按施工方法的不同，主要可分为干填碾压、水中填土、水力充填和定向爆破修筑等类型。国内外均以碾压式土石坝采用最为广泛。

碾石式土石坝的施工，包括准备作业、基本作业、辅助作业和附加作业。

准备作业包括"一平三通"，即平整场地、通车、通水、通电，架设通信线路，修建生产、生活福利、行政办公用房以及排水清基等项工作。

基本作业包括料场土石料开采，挖、装、运、卸以及坝面铺平、压实、质检等项作业。

辅助作业是指保证准备作业及基本作业顺利进行，创造良好工作条件的作业，包括清除施工场地及料场的覆盖，从上坝土料中剔除超径石块、杂物，坝面排水、层间刨毛和加水等。

附加作业是指保证坝体长期安全运行的防护及修整工作，包括坝坡修整，铺砌护面块石及铺植草皮等。

10.2.1 料场规划

土石坝用料量很大，在选坝阶段需对土石料场全面调查，施工前配合施工组织设计，要对料场作深入勘测，并从空间、时间、质与量诸方面进行全面规划。

所谓空间规划，系指对料场位置、高程的恰当选择，合理布置。土石料的上坝运距尽可能短些，高程上有利于重车下坡，减少运输机械功率的消耗。近料场不应因取料影响坝的防渗稳定和上坝运输；也不应使道路坡度过陡引起运输事故。坝的上下游、左右岸最好都选有料场，这样有利于上下游左右岸同时供料，减少施工干扰，保证坝体均衡上升。用料时原则上应低料低用，高料高用，当高料场储量有富余时，也可高料低用。同时料场的位置应有利于布置开采设备、交通及排水通畅。对石料场尚应考虑与重要建筑物、构筑物、机械设备等保持足够的防爆、防震安全距离。

所谓时间规划，就是要考虑施工强度和坝体填筑部位的变化。随着季节及坝前蓄水情况的变化，料场的工作条件也在变化。在用料规划上应力求做到上坝强度高时用近料场，低时用较远的料场，使运输任务比较均衡。对近料和上游易淹的料场应先用，远料和下游不易淹的料场后用；含水量高的料场旱季用，含水量低的料场雨季用。在料场使用规划中，还应保留一部分近料场供合龙段填筑和拦洪度汛高峰强度时使用。此外，还应对时间和空间进行统筹规划，否则会产生事与愿违的后果。例如甘肃省碧口土坝，施工初期由于料源不足，规划不落实，导流后第一年度汛时就将 4.5 km 以内的砂砾料场基本用完，而以后逐年度汛用料量更大，不得不用相距较远料场，不仅增加了不必要的运输任务，而且也给后期各年度汛增加了困难。

料场质与量的规划，是料场规划最基本的要求，也是决定料场取舍的重要因素。在选择和规划使用料场时，应对料场的地质成因、产状、埋深、储量以及各种物理力学指标进行全面勘探和试验。勘探精度应随设计深度加深而提高。在施工组织设计中，进行用料规划，不仅应使料场的总储量满足坝体总方量的要求，而且应满足施工各个阶段最大上坝强度的要求。料尽其用，充分利用永久和临时建筑物基础开挖渣料是土石坝料场规划的又一重要原则。为此应增加必要的施工技术组织措施，确保渣料的充分利用。

料场规划还应对主要料场和备用料场分别加以考虑。前者要求质好、量大、运距近，且有利于常年开采；后者通常在淹没区外，当前者被淹没或因库区水位抬高，土料过湿或其他原因中断使用时，则用备用料场保证坝体填筑不致中断。在规划料场实际可开采总量时，应考虑料场查勘的精度、料场天然容重与坝体压实容重的差异，以及开挖运输、坝面清理、返工削坡等损失。实际可开采总量与坝体填筑量之比一般为：土料 2～2.5、砂砾料 1.5～2、水下砂砾料 2～3、石料 1.5～2。反滤料应根据筛后有效方量确定，一般不宜小于 3。另外，料场选择还应与施工总体布置结合考虑，应根据运输方式、强度来研究运输线路的规划和装料面的布置。料场内装料面应保持合理的间距，间距太小会使道路频繁搬迁，影响工效；间距太大影响开采强度，通常装料面间距取 100 m 为宜。整个场地规划还应排水通畅，全面考虑出料、堆料、弃料的位置，力求避免干扰以加快采运速度。

10.2.2　土石料的开挖与运输

筑坝材料按坝料性质分为土料、砂砾料和石料；坝料挖运方法有机械挖运、爆破开采配合机械挖运和爆破挖运，前者适合于土料和砂砾料，后者适合石料或用于定向爆破筑坝。

1. 土石料的开采与加工

料场开采前应做好以下准备工作：规划料场范围；分期分区清理覆盖层；设置排水系统；修建施工道路；修筑辅助设施。

坝体开采与加工，应参考已建工程经验，结合本工程情况，进行必要的现场试验，选择合适的工艺过程。

(1)土料的开采

土料开采主要分为立面开采和平面开采。当土层较厚、天然含水量接近填筑含水量、土料层次较多、各层土质差异较大时，宜采用立面开采方法。规划中应确定开采方向、掌子面尺寸、先锋槽位置、采料条带布置和开采顺序。在土层较薄、土料层次少且相对均匀、天然含水量偏高需翻晒减水的情况下，宜采用平面开采方法，规划中应根据供料要求、开采和处理工艺，将料场划分成数区，进行流水作业。

(2)土料的加工

土料的加工包括调整土料含水量、掺和、超径料处理和某些特殊的处理要求。降低土料含水量的方法有挖装运卸中的自然蒸发、翻晒、掺料、烘烤等方法。提高土料含水量的方法有在料场加水，在开挖、运料、运输过程中加水等。

(3)砂砾料和堆石料的开采

砂砾料开采分为水上开采和水下开采。陆上开采用一般挖运设备即可；水下开采，一般用采砂船和索铲开采。当水下开采砂砾石料含水量高时，需加以堆放排水。

(4)超径料的处理

当砂砾石中含有少量超径石时，常用装耙的推土机先在料场中初步清除，然后在坝体填筑面上再做进一步清除。当超径颗粒含量较多时，可根据具体地形布置振动筛加以筛分。

2. 挖运机械

土石料挖运机械包括挖掘机械、铲运机械和运输机械三大类。

(1)挖掘机械

挖掘机械的种类繁多，就其构造及工作特点，有循环单斗式和连续多斗式之分。就其传动系统又有索式、链式和液压传动之分。液压传动具有突出的优点，现代工程机械多采用液压传动。

1)单斗式挖掘机

以正向铲挖掘机为代表的单斗式挖掘机,有柴油和电力驱动两类,后者又称为电铲。挖掘机有回转、行驶和挖掘三个装置。图 10.1 所示为液压正向铲挖掘机。

机身回转装置由固定在下机架与供旋转使用的底座齿轮相啮合的回转轴承组成。回转轴由安装在回转台上的发动机驱动,由它带动整个机身回转。

行驶装置有在轨道上行驶的,也有无轨气胎式的,应用最多的是灵活机动、对地面压强最小的履带行驶机构。

挖掘装置主要有挖斗,斗沿有切土的斗齿,挖斗与斗柄相连,而斗柄与动臂通过铰和斗柄液压缸相连。

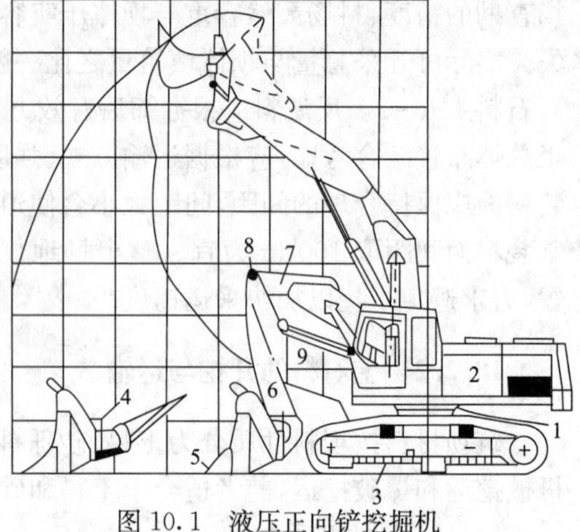

图 10.1　液压正向铲挖掘机

1—底座齿轮;2—发动机;3—履带行驶机构;4—挖斗;5—斗齿;6—斗柄;7—动臂;8—铰;9—斗柄液压缸

正向铲挖掘机有强有力的推力装置,能挖掘Ⅰ～Ⅱ级土和破碎后的岩石。机型常根据挖斗容量来区分。

若要挖掘停机地面以下深处和进行水下开挖,还可将正向铲挖掘机的工作机构改装成用索具操作铲斗的索铲和合瓣式抓斗的抓铲。

2)多斗式挖掘机

斗轮式挖掘机是陆地上使用较普遍的一种多斗连续式挖掘机,如图 10.2 所示。美国在建造圣路易·沃洛维尔高土坝时,仅用了一台斗轮式挖掘机即承担了该工程 66%的采料任务,其小时生产率达 2 300 m^3/h。该机装有多个挖斗,开挖料先卸入输送皮带,再卸入卸料皮带导向卸料口装车。我国陕西省石头河水库,也采用了这种设备,取得了很好的效果。

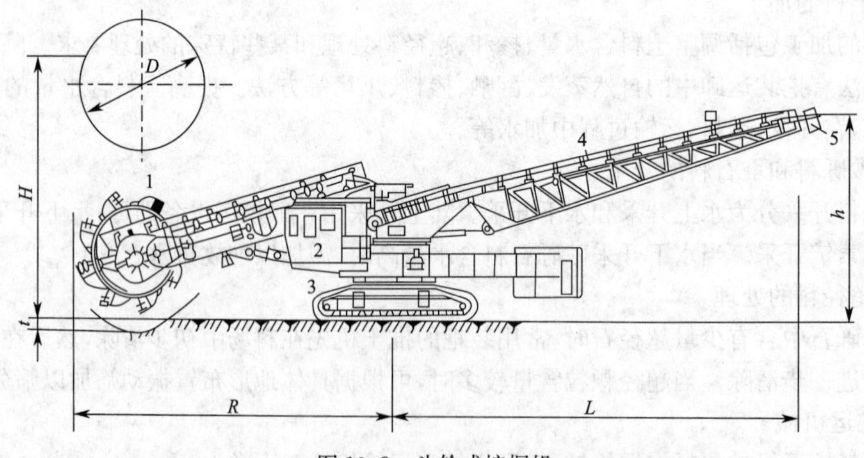

图 10.2　斗轮式挖掘机

1—斗轮;2—机房;3—履带行驶机构;4—臂式带式运输机;5—卸料装置

(2)铲运机械

1)推土机

推土机以拖拉机为原动机械,另加切土刀片的推土器,既可薄层切土又能短距离推运。推土机按行走方式分为履带式和轮胎式，按动力传动方式分为机械式、液力机械式和全液压式，按工作装置分为直铲、角铲和 U 形铲等，按发动机功率分为轻型（30～74 kW）、中型（75～220 kW）、大型（220～520 kW）、特大型（>520 kW），按用途分为通用型和专用型。履带式推土机适应于各种作业场合，如图 10.3 所示。

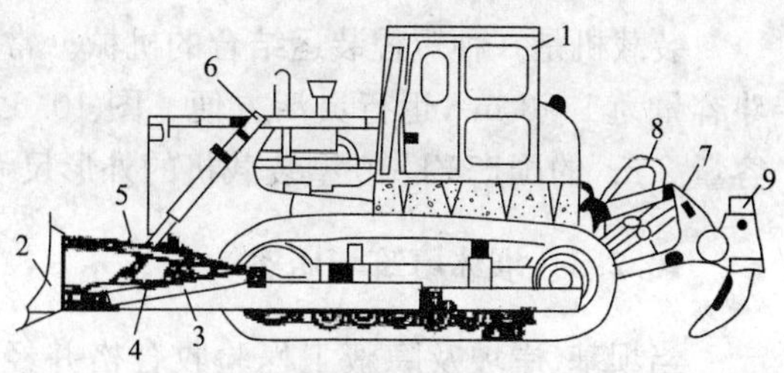

图 10.3　履带式推土机

1—驾驶室；2—推土板；3—拱形架；4、5—撑杆；6—推土板工作油缸；7—松土器工作油缸；8—油管；9—松土器

2）铲运机

铲运机按行驶方式，可分为牵引式和自行式。前者用拖拉机牵引铲斗，后者自身有行驶动力装置。现在多用自行式，因其结构轻便，可带较大的铲斗，行驶速度高，多用低压轮胎，有较好的越野性能。图 10.4 所示为铲斗容量7 m^3 的国产 CL7 型自行式铲运机。

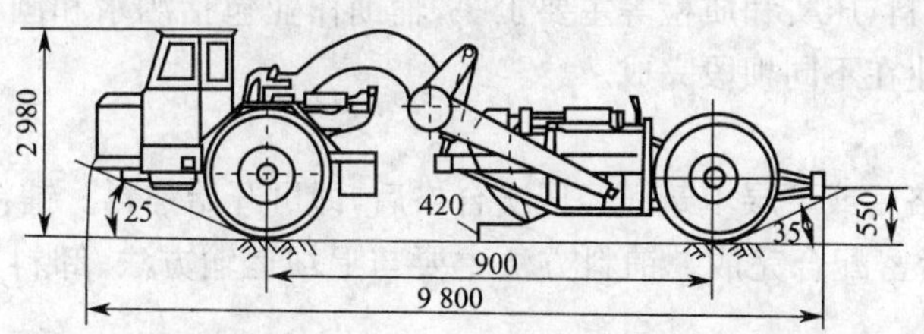

图 10.4　CL7 型自行式铲运机（单位：mm）

国产铲运机的铲斗容量一般为 6～7 m^3。国外大容量铲运机多用底卸式，其斗容量高达 57.5 m^3。铲运机的经济运距与铲斗容量有关，一般在几百米至几千米以内。大容量的铲运机要求牵引力大，运行的灵活性相对降低。

(3)运输机械

运输机械分为循环式和连续式两种。前者有有轨机车相机动灵活的汽车。一般工程自卸汽车的吨位是 10～35 t，汽车吨位大小应根据需要并结合路况条件来考虑。最常用的连续式运输机械是带式运输机。根据有无行驶装置，分为移动式和固定式两种，前者多用于短程运输和散体材料的装卸堆存，后者多用于长距离运输。固定式常采用分段布置，每段一般在 200 m 以内，图 10.5 为固定带式运输机的构造图。

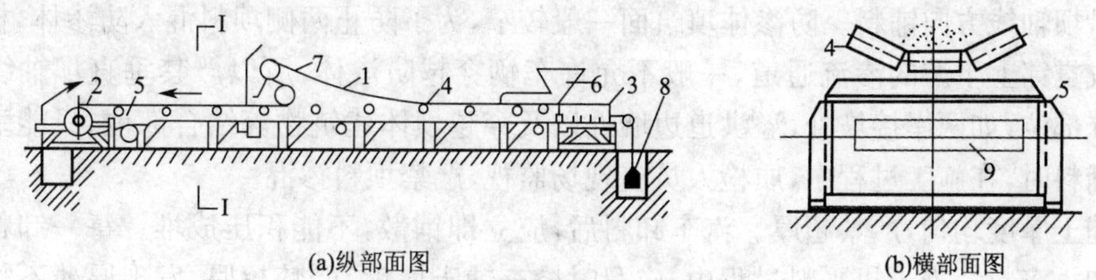

图 10.5　固定带式运输机构造图

1—皮带；2—驱动鼓轮；3—张紧鼓轮；4—上托辊；5—机架；6—喂料器；7—卸料小车；8—张紧重锤；9—下托辊

装载机是一种短程装运结合的机械。常用的斗容量为1～3 m³,运行灵活方便。图10.6是斗容量2 m³ 的国产ZL-40型装载机的外形尺寸图。

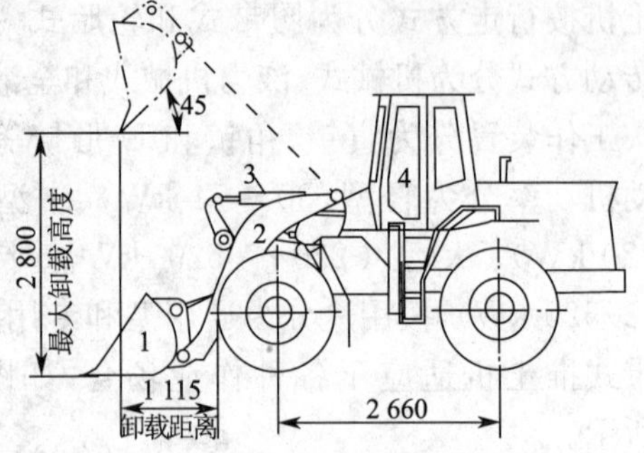

图10.6　ZL-40型装载机外形尺寸图(单位:mm)

1—装载斗;2—活动臂;3—臂杆油缸;4—操作台

10.2.3　坝体填筑与压实

当坝基、岸坡及隐蔽工程验收合格并经监理工程师批准后,就可开始填筑坝体。填筑坝体时,防渗心墙应与上下游反滤料及部分坝壳料平起填筑,跨缝碾压,宜采用先填反滤料后填土料的平起填筑法施工。防渗斜墙宜与下游反滤料及部分坝壳料平起填筑,斜墙也可滞后于坝壳料填筑,但需预留斜墙、反滤料和部分坝壳料的施工场地,且已填筑坝壳料必须削坡至合格面,经监理工程师验收后方可填筑。由于碾压式土石坝的坝体是分层填筑起来的,所以坝体填筑主要是进行坝面作业。坝面作业包括基本作业和辅助作业,基本作业包括铺料、压实和质检等主要工序,辅助作业包括洒水和刨毛等工序。坝面作业各工序通过流水作业在不同坝段完成。

1. 铺料

坝基经处理合格后或下层填筑面经压实合格后,即可开始铺料。铺料包括卸料和平料,两道工序相互衔接,紧密配合完成。铺料方法主要与上坝运输方法、卸料方式和坝料的类型有关,主要有以下几种。

(1)自卸汽车卸料、推土机平料

心、斜墙防渗体土料主要有黏性土和砾质土等,铺料时应注意以下问题:

1)采用进占法铺料。做法是推土机和汽车都在刚铺平的松土上行进,逐步向前推进。要避免所有的汽车行驶在同一条道路,因为自卸汽车,特别是10～15 t以上的中、重型汽车,若反复多次在压实土层上行驶,会使土体产生弹簧、光面与剪切破坏,严重影响土层间结合质量。

2)推土机功率必须与自卸汽车载重吨位相配。如果汽车斗容过大,而推土机功率过小,则每一车料要经过推土机多次推运,才能将土料铺散、铺平,在推土机履带的反复碾压下,会将局部表层土压实,甚至出现弹簧土和剪切破坏,造成汽车卸料困难,更严重的是容易产生平土厚薄不均。

3)定量卸料。为了使推土机平料均匀,不致造成大面积过厚、过薄的现象,应根据每一填土区的面积,按铺土厚度定出所需的土方量,从而定出所需卸料的车数,有计划地按车数卸料。

4)沿坝轴线方向铺料。防渗体填筑面一般较窄,为了防止两侧坝料混入防渗体,杜绝因漏压而形成贯穿上下游的渗流通道,一般不允许车辆穿越防渗体,所以严禁垂直坝轴线方向铺料。特殊部位,如两岸接坡处、溢洪道边墙处以及穿越坝体建筑物等结合部位,只能垂直坝轴线方向铺料时,在施工过程中,质检人员应现场监视,严禁坝料掺混。

5)铺土厚度均匀,严禁超厚。汽车卸料后,应立即铺散,不能积压成堆。每一卸料地点只能允许卸一车料。推土机平料过程中,应及时检查铺土厚度,严禁超厚,发现厚薄不均的部位应及时处理。

反滤层和过渡层常用砂砾料,铺料方法采用常规的后退法卸料,即自卸汽车在压实面上卸料,推土机在松土堆上平料。这种方法的优点是可以避免平料造成的粗细颗粒分离,汽车行驶方便,可提高铺料效率。反滤料填筑次序大体可分为消坡法、挡板法和土砂松坡接触平起法。

前两种方法主要与人力施工相适应，已不再采用。土砂松坡接触平起法已成为规范化施工方法，该方法一般分为先砂后土法、先土后砂法和土砂平起法。先砂后土法是先铺一层反滤料，再填筑两层土料。该法施工方便，工程上采用较多。

心墙上、下游或斜墙下游的坝壳各为独立的作业区，在区内各工序进行流水作业。坝壳一般选用砂砾料或堆石料。由于堆石料往往含有大量的大粒径石料，不仅影响汽车在坝料堆上行驶和卸料，也影响推土机平料，并易损坏推土机履带和汽车轮胎。为此，必须采用进占法卸料，即自卸汽车在铺平的坝面上行驶和卸料，推土机在同一侧随时平料。这样，大粒径块石易被推至铺料的前沿下部，细料填入堆石料间空隙，使表面平整，便于车辆行驶。

(2)移动式皮带机上坝卸料、推土机平料

皮带机上坝卸料，适用于黏性土、砂砾料和砾质土。利用皮带机直接上坝，配合推土机平料，或配合铲运机运料和平料。此方法不需专门道路，但随着坝体升高需要经常移动皮带机。为防止粗细颗粒分离，推土机采用分层平料，每次铺层厚度为要求的 1/2 ～1/3，推距最好在 20 m 左右，最大不超过 50 m。

(3)铲运机上坝卸料和平料

铲运机是一种能综合完成挖、装、运、卸、平料等工序的施工机械。当料场位于距大坝 800～1 500 m 范围内，散料距离在 300～600 m 范围内时，使用铲运机是经济有效的。铲运机铺料时，平行于坝轴线依次卸料，从填筑面边缘逐行向内铺料，空机从压实合格面上返回取土区。铺到填筑面中心线后，铲运机反向运行，接续已铺土料逐行向填筑面的另一半的外缘铺料，空机从刚铺填好的松土层上返回取土区。

坝面铺料时应注意以下几个问题：

1)填筑区段划分，即分施工段。在坝面铺料时，应结合压实，将填筑面分成若干区段，以便坝体填筑的各工序流水作业，使机械和坝面得到充分利用，并避免相互干扰。坝面区段划分大小主要根据碾压机械的类型、坝体填筑面大小和上坝强度而定，一般取 50～100 m 为宜。当坝面区段划分好后，如填筑面较宽，可半边铺料，半边压实；如填筑面较窄，则可采用几个区段间流水作业，以减少干扰和提高效率。

2)边坡处预留削坡富裕宽度。坝体边坡部位的土和砂砾料，在无侧限的情况下难以压实，甚至在碾压机械的作用下产生裂缝。为保证设计断面，靠近上下游边坡铺料时，应留一定的富裕宽度。富裕宽度与碾压机械的种类和铺土厚度有关，一般可取 0.5 m。对于富裕部分进行削坡处理。

2. 压实

(1)土料压实原理

土石坝填方的自身稳定主要靠坝料内部的阻力来维持。坝料内部阻力以及坝体的防渗性能都随坝料的密实度增大而提高。坝料密实度的提高是通过压实机械的外力作用实现的。

土料是三相体，即由固相的土粒、液相的水膜和气相的空气所组成。通常土粒和水是不会被压缩的。所以，土料压实的实质是将水膜包裹的土粒挤压填充到土粒间的空隙里，使土料的空隙减少，密实度提高。土料性质不同，其内阻力也不同，因此使之密实的作用外力也不同。

(2)压实机械及压实方法

根据压实作用力来划分，通常有碾压、夯击、振动压实三种机具。随着工程机械的发展，又有振动和碾压同时作用的振动碾，产生振动和夯击作用的振动夯等，常用的压实机有以下几种。

1)羊脚碾

羊脚碾的外形如图 10.7 所示,它与平碾不同,在碾压滚筒表面设有交错排列的截头圆锥体,状如羊脚。钢铁空心滚筒侧面设有加载孔,加载孔大小根据设计需要确定。加载物料有铸铁块和砂砾石等。碾滚的轴由框架支承,与牵引的拖拉机用杠辕相连。羊脚的长度随碾滚的重量增加而增加,一般为碾滚直径的 1/6～1/7。羊脚过长,其表面面积过大,压实阻力增加,羊脚端部的接触应力减小,影响压实效果。

羊脚碾的羊脚插入土中,不仅使羊脚端部的土料受到压实,而且使侧向土料受到挤压,从而达到均匀压实的效果。在压实过程中,羊脚对表层土有翻松作用,无需刨毛就能保证土料良好的层间结合。

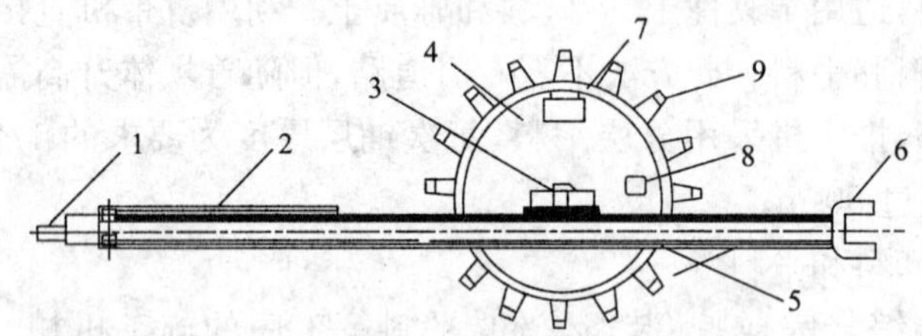

图 10.7 羊脚碾

1—前拉头;2—机架;3—轴承座;4—碾筒;5—铲刀;6—后拉头;7—装砂口;8—水口;9—羊脚齿

2)振动碾

振动碾是压路机的一种,由驾驶装置、动力装置、激振装置、钢碾轮和车架等组成。振动碾按钢轮数量有单钢轮式和双钢轮式,后者碾实堆石料时不方便驾驶,水电工程中多采用前者。振动碾按行走方式有轮胎式和牵引式。轮胎式振动碾采用铰接式车架,将后轮与前面的碾轮连为一体;牵引式振动碾则需要履带式拖拉机或推土机牵引。牵引式振动碾具有结构简单、振动力大的特点。我国目前使用较多的是国内生产的 YZT 系列牵引式振动碾,如图 10.8所示。

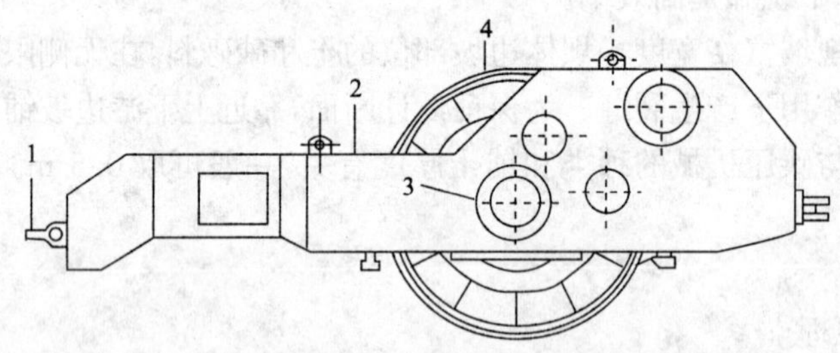

图 10.8 牵引式振动碾

1—牵引挂钩;2—车架;3—轴;4—碾轮

根据碾轮的型式,振动碾主要有振动平碾和振动凸块碾。有的机型钢轮采用活装式结构,一机兼有凸块轮与光面轮两种功能。现代坝面碾压已全部使用振动平碾和振动凸块碾。

3)气胎碾

气胎碾有单轴和双轴之分。单轴气胎碾的主要构造是由装载荷重的金属车箱和装在轴上的 4～6 个气胎组成。碾压时在金属车箱内加载重,并同时将气胎充气至设计压力。为防止气胎损坏,停工时用千斤顶将金属箱支托起来,并把胎内的气放掉,如图 10.9 所示。

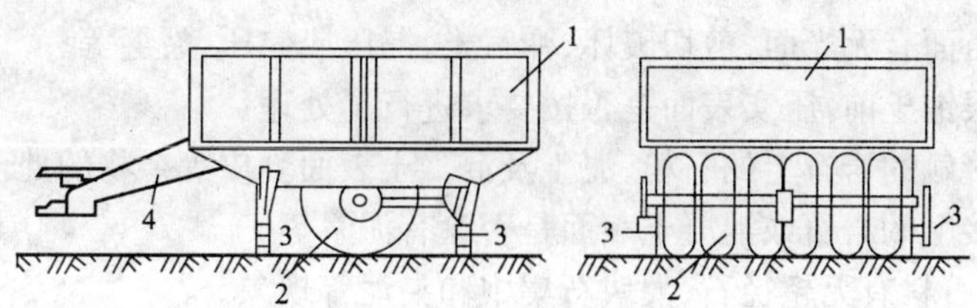

图 10.9 拖行单轴式气胎碾

1—金属车箱;2—充气轮胎;3—千斤顶;4—牵挂杠辕

气胎碾在碾压土料时,气胎随土体的变形而变形。随着土体压实密度的增加,气胎的变形也相应增加,从而使气胎与土体的接触面积随之增大,始终能保持较为均匀的压实效果。刚性碾比较,气胎碾不仅对土体的接触压力分布均匀而且作用时间长,压实效果好,压实土料厚度大,生产效率高。

4)夯板

夯板可以吊装在去掉土斗的挖掘机的臂杆上,借助卷扬机操纵绳索系统使夯板上升。夯击土料时将索具放松,使夯板自由下落,夯实土料,其压实铺土厚度可达 1 m,生产效率较高。对于大颗粒填料,用夯板夯实,其破碎率比用碾压机械压实大得多。为了提高夯实效果,适应夯实土料特性,在夯击黏性土料或略受冰冻的土料时,还可将夯板装上羊脚,即成羊脚夯。

夯板工作时,机身在压实地段中部后退移动,随夯板臂杆的回转,土料被夯实的夯迹呈扇形。为避免漏夯,夯迹与夯迹之间要套夯,其重叠宽度为 10~15 cm,夯迹排与排之间也要搭接相同的宽度。为充分发挥夯板的工作效率,避免前后排套压过多,夯板的工作转角以 80°~90°为宜。

10.2.4 土石坝施工质量控制

土石坝工程施工中的质量检查和控制是保证工程达到施工质量和设计标准的重要措施,它贯穿于土石坝施工的各个环节和各道工序中。

1. 料场质量控制

各种坝料质量应以料场控制为主,必须是合格坝料才能运输上坝,不合格材料应在料场处理合格后才能上坝,否则应废弃。应在料场设置控制站,按设计要求和施工技术规范进行料场质量控制,主要内容包括以下几点。

(1)坝料是否在规定的料区范围内开采,开采前是否将草皮、覆盖层清除干净。

(2)坝料开采、加工方法是否符合规定。

(3)排水系统、防雨措施、低温下施工措施是否完善。

(4)坝料性质、级配、含水率是否符合设计要求。

反滤料铺筑前应取样检查,规定每 200~500 m^3 取一个样,检查颗粒级配、含泥量及软弱颗粒含量。如不符合设计要求和规范规定时,应重新加工,经检查合格后方可使用。

2. 坝体填筑质量控制

坝体填筑质量应重点检查以下项目是否符合要求。

(1)各填筑部位的边界控制及坝料质量,防渗体与反滤料、部分坝壳料的平起关系。

(2)碾压机具规格、重量,振动碾振动频率、激振力、气胎碾气胎压力等。

(3)铺料厚度和施工参数。

(4)防渗体碾压面有无光面、剪切破坏、弹簧土、漏压或欠压、裂缝等。

(5)防渗体每层铺土前,压实表面是否按要求进行了处理。

(6)与防渗体接触的岩石上的石粉、泥土及混凝土表面乳皮等杂物的处理情况。

(7)与防渗体接触的岩石或混凝土表面是否涂有泥浆等。

(8)过渡料、堆石料有无超径石、大块石集中和夹泥等现象。

(9)坝体与坝基、岸坡、刚性建筑物等的结合,纵横向接缝的处理与结合,土砂结合处的压实方法及施工质量。

(10)坝坡控制情况。

坝体压实检查及取样次数见表 10.1。

表 10.1 坝体压实检查取样次数

坝料类别部位			试验项目	取样试验次数
防渗体	黏性土	边角夯实部位	干容重、含水量	2～3 次/每层
		碾压部位	干容重、含水量、结合层描述	1 次/(100～200) m³
		均质坝	干容重、含水量	1 次/(200～400) m³
	砾质土	边角夯实部位	干容重、含水量、砾石含量	2～3 次/每层
		碾压部位	干容重、含水量、砾石含量	1 次/(200～400) m³
反滤料、过滤料			干容重、砾石含量	1 次/1 000 m³
			颗料分析、含泥量	1 次/(1～2) m 厚
坝壳砂砾料			干容重、砾石含量	1 次/(400～2 000) m³
			颗料分析、含泥量	1 次/5 m 厚
坝壳砾质土			干容重、含水量小于 5 mm 含量上、下限值	1 次/(400～2 000)m³
碾压堆石			干容重、小于 5 mm 含量	1 次/(10 000～50 000) m³
			颗粒分析	1 次/(5～10) m 厚

10.2.5 土石坝的冬期和雨期施工

冬雨期施工,特别是黏性土料的冬雨期施工,常成为土石坝施工的障碍。它使施工的有效工作日大为减少,造成土石坝施工强度不均,增加施工过程中拦洪、度汛的难度,甚至延误工期。因此,采取经济、合理、有效的措施进行冬、雨季作业很有必要。

1. 冬期施工

严寒时土料冻结会给施工造成极大困难,故规范规定:当日平均气温低于 0 ℃时,黏性土按低温季节施工;当日平均气温低于－10 ℃时,一般不宜填筑土料,否则应进行技术经济论证。

土料按低温季节施工的关键是防冻。土石坝的冬期作业可采取防冻、保温、加热等措施,三者虽有区别,却又相互补充。

(1)防冻

首先是降低土料的含水量。对砂砾料,在入冬前应挖排水沟和截水沟以降低地下水位,使砂砾料的含水量降到最低限度;对黏性土,将含水量降到塑限的 0.9 倍,且在施工中不再加水。若土料中混有冻土块,其含量不得超过 15%,且不能在填土中集中,冻土块的直径不能超过铺土层厚的 1/3 ～1/2。

防冻的另一项措施是降低土料的冻结温度。加拿大的肯尼坝在斜墙填筑时,在土料中掺入 1%的食盐，使填筑工作在－12 ℃的低温下仍能继续进行，保证施工的连续作业和快速施工，有利于防冻；美国布朗里坝冬季施工中，采用严密的施工组织，严格控制施工速度，保证土料在运输和填筑过程中热量损失最小，在下层土未冻结前迅速覆盖上一层，并及时清除冻土，施工时气温低于－12 ℃。可见高度机械化施工，特别是压实过程采用重型碾和夯击机械，保证快速施工，是土料冬季压实的有效手段。

(2)保温

保温也是为了防冻，但保温的特点在于隔热，土料的隔热方法有：

1)覆盖隔热材料，对采掘面积不大的料场可覆盖树枝、树叶、干草、锯末等保温隔热。

2)覆盖积雪，积雪是天然的隔热保温材料，在土层上覆盖一定厚度的积雪，有一定保温效果。

3)冰层保温，在开挖土料上面留 0.5 m 高的畦埂，每隔 1.5 m 设支承柱，入冬后在畦埂内充水，待结成冰层后，将冰层下的水放出，于是在冰层下形成隔热保温的空气夹层。

4)松土保温，在寒潮来前，将拟开采的料场表层翻松、击碎，并平整至 25～35 cm 厚度，利用松土内的空气隔热保温。

总的说来，只要采料温度不低于 5～10 ℃，碾压温度不低于 2 ℃，均能保证土料的压实效果。

(3)加热

当气温过低、风速过大，一般保温措施不能满足要求时，则需采用加热和保温结合的暖棚作业，在棚内用蒸气和火炉升温。蒸气可以通过暖气管和暖气包放热。暖棚作业的费用较高，搭盖的空间有限，只有在冬季较长，工期特紧，质量要求高，工作面狭长的情况下采用。我国辽宁大伙房水库建设即采用暖棚法，保证了在－40 ℃下正常施工。

2. 雨期施工

在雨期，因防渗体的黏土含水量太高，直接影响了压实质量和施工进度。雨季作业通常采取如下三种措施。

(1)改造黏性土料特性，使之适应雨季作业

改造土料特性适应雨季作业的工程实例不少。例如我国援助阿尔巴尼亚兴建的菲尔泽土石坝，为改善防渗土料特性采用了花岗岩风化碎屑与黏土的混合料施工，不仅满足了防渗要求，而且减少了坝体的差异沉陷。土料中掺和砂砾石料是在料场中进行的。

(2)合理安排施工，改进施工方法

通常从以下三方面考虑。

1)采用合理的取土方式，对含水量偏高的土料，采用推土机平层松土取料，有利于降低含水量。

2)采用合理的堆存方式，晴天多采土料，加以翻晒，然后堆成土堆，并将土堆的表面压实抹光，以利排水，这便形成储备土料的临时土库。土库储土的过程就是使含水量匀化的过程。

3)采用合理的施工安排，充分利用气象预报资料，晴天安排修筑黏性防渗体，雨天或雨后多安排修筑非黏性的坝壳料。

(3)增加防雨措施，保证更多有效工作日

对工作面狭长的截水墙填土，可以搭建防雨棚，保证雨天施工，雨后不停工或少停工。当雨量不大，历时不长，可在降雨前迅速撤离施工机械，然后用平碾或振动碾将坝面铺土压成光面，并使坝面略向外倾斜，以利排水。对来不及压实的松土用帆布和塑料薄膜加以覆盖。

(4)合理利用土料

无论是黏土心墙还是黏土斜墙，靠岸边都有变坡转折的问题。在变坡转折部位，利用高含水量、高塑性的土料填筑，既可减少降低含水量的措施和费用，又可以避免裂缝的发生，增加对

坝体变形的适应能力。

10.3 混凝土坝施工

水泥混凝土是土木工程最重要的建筑材料，其广泛应用于交通、工民建、水利、化工、原子能和军事等工程。在水利水电工程中混凝土的用量尤为巨大，使用范围几乎涉及所有水工建筑物。

由于水利水电建设中混凝土工程量大，消耗水泥、木材、钢材多，施工各个环节质量要求高，投资消耗大，因此，认真研究混凝土坝工程施工技术，对加快施工进度，节约“三材”，提高质量，降低工程成本具有重要意义。

混凝土坝在高坝中占的比重较大，特别是重力坝、拱坝应用最普遍。在混凝土坝施工中，大量砂石骨料的采集、加工，水泥和各种掺和料、外加剂的供应是基础，混凝土制备、运输和浇筑是施工的主体，模板、钢筋作业是必要的辅助。混凝土坝的施工工艺流程如图 10.10 所示。

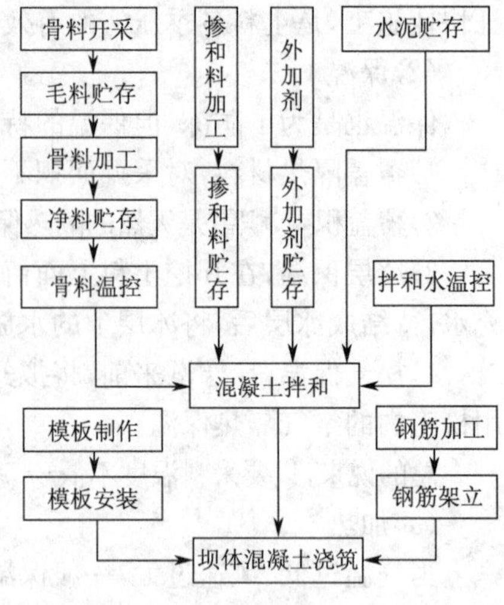

图 10.10 混凝土坝的施工工艺流程图

10.3.1 骨料料场规划与生产

砂石骨料是混凝土最基本的组成成分，水工混凝土工程对砂石骨料的需求量相当大，其质量的优劣直接影响混凝土强度、水泥用量和温控的要求，从而影响工程的质量和造价。为此，要认真做好骨料料场规划，研究骨料的物理力学性能，控制好骨料的质量，把握好开采、运输、加工和堆存等各个环节。

1. 骨料的料场规划

骨料料场规划是骨料生产系统设计的基础。伴随设计阶段的深入，料场勘探精度的提高，要提出相应的最佳用料方案。最佳用料方案取决于料场的分布、高程，骨料的质量、储量、天然级配、开采条件、加工要求、弃料多少、运输方式、运距远近、生产成本等因素。

骨料料场规划应遵循如下原则：

1)满足水工混凝土对骨料的各项质量要求，其储量力求满足各设计级配的需要，并有必要的富裕量。

2)选用的料场，特别是主要料场，应场地开阔，高程适宜，储量大，质量好，开采季节长。

3)选择可采率高，天然级配与设计级配较为接近的料场。

4)料场附近有足够的回车和堆料场地，且占用农田少。

5)选择开采准备工作量小，施工简便的料场。

2. 骨料的生产

(1)骨料的加工

天然骨料需要通过筛分分级，人工骨料需要通过破碎、筛分加工。混凝土生产系统骨料生产工艺流程的设计，主要根据骨料来源，级配要求，生产强度，堆料场地以及有无商品用料要求等全面分析比较确定。同时应根据开采加工条件及机械设备供应情况，确定各生产环节所需要的机械设备种类、数量和型号，按流程组成自动化或半自动化的生产流水线。

(2)骨料开采量的确定

骨料开采量取决于混凝土中各种粒径料的需要量。若第 i 组骨料所需的净料量为 q_i，则要求开采天然骨料的总量 Q_i 可按下式计算：

$$Q_i = (1+k)\frac{q_i}{p_i} \tag{10.1}$$

式中 k——骨料生产过程的损失系数，为各生产环节损失系数的总和，即 $k = k_1 + k_2 + k_3 + k_4$，见表 10.2；

p_i——天然骨料中第 i 种骨料粒径含量的百分数。

表 10.2 生产过程骨料损失系数表

骨料损失的生产环节		系数	损失系数值		
			砂	小石	大中石
开挖作业	水上	k_1	0.03	0.02	0.02
	水下		0.07	0.05	0.03
加工过程		k_2	0.07	0.02	0.01
运输堆存		k_3	0.05	0.03	0.02
混凝土生产		k_4	0.03	0.02	0.02

第 i 组骨料的净料需要量 q_i 可表示为：

$$q_i = (1+k_c)\sum_j e_{ij} V_j \tag{10.2}$$

式中 V_j——第 j 种标号混凝土的工程用量；

e_{ij}——j 标号混凝土中第 i 种粒径骨料的单位用量；

k_c——混凝土出机后运输、浇筑中的损失系数，约为 1%～2%。

由于天然级配与混凝土的设计级配难以吻合，其中总有一些粒径的骨料含量较多，另一些粒径短缺。若为了满足短缺粒径的需要而增大开采量，将导致其余各粒径的弃料增加，造成浪费。为避免浪费，减少弃料，减少开采总量，可采取如下措施。

1)调整混凝土骨料的设计级配，在允许的情况下，减少短缺骨料的用量，但随之可能会使水泥用量增加，引起水化热温升增高、温度控制困难等一系列问题，故需通过比较才能确定。

2)用人工骨料搭配短缺料，天然骨料中大石多于中小石比较常见，故可将大石破碎一部分去满足短缺的中小石。采用这种措施，应利用破碎机的排矿特性，调整破碎机的出料口，使出料中短缺骨料达到最多，尽量减少二次破碎和新的弃料，以降低加工费用。

(3)骨料生产能力的确定

严格说来，骨料生产能力由其需求量来确定，实际需求量与各阶段混凝土浇筑强度有关，也与上一阶段结束时的储存量有关。若骨料还须销售，则销售量也是供需平衡的一个因素。

(4)天然骨料的开采设备

天然骨料开采，在河漫滩多采用索铲，它是正向铲挖掘机工作机构改装为索具操纵的铲斗；采砂船是在一定水深中采掘砂砾石的机械。它是将斗链式挖掘机的工作机构装在特制的船上进行工作的。采砂船的开挖方式视采区地形、水流情况、运输方式及运输线路布置而异，有顺水开挖，逆水开挖和静水开挖；铲扬式单斗挖泥船是一种可在深水中作业的自行式大型采砂船，它的小时生产率可达 750 m³/h，能在水深达 15 m 的流水中作业。

3. 骨料加工和加工设备

采集的毛料，一般需通过破碎、筛选和冲洗，制成符合级配，除去杂质的碎石和人工砂。

(1)骨料破碎

骨料的破碎使用碎石机，常用的碎石机有颚板式、反击式和锥式三种。

1)颚板式碎石机

碎石机由机架、传动装置和破碎槽等组成，如图 10.11(a)所示。破碎槽进口 1 是由固定颚板 3 和活动颚板 4 形成的。颚板是由齿状钢合金板镶嵌而成。在偏心轮 2 和撑杆 6 的作用下，活动颚板左右摆动，破碎槽一开一合，合时进入装料口的料石受挤压而破碎；开时，使破碎了的碎石经出料口 8 下落。这种碎石机用进料口宽×长的尺寸表示其规格，通常为250 mm×400 mm～1 200 mm×1 500 mm。可通过楔形滑块 7 调整出料口的宽度，从而调整进出料的破碎率。破碎率一般为 6～8。一次破碎不合要求，进行二次破碎比弃料更经济时，可进行二次破碎，形成闭路循环的生产工艺。

2)反击式碎石机

由转子 9 和固定在上机体 10 上的反击板 11 和下机体 12 组成，如图 10.11(b)所示。它是利用马达带动高速旋转的转子冲击物料，使物料沿切线以较高的速度抛向反击板进行撞击，而后又反弹回到转子旋转的空间内反复碰撞，从而使石料碎裂。被破碎的小粒径物料由转子和反击板间的间隙中排出。这种破碎机适用于中细碎，其结构简单，安装方便，运行安全可靠。

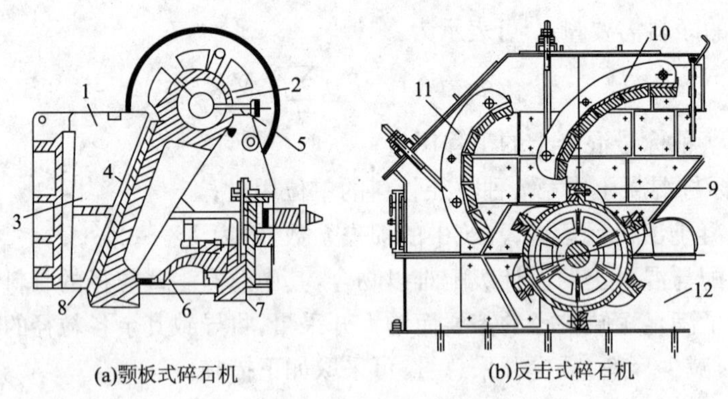

(a)颚板式碎石机　　(b)反击式碎石机

图 10.11　颚式和反击式破碎机械

1—破碎槽进口；2—偏心轮；3—固定颚板；4—活动颚板；5—外轮；6—撑杆；7—楔形滑块；8—出料口；9—转子；10—上机体；11—反击板；12—下机体

3)锥式碎石机

碎石机由活动的内锥体与固定的锥形机壳构成破碎室，内锥体装在偏心轴上，此轴顶端为可动的球形铰，通过伞齿传动，使偏心轴带动内锥体作偏心转动，从而使内锥体与外机壳间的距离忽大忽小，大时石料经出料口下落。小时将骨料挤压破碎，其原理如图 10.12 所示。这种破碎机破碎的石料扁平状较少，单位产品能耗低，生产率高；但其结构较前两种复杂，体形和自重大，安装和维修也较复杂。

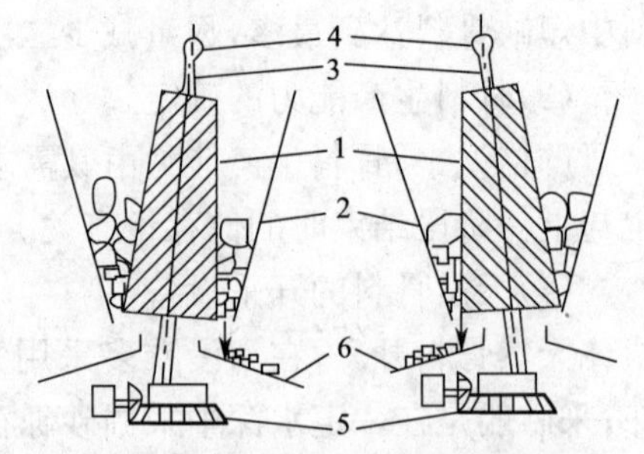

图 10.12　锥式破碎机工作原理图

1—内锥体；2—破碎室机壳；3—偏心主轴；4—球形铰；5—伞齿及传动装置；6—出料滑板

(2)骨料筛分

振动筛在筛分厂用于对骨料进行分级。按振动特点不同,振动筛可分为偏心振动筛、惯性振动筛、自定中心振动筛、重型振动筛和共振筛等几种类型。其共同特点是振动频率高、振幅小、当强烈振动时,细粒料易于筛出,因此可以获得较高的生产率和筛分效率。

1)偏心振动筛

偏心振动筛,其筛架安装在偏心主轴上,电动机驱动偏心轴回转带动筛架作环形运动而产生振动。偏心振动筛的特点是振幅保持不变,即不随给料量的多少而发生变化,因而不易发生给料过多而引起筛孔堵塞的现象。它的振动频率一般为 840 ~1 200 次/min,振幅为 3~6 mm,筛网 2 ~3 层,适用于筛分大、中颗粒的骨料。工程中,常用这种筛分机担任第一道筛分任务。

2)惯性振动筛

惯性振动筛,其筛架通过两侧支承钣簧固定在支座上,筛架上装有偏心轴而产生振动。其特点是振幅受负荷变化的影响较大,如给料过多、重量过大时、振幅减小,容易发生筛孔的堵塞,因而要求均匀给料。它的振动频率一般为 1 200~2 000 次/min,振幅为 1.5~6 mm,适用于筛分中、细骨料。

(3)洗砂机

粗骨料筛洗后的砂水混合物进入沉砂池,泥浆和杂质通过沉砂池上的溢水口溢出,较重的砂颗粒沉入底部,通过洗砂设备即可制砂。常用的洗砂设备是螺旋洗砂机。它是一个倾斜安放的半圆形洗砂槽,槽内装有 1~2 根附有螺旋叶片的旋转主轴。斜槽以 18°~20°的倾斜角安放,低端进砂,高端进水。由于螺旋叶片的旋转,使被洗的砂受到搅拌,并移向高端出料口,洗涤水则不断从高端通入,污水从低端的溢水口排出。

(4)骨料加工厂

大规模的骨料加工,常将加工机械设备按工艺流程布置成骨料加工厂。其布置原则是:充分利用地形,减少基建工程量;有利于及时供料,减少弃料;成品获得率高,通常达到 85%~90%。当成品获得率低时,可考虑利用弃料进行二次破碎,构成闭路生产循环。在粗碎时多为开路生产循环,在中、细碎时采用闭路生产循环。

以筛分作业为主的加工厂称为筛分楼,其布置常用皮带机送料上楼,经两道振动筛筛分出五种级配骨料,砂料则经沉砂箱和洗砂机清洗为成品砂料,各级骨料由皮带机送到成品料场堆存。骨料加工厂的位置宜尽可能靠近混凝土拌和系统,以便共用成品料堆场。

4. 骨料的堆存

为了适应混凝土生产的不均衡性,可利用堆场储备一定数量的骨料,以解决骨料的供求矛盾。骨料储量的多少,主要取决于生产强度和管理水平,通常可按高峰时段月平均值的50%~80%考虑,汛期、冰冻期停采时,须按停采期骨料需用量外加 20%的裕度考虑。

(1)骨料堆存的质量要求

1)尽量减少骨料的转运次数,控制卸料跌落高度在 3 m 以内,以减少石子跌碎和分离。

2)在进入拌和机前,砂料的含水量应控制在 5%以内,以免影响混凝土质量。

3)堆料场内还应设排污和排水系统,以保持骨料的洁净。

4)砂料堆场应有良好的脱水系统,砂料要有 3 d 以上的堆存时间,以利脱水。

(2)骨料堆场的型式

堆料料仓通常用隔墙划分,隔墙高度可按骨料动摩擦角 34°~37°加超高值 0.5 m 确定。

大中型堆料场一般采用地弄取料。地弄进口高出堆料地面,地弄底板宜设大于 5‰的纵坡,以利排水。各级成品料取料口不宜小于三个,且宜采用事故停电时能自动关闭的弧门。骨料堆场的布置主要取决于地形条件、堆场设备及进出料方式,其典型布置型式有如下几种。

1)台阶式。堆料与进料地面有一定高差,由汽车或机车卸料至台阶下,由地弄廊道顶部的弧门控制给料，再由廊道内的皮带机出料。

2)栈桥式。在平地上堆料可架设栈桥，在栈桥桥面安装皮带机，经卸料小车向两侧卸料，料堆呈棱柱体，由廊道内的皮带机出料。

3)堆料机堆料。堆料机机身可以沿轨道移动，由悬臂皮带机送料扩大堆料的范围。为了增大堆料容积，可在堆料机轨道下修筑一定高度的路堤。

10.3.2 模板和钢筋作业

模板和钢筋作业是钢筋混凝土工程的重要辅助作业。合理组织模板和钢筋作业，不仅对保证混凝土工程质量，加快施工进度具有重大意义，而且会带来明显的经济效益。

1. 模板作业

(1)模板的作用

模板的主要作用是对新浇塑性混凝土起成型和支承作用，同时还具有保护和改善混凝土表面质量的作用。

(2)模板的基本类型

根据制作材料的不同，模板可分为木模板、钢模板、混凝土和钢筋混凝土预制模板；根据架立和工作特征，模板可分为固定式、拆移式、移动式和滑动式。固定式模板多用于起伏的基础部位或特殊的异形结构；拆移式、移动式和滑动式可重复或连续在形状一致或变化不大的结构上使用，有利于实现标准化和系列化。

1)拆移式模板

它适用于浇筑块表面为平面的情况，可做成定型的标准模板，模板的架立如图 10.13 所示。桁架梁多用方木和钢筋制作。立模时，将桁架梁下端插入预埋在下层混凝土块内 U 形埋件中。当浇筑块薄时，上端用钢拉条对拉；当浇筑块大时，则采用斜拉条固定，以防模板变形。这种模板费工、费料，由于拉条的存在，有碍仓内施工。

2)移动式模板

对定型的建筑物，根据建筑物外形轮廓特征，做一段定型模板，在支承钢架上装上行驶轮，沿建筑物长度方向铺设轨道分段移动，分段浇筑混凝土。移动时，只需将顶推模板的花兰螺丝或千斤顶收缩，使模板与混凝土面脱开，模板可随同钢架移动到拟浇混凝土部位，再用花兰螺丝或千斤顶调整模板至设计浇筑尺寸，如图 10.14 所示。移动式模板多用钢模，作为浇筑混凝土墙和隧洞混凝土衬砌使用。

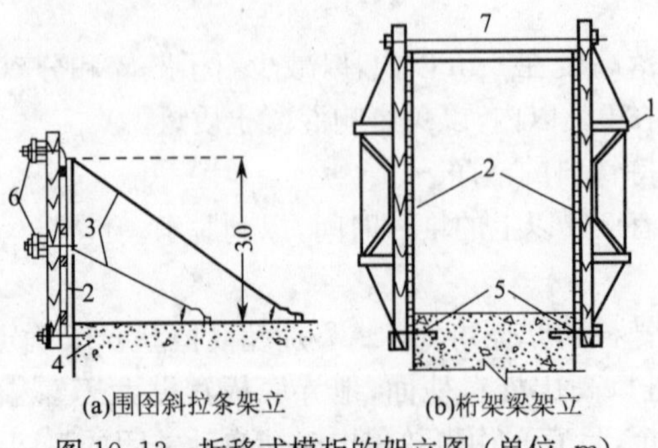

图 10.13 拆移式模板的架立图（单位：m）

1—钢木桁架；2—木面板；3—斜拉条；4—预埋锚筋；5—U 形埋件；6—横向围囹；7—对拉条

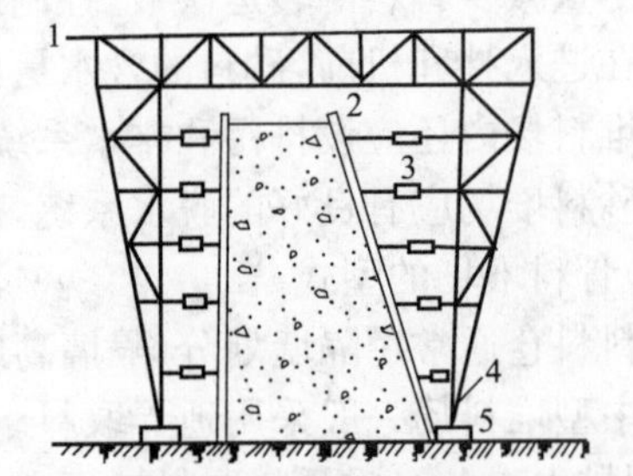

图 10.14 移动式模板浇筑混凝土墙

1—支承钢架；2—钢模板；3—花兰螺丝；4—行驶轮；5—轨道

3)自升式模板

这种模板是由面板、围图、支承桁架和爬杆等组成(图10.15),这种模板的突出优点是自重轻,自升电动装置具有力矩限制与行程控制功能,运行安全可靠,升程准确。模板采用插挂式锚钩,简单实用,定位准,拆装快。

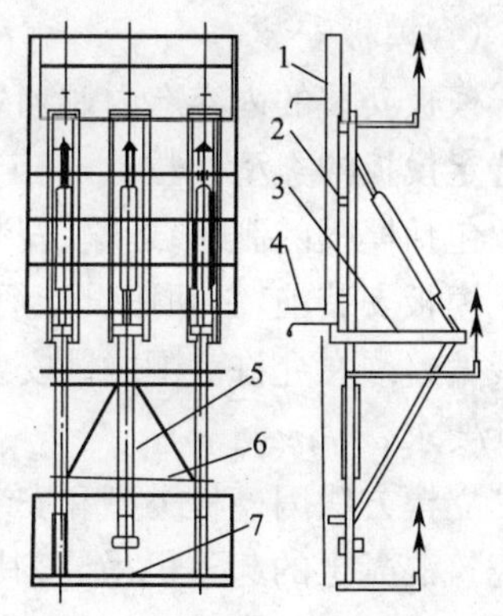

图10.15　三桁架自升模板总体结构

1—面板;2—围图;3—支承桁架;4—锚件;5—爬杆;6—联结杆;7—工作平台

4)滑升模板

这类模板的特点是在浇筑过程中,模板的面板紧贴混凝土面滑动,以适应混凝土连续浇筑的要求。这样避免了立模、拆模工作,提高了模板的利用率,同时省掉了接缝处理工作,使混凝土表面平整光洁,增强建筑物的整体性。

5)混凝土及钢筋混凝土模板

它们既是模板,也是建筑物的护面结构,浇筑后作为建筑物的外壳,不予拆除。素混凝土模板靠自重稳定,可作直壁模板,也可作倒悬模板。

混凝土模板既可作建筑物表面的镶面板,也可作厂房、空腹坝空腹和廊道顶拱的承重模板,如图10.16所示。这样避免了高架立模,既有利于施工安全,又有利于加快施工进度,节约材料,降低成本。

预制混凝土和钢筋混凝土模板质量均较大,常需起重设备起吊,所以在模板预制时都应预埋吊环供起吊用。对于不拆除的预制模板,对模板与新浇混凝土的接合面需进行凿毛处理。

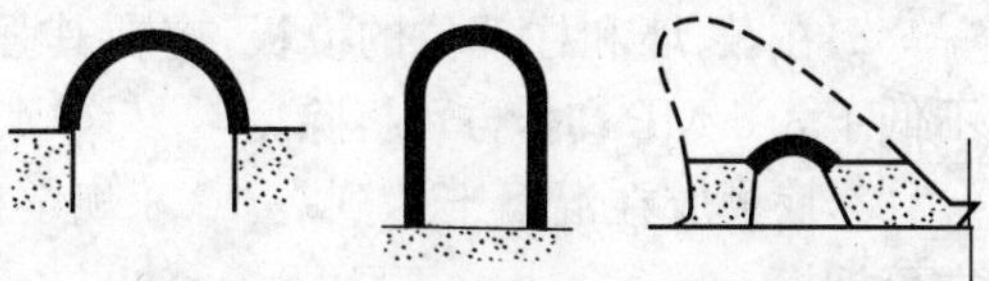

(a) 廊道顶拱　(b) 廊道顶墙　(c) 空腹坝顶拱

图10.16　钢筋混凝土承重模板

(3)模板的设计荷载

模板及其支承结构应具有足够的强度、刚度和稳定性,必须能承受施工中可能出现的各种荷载的最不利组合,其结构变形应在允许范围以内。模板及其支架承受的荷载分基本荷载和特殊荷载两类。

1)基本荷载

①模板及其支架自重,根据设计图确定。木材的表观密度:针叶类按600 kg/m^3 计算;阔叶类按800 kg/m^3 计算。

②新浇混凝土重量,通常按2.4～2.5 t/m^3 计算。

③钢筋重量,根据设计图确定。一般钢筋混凝土,钢筋重量可按100 kg/m^3 计算。

④工作人员及浇筑设备、工具的荷载。计算模板及直接支承模板的楞木(围图)时,可按均布荷载2.5 kPa及集中荷载2.5 kN验算;计算支承楞木的构件时,可按1.5 kPa计算;计算支架立柱时,按1 kPa计算。

⑤振捣混凝土时产生的荷载,可按照1 kPa计算。

⑥新浇混凝土的侧压力,是侧面模板承受的主要荷载。侧压力的大小与混凝土浇筑速度、浇筑温度、坍落度、入仓振捣方式及模板变形性能等因素有关。在无实测资料的情况下,可参考相关规定选用。

2)特殊荷载

①风荷载,根据现行《工业与民用建筑物荷载规范》确定。

②其他荷载,可按实际情况计算。如超重堆料、工作平台重、平仓机重、非对称浇筑产生的

混凝土水平推力等。

(4)模板安装

模板安装的内容有内业和外业之分。内业是指配板设计,即根据图纸上建筑物形状与尺寸选定模板的类型和数量,确定模板的连接与支撑方式,并制定模板安装和拆除的操作规程。外业包括模板的制作、运输、安装、拆除和维修等内容。

模板安装前,必须按设计图纸测量放样,测量的精度应高于模板安装的允许偏差,但模板安装偏差须在允许范围内。安装大跨度承重模板宜适当起拱,以使承载变形后的形状能符合设计要求。

立模方法因模板类型和安装部位而异。大型整装模板常采用专门的模板起重机吊装或利用浇筑混凝土的起重机吊装,其他模板则可利用 50 kV 以下的汽车式起重机等小型起重设备吊装。模板安装作业,必须严格遵守起重安全技术规程,谨防事故发生。

模板拆除时间应根据设计要求、气温和混凝土强度增长情况而定。除符合工程施工图纸的规定外,还应遵守下列规定:

1)不承重侧面模板,应在混凝土强度达到其表面及棱角不因拆模而损坏时,方可拆除。

2)在墩、墙和柱部位的模板,应在其强度不低于 3.5 MPa 时,方可拆除。

3)底模应在混凝土达到表 10.3 规定后,方可拆模。

4)承重模板的拆除应符合施工图纸要求,并遵守上述规定。

表 10.3 底模拆模标准

结构类型	结构跨度(m)	按设计的混凝土强度标准值的百分率计(%)
板	≤2	50
	>2,≤8	75
	>8	100
梁、拱、壳	≤8	75
	>8	100
悬臂构件	≤2	75
	>2	100

2. 钢筋作业

(1)钢筋的加工

钢筋的加工包括调直、除锈、配料与画线、切断、弯曲和焊接等工序。

1)调直和除锈

盘条状的细钢筋,通过绞车冷拉调直后方可使用。呈直线状的粗钢筋,当发生弯曲时才需用弯筋机调直,直径在 25 mm 以下的钢筋可在工作台上手工调直。

钢筋除锈的主要目的是为了保证其与混凝土间的握裹力。因此,在钢筋使用前需对钢筋表层的鱼鳞锈、油渍和漆皮加以清除。钢筋去锈的方法有多种,可借助钢丝刷或砂堆手工除锈,也可用风砂枪或电动去锈机机械除锈,还可用酸洗法化学除锈。新出厂的或保管良好的钢筋一般不需除锈。采用闪光对焊的钢筋,其接头处则要用除锈机严格除锈。

2)配料与画线

钢筋配料是指施工单位根据钢筋结构图计算出各钢筋的直线下料长度、总根数以及钢筋总重量,据以编制出钢筋配料单,作为备料加工的依据。施工中钢筋品种或规格与设计要求不相符合时,应征得设计部门同意并按规范指定的原则进行钢筋代换。从降低钢筋损耗率考虑,钢筋配料要按照长料长用、短料短用和余料利用的原则下料。画线是指按配料单上标明的下料长度用粉笔或石笔在钢筋应剪切的部位进行勾画的工序。

3)切断与弯曲

钢筋切断有手工切断、切断机切断和氧炔焰切割等方法。手工切断采用钢筋钳,一般只能用于直径不超过 12 mm 的钢筋，12～40 mm 直径的钢筋一般都采用切断机切断，而直径大于 40 mm 的圆钢则采用氧炔焰切割或用型材切割机切割。

钢筋的弯制包括划线、试弯、弯曲成型三道工序。钢筋弯制分手工弯制和机械弯制两种，手工弯制只能弯制直径小于 20 mm 的钢筋。工程中，除了直径不大的箍筋外，一般钢筋都采用机械弯制。

4)焊接

在水利工程中，钢筋焊接通常采用闪光对焊、电弧焊、电阻点焊、电渣压力焊和埋弧压力焊等方法。

闪光对焊是利用对焊机将两段钢筋对头接触，且通低压强电流，待钢筋端部加热变软后，轴向加压顶锻形成对焊接头，因钢筋在加热过程中会产生闪光故称为闪光对焊。闪光对焊一般在钢筋加工厂进行，主要用于不同直径或相同直径的钢筋接长，且能保持轴心一致。由于其加工成本低、焊接质量好、工效较高，所以热轧钢筋的接长宜优先采用闪光对焊。

钢筋对焊根据钢筋品种、直径、墙面平整度及对焊机的容量不同，可采用连续闪光焊、预热—闪光焊和闪光—预热—闪光焊等工艺。

交流或直流电弧焊机能使焊条与焊件在接触时产生高温电弧而熔化，待其冷却凝固以形成焊缝或接头，这种焊接工艺称为电弧焊。电弧焊具有设备简单、操作灵活、成本低，焊接性能好等特点，因此广泛地应用于工程现场的钢结构焊接、钢筋骨架焊接、钢筋接头、钢筋与钢板的焊接、装配式结构接头的焊接等。

电阻点焊是利用电流通过焊件产生的电阻热作为热源，并施加一定的压力，使交叉连接的钢筋接触处形成一个牢固的焊点，将钢筋焊合起来。用于交叉钢筋焊接的电阻点焊，在工程中可代替绑扎焊接钢筋骨架和钢筋网。按使用场合不同，点焊机分为单点式、多头式、手提式和悬挂式。单点式点焊机用于较粗钢筋的焊接；多头式点焊机用于钢筋网焊接；手提式点焊机多用于施工现场；悬挂式点焊机用于钢筋骨架或钢筋网的焊接。

电渣压力焊是将两根钢筋安放成竖向对接形式，利用焊接电流通过两钢筋端面间隙，在焊剂层下形成电弧和电渣过程，产生电弧热和电阻热，熔化钢筋，再施加压力使钢筋焊牢的一种焊接方法。钢筋电渣压力焊机操作方便、效率高，适用于竖向或斜向受力钢筋的连接，钢筋级别为Ⅰ、Ⅱ级，直径为 14～40 mm。

埋弧压力焊是利用焊接电流通过时在焊剂层下产生的高温电弧，形成熔池，经加压顶锻完成的一种压焊方法。具有生产效率高、质量好等优点，适用于各种预埋件、T 形接头、钢筋与钢板的焊接。

(2)钢筋的安装

根据建筑物结构尺寸，加工、运输、起重设备的能力，钢筋的安装可采用散装和整装两种方式。散装是将加工成型的单根钢筋运到工作面，按设计图纸绑扎或电焊成型。散装对运输要求相对较低，不受设备条件限制，但工效低，高空作业安全性差，且质量不易保证。对机械化程度较高的大中型工程，已逐步为整装所代替。

整装是将加工成型的钢筋，在焊接车间用点焊焊接交叉结点，用对焊接长，形成钢筋网和钢筋骨架。整装件由运输机械成批运至现场，用起重机具吊运入仓就位，按图拼合成形。整装在运、吊过程中要采取加固措施，合理布置支承点和吊点，以防过大的变形和破坏。实践证明：整装不仅有利于提高安装质量，而且有利于节约材料，提高工效，加快进度，降低成本。

无论整装还是散装，钢筋都应避免油污，安装的位置、间距、保护层及各个部位的型号、规格均应符合设计要求,安装的偏差不超过表 10.4 的规定。

表 10.4 钢筋安装的允许偏差

项 次	偏差名称	允许偏差
1	钢筋长度方向的偏差	±1/2 净保护层厚
2	同一排受力钢筋间距的局部偏差 1)柱及梁中 2)板、墙中	 $\pm0.5d$ ±0.1 间距
3	同一排中分布钢筋间距的偏差	±0.1 间距
4	双排钢筋,其排与排间的局部偏差	±0.1 排距
5	梁与柱中钢箍间距的偏差	0.1 箍筋间距
6	保护层厚度的局部偏差	±1/4 净保护层厚

10.3.3 混凝土制备和运输

1. 混凝土的制备

混凝土制备是按照混凝土配合比设计要求,将其各组成材料(砂石、水泥、水、外加剂及掺和料等)拌和成均匀的混凝土料,以满足浇筑的需要。混凝土制备的过程包括储料、供料、配料和拌和。其中,配料和拌和是主要生产环节,也是质量控制的关键。

(1)混凝土配料

混凝土配料要按照配合比设计要求,将各种组成材料拌制成均匀的拌和物。混凝土配料一律采用重量法,其精度直接影响混凝土质量。配料精度的要求是:水泥、掺和料、水、外加剂溶液为±1%,砂石料为±2%。

(2)水泥的储存

考虑到质量和经济等因素,水利工程上普遍采用散装水泥拌制混凝土。散装水泥一般采用罐储量为 50~1 500 t 的圆形罐储存,其装卸与转运工作主要由风动泵或螺旋输送器运输完成。袋装水泥多用于水泥用量不大的零星工程,一般储存于满足防潮要求的水泥仓库之中,但需按品种、强度等级和出厂日期分区堆放,以防错用。

(3)混凝土拌和

1)拌和方法

混凝土拌和方法有人工拌和与机械拌和两种。由于人工拌和劳动强度大、混凝土质量不易保证,生产效率低,现已很少使用。下面重点介绍机械拌和,主要有以下 3 种。

①混凝土搅拌机。按工艺条件不同,混凝土搅拌机可分连续式和循环式两种基本类型。在连续式搅拌系统中,原材料的称配、搅拌与出料整个过程是连续进行的。而循环式搅拌机则需要将原材料的称配、搅拌与出料等工序依次完成。目前,国内采用的循环式搅拌机主要是自落式和强制式两类搅拌机。其中,自落式搅拌机又有双锥式和鼓筒式之分,自落式搅拌机多用于拌制常规混凝土;强制式搅拌机多用于拌制干硬性或高性能混凝土。

②搅拌楼。大中型水利工程普遍采用搅拌楼拌制混凝土,搅拌楼多由型钢搭建装配而成。具有占地面积小、运行可靠、生产率高以及便于管理的特点。搅拌楼常按工艺流程分层布置,分为进料、储料、配料、拌和及出料五层,其中配料层是全楼的控制中心。搅拌楼各层设备由电子传动系统操作。水泥、掺和料和骨料用提升机和皮带机分别运送至储料层的分格仓内。各

分格仓下均配置自动秤和配料斗，称量过的物料汇入集料斗后由给料器送进搅拌机，拌和水则由自动量水器计量后注入搅拌机。拌和层内通常设置2～6台1 m^3 以上的双锥形倾翻式搅拌机，其生产容量有2×1.5 m^3、3×1 m^3、4×3 m^3、2×3 m^3 等。拌制好的混凝土卸入出料层，开启气动弧门便可将混凝土拌和物排入运输车辆的料罐中。

③搅拌站。中小型水利工程、分散工程及零星工程一般采用由数台搅拌机联合组成的搅拌站拌制混凝土。在搅拌机数量不多时，搅拌站可在台阶上呈一字形布置；而数量较多的搅拌机则布置于沟槽两侧相向排列。搅拌站的配料可由机械或人工完成，布置供料与配料设施时应考虑料场位置、运输路线和进出料方向。现代混凝土搅拌站一般由双卧轴强制式搅拌机、配料机、水泥储罐、风压系统以及计算机控制系统组成。

2)混凝土生产率的确定

施工阶段，混凝土系统需满足的小时生产能力一般根据施工组织设计安排的高峰月混凝土浇筑强度计算。根据已计算的混凝土生产率及搅拌楼的生产率，最终确定搅拌楼的数量。搅拌楼的生产率有相应的规格。

3)搅拌时间

混凝土拌和质量直接和拌和时间有关，混凝土的拌和时间应通过试验确定。

4)搅拌机的投料顺序

采用一次投料法时，先将外加剂溶入拌和水，再按砂—水泥—石子的顺序投料，并在投料的同时加入全部拌和水进行搅拌。采用二次投料法时，先将外加剂溶入拌和水中，再将骨料与水泥分两次投料，第一次投料时加入70%拌和水后搅拌，第二次投料时再加入余下的30%拌和水同时搅拌。实践表明，用二次投料法拌制的混凝土均匀性好，水泥水化反应也充分，混凝土强度可提高10%以上。

2. 混凝土的运输

(1)混凝土运输的基本要求

混凝土运输是整个混凝土施工中的一个重要环节，对工程质量和施工进度影响较大。混凝土在运输过程中应满足下列基本要求：

1)防止在运输过程中骨料离析，措施是避免振荡、减少转运、控制自由下落高度及浇筑前二次拌匀等。

2)防止混凝土配合比改变，措施是防止砂浆漏失、避免日晒雨淋、拌和均匀不泌水等。

3)防止混凝土发生初凝，措施是控制运输时间和注意初凝时间的季节性变化等。

4)防止外界气温的影响，措施是根据外界气温的变化，及时在混凝土运输工具及浇筑地点采取遮盖或保温设施。

5)防止混凝土入仓有差错，措施是避免入仓混凝土的品种和强度等级混杂和错用。

(2)混凝土运输设备

混凝土运输包括两个运输过程：一是从搅拌机前到浇筑仓前，主要是水平运输；二是从浇筑仓前到仓内，主要是垂直运输。

1)混凝土的水平运输

混凝土的水平运输又称为供料运输。常用的运输方式有轨道运输、汽车运输、翻斗车运输、胶轮车运输、皮带机运输和管道压运等，水平运输方式的选择，主要与浇筑方案、搅拌楼的位置、取料方式、地形条件等因素有关。

2)混凝土的垂直运输

混凝土垂直运输主要依靠起重机械，如门机、塔机、缆机和履带式起重机等。

3)塔带机运输

混凝土塔带机集水平运输与垂直运输于一体，是塔机和带式输送机的有机组合，它主要由塔式起重机和带式输送机系统组成。带式输送机系统由喂料皮带、转料皮带和内、外布料皮带组成。与塔带机连接的皮带机，可以一直延伸至搅拌楼，每相隔一定距离，设支撑柱，皮带机可以通过柱上的液压千斤顶装置上升或下降，以满足混凝土大坝的施工要求。

4)混凝土泵运输

混凝土泵也是一种集水平与垂直运输于一体的运输设备。这种设备简单灵活，但生产率低，适于混凝土级配小、坍落度大、仓面狭小和结构配筋稠密部位的混凝土运输。

10.3.4 混凝土浇筑和养护

混凝土浇筑的施工过程包括浇筑前的准备工作、混凝土的入仓铺料、平仓振捣和浇筑后的养护四个环节。

1. 浇筑前的准备工作

浇筑前的准备工作包括基础面的处理、施工缝处理、模板安装、钢筋和预埋件安设等。

(1)基础面处理

对于砂砾地基，应清除杂物，整平基面，再浇 10～20 cm 低强度等级混凝土垫层，以防漏浆；对于土基，应先铺碎石，盖上湿砂压实后，再浇混凝土；对于岩基，应清除表面松软岩石、棱角和反坡，并用高压水枪冲洗，若粘有油污和杂物，可用金属丝刷刷洗，最后再用风吹至岩面无积水。

(2)施工缝处理

施工缝是指因施工条件限制或人为因素所造成的新老混凝土之间的结合缝。为保证新老混凝土结合牢固并满足水工建筑物整体性和抗渗性要求，必须进行施工缝处理。施工缝处理包括清除乳皮和游离石灰、仓面清扫和铺设砂浆三道工序。

(3)仓面模板、钢筋和预埋件的安设与检查

模板安装后需检查的内容包括定位的准确性、支撑的牢固性、拼装的严密性、板面的洁净性、脱模剂涂刷的均匀性以及弯曲拉条的纠正情况等。钢筋架立后应检查其保护层厚度、位置、规格、间距和数量的准确性以及绑焊的牢固性等。另外，对止水、预埋件也应全面检查。

(4)仓面布置的检查

仓面布置要满足从开仓至收仓正常浇筑的需要，检查的主要内容有仓面是否准备就绪、施工所需的工具设备配备数量及其完好率、照明器材与插座布设情况及其安全性、水电及压缩空气供应的可靠性、劳动组合的合理性等。

2. 入仓铺料

混凝土入仓铺料方式有平层铺筑法、阶梯铺筑法和斜层铺筑法。

平层铺筑法是混凝土按水平层连续地逐层铺填，第一层浇完后再浇第二层，依次类推直至达到设计高度。平层铺筑法具有铺料层厚度均匀，混凝土便于振捣，不易漏振；能较好地保持老混凝土面的清洁，保证新老混凝土之间的结合质量等优点。铺料层的厚度确定，主要与拌和能力、振捣器性能、混凝土浇筑速度、运距和气温有关，一般为 30～50 cm。平层铺筑法因浇筑层之间的接触面积大，应注意防止出现冷缝。

当仓面面积大而混凝土的制备、运输和浇筑能力无法满足要求时，可采用斜层法浇筑或阶梯法浇筑，以免出现冷缝。采用斜层法浇筑时，层面坡度控制在1°以内，斜层法施工存在易产生流动而引起粗骨料分离的缺点。故工程上较多采用阶梯法浇筑混凝土。

3. 平仓与振捣

(1)平仓

平仓就是把卸入仓内成堆的混凝土很快摊平到要求的厚度。平仓不好，会造成混凝土的架空以及混凝土离析、泌水、混凝土漏振等现象。小型仓面一般采用人工持锹平仓或借助振捣器平仓，大型仓面则用推土机平仓。需要指出的是，振捣器平仓不能代替下道振捣工序，因为振捣时间过长，将引起粗骨料的下沉而使混凝土离析。

(2)振捣

振捣的目的是尽可能减少混凝土中的空隙，使混凝土获取最大的密实性，以保证混凝土质量。混凝土振捣的方式有多种，一般通过振捣器来完成。在施工现场使用的振捣器有内部振捣器、表面振捣器和附着式振捣器。插入式振捣器应用最广泛，而又以电动硬轴式在大体积混凝土振捣中应用较普遍，其振动影响半径大，捣实质量好、使用较方便；软轴式应用于钢筋密集、结构单薄的部位。

插入式振捣器的振动有效半径与振动力大小和混凝土的坍落度有关，须通过试验确定。为了避免漏振，应按格形或梅花形排列振点垂直振捣。振捣时间过长，不但降低工效，且使砂浆上浮过多，石子集中下部，混凝土产生离析，振捣时间过短则难以振捣密实。

在大型水利工程中普遍采用成组振捣器。成组振捣器是在推土机上持3～6个大直径风动或液力驱动振捣器用于振捣，其推土刀片用于平仓。

4. 混凝土养护

混凝土养护是指在混凝土浇筑完毕后的一段时间内保持适当的温度和足够的湿度，以形成混凝土良好的硬化条件。养护是保证混凝土强度增长，不发生开裂的必要措施。养护分洒水养护和养护剂养护两种方法，洒水养护通常是在混凝土表面覆盖上草袋或麻袋，并用带有多孔的水管不间断地洒水，养护剂养护就是在混凝土表面喷一层养护剂，等其干燥成膜后再覆盖上保温材料。混凝土应连续养护，养护时间不宜少于28 d，有特殊要求的部位宜适当延长养护时间，养护期内始终保持混凝土表面的湿润。

10.3.5 混凝土施工质量控制

混凝土质量是影响混凝土结构可靠性的一个重要因素，为保证结构的可靠性，为了获得符合设计要求的混凝土，必须对原材料、施工各环节及硬化后的混凝土进行全过程的质量控制。

1. 原材料的质量检测与控制

混凝土原材料的质量应满足国家颁布或部委颁发的水泥、混合材料、砂石骨料和外加剂的质量标准，必须对原材料的质量进行检测与控制，并建立一套科学的质量管理方法。对原材料进行检测的目的是检查材料的质量是否符合标准，并根据检测结果调整混凝土配合比和改善生产工艺，评定原材料的生产控制水平。

2. 拌和混凝土质量的检测与控制

混凝土质量检测与控制的重点是出拌和机后未凝固的新拌混凝土的质量，目的是及时发现施工中的失控因素，避免造成质量事故。同时也成型一定数量的强度检测试件，用来评定是否满足要求。

混凝土组成材料称量是否准确是影响混凝土质量的重要因素，因此应定期对衡器进行检验。混凝土检测项目和抽样次数见表 10.5。

表 10.5　混凝土检测项目和抽样次数

检测对象	检测项目	取样地点	抽样频率	检测目的
新拌混凝土	坍落度 水灰比 含气量 湿度	搅拌机口	1 次/2 h 1 次/2 h 1 次/2 h 根据需要	检测和易性 控制强度 调整剂量 冬夏季施工及温度控制
硬化混凝土	抗压强度(以 28 d 龄期为主，适量 7 d、90 d 强度)	搅拌机口	1 次/4 h 或 1 次/(150～300 m^3)	验收混凝土强度， 评定混凝土生产控制水平

3. 浇筑过程中混凝土的检测与控制

混凝土出拌和机以后，经运输到达仓内，不同环境条件和运输工具对混凝土的和易性产生不同影响。由于水泥水化作用的影响，仓面应进行混凝土坍落度检测。另外，检查已浇筑混凝土的状况，判断其是否已初凝，从而决定是否继续浇筑，是仓面质量控制的重要内容。混凝土温度的检测也是仓面质量控制的内容。

4. 硬化混凝土的检测

混凝土硬化以后，是否符合设计要求，可进行以下各项内容检查：

(1)用物理方法(超声波、γ 射线、红外线等)检测裂缝、孔隙和弹性模量等。

(2)钻孔压水，并对芯样进行抗压、抗拉、抗渗等各种试验。

(3)大钻孔取样，1 m 或更大直径的钻孔不仅可把芯样加工后进行各种试验，而且人可进入孔内检查。

(4)由坝内埋设的仪器(如温度计、测缝计、渗压计、应力应变计、钢筋计等)观测建筑物运行时各种性状的变化。

5. 混凝土施工质量评定

(1)混凝土的施工质量好坏，最终反映在它的抗压、抗拉、抗渗及抗冻等指标上。由于其余各项指标均与抗压指标有一定联系，同时抗压强度又便于在工地试验室测定，所以评定混凝土的施工质量，统一以抗压强度作为主要指标，具体指标参见有关施工规范。

验收批混凝土强度平均值和最小值应同时满足

$$m_{f_{cu}} = f_{cu,K} + Kt\sigma_0 \tag{10.3}$$

$$f_{cu,min} \geqslant 0.85 f_{cu,K} \text{ 或 } f_{cu,min} \geqslant 0.90 f_{cu,K} \tag{10.4}$$

式中　$m_{f_{cu}}$——混凝土强度平均值，MPa；

$f_{cu,K}$——混凝土设计龄期的强度标准值，MPa；

K——合格判定系数，根据验收批统计组数 n 值，按表 10.6 选取；

t——概率度系数，取用值见表 10.7；

σ_0——验收批混凝土强度标准差，MPa；

$f_{cu,min}$——n 组强度中的最小值，MPa。

表 10.6 合格判定系数 K 值

n	2	3	4	5	6～10	11～15	16～25	>25
K	0.71	0.58	0.50	0.45	0.36	0.28	0.23	0.20

注 1. 同一验收批混凝土，应由强度标准相同、配合比和生产工艺基本相同的混凝土组成，对现浇混凝土宜按单位工程的验收项目或按月划分验收。

2. 验收批混凝土强度标准差计算值小于 0.06 时，应取 0.06。

表 10.7 保证率和概率度系数关系

保证率 P(%)	65.5	69.2	72.5	75.8	78.8	80.0	82.9	85.0	90.0	93.3	95.0	97.7	99.9
概率度系数 t	0.40	0.50	0.60	0.70	0.80	0.84	0.95	1.04	1.28	1.50	1.65	2.00	3.00

(2)混凝土强度除应分期分批进行质量评定外，尚应对每一个统计周期内的同一强度标准和同一龄期的混凝土强度进行统计分析。

1)平均强度

$$M=\frac{\sum_{i=1}^{n}R_i}{n} \tag{10.5}$$

式中 M——混凝土强度平均值，MPa；

R_i——第 i 组混凝土试件的抗压强度值，MPa；

n——试件的组数。

2)标准离差

$$\sigma=\sqrt{\frac{1}{n-1}\sum_{i=1}^{n}(R_i-M)^2} \tag{10.6}$$

3)离差系数

$$C_v=\frac{\sigma}{M} \tag{10.7}$$

4)强度保证率 P。强度保证率的确定参见有关混凝土施工规范。

10.3.6 特殊季节的混凝土施工

1. 混凝土的冬期施工

混凝土在低温时，水化作用明显减缓，强度增长受到阻滞。实践证明，当气温在－3 ℃以下时，混凝土易受早期冻害，其内部水分开始冻结成冰，使混凝土疏松，强度和防渗性能降低，甚至会丧失承载能力。故规范规定“日平均气温稳定在 5 ℃以下或最低气温稳定在－3 ℃以下时”作为冬期混凝土施工的气温标准。

(1)混凝土允许受冻的标准

现行提出以“成熟度”作为混凝土允许受冻的标准。“成熟度”是英国绍尔根据其试验，发现混凝土在低于－10℃时，强度停止增长，得到成熟度计算式。

用普通硅酸盐水泥 $$R=\sum(T+10)\Delta t \tag{10.8}$$

用矿渣大坝水泥 $$R=\sum(T+5)\Delta t \tag{10.9}$$

式中 R——成熟度，℃·h；

T——混凝土在养护期内的温度，℃；

Δt——养护期的时间,h。

采用成熟度作为混凝土允许受冻的标准,不仅与当今国际使用的衡量标准一致,而且它能更准确地反映混凝土的实际强度,测定养护温度和养护时间也比较方便。

(2)冬期混凝土施工

混凝土冬期施工通常采取以下措施。

1)施工组织上合理安排,将混凝土浇筑安排在有利的时期进行,保证混凝土的成熟度达到1 800 ℃·h后再受冻。

2)创造混凝土强度快速增长的条件,冬季作业中采用高热或快凝水泥,减少水灰比,加速凝剂和塑化剂,加速凝固,增加发热量,以提高混凝土的早期强度。

3)增加混凝土拌和时间,冬季作业混凝土的拌和时间一般应为常温的1.5倍。

4)减少拌和、运输、浇筑中的热量损失,应采取措施尽量缩短运输时间,减少转运次数。

5)预热拌和材料。

6)增加保温、蓄热和加热养护措施。

(3)混凝土养护方法

冬期混凝土施工可以采用以下几种养护方法。

1)蓄热法。将混凝土内部水化热保存起来,保证混凝土在结硬过程中强度不断增长。蓄热法是一种不需另外采取加热措施的简单而经济的养护方法,应优先采用。只有采用蓄热法不满足要求时,才增加其他养护措施。

2)暖棚法。对体积不大、施工集中的部位可搭建暖棚,棚内安设蒸气管路或暖气包加温。搭建暖棚费用很高,包括采暖费,可使混凝土单价提高50%以上,故规范规定,只有"当日平均气温低于-10 ℃时",才必须在暖棚内浇筑。

3)电热法。在浇筑块内插上电极,利用交流电通电到混凝土内部,以混凝土自身作为电阻,把电能转变成加热混凝土的热能。电热法耗电量大,故只在电价低廉,小构件混凝土冬季作业中使用。

4)蒸汽法。采用蒸汽养护,适宜的温度和湿度可使混凝土的强度迅速增长。常压下蒸汽养护效果视养护温度而定,温度低于60 ℃效果不够好,在60 ℃下养护两昼夜可达常温下28天强度的70%,在80~90 ℃时养护效果最理想,但施工现场的保温条件,很难保持这个温度。蒸汽养护成本较高,一般只适用于预制构件的养护。

2. 混凝土的夏期施工

气温超过30 ℃,混凝土浇筑时若不采取冷却降温措施,便会对混凝土质量产生不良影响。其不良后果主要表现在混凝土容易产生假凝,工作度降低,初凝过快,混凝土内部水化热难以散发,当气温骤降或水分蒸发过快,易引起表面裂缝。浇筑块体冷却收缩时因基础约束会引起贯穿裂缝,破坏坝的整体性和防渗性能。所以规范规定,当气温超过30 ℃时,混凝土生产、运输、浇筑等各个环节应按夏期作业施工。混凝土的夏期作业,就是采取一系列的预冷降温、加速散热及充分利用低温时刻浇筑等措施来实现的。

必须指出的是,混凝土温度控制措施的费用很高,宜以满足降温要求为约束条件,以混凝土降温冷却及浇筑总费用最低为目标来确定夏期作业降温冷却的最佳组合。另外,就是根据实际气温,实时确定经济降温方式的组合,以及提供必要的供冷量,这样既可保证混凝土的施工质量,又能达到经济节约的目的。可采用系统优化和电子计算技术对混凝土温度进行实时控制。

10.4 施工导流

在江河上修建水工建筑物，施工期间往往与通航、筏运、生态保护、供水、灌溉或水电站运行等水资源综合利用的要求发生矛盾。

水利水电工程整个施工过程中的水流控制（简称施工水流控制，又称施工导流），广义上可以概括为：采取导、截、拦、蓄、泄等工程措施，来解决施工和水流蓄泄之间的矛盾，避免水流对水工建筑物施工的不利影响，把水流全部或部分导向下游或拦蓄起来，以保证水工建筑物的干地施工，在施工期内不影响或尽可能少影响水资源的综合利用。

施工导流设计的主要任务是：周密地分析研究水文、地形、地质、水文地质、枢纽布置及施工条件等基本资料，在满足上述要求的前提下，选定导流标准，划分导流时段，确定导流设计流量；选择导流方案及导流建筑物的型式；确定导流建筑物的布置、构造及尺寸；拟定导流建筑物修建、拆除、堵塞的施工方法以及截断河床水流、拦洪度汛和基坑排水等措施。正确合理的施工导流方案可以加快施工进度、降低工程造价，反之则会使工程施工遇到意外的障碍，拖延工期，增加投资，甚至会引起工程失事。

10.4.1　施工导流方式

河床上修建水利水电工程时，为了使水工建筑物能在干地施工，需要用围堰围护基坑，并将河水引向预定的泄水建筑物泄向下游，这就是施工导流。施工导流的方法大体上分为两类：一类是全段围堰法导流（即河床外导流）；另一类是分段围堰法导流（即河床内导流）。

1. 全段围堰法导流

全段围堰法导流是在河床主体工程的上下游各建一道拦河围堰，使上游来水通过预先修筑的临时或永久泄水建筑物（如明渠、隧洞等）泄向下游，主体建筑物在排干的基坑中进行施工，主体工程建成或接近建成时再封堵临时泄水道。这种方法的优点是工作面大，河床内的建筑物在一次性围堰的围护下建造，如能利用水利枢纽中的永久泄水建筑物导流，可大大节约工程投资。

(1)明渠导流

上下游围堰一次拦断河床形成基坑，保护主体建筑物干地施工，天然河道水流经河岸或滩地上开挖的导流明渠泄向下游的导流方式称为明渠导流。

1)适用条件

明渠导流一般适用于岸坡平缓或有宽阔滩地的平原河道。如果坝址附近有老河道、垭口或洼地的情况应尽可能利用。在山区河道上，如果河槽形状明显不对称，也可以在滩地上开挖明渠，此时，通常需要在明渠一侧修建导水墙。

2)明渠布置

导流明渠布置分在岸坡上和在滩地上两种布置形式，如图 10.17 所示。

①导流明渠轴线的布置。导流明渠应布置在较宽台地、垭口或古河道一岸；渠身轴线要伸出上下游围堰外坡脚，水平距离要满足防冲要求，一般为 50～100 m；明渠进出口应与上下游水流相衔接，与河道主流的交角以小于 30°为宜；为保证水流畅通，明渠转弯半径应大于 5 倍渠底宽；明渠轴线布置应尽可能缩短明渠长度和避免深挖方。

②明渠进出口位置和高程的确定。明渠进出口力求不冲、不淤和不产生回流,可通过水力学模型试验调整进出口形状和位置,以达到这一目的;进口高程按截流设计选择,出口高程一般由下游消能控制;进出口高程和渠道水流流态应满足施工期通航、过木和排冰等要求;在满足上述条件下,尽可能抬高进出口高程,以减小水下开挖量。

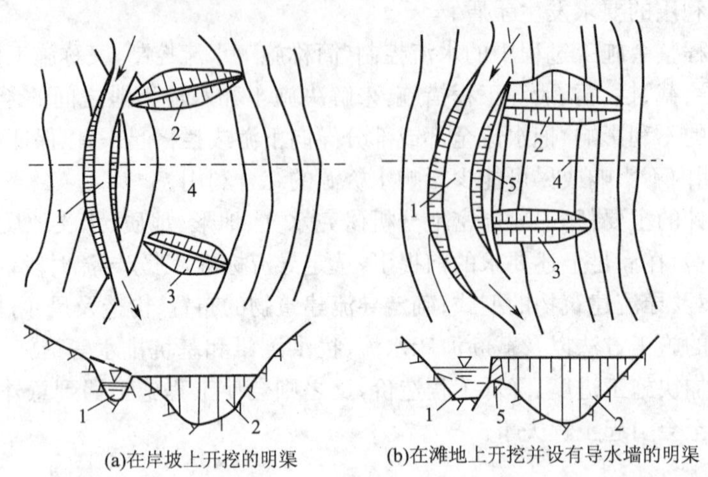

图 10.17　明渠导流示意图

1—导流明渠;2—上游围堰;3—下游围堰;4—坝轴线;5—明渠外导水墙

3)断面设计

①明渠断面尺寸的确定。明渠断面尺寸由设计导流流量控制,并受地形地质和允许抗冲流速影响,应按不同的明渠断面尺寸与围堰的组合,通过综合分析确定。

②明渠断面形式的选择。明渠断面一般设计成梯形,渠底为坚硬基岩时,可设计成矩形。有时为满足截流和通航的不同需求,也可设计成复式梯形断面。

③明渠糙率的确定。明渠糙率大小直接影响明渠的泄水能力,而影响明渠糙率的因素有衬砌的材料、开挖的方法、渠底的平整度等,可根据具体情况查阅有关手册确定。对大型明渠工程,应通过模型试验选取糙率。

(2)隧洞导流

上下游围堰一次拦断河床形成基坑,保护主体建筑物干地施工,天然河道水流全部由导流隧洞宣泄的导流方式称为隧洞导流。

1)适用条件

导流流量不大,坝址河床狭窄,两岸地形陡峻,如一岸或两岸地形、地质条件良好,可考虑采用隧洞导流。

2)隧洞布置

导流隧洞的布置,取决于地形、地质、枢纽布置及水流条件等因素。具体要求和水工隧洞类似,应符合《水工隧洞设计规范》(SL 279—2002)关于导流隧洞的有关规定。

导流隧洞的布置如图 10.18 所示。一般应满足以下要求:

①隧洞轴线沿线地质条件良好,足以保证隧洞施工和运行的安全。

②隧洞轴线宜按直线布置,如有转弯时,转弯半径不小于 5 倍洞径(或洞宽),转角不宜大于 60°,弯道首尾应设直线段,长度不应小于 3～5 倍洞径(或洞宽);进出口引渠轴线与河流主流方向夹角宜小于 30°。

③隧洞间净距、隧洞与永久建筑物间距、洞脸与洞顶围岩厚度均应满足结构和应力要求。

④隧洞进出口位置应保证水力学条件良好，并伸出堰外坡脚一定距离，一般距离应大于50 m，以满足围堰防冲要求。进口高程多由截流控制，出口高程由下游消能控制，洞底按需要设计成缓坡或急坡，避免成反坡。

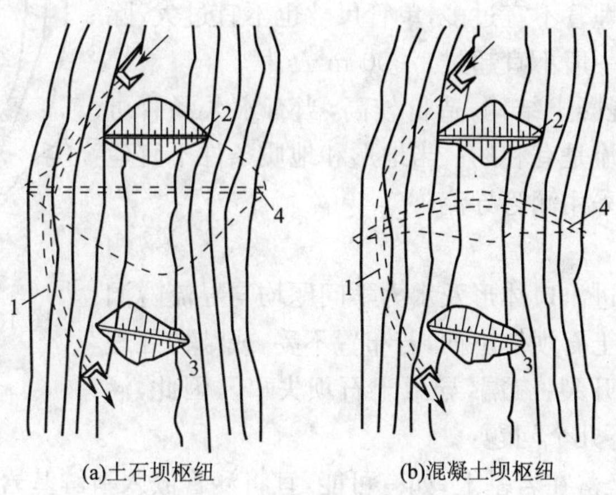

图 10.18 隧洞导流示意图

1—导流隧洞；2—上游围堰；3—下游围堰；4—主坝

3)断面设计

隧洞断面尺寸的大小取决于设计流量、地质和施工条件，洞径应控制在施工技术和结构安全允许范围内。隧洞断面形式取决于地质条件、隧洞工作状况(有压或无压)及施工条件，常用的断面形式有圆形、马蹄形、方圆形，如图 10.19 所示。圆形多用于高水头处，马蹄形多用于地质条件不良处，方圆形有利于截流和施工，国内外导流隧洞多采用方圆形。

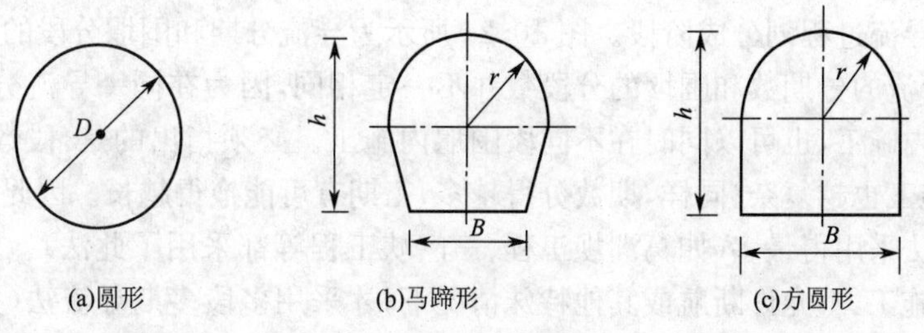

图 10.19 隧洞断面形式

设计中，糙率 n 值的选择是十分重要的问题。糙率的大小直接影响到断面的大小，而衬砌与否、衬砌的材料和施工质量、开挖的方法和质量则是影响糙率大小的因素。一般混凝土衬砌糙率值为 0.014～0.017；不衬砌隧洞的糙率变化较大，光面爆破时为 0.025～0.032，一般炮眼爆破时为 0.035～0.044。设计时根据具体条件，查阅有关手册，选取设计的糙率值。对重要的导流隧洞工程，应通过水工模型试验验证其糙率的合理性。

(3)涵管导流

涵管导流一般在修筑土坝、堆石坝工程中采用。涵管通常布置在河岸岩滩上，其位置在枯水位以上，这样可在枯水期不修围堰或只修一小段围堰而先将涵管筑好，然后再修上下游全段围堰，将河水引经涵管下泄，如图 10.20 所示。

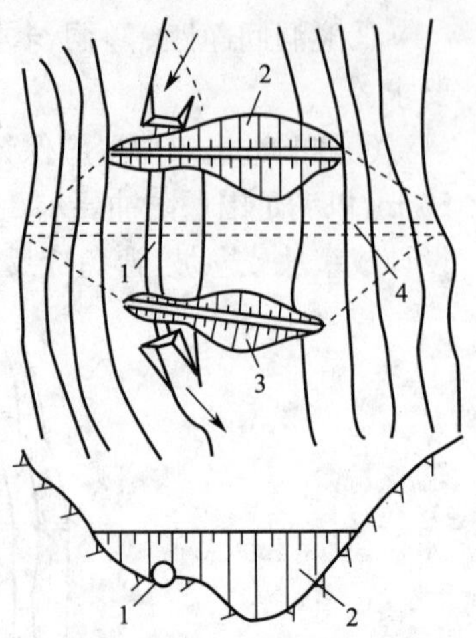

图 10.20　涵管导流示意图

1—导流涵管；2—上游围堰；3—下游围堰；4—土石坝

1)适用条件

涵管导流一般用于导流量较小的河流上，或只用来担负枯水期的导流任务。因为涵管多是埋设在土石坝下的钢筋混凝土结构或砖石结构中，涵管过多对坝身结构不利，且使大坝施工受到干扰，因此坝下埋管不宜过多，单管尺寸也不宜过大，除少数工程外，导流流量一般不宜超过 1 000 m^3/s。

涵管一般为钢筋混凝土结构，造价较高，当有永久涵管可以利用时，采用涵管导流是有利的。当地形和地质条件不宜建隧洞和明渠时，应考虑采用涵管导流。

2)涵管布置

涵管的管线布置、进出口体形及水力学问题均与导流隧洞相似，但因涵管被压在土石坝体下面，若布置不妥，或结构处理不善，就可能造成管道开裂、渗漏，导致土石坝失事。因此，涵管的布置还应注意以下几个问题：

①应尽量使涵管坐落在岩基上，如有可能，宜将涵管嵌入新鲜基岩中，大、中型涵管应有一半以上高度埋入为宜。

②涵管外壁与大坝防渗土料接触部位应设置截流环以延长渗径，防止接触渗透破坏。

③涵管的断面常用圆形、方圆形或矩形。大型涵管多用方圆形，如上部荷载较大，顶拱宜采用抛物线形。

2. 分段围堰法导流

分段围堰法也称分期围堰法或河床内导流，就是用围堰将建筑物分段分期围护起来进行施工的方法。

所谓分段就是从空间上将河床围护成若干个干地施工的基坑段进行施工。所谓分期，就是从时间上将导流过程划分成阶段。图 10.21 所示为导流分期和围堰分段的几种情况。从图中可以看出，导流的分期数和围堰的分段数并不一定相同，因为在同一导流分期中，建筑物可以在一段围堰内施工，也可以同时在不同段围堰内施工。必须指出的是，段数分得越多，围堰工程量越大，施工也越复杂；同样，期数分得越多，工期有可能拖得越长。因此，在工程实践中，二段二期导流法采用得最多(如葛洲坝工程、三门峡工程等都采用了此法)。只有在比较宽阔的通航河道上施工，不允许断航或其他特殊情况下，才采用多段多期导流法(如三峡工程施工导流就采用二段三期的导流法)。

分段围堰法导流一般适用于河床宽阔、流量大、施工期较长的工程，尤其在通航河流和冰凌严重的河流上。这种导流方法的费用较低，国内外一些大、中型水利水电工程多采用此方法。分段围堰法导流，前期由束窄的原河道导流，后期可利用事先修建好的泄水道导流。常见泄水道的类型有底孔、缺口等。

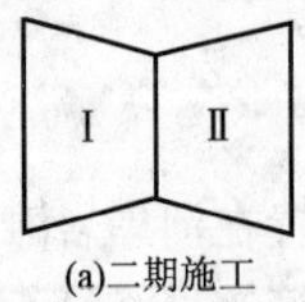

(a)二期施工

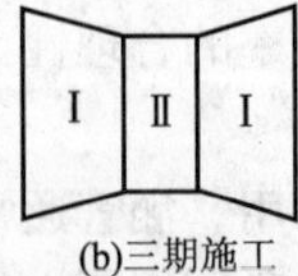

(b)三期施工

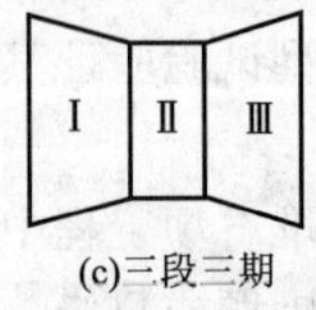

(c)三段三期

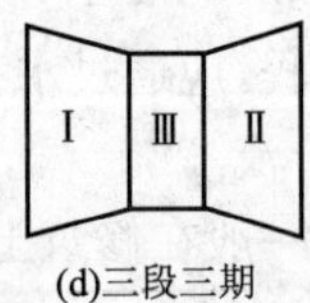

(d)三段三期

图 10.21　导流分期与围堰分段示意图

(1)底孔导流

利用设置在混凝土坝体中的永久底孔或临时底孔作为泄水道,是二期导流经常采用的方法。若为临时底孔,则在工程接近完工或需要蓄水时加以封堵。这种导流方法在分段分期修建混凝土坝时用得比较普遍。

采用临时底孔时,底孔的尺寸、数目和布置应通过相应的水力学计算确定。其中底孔的尺寸在很大程度上取决于其担负的任务(导流、过木、过船、过鱼),以及水工建筑物的结构特点和封堵闸门设备的类型。底孔的布置应满足截流、围堰工程及其封堵等要求。

临时底孔的断面多采用矩形,为了改善孔周的应力状况,也可采用有圆角的矩形。按水工结构要求,孔口尺寸应尽量小,但若导流流量较大或有其他要求时,则应采用尺寸较大的底孔。

底孔导流的优点是:挡水建筑物上部的施工可以不受水流干扰,有利于均衡连续施工,这对修建高坝特别有利。若坝内有永久底孔可以利用时,则更为理想。底孔导流的缺点是:由于坝体内设置了临时底孔,使钢材用量增加;如果封堵质量不好,会削弱坝的整体性,还可能漏水;导流流量往往不大;在导流过程中,底孔有被漂浮物堵塞的危险;封堵时,由于水头较高,安放闸门及止水等工作均较困难。

(2)束窄河床导流

束窄河床导流适用于一期或前期导流。一般是在第一期围堰的保护下先建好泄水建筑物、船闸和厂房,并预留底孔,以备排泄第二期的导流流量。这时若第一台发电机组已装好又能满足初期发电的水位,便可提前投入运转。

一期导流的泄水道是被围堰束窄后的河床,如果河床的覆盖层为深厚较细的颗粒层,则束窄河床不可避免地要产生一定的冲刷,对于非通航河道,只要这种冲刷不危及围堰与河岸的安全,一般都是许可的,否则,需要考虑保护措施。

(3)坝体预留缺口导流

混凝土坝施工过程中,当汛期河水暴涨暴落,其他导流建筑物不足以宣泄全部流量时,为了不影响坝体施工进度,使坝体在涨水时仍能继续施工,可以在未建成的坝体上预留缺口,以便配合其他建筑物宣泄洪峰流量,待洪峰过后,上游水位回落,再继续修筑缺口。

所留缺口的宽度和高度取决于导流设计流量、其他建筑物的泄水能力、建筑物的结构特点和施工条件。采用底坎高程不同的缺口时,为避免高低缺口单宽流量相差过大,产生高缺口向低缺口的侧向泄流,引起压力分布不均匀,需要适当控制高低缺口间的高差。

这种导流方法的优点是泄流量大,简单经济,但坝体本身须允许过水。

10.4.2 导流设计流量的确定

导流设计流量是选择导流方案、设计导流建筑物的主要依据。施工前,若能预报整个施工期的水情变化,据此拟定导流设计流量,最符合经济与安全施工的原则,但这种长期预报,目前还不准确,难以作为确定导流设计流量的依据,因此,导流设计流量一般需结合导流标准和导流时段的分析来确定。

1. 导流设计标准

导流设计流量是确定导流泄水建筑物和挡水建筑物规模的依据。导流设计流量的大小取决于导流设计的洪水频率标准,通常也称为导流设计标准。

施工期可能遇到的洪水,是一个随机事件。如果这个标准取得太高,势必造成所设计的导流挡水和泄水建筑物的规模过大、投资过高的情况，且完成这些临时建筑物的时间太长，从而延误工期；反之，若这个标准取得太低，又不能保证工程施工的安全，使工程施工陷于被动，必将造成更大的损失。

施工初期导流标准，按水利水电工程施工组织设计规范的规定，首先，需根据导流建筑物的下列指标，将导流建筑物分为Ⅲ～Ⅴ级。

(1)保护对象，指导流建筑物所保护的永久建筑物的级别。

(2)失事后果，指导流建筑物失事后对重要城镇、工矿企业、交通干线或工程总工期及第一台(批)机组发电时间的影响程度。

(3)使用年限，指导流建筑物服务的工作年限。

(4)工程规模，包括堰高和库容两个定量指标。

然后，根据导流建筑物的级别和类型，在水利水电工程施工组织设计规范规定的幅度内选定相应的洪水重现期作为初期导流标准。

实际上，导流标准受众多随机因素的影响。如果标准太低，不能保证施工安全；反之，则使导流工程设计规模过大，不仅增加导流费用，而且可能因其规模太大以致无法按期完成，造成工程施工的被动局面。因此，大型工程导流标准的确定，应结合风险度的分析，使所选标准更加经济合理。

2. 导流时段的划分

在工程施工的不同阶段，可以采用不同类型和规模的导流建筑物挡水和泄水，这些不同导流方法组合的顺序，称为导流程序。按照导流程序划分的各施工阶段的延续时间，称为导流时段。导流设计流量只有在导流标准和导流时段选择后，才能相应地确定。

导流建筑物的作用是为基坑内的永久建筑物安全施工提供必要的时间和工作面。显然，如有可能利用中、枯水期完成某一阶段的施工任务，就没有必要让围堰挡全年的洪水，这样便可大大降低临时建筑物的规模，获得较好的经济效益。但是，又不能不顾主体工程施工的安全及其所必需的施工时间，片面追求导流建筑物的效益。因此，合理划分导流时段是正确处理施工安全可靠和争取导流经济效益这对矛盾的重要手段。

3. 导流设计流量

(1)不过水围堰

应根据导流时段来确定。如果围堰挡全年洪水，其导流设计流量就是选定导流标准的年最大流量，导流挡水与泄水建筑物的设计流量相同；如果围堰只挡某一枯水时段，则按该挡水时段内同频率洪水作为围堰和该时段泄水建筑物的设计流量，但确定泄水建筑物总规模的设计流量，应按坝体施工期临时度汛洪水标准决定。

(2)过水围堰

允许基坑淹没的导流方案，从围堰工作情况看，有过水期和挡水期之分，显然它们的导流标准应有所不同。

过水期的导流标准应与不过水围堰挡全年洪水时的标准相同。其相应的导流设计流量主要用于围堰过水工况下，加固保护措施的结构设计和稳定分析，也用于校核导流泄水道的过水能力。各级流量下的流态、水力要素以及最不利溢流工况，应通过水力计算及水工模型试验论证。

挡水期的导流标准应结合水文特点、施工工期及挡水时段，经技术经济比较后选定。当水文系列较长，大于或等于30年时，也可根据实测流量资料分析选用。其相应的导流设计流量主要用于确定堰顶高程、导流泄水建筑物的规模及堰体的稳定分析等。

允许基坑淹没导流方案的技术经济比较，可以在研究工程所在河流水文特征及历年逐月实测最大流量的基础上，通过下述程序实现。

①根据河流的水文特征，假定一系列流量值，分别求出泄水建筑物上、下游水位。

②根据这些水位，决定导流建筑物的主要尺寸和工程量，估算导流建筑物费用。

③估算由于基坑淹没一次所引起的直接和间接损失费用。属于直接损失的有：基坑排水费、基坑清淤费、围堰及其他建筑物损坏的修理费、施工机械撤离和返回基坑的费用及受到淹没影响的修理费、道路和线路的修理费、劳动力和机械的窝工损失费等；属于间接损失的有：由于有效施工时间缩短而增加的劳动力、机械设备、生产企业规模和临时房屋等费用。

④根据历年实测水文资料，统计超过上述假定流量的总次数，除以统计年数得年平均超过次数，亦即年平均淹没次数。根据主体工程施工的跨汛年数，即可算得整个施工期内基坑淹没的总次数及淹没损失总费用。

⑤绘制流量与导流建筑物费用、基坑淹没损失费用的关系曲线，如图 10.22 中的曲线 1 和曲线 2 所示，将曲线 1 和曲线 2 叠加，求得流量与导流总费用的关系曲线 3。显然，曲线 3 上的最低点，即为围堰挡水期导流总费用最低时的初选导流设计流量。

⑥计算施工有效时间，试拟控制性进度计划，以验证初选的导流设计流量是否现实可行，以便最终确定一个既经济又可行的挡水期和导流设计流量。

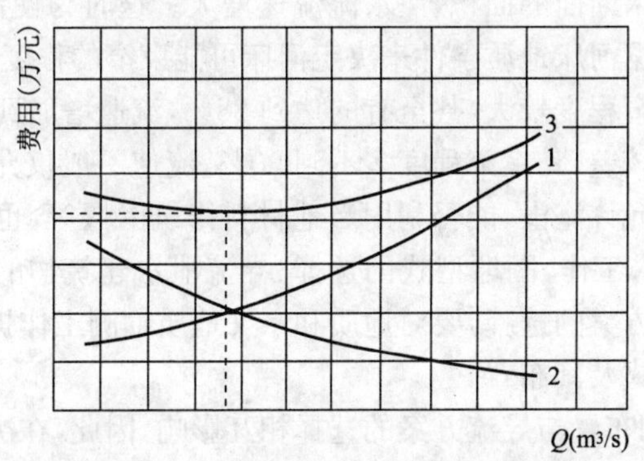

图 10.22　导流费用与设计流量的关系

1—导流建筑物费用曲线；2—基坑淹没损失费用曲线；3—导流总费用曲线

10.4.3　导流方案的选择

水利水电枢纽工程施工，从开工到完建往往不是采用单一的导流方式，而是几种导流方式组合起来配合运用，以取得最佳的技术经济效果。这种不同导流时段、不同导流方式的组合，通常称为导流方案。选定合理可靠的导流方案是水利水电枢纽工程施工事关全局的首要问题，只有全面分析了影响导流方案的因素，结合不同工程的实际情况权衡其优劣，分清各种影响因素的主次，才能正确选定合理可靠的导流方案。

导流方案的选择受多种因素的影响。一个合理的导流方案，必须在周密研究各种影响因素的基础上，拟定几个可能的方案，并进行技术经济比较，从中选择技术经济指标优越的方案。选择导流方案时应考虑的主要因素如下：

(1)水文条件

河流的流量大小、水位变化的幅度、全年流量的变化情况、枯水期的长短、汛期洪水的延续时间、冬季的流冰及冰冻情况等,均直接影响导流方案的选择。一般来说,对于河床宽、流量大的河流,宜采用分段围堰法导流。对于水位变化幅度大的山区河流,可采用允许基坑淹没的导流方法,在一定时期内通过过水围堰和基坑来宣泄洪峰流量。对于枯水期不长的河流,如果不利用洪水期进行施工,就会拖延工期。对于有流冰的河流,应充分注意流冰的宣泄问题,以免流冰壅塞,影响泄流,造成导流建筑物失事。

(2)地形条件

坝区附近的地形条件,对导流方案的选择影响很大。对于河床宽阔的河流,尤其在施工期间有通航、过筏要求的河流,宜采用分段围堰法导流。当河床中有天然石岛或沙洲时,采用分段围堰法导流,更有利于导流围堰的布置,特别是纵向围堰的布置,例如,长江葛洲坝水利枢纽工程施工初期,就曾利用江心洲葛洲坝作为天然的纵向围堰,取得了良好的技术经济效果。在河床狭窄、岸坡陡峻、山岩坚实的地区,宜采用隧洞导流。至于平原河道,河流的两岸或一岸比较平坦,或有河湾、老河道可以利用,则宜采用明渠导流。

(3)地质及水文地质条件

河道两岸及河床的地质条件对导流方案的选择与导流建筑物的布置有直接影响。若河流两岸或一岸岩石坚硬,风化层薄,且抗压强度足够时,则选用隧洞导流较有利。如果岩石的风化层厚且破碎,或有较厚的沉积滩地,则适合于采用明渠导流。当采用分段围堰法导流时,由于河床的束窄,减少了过水断面的面积,使水流流速增大。这时为使河床不受过大的冲刷,避免把围堰基础淘空,应根据河床地质条件来决定河床可能束窄的程度。对于岩石河床,其抗冲刷能力较强,河床允许束窄程度较大,甚至有的达到88%,流速增加到7.5 m/s;但对覆盖层较厚的河床,其抗冲刷能力较差,其束窄程度多不到30%,流速一般仅允许达到3.0 m/s。此外,选择围堰型式、基坑是否允许淹没、能否利用当地材料修筑围堰等,也都与地质条件有关。水文地质条件则对基坑排水工作、围堰型式的选择、导流泄水建筑物的开挖等有很大关系。因此,为了更好地进行导流方案的选择,要对地质和水文地质勘测工作提出专门要求。

(4)水工建筑物的型式及其布置

水工建筑物的型式和布置与导流方案的选择相互影响,因此,在决定水工建筑物型式和布置时,应该同时考虑并初拟导流方案,而在选定导流方案时,则应充分利用建筑物型式和枢纽布置方面的特点。

如果枢纽组成中有隧洞、渠道、涵管、泄水孔等永久泄水建筑物,在选择导流方案时应尽可能加以利用。在设计永久泄水建筑物的断面尺寸并拟定其布置方案时,应充分考虑施工导流的要求。

采用分段围堰法修建混凝土坝枢纽时,应充分利用水电站与混凝土坝之间或混凝土坝溢流段和非溢流段之间的隔墙,将其作为纵向围堰的一部分,以降低导流建筑物的造价。在这种情况下,对于前期工程所修建的混凝土坝,应核算它是否能够布置后期工程导流的底孔或预留缺口。与此同时,为了防止河床冲刷过大,还应核算河床的束窄程度,保证有足够的过水断面宣泄流量。

(5)施工期间河流的综合利用

施工期间,为了满足通航、筏运、供水、灌溉、生态保护或水电站运行等的要求,导流问题的解决更加复杂。在通航河道上,大都采用分段围堰法导流。要求河流在束窄以后,河宽仍能便于船只的通行，水深要与船只吃水深度相适应，束窄断面的最大流速一般不应超过 2.0 m/s，特殊情况需与当地航运部门协商研究确定。

对于浮运木筏或散材的河流，在施工导流期间，要避免木材壅塞泄水建筑物的进口，或者堵塞束窄河床。在施工中后期，水库拦洪蓄水时要注意满足下游供水、灌溉用水和水电站运行的要求。有时为了生态保护的要求，还要修建临时过鱼设施，以便鱼群能正常洄游。

(6)施工进度、施工方法及施工场地布置

水利水电工程的施工进度与导流方案密切相关。通常是根据导流方案安排控制性进度计划。在水利水电枢纽施工导流过程中，对施工进度起控制作用的关键性时段主要有导流建筑物的完工期限、截断河床水流的时间、坝体拦洪的期限、封堵临时泄水建筑物的时间以及水库蓄水发电的时间等。各项工程的施工方法和施工进度直接影响到各时段导流任务的合理性和可能性。因此，施工方法、施工进度与导流方案是密切相关的。

在选择导流方案时，除了综合考虑以上各方面因素外，还应使主体工程尽可能及早发挥效益，简化导流程序，降低导流费用，使导流建筑物既简单易行，又适用可靠。

10.5　截　　流

在施工导流中，只有截断原河床水流，才能把河水引向导流泄水建筑物下泄，在河床中全面开展主体建筑物的施工，这就是截流。

10.5.1　截流的基本程序

截流是施工导流中的一个关键环节，截流若不完成或不能如期完成，主体工程的河槽部分就不能施工，整个枢纽工程施工就无法展开，工程便无法完工，所以截流是整个枢纽施工中不可逾越的环节。同时，截流又是短时间、小范围、高强度的施工，是人与激流的一场决战，故在施工导流中，常把截流视为影响工程进度最重要的控制性项目之一。截流一般要经历以下几个施工程序：

(1)进占。当导流泄水建筑物完建后，在河床的一侧或两侧向河床中填筑截流戗堤，戗堤把河床束窄到一定程度后，形成了一个流速较大的龙口，如图 10.23 所示。

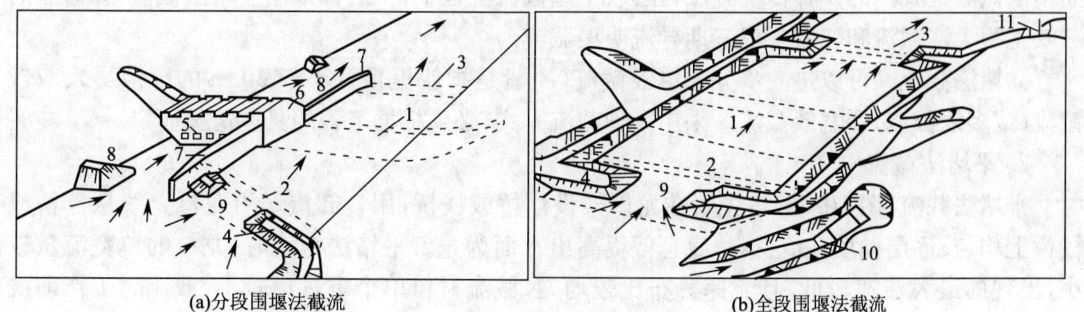

(a)分段围堰法截流　(b)全段围堰法截流

图 10.23　截流布置示意图

1—大坝基坑；2—上游围堰；3—戗堤；4—龙口；5—二期纵向围堰；6—一期围堰的残留部分；7—底孔；8—已浇混凝土坝体；9—下游围堰；10—导流隧洞进口；11—导流隧洞出口

(2)龙口范围的加固。为了等待最佳封堵龙口时机,在合龙前对龙口河床及戗堤端部布设防冲措施,这两项工作也称护底和裹头。

(3)合龙。即封堵龙口的工作。

(4)闭气。合龙以后,龙口部位的戗堤虽已高出水面,但其本身仍然漏水,这时需在上游坡面抛投反滤和防渗材料,截断戗堤内的渗流。

闭气工作结束后,全部水流经过已建成的泄水建筑物宣泄至下游,即完成了戗堤截流的全过程。截流完成后,再对戗堤加高培厚,即形成了围堰。

10.5.2 截流的基本方法

河道截流有立堵法、平堵法、立平堵法、平立堵法、下闸截流以及定向爆破截流等多种方法,但基本方法为立堵法和平堵法两种。

1. 立堵法截流

立堵法截流(图 10.24)是将截流材料,从龙口一端向另一端或从两端向中间抛投进占,逐渐束窄龙口,直至全部拦断。截流材料通常用自卸汽车在进占戗堤的端部直接卸料入水,或先在堤头卸料,再用推土机推入水中。

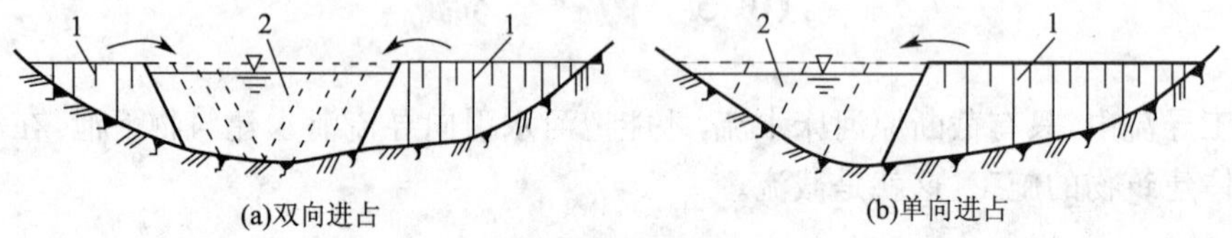

图 10.24 立堵法截流

1—截流戗堤;2—龙口

立堵法截流不需要在龙口架设浮桥或栈桥,准备工作比较简单,费用较低。但截流时龙口的单宽流量较大,出现的最大流速较高,而且流速分布很不均匀,需用单个重量较大的截流材料。截流时工作前线狭窄,抛投强度受到限制,施工进度受到影响。根据国内外截流工程的实践和理论研究,立堵法截流一般适用于大流量、岩基或覆盖层较薄的岩基河床。对于软基河床只要护底措施得当,采用立堵法截流也同样有效。如宁夏青铜峡工程截流时,河床覆盖层厚达 8~12 m,采用护底措施后,最大流速虽达 5.52 m/s,未遇特殊困难而取得立堵截流的成功。立堵法截流是我国的一种传统方法,在大、中型截流工程中,一般都采用立堵法截流,如著名的三峡工程大江截流和三峡工程三期导流明渠截流。

立堵法截流又可以进一步分为单戗截流(一般是指戗堤顶宽小于 30 m 的窄戗堤)、双戗截流(或多戗截流)和宽戗截流。采用哪种截流方式,必须根据工程的具体情况而定。

2. 平堵法截流

平堵法截流(图 10.25)事先要在龙口架设浮桥或栈桥,用自卸汽车沿龙口全线从浮桥或栈桥上均匀、逐层抛填截流材料,直至戗堤高出水面为止。平堵法截流时,龙口的单宽流量较小,出现的最大流速较低,且流速分布比较均匀,截流材料单个重量也较小,截流时工作前线长,抛投强度较大,施工进度较快。平堵法截流通常适用在软基河床上。

由于上述一些优点,在流量大的河流上,如前苏联伏尔加河一些水利枢纽,都采用了浮桥平堵法截流;罗马尼亚—南斯拉夫的铁门水电站采用了钢桥平堵法截流;中国辽宁大伙房水库采用了木栈桥平堵法截流等。但一般说来,平堵法截流由于需架栈桥或浮桥,在通航河道上会碍航，而且技术复杂、费用较高。因此，我国大型工程中除大伙房、二滩等少数工程外，都采用立堵法截流。

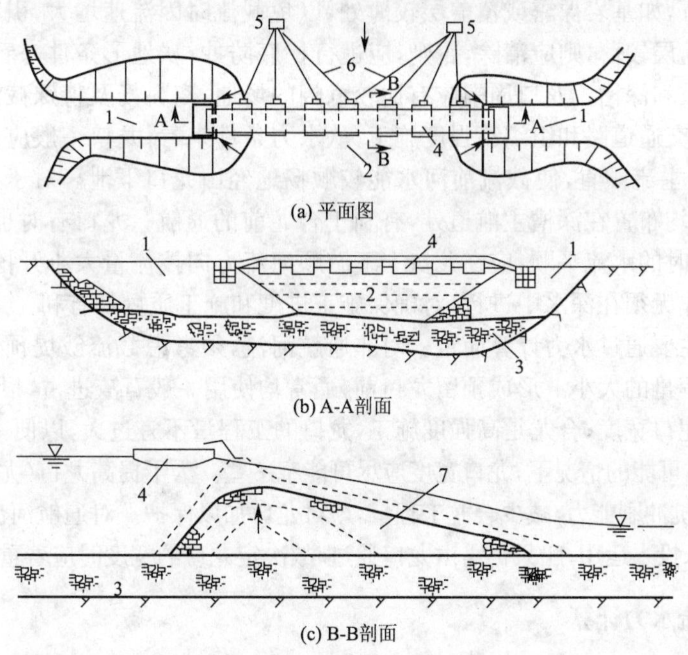

图 10.25 平堵法截流

1—截流戗堤；2—龙口；3—覆盖层；4—浮桥；5—锚墩；6—钢缆；7—平堵截流抛石体

截流设计首先应根据施工条件，充分研究各种方法对截流工作的影响，通过试验研究和分析比较来选定。有的工程亦有先用立堵法进占，而后在小范围龙口内用平堵法截流(立平堵法)。严格说来平堵法都先以立堵法进占开始，而后平堵，类似立平堵法，不过立平堵法的龙口较窄。

10.5.3 截流日期和截流设计流量

1. 截流日期

截流日期(时段)的选择，主要取决于河道的水文、气象条件、航运条件、施工工期及控制性进度、截流施工能力和水平等因素。截流应选在枯水期进行，至于截流具体时间，要保证截流以后，挡水围堰能在汛前修建到拦洪水位以上。截流时间应尽量提前，尽量安排在枯水期的前期。一般来说，宜安排在 10～11 月，南方一般不迟于 12 月底，在北方有冰凌的河流上，截流不宜在流冰期进行。

2. 截流设计流量

截流标准一般采用截流时段重现期 5～10 年的月或旬平均流量，如水文资料不足，可根据条件类似的工程来选择截流设计流量，并根据当地的实际情况和水文预报加以修正，作为指导截流施工的依据。

10.5.4 龙口位置和宽度

龙口位置及宽度的选择确定应遵守下列原则：①河床宽度小于 80 m 时，可不安排预进占，不设置龙口；②应保证预进占段裹头不发生冲刷破坏；③截流龙口位置宜设于河床水深较浅、覆盖层较薄或基岩出露处；④龙口工程量宜小。

龙口位置的选择与地质、地形及水力条件有关。从地质条件来看，龙口应尽量选在河床抗冲刷能力强的地方，如基岩裸露或覆盖层较薄处，以免截流时因流速增大，引起过分冲刷。如果龙口段河床覆盖层较薄，则应清除，否则，应进行护底防冲；从地形条件来看，龙口河底不宜有顺水流向的陡坡和深槽。龙口周围应有比较宽阔的场地，离料场及特殊截流材料堆场的距离较近，便于布置交通道路和组织高强度施工；从水力条件来看，龙口一般应设置在河床主流部位，方向力求与主流顺直，使截流前河水能较顺畅地经由龙口下泄。对于有通航要求的河流，预留龙口一般均布置在深槽主航道处，有利于合龙前的通航。龙口有时也可设在河滩上，此时，为了使截流时的水流平顺，应在龙口上下游顺河流方向按流量大小开挖引河，这种做法可使一些准备工作无须在深水中进行，对确保施工进度和施工质量都有利。

龙口的宽度主要通过水力计算而定。对非通航河流，须考虑截流戗堤预进占所使用的材料尺寸和合龙工程量的大小。形成预留龙口前，通常均使用一般石渣进占，根据其抗冲流速可以计算出相应的龙口宽度；合龙是高强度施工，龙口的工程量不宜过大，以便一次性完成，迅速实现合龙，所以，在可能的情况下，龙口宽度应尽可能窄一些。为了提高龙口(尤其是位于河床覆盖层上的龙口)的抗冲刷能力，减少合龙工程量，须对龙口加以保护。对通航河流，因为在截流准备期通航设施尚未投入运用，船只仍需由龙口通过，故决定龙口的宽度时应着重考虑通航要求。

10.5.5 截流水力计算

截流水力计算的目的是确定龙口水力参数的变化规律，主要解决两个问题：①确定截流过程中龙口各水力参数，如单宽流量、落差及流速等的变化规律；②由此确定截流材料的类型、尺寸(或重量)及相应的数量等。这样，在截流前，就可以有计划、有目的地准备各种尺寸或重量的截流材料及其数量，规划截流现场的场地布置，选择起重、运输设备；在截流时，能预先估计不同龙口宽度的截流参数，何时何处应抛投何种尺寸或重量的截流材料及其方量等。

在截流过程中，上游来流量，也就是截流设计流量，分别经由龙口、分流建筑物及戗堤的渗漏通道下泄，并有一部分拦蓄在水库中。截流过程中，一般库容不大，拦蓄在水库中的水量可以忽略不计。对于立堵法截流，当渗漏不严重时，也可忽略经由戗堤渗漏的流量。这样，截流时的水量平衡方程为

$$Q_0=Q_1+Q_2 \tag{10.10}$$

式中 Q_0——截流设计流量，m^3/s；

Q_1——分流建筑物的泄流量，m^3/s；

Q_2——龙口泄流量，可按宽顶堰计算，m^3/s。

随着截流戗堤的进占，龙口逐渐被束窄，因此经分流建筑物和龙口的泄流量是变化的，但两者之和恒等于截流设计流量。其变化规律是：截流开始时，大部分截流设计流量经由龙口下泄，随着截流戗堤的进占，龙口断面不断缩小，上游水位不断上升，经由龙口的泄流量越来越小，而经由分流建筑物的泄流量则越来越大。龙口合龙闭气后，截流设计流量全部经由分流建筑物下泄。

截流水力计算可采用图解法和电算法。

采用图解法时，先绘制上游水位 H_0 与分流建筑物泄流量的关系曲线和上游水位与不同龙口宽度 B 的泄流量曲线簇(图 10.26)。在绘制曲线时，下游水位视为常量，可根据截流设计流量在下游水位流量关系曲线上查得。这样，在同一上游水位情况下，当分流建筑物泄流量与某宽度龙口泄流量之和为 Q_0 时，即可分别得到 Q_1 和 Q_2。

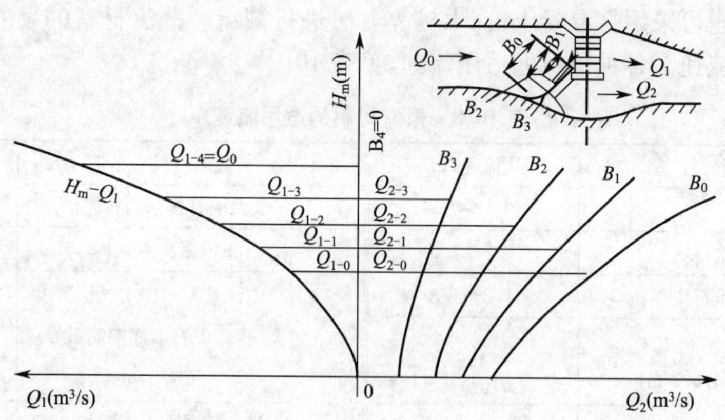

图 10.26 Q_1 与 Q_2 图解法

用电算法求解时，首先，计算上游水位与分流建筑物泄流量的关系和上游水位与不同龙口宽度 B 的泄流量关系；然后，假定一个上游水位，用插值算法分别求得 Q_1、Q_2，如果满足 $Q_0=Q_1+Q_2$，则满足假定的上游水位；否则应重新假定上游水位，直到满足条件为止。

根据以上方法，可同时求得不同龙口宽度下的上游水位 H_u 和 Q_1、Q_2 值，由此再通过水力学计算即可求得截流过程中龙口诸水力参数，其变化规律如图 10.27所示，图中，q 为龙口单宽流量，单位为 $m^3/(s\cdot m)$；B 为龙口宽度，单位为 m；z 为龙口上下游水位差，单位为 m；v 为龙口流速，单位为 m/s。

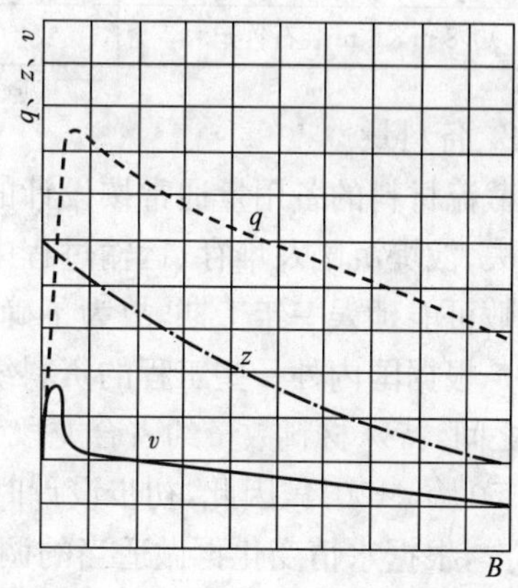

图 10.27 龙口诸水力参数变化规律图

10.5.6 截流材料和备料量

1. 截流材料

截流材料要充分利用当地材料，特别是尽可能利用开挖弃渣料。抛投料级配满足戗堤稳定要求，入水稳定，流失量少。开采、制作、运输方便，费用低。

目前，国内外大河截流一般首选块石作为截流的基本材料。当截流水力条件较差时，使用混凝土六面体、四面体、四脚体及钢筋混凝土构架等材料(图 10.28)。如葛洲坝工程在进行大江截流时，关键时刻采用了铁链连接在一起的混凝土四面体，取得截流的成功。

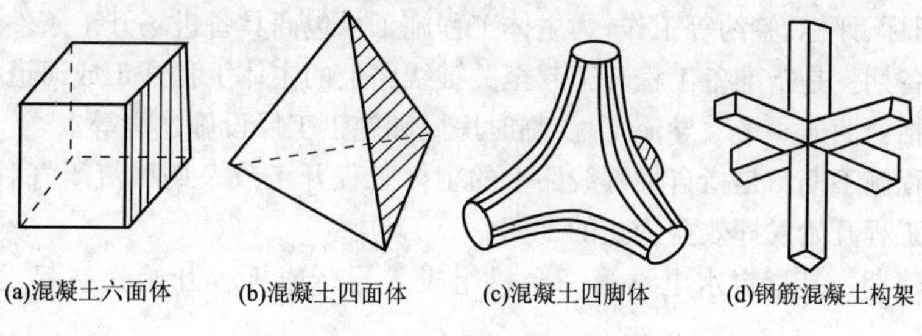

图 10.28 常用截流材料示意图

对平原地区也可采用打混凝土桩、木桩等方法进行截流。截流材料的尺寸或质量主要取决于龙口水流的流速。各种材料的适用流速，见表 10.8。

表 10.8　截流材料的适用流速

截流材料	适用流速(m/s)	截流材料	适用流速(m/s)
土料	0.5～0.7	3 t 重大块石或钢筋石笼	3.5
20～30 kg 重石块	0.8～1.0	4.5 t 重混凝土六面体	4.5
50～70 kg 重石块	1.2～1.3	5 t 重大块石，大石串或钢筋石笼	4.5～5.5
麻袋装土(0.7 m×0.4 m×0.2 m)	1.5		
ϕ0.5 m×2 m 装石竹笼	2.0	12～15 t 重混凝土四面体	7.2
ϕ0.6 m×4 m 装石竹笼	2.5～3.0	20 t 重混凝土四面体	7.5
ϕ0.8 m×6 m 装石竹笼	3.5～4.0	ϕ1.0 m×15 m 装石枕	7～8

2. 备料量

截流材料的备用量通常按设计的戗堤体积再增加一定的富裕度来确定，主要是考虑到水流冲失、戗堤沉陷及堆存、运输过程中的损失。由于截流是施工过程中的一个关键性环节，一旦失败可能延误一年工期，故为了确保截流成功，几乎所有工程截流材料的备用量均超过实际用量。根据国内外一些工程的资料统计，实际工程的截流备料量与设计用量之比通常在1.3～1.5 之间，特殊材料数量约占合龙段工程总量的 10%～30%，截流材料备用量超过工程实际用量的 50%～400%，因此，初步设计时备料系数不必取得过大，宜取 1.2～1.3 之间，到实际截流前夕，根据水情变化再做适当的调整。

10.6　施工进度计划

施工进度计划是施工组织设计的重要组成部分，也是对工程建设实施计划管理的重要手段。施工进度计划是工程项目施工的时间规划，规定了工程项目施工的起迄时间、施工顺序和施工速度，是控制工期的有效工具。

10.6.1　概　　述

(1)水利水电工程建设阶段的划分

施工组织设计规范规定，水利水电工程建设全过程可划分为四个施工时段。

1)工程筹建期。是指工程正式开工前，业主应完成的对外交通、施工供电和通信系统、征地、移民以及招标、评标、签约等工作，为主体工程施工承包商具备进场开工条件所需时间。

2)工程准备期。是指准备工程开工起至关键线路上的主体工程开工或河道截流闭气前的工期。一般包括："四通一平"、导流工程、临时房屋和施工工厂设施建设等。

3)主体工程施工期。是指自关键线路上的主体工程开工或一期截流闭气后开始，至第一台机组发电或工程开始发挥效益为止的工期。

4)工程完建期。是指自水电站第一台机组投入运行或工程开始受益起，至工程竣工的工期。

并非所有工程的四个建设阶段均能截然分开，某些工程的相邻两个阶段工作也可交错进行。

编制施工总进度时，工程施工总工期由工程准备期、主体工程施工期及工程完建期三部分组成。

(2)各设计阶段施工总进度的任务

施工总进度的任务概括地说，是分析工程所在地区的自然条件、社会经济资源、工程施工特性和可能的施工进度方案，研究确定关键性工程的施工分期和施工程序，协调平衡地安排其他工程的施工进度，使整个工程施工前后兼顾、互相衔接、均衡生产，最大限度地合理使用资金、劳力、设备、材料，在保证工程质量和施工安全前提下，按时或以较短工期建成投产、发挥效益，满足国家经济发展的需要。各设计阶段的具体任务如下：

1)项目建议书阶段。分析施工条件，对初拟的各坝址、坝型和水工建筑物布置方案，分别进行施工进度粗略研究工作，初步提出工程施工的轮廓性进度计划。

2)可行性研究阶段。根据工程具体条件和施工特点，对拟定的各坝址、坝型和水工建筑物布置方案，分别进行施工进度的研究工作，提出施工进度资料参与方案选择和评价水工枢纽布置方案，在既定方案的基础上，配合拟定和选择施工导流方案，研究确定主体工程施工分期和施工程序，提出施工控制性进度表及主要工程的施工强度，初算劳动力高峰人数和总工日数。

3)初步设计阶段。根据主管部门对可行性研究报告的审查意见、设计任务书以及实际情况的变化，在参与选择和评价水工枢纽布置方案和配合选择施工导流方案过程中，提出和修改施工控制性进度，对既定水工和施工导流方案的控制性进度进行方案比较，选择最优方案，以利于施工组织设计各专业开展工作。

在各专业设计分析研究和论证的基础上，进一步调查、完善、确定施工控制性进度，编制施工总进度和准备工程进度，提出主要工程施工强度、施工强度曲线、劳动力需要量曲线等资料。

4)施工准备(招标设计)阶段。根据初步设计编制的施工总进度和水工建筑物型式，工程量的局部修改并结合施工方法和技术供应条件，选定合适的劳动定额，制定单项工程施工进度，并据以调整施工总进度。

(3)施工总进度编制原则

1)认真贯彻执行党的方针政策、国家法令法规、上级主管部门对本工程建设的指示和要求。

2)加强与施工组织设计及其他各专业的密切联系，统筹考虑，以关键性工程的施工分期和施工程序为主导，协调安排其他各单项工程的施工进度。应有必要的方案比较，选择最优方案。

3)在充分掌握及认真分析基本资料的基础上，尽可能采用先进施工技术、设备，最大限度地组织均衡施工，力争全年施工，加快施工进度。同时，应做到实事求是，有适当余地，保证工程质量和安全施工。当施工情况发生变化时，要及时调整和落实施工总进度。

4)充分重视和合理安排准备工程的施工进度，在主体工程开工前，相应各项准备工作应基本完成，为主体工程开工和顺利进行创造条件。

5)对高坝大库大容量的工程，应研究分期建设或分期蓄水的可能性，尽可能减少第一批机组投产前的工程投资。

(4)施工总进度计划的表述类型

施工总进度计划的设计成果，常以图表的形式来表述，通常有以下几种类型：

1)横道图。横道图总进度计划是应用范围最广、应用时间最长的进度计划表现形式。图上标有工程中主要项目的工程量、施工时段、施工工期和施工强度，并有经平衡后汇总的施工强度曲线和劳动力需要量曲线。

横道图总进度计划的最大优点是直观、简单、方便，易于为人们所掌握和贯彻，而且适应性强；缺点是不能表达各分项工程之间的逻辑关系，不能表示反映进度安排的工期、投资或资源等参数的相互制约关系，进度的调整修改工作复杂，优化困难。

不论工程项目和内容多么错综复杂，总可以用横道图逐一表示出来，因此，尽管进度计划的技术和形式在不断改进，但是，横道图总进度计划目前仍作为一种常见的进度计划表示形式而被继续沿用。

2)网络图。网络图进度计划是 20 世纪 50 年代开始在横道图进度计划基础上发展起来的，它是系统工程在编制施工进度中的应用，目前在国内外应用较为普遍。其优点是能明确表示各分项工程之间的逻辑关系，通过时间参数计算，可找到控制工期的关键路线，便于控制和管理；另外，在计算手段上，可采用计算机进行，因此进度的优化和调整比较方便，缺点是不够明了直观。

3)横道图和网络图结合。它是在传统横道图与网络图相结合的基础上发展起来的，既有传统横道图简单明了的形式，又有网络图进度计划中明确的逻辑关系和时间参数的表达，是如今常用的表达形式。

10.6.2 施工进度计划的编制

(1)收集基本资料

编制进度计划一般要具备以下资料：①上级主管部门对工程建设开竣工投产的指示和要求，有关工程建设的合同协议；②工程勘测和技术经济调查的资料，如水文、气象、地形、地质、水文地质和当地建筑材料等，以及工程所在地区和库区的工矿企业、矿产资源、水库淹没和移民安置等资料；③工程规划设计和概预算方面的资料，包括工程规划设计的文件和图纸，主管部门关于投资和定额等资料；④国民经济各部门对施工期间防洪、灌溉、航运、放木、供水等方面的要求；⑤施工组织设计其他部分对施工进度的限制和要求，如交通运输能力、技术供应条件、施工分期、施工强度限制等；⑥施工单位施工能力方面的资料等。

(2)编制轮廓性施工进度计划

轮廓性施工进度，是根据初步掌握的基本资料和水工布置方案，结合其他专业设计工作，对关键性工程施工分期、施工程序进行粗略的研究之后，参考已建同类工程的施工进度指标，粗略估计工程受益工期和总工期。一般编制方法有以下几种。

1)与水工设计人员共同研究选定有代表性的水工方案，并了解主要建筑物的施工特性，初步选定关键性施工项目。

2)根据对外交通和工程布置的规模及难易程度，拟定准备工程的工期。

3)以拦河坝为主要主体建筑的工程，根据初拟的导流方案，对主体建筑物进行施工分期规划，确定截流和主体工程的基坑施工日期。

4)根据已建工程的施工进度指标，结合本工程的具体条件，规划关键性工程项目的施工期限，确定工程受益日期和总工期。

5)对其他主体建筑物的施工进度作粗略分析，编制轮廓性施工进度表。

轮廓性施工进度在项目建议书阶段，是施工总进度的最终成果；在可行性研究阶段，是编制控制性施工进度的中间成果，其目的是配合拟定可能的导流方案，其次是为了对关键性工程项目进行粗略规划，拟定工程受益日期和总工期，为编制控制性进度做好准备；在初步设计阶段，可不编制轮廓性施工进度计划。

(3)编制控制性施工进度计划

控制性施工进度与导流、施工方法设计等有密切联系，在编制过程中，需根据工程建设总工期的要求，确定施工分期和施工程序。因此，控制性施工进度的编制，必然是一个反复调整的过程。

编制控制性施工进度时，应以关键性工程项目为主线，根据工程特点和施工条件，拟定关键性工程项目的施工程序，分析研究关键性工程的施工进度。而后以关键性工程施工进度为主线，安排其他各单项工程的施工进度，拟定初步的控制性施工进度表。

以拦河坝为关键性工程项目时，以下为拟定控制性施工进度的方法。

1)拟定节流时段。

2)拟定底孔(洞)封堵日期和水库蓄水时间。

3)拟定大坝施工程序。

4)拟定坝基开挖及基础处理工期。

5)确定坝体各期上升高程。

6)安排地下工程进度。

7)确定机组安装工期等。

控制性施工进度在可行性研究阶段，是施工总进度的最终成果；在初步设计阶段，是编制施工总进度的重要步骤，并作为中间成果提供给施工组织设计的各有关专业，作为设计工作的依据。

(4)编制施工总进度计划

施工总进度表是施工总进度的最终成果，它是在控制性施工进度表的基础上进行编制的，其项目较控制性进度表全面而详细。在编制总进度表的过程中，可以对控制性进度作局部修改。

总进度表应包括准备工程的主要项目，而详细的准备工程进度，则应专门编制准备工程进度表。对于控制发电的主要工程项目，先按已完成的控制性进度表排出；对于非控制性工程项目，主要根据施工强度和土石方、混凝土平衡的原则安排。

10.6.3 网络进度计划

编制网络计划有以下步骤。

(1)绘制初始网络图，并确定(或估计)各项工作的工作历时。

(2)计算各项工作的最早可能开工、最早可能完工、最迟必须开工、最迟必须完工时间及总时差和自由时差，并判断关键工作和关键线路。

(3)根据要求对网络计划进行优化。保证在计划规定的工期内用最少的人力、物力和财力完成任务，或在人力、物力、财力的限制下，用最短的工期完成任务。

(4)在实施过程中，不断地收集、传递、加工、分析信息，及时对计划进行必要的调整。

网络图是网络计划技术的基础。网络图是表示一项工程或任务的工作流程图，分为双代号网络图和单代号网络图，它们都是由节点和箭线所组成的有向网络，反映的逻辑关系是等价的。

单代号网络图，是以一个节点代表一个项目，节点之间的箭线只代表项目之间的逻辑顺序关系；双代号网络图，是用箭线两端的两个节点代表一个项目，箭尾节点表示该项目开工，箭头节点表示该项目完工，一根箭线既代表一个项目，又体现了该项目与其他项目之间的依存关系。

10.6.4 施工进度的调整

施工进度计划的优化调整，应在时间参数计算的基础上进行，其目的是使工期、资源（人力、物资、器材、设备等）和资金取得一定程度的协调和平衡。根据优化目标的不同，人们提出了各种优化理论、方法和计算程序。

(1)资源冲突的调整

所谓资源冲突，是指在计划时段内，某些资源的需用量过大，超出了可能供应的限度。为了解决这类矛盾，可以增加资源的供应量，但往往要花费额外的开支；也可以调整导致资源冲突的某些项目的施工时间，使冲突缓解，这可能会引起总工期的延长。如何取舍，要权衡得失而定。

(2)工期压缩的调整

当网络计划的计算总工期 T 与限定的总工期 $[T]$ 不符时，或计划执行过程中实际进度与计划进度不一致时，需要进行工期调整。

工期调整分为压缩调整和延长调整。工程实践中经常要处理的是工期压缩问题。

当 $T<[T]$ 或计划执行超前时，说明提前完成施工进度，常会带来相应的经济效益。这时，只要不打乱施工秩序，不造成资源供应方面的困难，一般可不必考虑调整问题。

当 $T>[T]$ 或计划工期拖延时，为了挽回延期的影响，需进行工期压缩调整或施工方案调整。

思 考 题

1. 水利工程施工的主要内容和任务是什么？
2. 简述模板的作用和基本类型。
3. 混凝土运输的基本要求是什么？
4. 谈谈全段围堰法导流和分段围堰法导流的区别？
5. 简述截流的基本程序。
6. 龙口位置及宽度的选择确定应该遵循哪些原则？
7. 简述施工进度计划如何编制。
8. 简述大体积混凝土浇筑时应该注意哪些问题？

11 著名水利枢纽及大坝

11.1 中国水利枢纽及大坝

1. 三峡水利枢纽

三峡水利枢纽位于中国长江干流三峡中的西陵峡，坝址在湖北省宜昌市三斗坪，距三峡出口南津关 38 km，在已建的葛洲坝水利枢纽上游 40 km，是开发和治理长江的关键性骨干工程，具有防洪、发电、航运等巨大的综合效益，是世界上最大的水利枢纽工程。

枢纽控制流域面积 100 万 km^2，占长江流域总面积的 56%。坝址多年平均流量 14 300 m^3/s，实测最大洪水流量 71 100 m^3/s，历史最大洪水流量 105 000 m^3/s，多年平均悬移质输沙量 5.3 亿 t。坝区地壳稳定，地震基本烈度为Ⅵ度。坝址区河谷开阔，谷底宽约 1 000 m，河床右侧有中堡岛，将长江分为大江和后河。两岸谷坡平缓，冲沟发育，岩石风化壳较厚。坝址基岩为坚硬的前震旦纪闪云斜长花岗岩，强度高，断层不发育，裂隙规模较小，以陡倾角为主，微风化和新鲜岩体的透水性微弱。坝址具备修建高坝的良好地质条件。

中国对兴建三峡水利工程的设想和探索由来已久。早在 20 世纪初，孙中山先生曾提出开发三峡水力资源的设想。1944 年，中国资源委员会与美国垦务局的 J.L. 萨凡奇博士等协作进行了建坝方案的研究，提出了在南津关建坝的扬子江三峡计划初步报告。中华人民共和国成立后，开展了三峡工程建设的前期工作，水利部长江水利委员会做了大量的勘测、科研和规划设计工作。1986 年，原水利电力部组织各方面专家对三峡工程的可行性进行论证，认为三峡工程对长江中游防洪的作用不可代替，发电、航运效益巨大，移民及环境问题可以妥善解决，应早日兴建。根据论证成果，水利部长江水利委员会于 1989 年提出三峡工程可行性研究报告，经国务院审查后，于 1992 年 4 月 3 日在第七届全国人民代表大会第五次会议上审议通过，将兴建长江三峡水利枢纽列入国民经济和社会发展十年规划。

三峡水利枢纽工程方案的要点是，合理选择枢纽工程规模和确定水库正常蓄水位。经过多种方案比较研究，确定采用“一级开发、一次建成、分期蓄水、连续移民”的实施方案。坝顶高程 185 m，正常蓄水位 175 m，总库容 393 亿 m^3，回水可达重庆港。初期正常蓄水位 156 m，为有利于水库拦洪排沙，初期和最终的防洪限制水位分别为 135 m 和 145 m。

三峡水利枢纽主要建筑物由大坝、水电站和通航建筑物三大部分组成，见图 11.1 和图 11.2。枢纽主要建筑物设计洪水标准为 1 000 年一遇，洪峰流量为 98 800 m^3/s；校核洪水标准为 10 000 年一遇加 10%，洪峰流量为 124 300 m^3/s，相应设计和校核水位分别为 175 m 和 180.4 m。地震设计烈度为Ⅶ度。拦河大坝为混凝土重力坝，大坝轴线全长 2 309.5 m，最大坝高 181 m。大坝右侧茅坪溪防护坝为沥青混凝土心墙砂砾石坝，最大坝高 104 m。泄洪坝段居河床中部，前沿总长 483 m，设有 23 个深孔和 22 个表孔以及 22 个后期需封堵的临时导流底孔。深孔尺寸为 7 m×9 m、进口底高程 90 m，表孔净宽 8 m、溢流堰顶高程 158 m，下游采用鼻坎挑流方式消能。导流底孔尺寸 6.0 m×8.5 m，进口底高程 56 m～57 m。枢纽在校核水位时的最大泄洪能力为 120 600 m^3/s。电站坝段位于泄洪坝段两侧，进水口尺寸为 11.2 m×19.5 m，进水口底高程为 108 m。压力管道内径为 12.4 m，采用钢衬钢筋混凝土联合受力的结构形式。

水电站装机容量 1 820 万 kW，采用坝后式厂房，设有左、右岸两组厂房，共安装 26 台水轮发电机组。左岸厂房全长 643.7 m，安装 14 台水轮发电机组；右岸厂房全长 584.2 m，安装 12 台水轮发电机组。水轮机为混流式，机组单机额定容量为 70 万 kW。三峡水电站以 500 kV 交流输电线路和±500 kV 直流输电线路向华东、华中、华南送电。电站出线共 15 回(左岸厂房 8 回，右岸厂房 7 回)。右岸山体内预留地下厂房的位置，后期扩机 6 台，总容量为 420 万 kW。

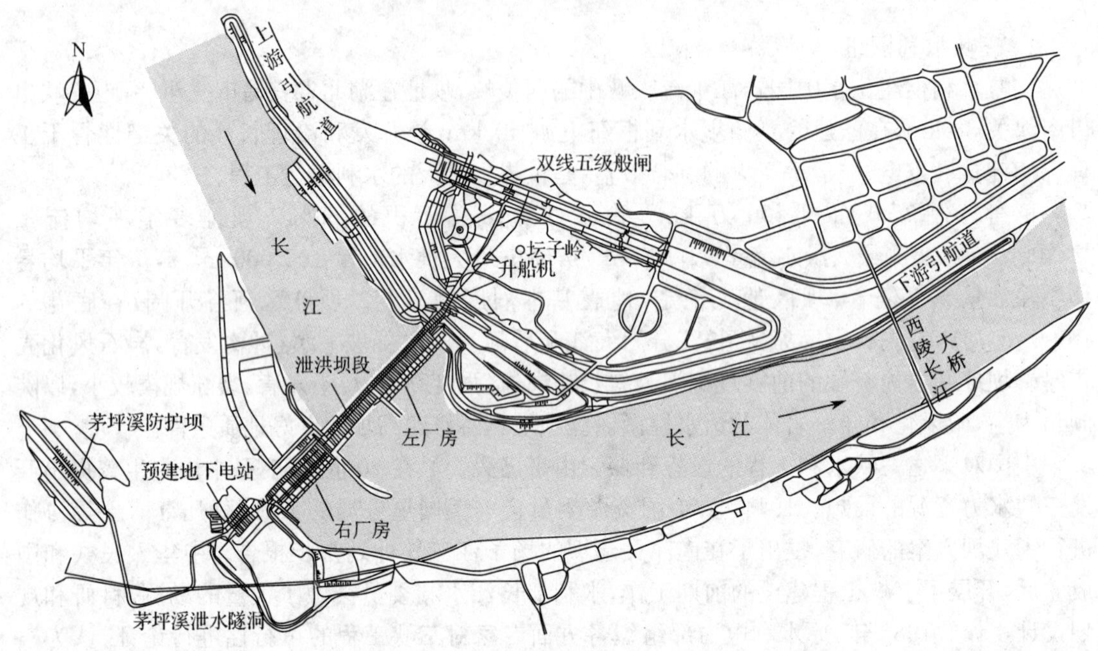

图 11.1　三峡水利枢纽平面布置图

三峡工程通航建筑物包括永久船闸和升船机，均位于左岸山体内。永久船闸为双线五级连续梯级船闸，单级闸室有效尺寸长 280 m、宽 34 m，坎上最小水深 5 m，可通过万 t 级船队。升船机为单线一级垂直提升，承船厢有效尺寸长 120 m、宽 18 m、水深 3.5 m，一次可通过一艘 3 000 t 级的客货轮。

三峡工程采用分期导流方式，分 3 个阶段进行施工，总工期 17 年。第一阶段为 1993—1997 年，进行施工准备及一期工程建设，以实现大江截流为目标；第二阶段为 1998—2003 年，蓄水至 135 m 水位，进行二期工程建设，以实现第一批机组发电和永久船闸通航为目标；第三阶段为 2004—2009 年，实现全部机组发电和枢纽工程全部建成。

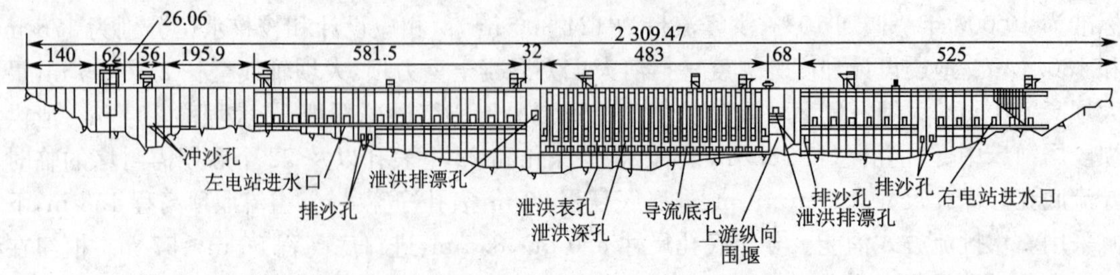

图 11.2　三峡水利枢纽立视图(单位：mm)

枢纽主体建筑物及导流工程的主要设计工程量：土石方开挖 10 283 万 m^3，土石方填筑 3 198 万 m^3，混凝土浇筑 2 794 万 m^3，钢筋用量 46.23 万 t，金属结构安装 25.65 万 t。

水库移民涉及湖北省、重庆市的 19 个县（市），移民数量大，任务重，政策性强。根据 1991—1992 年调查，主要淹没实物指标为：人口 84.41 万人，淹没耕地和柑橘地 2.45 万 hm^2。考虑到建设期间的人口增长和两次搬迁等其他因素，移民安置的总人口将达 110 余万人。此外，还有工矿企业、道路、电信线路等，迁建任务繁重。库区移民实行开发性移民的方针，除就地安置外，有部分移民迁入外省、直辖市。在移民工作中，库区开发和城镇迁建结合，统筹规划，分期实施。

经国家批准，三峡工程投资概算按 1993 年 5 月末价格计算，静态投资为 900.9 亿元人民币，其中：枢纽工程投资 500.9 亿元、水库淹没处理及移民安置费 400 亿元。计入物价上涨及施工期贷款利息的动态总投资估算约为 2 039 亿元。

三峡水利枢纽具有很大的防洪、发电和航运效益。在防洪方面，枢纽地理位置优越，可有效地控制长江上游洪水，对中下游平原区，特别是对荆江地区的防洪起着决定性的不可代替的作用。工程建成后有防洪库容 221.5 亿 m^3，可使荆江河段的防洪标准由现状的 10 年一遇提高到 100 年一遇；遇 1 000 年一遇或更大洪水，配合荆江分洪等分蓄洪工程的运用，可防止荆江河段发生干堤溃决的毁灭性灾害，还可大大提高长江中下游防洪调度的机动性和可靠性，减轻中下游洪水淹没损失和对武汉市的洪水威胁；并可为洞庭湖区的根本治理创造条件。在发电方面，三峡水电站多年平均年发电量 846.8 亿 kW·h，主要向华东、华中和华南地区供电。在航运方面，三峡水库可显著改善长江宜昌至重庆长 660 km 的航道，万 t 级船队可直达重庆港。航道单向年通过能力可由 1 000 万 t 提高到 5 000 万 t。因三峡水库调节，宜昌下游枯水季最小流量可从 3 000 m^3/s 提高到 5 000 m^3/s 以上，从而使长江中下游枯水季航运条件得到较大的改善。除前述减免洪水灾害，提供清洁能源和改善航运条件之外，还可促进水库渔业、旅游业的发展，改善中下游枯水季水质，并有利于南水北调。

三峡工程对生态环境的不利影响曾受到广泛关注。据研究，在自然环境方面，库区气候不会产生明显变化；不会产生高烈度的水库诱发地震和大规模的库岸坍塌；水库采用蓄清排浑的调度方式，水库淤积和下游冲刷都不严重，水库变动回水区局部淤积碍航问题可以通过工程措施解决；库区淹没对生物影响不大，对个别珍稀动植物的不利影响可采取措施予以保护。在社会环境方面，对淹没的少量文物古迹已采取迁移、发掘、重建及其他保护措施，对局部景观虽有改变，但新的景色将更美好。重要的问题是库区移民可能造成新的水土流失和环境污染，可通过预防和加强管理，建设合理的生态环境系统。对于三峡工程对生态环境可能带来的不利影响，国家已予以高度重视，正在采取必要的措施和对策，使不利影响得到有效减免。

1993 年初，三峡工程开始施工准备工程和一期导流工程的施工。为了更好地解决重大工程技术问题，组织了全国科技力量进行技术攻关，如枢纽总体布置优化，大孔口坝段和厂房结构分析，泄水建筑物和船闸水力学研究，大江截流和围堰施工等，取得满意的成果，促进工程顺利实施。

1994 年 12 月 14 日，三峡水利枢纽工程正式开工，一期工程进展顺利，在完成右侧导流明渠和一期工程的围堰施工后，1997 年 11 月 8 日，二期导流工程的大江截流围堰胜利合龙，创造了截流水深 60 m、截流流量 8 480m^3/s～11 600 m^3/s、日最高抛投强度 19.4 万 m^3 和截流施工期有通航要求 4 项世界纪录。

1998年，三峡工程进入第二阶段的施工。二期上、下游土石围堰总填筑量1 032万m^3，最大堰高80 m，大部分采用水下抛填法施工；混凝土防渗墙83 450m^2，最大深度74 m。围堰施工在一个枯水季节内完成，1998年9月基坑抽干，1999年汛期上游围堰承受的最大水头为73.6 m，各项监测资料表明，围堰运行正常，基坑渗水量甚微，工程质量优良。

永久船闸是在左岸山体内开挖形成，最大开挖深度达170 m，其下部为60多米高的直立墙。为保持岩体整体稳定和限制其变形，采用了山体排水和预应力锚索、高强锚杆、喷混凝土支护等措施，采用科学的施工程序和严密的爆破措施，并加强了安全监测。2000年9月完成了石方开挖总量约4 000万m^3和预应力锚索3 600余根、高强锚杆约10万根。通过埋设的1 500余只仪器取得的大量监测资料成果表明，高边坡两侧的地下水位得到有效控制，边坡的最大位移量在设计预测的范围内，说明永久船闸高边坡整体上是稳定的。

三峡工程二期混凝土施工，选定以塔带机为主，配合高架门塔机、胎带机和缆机的综合机械化施工方案。1999年三峡工程全年浇筑混凝土458.5万m^3，11月份浇筑混凝土55.35万m^3，创造了混凝土年、月浇筑强度的世界纪录。特别是1999年夏季浇筑的大坝混凝土，绝大部分位于基础强约束区，温度控制要求很严，在夏季混凝土浇筑月强度达到40万～45万m^3的条件下，做到了混凝土出机口温度不超过7 ℃，浇筑温度不超过16 ℃，混凝土最高温度基本控制在设计要求的范围内，有效地防止了大坝混凝土产生贯穿性裂缝的风险。2000年仍是三峡工程施工的高峰年，混凝土年浇筑强度达548.2万m^3，再创新的世界纪录。

三峡工程的水轮发电机组容量是20世纪世界上最大的机组，同时为了防洪、排沙和初期低水位发电的需要，在汛期需在低水位的条件下运行，因而机组运行水头变幅及最大水头和最小水头的比值，均远远超过了20世纪世界已有特大机组的运行条件，设计制造难度很大。

2. 小浪底水利枢纽

小浪底水利枢纽位于中国河南省洛阳市以北40 km，距上游的三门峡大坝130 km，控制流域面积69.42万km^2，占黄河流域面积的92.3%，是黄河最下游的控制性骨干工程。坝址多年平均流量1 342 m^3/s，多年平均输沙量13.51亿t。

枢纽开发目标以防洪(包括防凌)、减淤为主，兼顾供水、灌溉和发电，采取蓄清排浑的运用方式，除害兴利，综合利用。枢纽建成后，可使下游防洪标准由60年一遇提高到1 000年一遇，基本解除凌汛灾害；减少下游河道淤积，增加灌溉面积266万hm^2；水电站总装机容量180万kW，多年平均年发电量51亿kW·h。

枢纽正常蓄水位为275 m，相应水库库容126.5亿m^3，其中淤沙库容75.5亿m^3，有效库容51亿m^3。枢纽主要水工建筑物设计洪水标准为1 000年一遇，洪峰流量40 000m^3/s，校核洪水标准为10 000年一遇，洪峰流量52 300 m^3/s，枢纽总泄洪能力17 000 m^3/s，在死水位230 m时泄量为8 000 m^3/s。

坝址区岩层为砂岩、粉砂岩、黏土岩互层，倾向下游，倾角8°～12°，含有多层摩擦系数为0.2～0.25的泥化夹层，加之断层、节理裂隙发育，岩体破碎，对地下洞室和岸(边)坡稳定不利。坝基覆盖层最大厚度74 m。坝址区地震基本烈度为Ⅶ度，主要挡水建筑物地震设计烈度为Ⅷ度。

枢纽主要包括挡水、泄洪排沙和引水发电建筑物三大部分，见图11.3。

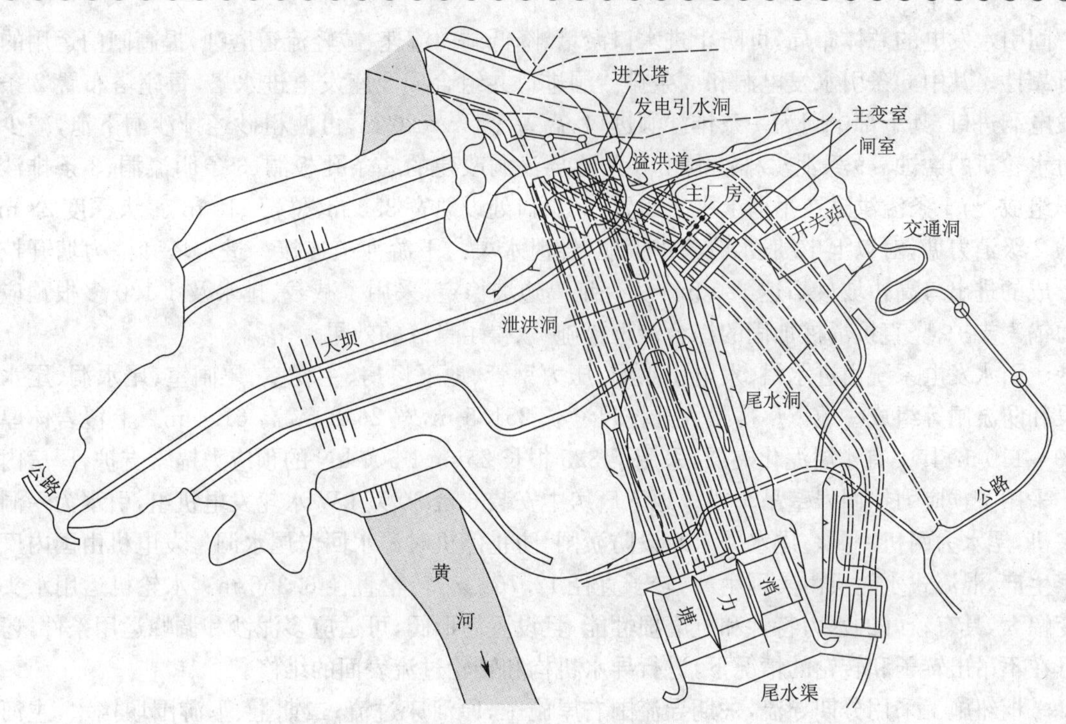

图 11.3 小浪底水利枢纽平面布置图(单位:m)

枢纽大坝是中国已建成的体积最大、基础覆盖层最深的土质防渗体。考虑黄河多泥沙的特点,工程采用带内铺盖的壤土斜心墙堆石坝坝型,最大坝高 154 m,坝顶高程 281 m,坝顶长 1 667 m,上游边坡 1∶2.6,下游边坡 1∶1.75。总填筑量 5 185 万 m^3。坝体防渗由主坝斜心墙、上爬式内铺盖、上游围堰斜墙与坝前淤积体组成完整的防渗体系,见图 11.4。坝基混凝土防渗墙厚 1.2 m,最大深度 81.9 m,顶部插入斜心墙 12 m。上游围堰是主坝的一部分,斜心墙下设塑性混凝土防渗墙和旋喷灌浆相结合的防渗措施。

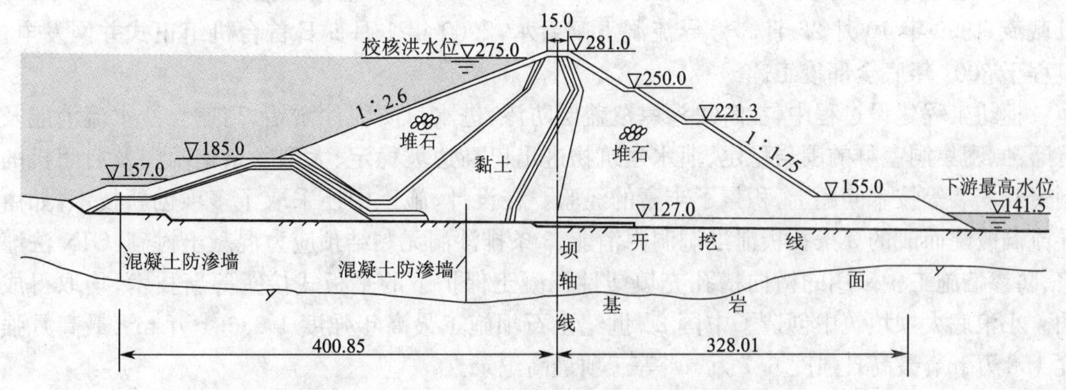

图 11.4 小浪底水利枢纽坝体剖面图(单位:m)

由于地形、地质条件的限制和进水口防淤堵等运用要求,泄洪、排沙、引水发电建筑物均布置在左岸,形成进水口、洞室群、出水口消力塘集中布置的特点。在面积约 1 km^2 的单薄山体中集中布置了各类洞室 100 多条。9 条泄洪排沙洞(孔板洞、排沙洞、明流洞各 3 条)、6 条引水发电洞和 1 条灌溉洞的进水口组合成一字形排列的 10 座进水塔,其上游面在同一竖直面内,前缘总宽 276.4 m,最大高度 113 m。各洞进口错开布置,形成高水泄洪排污,低水泄洪排沙,中间引水发电的总体布局，可防止进水口淤堵、降低洞内流速、减轻流道磨蚀，提高闸门运用的可靠性。其中 6 条引水发电洞和 3 条排沙洞进口共组合成 3 座发电进水塔，每座塔布置 2 条发电洞进口，其下部中间为一条排沙洞进口，高差 15 m～20 m，可使粗砂经排沙洞下泄，减少对水轮机的磨蚀。9 条泄洪排沙洞由 3 条隧导流洞改建的 3 条孔板洞、3 条明流洞、3 条排沙洞组成，与 1 条溢洪道在平面上平行布置，其出口处设总宽 356 m、总长 210 m、最大深度 28 m 的 2 级消力塘，对以上 10 股水流集中消能，经泄水渠与下游河道连接。进水塔和消力塘开挖形成的进出口高边坡最高达 120 m。为保证高边坡稳定，采用了减载、排水及 1 100 多根预应力锚索支护、竖直抗滑桩加固的综合治理措施，取得了良好的效果。

引水发电系统由进水塔、发电引水洞、压力钢管、地下厂房、主变室、尾闸室、尾水洞、尾水渠和防淤闸等组成。地下厂房最大开挖尺寸长 251.5 m，宽 26.2 m，高 61.4 m。上覆岩体厚 70～110 m，其中有 4 层泥化夹层，采用了 325 根长 25 m、1 500 kN 的预应力锚索支护，厂房内还采用了预应力锚固岩壁吊车梁。地下厂房中安装 6 台 30 万 kW 水轮发电机组，引水为一洞一机，尾水为两机一洞。尾水渠末端设防淤闸，防止停机时浑水回淤尾水洞。发电机由国内厂家生产，混流式水轮机由美国生产，转子直径 12.763 m，转轮直径 6.356 m。水轮机运用水头变幅大，具有较好的水力特性和抗磨损性能，且设置筒形阀，可适应多泥沙和调峰运用条件，还可在不吊出转子和转轮的情况下，进行导水机构和转轮过流表面的维修。

枢纽施工采用分期导流，一期导流围右岸施工，原河床过流；二期上、下游围堰挡水，主河槽施工，同时进行左岸导流洞和其他建筑物施工。在截流时主体土建工程已完成土石方开挖 85%，土石方填筑总量的 32%，混凝土和钢筋混凝土总量的 48%。截流后，随着大坝升高和泄洪排沙建筑物逐步建成，泄洪能力逐渐增加，各年度汛标准逐步提高。

枢纽主体工程量(含前期准备工程)：土石方开挖 6 027 万 m^3，土石方填筑 5 574 万 m^3，混凝土及钢筋混凝土 354 万 m^3，金属结构安装 3.26 万 t，机电设备安装 3.09 万 t。工程总投资 347.46 亿元，其中水库淹没处理和移民费用 86. 75 亿元。水库淹没耕地 1.4 万 hm^2，移民安置人口 18.97 万人。

枢纽前期准备工程于 1991 年 9 月开工，1994 年 9 月 12 日主体工程开工，1997 年 10 月 28 日截流，1999 年 10 月 25 日 3 号导流洞下闸蓄水，2000 年 1 月 9 日首台机组正式并网发电。工程于 2001 年底全部竣工。

枢纽工程建设过程中，在解决深厚覆盖层防渗、进水口防泥沙淤堵、高速含沙水流消能及抗磨蚀、密集洞室群的围岩稳定、泄水建筑物进出口高边坡稳定、大型复杂钢闸门及启闭机的制造和安装等技术问题上，积累了丰富的经验。在设计、施工中还采取了多项创新技术，如由导流洞改建而成的 3 条孔板泄洪洞洞内消能、3 条排沙洞无黏结预应力混凝土衬砌、GIN 法灌浆、防渗墙施工中采用的横向槽孔充填塑性混凝土保护下的平板式接头等新技术，均取得成功。小浪底大坝填筑中创造了中国 20 世纪土石坝施工最高年强度 1 636.1 万 m^3、最高月强度 158 万 m^3、最高日强度 6.7 万 m^3 等三项最高纪录。

3. 江垭水利枢纽

江垭水利枢纽位于中国湖南省张家界市境内澧水一级支流溇水中游，下距慈利县江垭镇 5 km。坝址控制流域面积 3 711 km^2，占澧水流域面积的 73%。坝址多年平均流量为 132 m^3/s，实测最大流量为 6 630 m^3/s，调查历史最大洪峰流量为 10 000m^3/s。枢纽以防洪为主，兼有发电、灌溉、航运及供水等效益。水库总库容 17.4 亿 m^3，其中防洪库容 7.4 亿 m^3。电站装机容量 30 万 kW，多年平均年发电量 7.56 亿 kW · h。水库增加灌溉农田面积

0.57 万 hm^2,改善航道 124 km,给 5 万人提供生活用水。

澧水是一条洪涝灾害非常严重的河流,此前全流域没有防洪控制性工程。江垭水利枢纽可将沿河两岸及淞澧平原的防洪标准由现在的 4～7 年一遇提高到 17 年一遇,与皂市水利枢纽联合调度,可提高到 30 年一遇,使上述地区 144 万人口、12.2 万 hm^2 耕地的洪灾威胁大为缓解,对减轻洞庭湖区的洪涝灾害也十分有利。

坝址河谷呈 U 形,枯水期水面宽 70～90 m。两岸山体雄厚,基岩裸露,岩层倾向下游,倾角约 38°,走向与河流近于正交。

坝基为下二叠统栖霞组灰岩,喀斯特发育不深。坝基有 4 条断层,规模不大,基岩层间错动连续且左右岸对称,夹层厚度一般为 0.1～0.4 m,是坝基防渗处理的重点。

枢纽由拦河坝、右岸地下厂房、地面升压站和左岸升船机等建筑物组成,见图 11.5。枢纽主要建筑物设计洪水标准为 500 年一遇洪水,洪峰流量 12 200 m^3/s;校核洪水标准为 5 000 年一遇洪水,洪峰流量 15 700 m^3/s。大坝为全断面碾压混凝土重力坝,最大坝高 131 m,坝顶高程 245 m,正常蓄水位为 236 m。坝顶长度 369.8 m,分 13 个坝段。河床 5 号～7 号为溢流坝段,溢流前沿长 88 m,0 号～4 号为右岸挡水坝段,8 号～12 号为左岸挡水坝段。溢流坝段设置 4 个表孔,堰顶高程为 224 m,弧形闸门尺寸为 14 m×15 m,在溢流表孔闸墩下设置 3 个

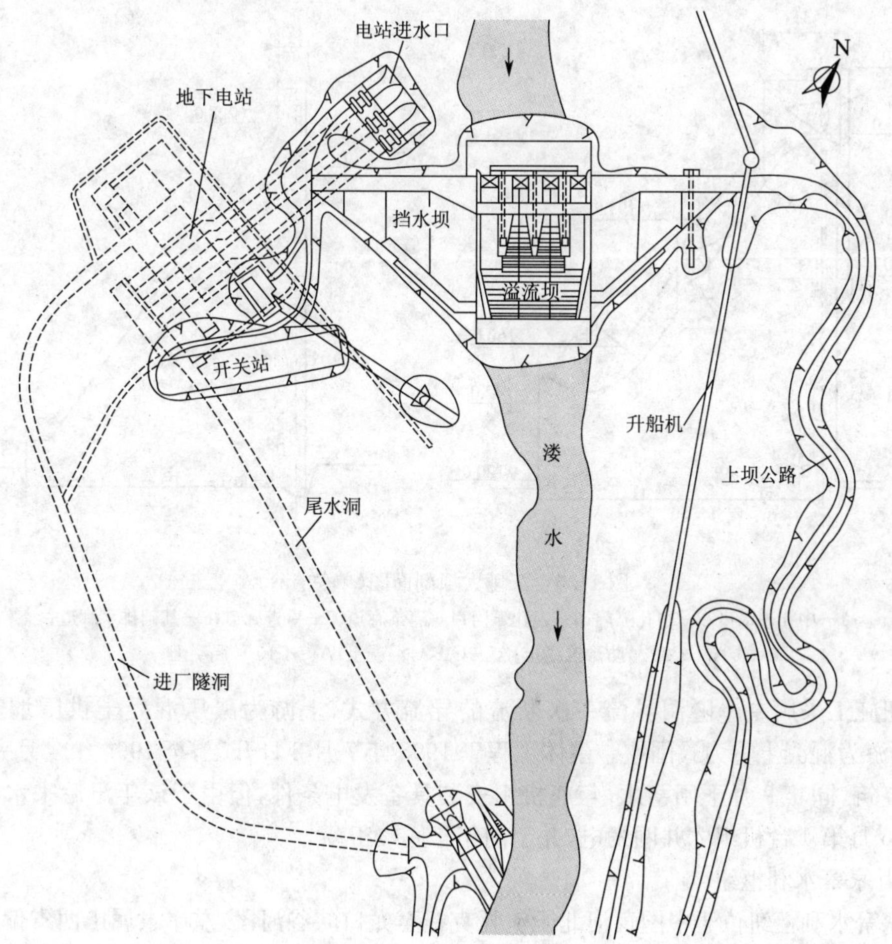

图 11.5 江垭水利枢纽平面布置图

泄洪中孔，孔口尺寸为 5 m×7 m，底板高程为 180 m，设弧形工作门，见图 11.6。中孔及表孔泄洪采用高底坎差动式空中碰撞挑流消能。灌溉取水口位于 10 号坝段，升船机位于灌溉取水口右侧，上游为垂直提升，下游为斜坡道，过坝船只吨位为 20 t。引水发电系统位于大坝右岸，由地下洞室群、地面升压站、地面副厂房组成。地下洞室群由平行布置的主厂房、主变洞、尾调室及其他洞室组成。主厂房尺寸为 103.5 m×19.0 m×46.0 m，安装 3 台 10 万 kW 水轮发电机组，岩锚吊车梁的最大起重荷载为 4 000 kN。

在大坝混凝土施工中，采用负压溜槽配合深槽皮带，成功地解决了峡谷地区筑坝混凝土的垂直运输问题，运输高度达 83 m，每条负压溜槽输送能力达 200 m^3/h。碾压混凝土采用斜层平推铺筑法，把运输浇筑仓面改小，缩短层间间歇时间，保证了混凝土的层面结合质量，对高温多雨季节施工有利。在现场和室内大量试验的基础上，成功采用二级配富浆碾压混凝土防渗，三级配碾压混凝土作为大坝主体，经坝体排水孔观测坝体的渗水量很小。碾压混凝土使用的细骨料石粉含量平均为 19.1%，最高达 22%，提高了碾压混凝土的容重和抗渗、抗分离性，各种物理力学性能满足设计要求。

枢纽主体工程量：土石方开挖 113.8 万 m^3；浇筑混凝土 156 万 m^3，其中大坝混凝土 137 万 m^3，碾压混凝土占大坝混凝土量的 80.3%。工程总投资 33.14 亿元。

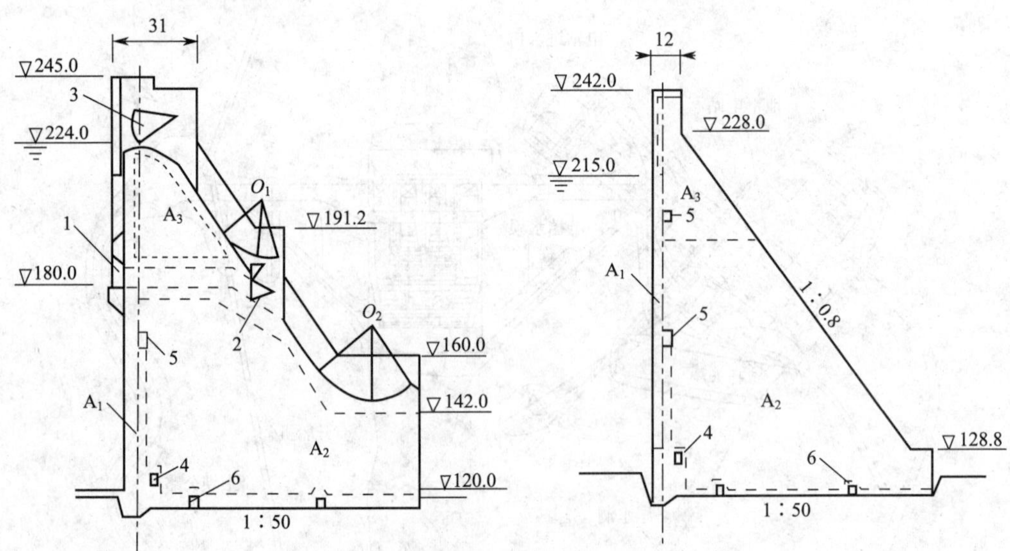

图 11.6 江垭大坝剖面图(单位：m)

1—中孔进水口；2—中孔弧门；3—表孔弧门；4—灌浆廊道；5—检查廊道；6—基础排水廊道；

A_1—C23 号防渗混凝土；A_2—C16 号混凝土；A_3—C10 号混凝土

枢纽施工采用左岸隧洞导流一次断流的导流方式，上游为碾压混凝土拱围堰，高度为 36 m，下游为混凝土重力式围堰。主体工程于 1995 年 7 月 2 日开工，至 1999 年 4 月完成大坝混凝土浇筑，同年 9 月下闸蓄水，年底机组安装具备发电条件，但由于该年汛后来水特枯，到 2000 年 5 月第 1 台机组才并网发电，并于同年年底竣工。

4. 万家寨水利枢纽

万家寨水利枢纽位于中国黄河北干流托克托至龙口峡谷河段，左岸隶属山西省偏关县，右岸隶属内蒙古自治区准格尔旗。枢纽工程主要任务是向山西及内蒙古供水，并结合发电调峰，兼有防洪、防凌作用。坝址控制流域面积 39.5 万 km^2，多年平均年径流量 192 亿 m^3。水库总库容 8.96 亿 m^3，调节库容 4.45 亿 m^3。设计年供水量 14 亿 m^3，水电站总装机容量 108 万 kW，多年平均年发电量 27.5 亿 kW · h。

坝址基岩为寒武系灰岩，薄层泥灰岩、页岩、白云岩和白云质灰岩。岩层产状平缓，走向 NE，倾向 NW，倾角 2°～3°。坝基大部分岩体饱和抗压强度 88.4～176.9 MPa，相对软弱的泥灰岩、页岩在新鲜状况下的饱和抗压强度平均值亦大于 80 MPa。在河床坝基部位发育有 10 条层间剪切带，埋深浅，倾角平缓，抗剪强度偏低。

枢纽主要建筑物有混凝土重力坝、引黄取水口、坝后式厂房、开关站等，见图 11.7、图 11.8。枢纽主要水工建筑物设计洪水标准为 1 000 年一遇，洪峰流量 16 500 m^3/s；校核洪水标准为 10 000年一遇，洪峰流量 21 200 m^3/s。平均年输沙量 1.49 亿 t。最大坝高 105 m，坝顶长 443 m。泄洪排沙建筑物布置在河床左侧，最大泄洪能力 21 100 m^3/s，其中：底孔 8 个，孔口尺寸 4 m×6 m，孔口底坎高程 915 m，单孔最大泄量 719 m^3/s；中孔 4 个，孔口尺寸 4 m×8 m，孔口底坎高程 946 m，单孔最大泄量 675 m^3/s；表孔 1 个，孔口净宽 14 m，堰顶高程970 m，最大泄量 864 m^3/s。泄洪排沙建筑物均采用挑流消能。设引黄取水口 2 个，布置在左岸挡水坝段，孔口尺寸 4 m×4 m，底坎高程 948 m，单孔最大引水流量 24 m^3/s。电站进水口 6 个，进口底坎高程 932 m，引水压力钢管直径 7.5 m，采用坝面浅埋式布置。电站坝段排沙钢管 5 个，进口底坎高程 912 m，驼峰底坎高程 917 m，排沙钢管直径 2.7 m，库水位 952 m 时，单孔泄量 57 m^3/s。坝后式厂房装有 6 台单机容量为 18 万 kW 混流式水轮发电机组，开关站位于厂坝之间，采用户内封闭式组合电器，输电电压为 220 kV，向山西、内蒙古侧各出线 3 回，见图 11.9。

施工采用分期导流，一期先围左岸，右岸缩窄河床导流；二期围右岸，左岸 5 孔 9.5 m×9.0 m 导流底孔及坝体预留缺口(宽 38 m)导流。主体工程量：土石方开挖 132 万 m^3，混凝土浇筑 178.85 万 m^3，金属结构安装 1.38 万 t，钢筋钢材 4.02 万 t。工程概算静态投资 42.99 亿元，总投资 60.58 亿元。

枢纽工程于 1994 年 11 月主体工程开工，1998 年 10 月 1 日水库下闸蓄水，1998 年 11 月 28 日首台机组发电，2000 年全部机组投产。

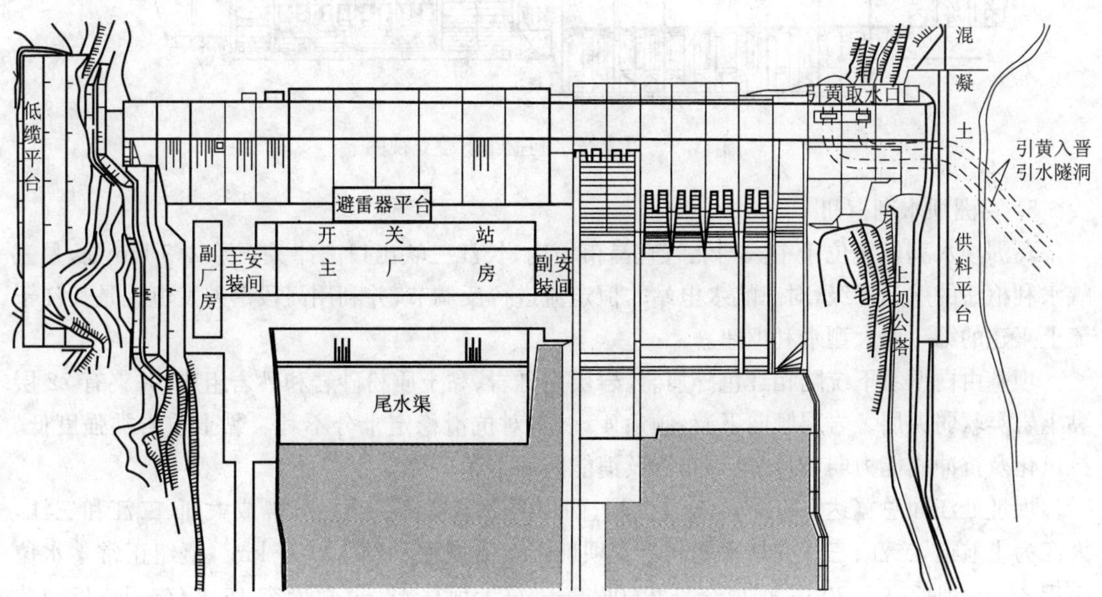

图 11.7　万家寨水利枢纽平面布置图

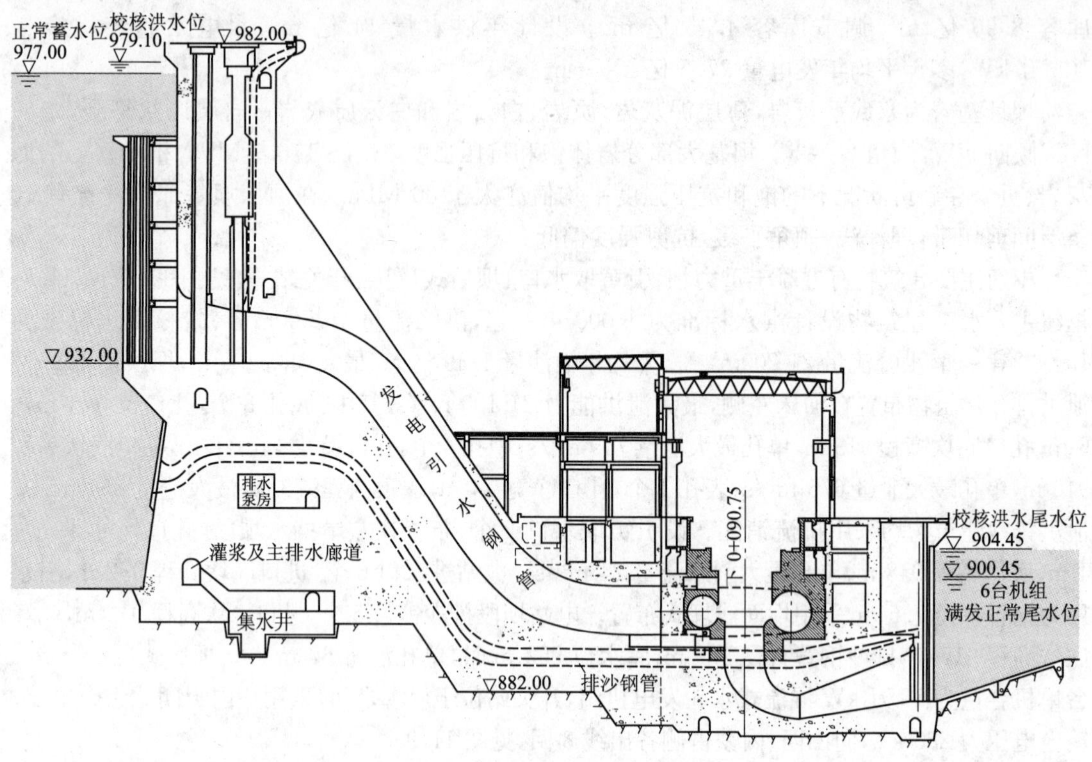

图 11.8　万家寨水利枢纽电站坝段横剖面图

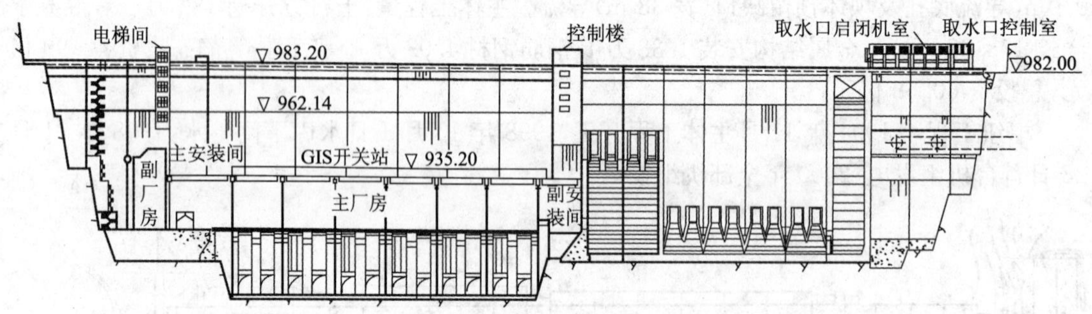

图 11.9　万家寨水利枢纽下游立视图

5. 葛洲坝水利枢纽

葛洲坝水利枢纽位于中国湖北省宜昌市境内，长江三峡出口南津关下游 2.3 km 处，是三峡水利枢纽的航运梯级，对三峡水电站非恒定流进行反调节，并利用河段落差发电。是长江干流上兴建的第 1 座大型水利枢纽。

坝基由白垩系下统陆相红色碎屑岩、岩层由砾岩、黏土质粉砂岩和砂岩组成，并夹有 72 层黏土岩类软弱夹层。岩层倾向下游，倾角 4°～8°，对抗滑稳定十分不利。黏土质岩类强度低、抗风化及抗冲刷能力弱，对建筑物布置及消能防冲不利。

坝址处江面总宽达 2 200 m，被葛洲坝、西坝两个小岛自右至左分隔成大江、二江和三江，大江为主航道，二江、三江在枯水期断流。坝址以上流域面积约 100 万 km^2，枢纽正常蓄水位高程 66 m，坝顶高程 70 m，坝顶全长 2 606.5 m，最大坝高 48 m，总库容 15.8 亿 m^3。枢纽建筑物自左岸至右岸为：左岸土石坝、3 号船闸、三江冲沙闸、混凝土非溢流坝、2 号船闸、混凝土挡水坝、二江电站、二江泄水闸、大江电站、1号船闸、大江泄水冲沙闸、右岸混凝土挡水坝、右岸土石坝。葛洲坝工程枢纽布置图如图 11.10 所示。

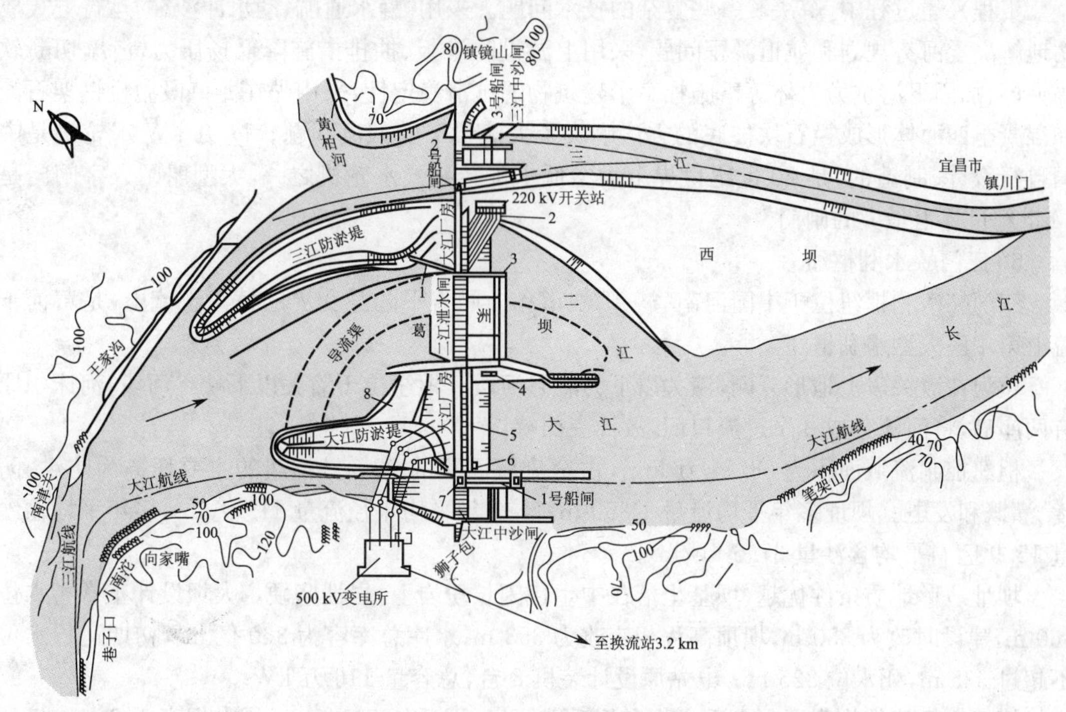

图 11.10　葛洲坝工程枢纽布置图(单位:m)

1—导沙坎;2—操作管理楼;3—厂闸导墙(排漂孔);4—左管理楼;5—中控楼;6—右管理楼;7—右安装场(排漂孔);8—拦(导)沙坎

二江泄水闸共 27 孔,挡水前沿总长 498 m,闸高 40 m,闸室长 65 m。闸型为开敞式平底闸,每 3 孔底板连成整体。孔口宽 12 m,高 24 m,每孔设上下双扉闸门,上扉为平板门,下扉为弧形门,均为宽 12 m、高 12 m,最大泄流量 83 900 m^3/s。闸后设有 180 m 的平底消力池,消力池内设两道隔墙将 27 孔分成左区 6 孔、中区 12 孔、右区 9 孔。池尾设斜卧式防淘墙、防冲护固段和柔性混凝土海漫。

三江冲沙闸共 6 孔,挡水前沿总长 108 m,闸室长 58 m,闸型为带胸墙的底孔平底闸,孔口宽 12 m、高 10.5 m,设弧形闸门,最大泄流量 10 500 m^3/s。

大江泄水冲沙闸共 9 孔,挡水前沿总长 166.8 m,闸室长 52.2 m,闸型为开敞式平底闸,孔口宽 12 m、高 19.5 m,设弧形闸门,最大泄流量 20 000 m^3/s。

水电站为河床式。二江电站装机 2 台 17 万 kW 和 5 台 12.5 万 kW,大江电站装机 14 台 12.5 万 kW,总装机容量为 271.5 万 kW,年发电量 157 亿 kW · h。为防止电厂进水口泥沙淤堵和粗砂通过水轮机造成磨损,在上游设导沙坎,每台机组设置 1~2 个排沙孔。

通航建筑物为 2 条航道和 3 座船闸。三江航道设 2 号和 3 号船闸,大江航道设 1 号船闸。1 号和 2 号船闸闸室有效尺寸为长 280 m、宽 34 m,可通过大型客货轮和万吨级船队。3 号船闸有效尺寸为长 120 m、宽 18 m,可通过 3 000 t 级客货轮。

施工采用分期导流,一期围二、三江施工,大江过流和通航;二期围大江,利用二江、三江已建的建筑物泄流、通航和发电。工程于 1970 年 12 月开工,1981 年 1 月大江截流,同年 6 月三江船闸通航，7 月二江电站第 1 台机组发电，1983 年二江电厂全部机组投产，1986 年 6 月大江第一台机组并网发电。

工程兴建过程中，解决了一些复杂的技术问题。采用“静水通航、动水冲沙”的运行方式成功地解决了河势规划和航道淤积问题，采用上游设防渗板、抽排措施降低扬压力、齿墙切断软弱夹层、加固下游抗力岩体等措施提高了建筑物的抗滑稳定性，采用先在龙口段抛投钢架石笼和混凝土四面体形成拦石坎护底的方法解决了大流量下的截流问题。17 万 kW 水轮机是中国自行设计、制造的，是 20 世纪世界上大型低水头转桨式水轮机之一，大型船闸人字闸门是 20 世纪世界上最大的闸门。

6. 三门峡水利枢纽

三门峡水利枢纽位于中国河南省三门峡市和山西省平陆县交界的黄河干流上，是黄河干流上第 1 座大型水利枢纽。

黄河在潼关以上地形开阔，潼关以下为峡谷河段。枢纽位于潼关以下峡谷河段，河床中原有两座岛，将河流分成 3 个过流口门，故称三门峡。

枢纽控制流域面积为 68.84 万 km^2，占全流域面积的 92%。枢纽的主要任务为防洪、防凌、灌溉和发电。坝址多年平均流量 1 350 m^3/s，多年平均年径流量 419 亿 m^3，多年平均输沙量 15.9 亿 t，平均含沙量 37.6 kg/m^3。

坝址地形地质条件优越，坝基坐落在中生代闪长玢岩上，岩性坚硬。大坝设计正常蓄水位 360 m，建设时改为 350 m，坝顶高程相应改为 353 m，水库总库容为 360 亿 m^3，初期运行水位不超过 335 m，死水位 325 m。电站原设计装机 8 台，总容量 116 万 kW。

枢纽主要建筑物为混凝土重力坝和坝后式厂房，坝顶长 713.2 m，最大坝高 106 m。枢纽泄水建筑物有 12 个 3 m×8 m 深孔和 2 个 9 m×12 m 表孔，底板高程分别为 300 m 和 338 m，最大泄量 6 000 m^3/s。

工程于 1957 年 4 月开工，1960 年大坝基本建成，同年 9 月下闸蓄水，1962 年安装了第 1 台机组。

由于原设计对黄河泥沙和水库淤积规律认识不足，在水库蓄水后库区泥沙淤积严重，潼关河床高程上升 4.5 m，潼关以上北干流以及渭河、北洛河下游发生大量淤积，威胁关中平原和西安市的安全。1962 年 3 月水库改变运用方式为滞洪排沙，降低水位运行，但淤积仍在继续，库容损失与日俱增。为此，1964 年进行了第一次改建，按照确保西安、确保下游的方针，在左岸增建 2 条直径 11 m、进口底板高程 290 m 的泄洪排沙隧洞，并将 4 条发电引水钢管改作泄流排沙之用。水库淤积虽有所缓和，但枢纽泄洪规模仍然偏小，不能解决一般洪水的淤积问题。

20 世纪 70 年代初期进行第二次改建，按照合理防洪、排沙放淤、径流发电的要求，在一般洪水情况下淤积不影响潼关河床高程，库水位 315 m 时，枢纽泄洪量增至 10 000 m^3/s，将已封堵的进口底板高程为 280 m 的 8 个导流底孔打开，改作泄流排沙底孔，并拆除已安装的 15 万 kW水轮发电机组，改换安装 5 台单机容量为 5 万 kW 的低水头发电机组。

经过两次改建，提高了水库低水位时的泄流排沙能力。1973 年底，水库采取蓄清排浑的控制运用方式，汛期水库运用水位为 305 m，必要时降至 300 m，非汛期控制水位 310 m，防凌和春灌最高蓄水位分别为 326 m 和 324 m。在一般水沙条件下，库区泥沙实现年内冲淤平衡，潼关河床高程基本得到控制，同时也发挥了一定的综合利用效益。但是，黄河含沙水流对泄流排沙底孔和机组造成严重磨蚀，底孔破坏程度已影响汛期安全运用，电站改为汛期不发电，而在非汛期运行。

20 世纪 80 年代起进行第 3 次改建，其主要任务为改建与大修 8 个底孔，扩建 2 台单机容量为 7.5 万 kW 的机组。在底孔改建施工中采用的特种深水围堰获得了成功。为弥补底孔改建和扩机后泄流能力损失，又依次打开剩余的 4 个导流底孔，枢纽现有泄水建筑物总泄量为 9 701 m^3/s。

改建后的水利枢纽平面布置及双层孔布置剖面分别见图 11.11 及图 11.12。

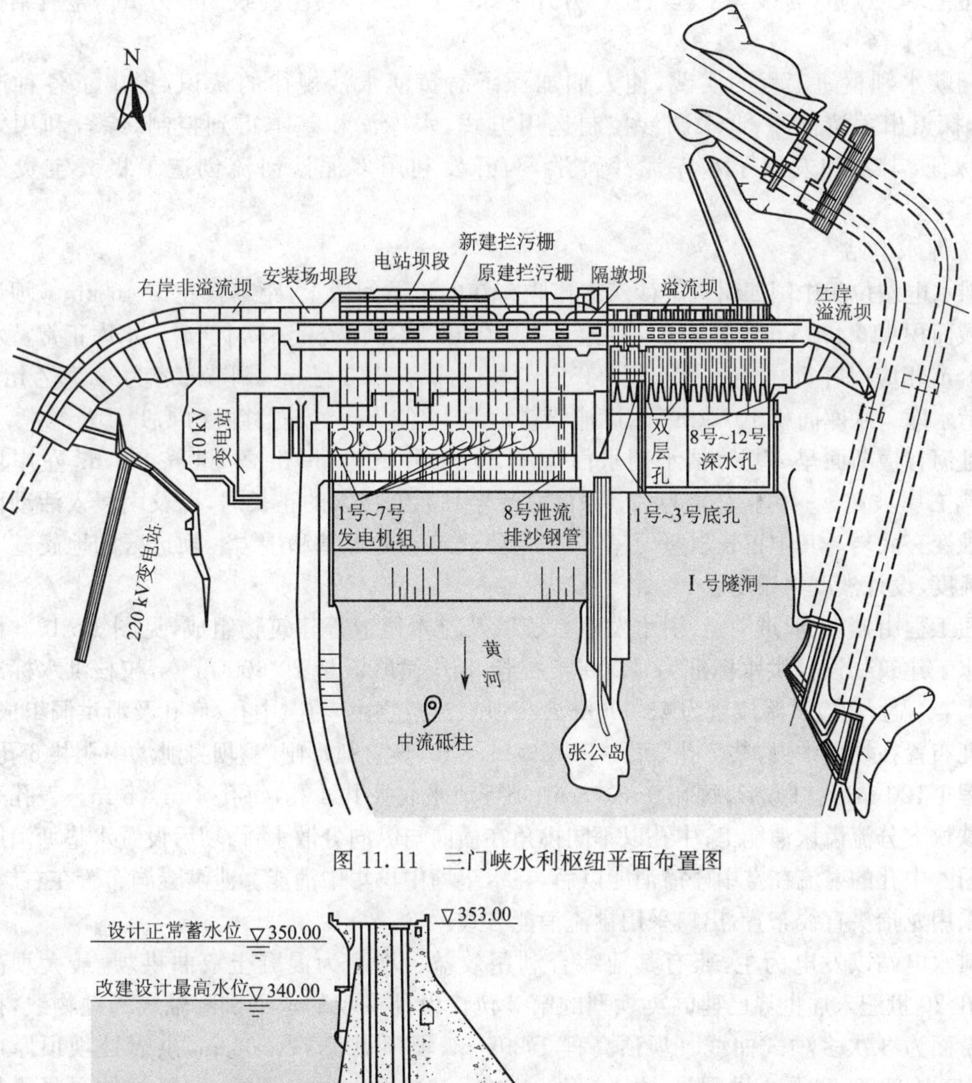

图 11.11　三门峡水利枢纽平面布置图

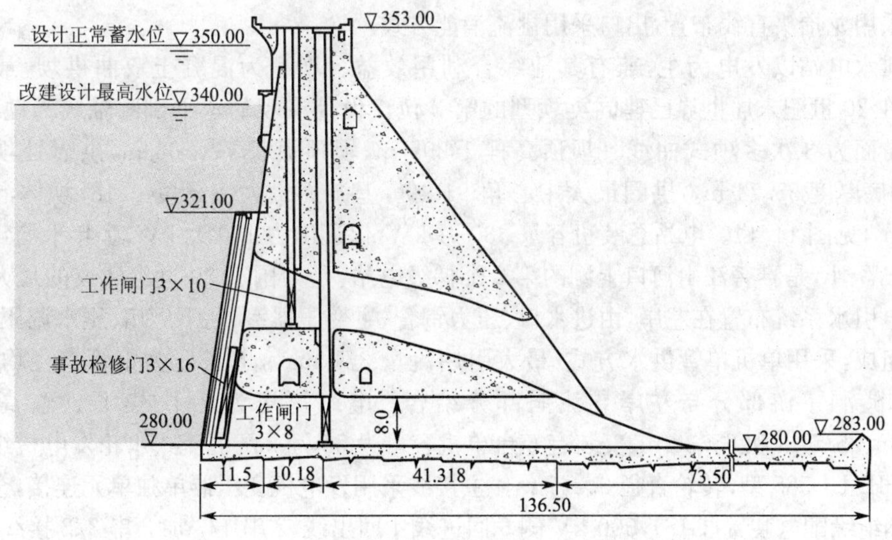

图 11.12　三门峡水利枢纽底孔坝段剖面图(单位:m)

改建后的三门峡水利枢纽在防洪、防凌、灌溉、发电等方面发挥了综合利用效益。保持335 m高程以下防洪库容约60亿 m^3，当花园口发生超过22 000 m^3/s 的大洪水时，枢纽可部分或全部关闭闸门控制，减轻下游防洪负担；凌汛期解除下游冰凌危害；灌溉农田20万 hm^2，并向胜利油田和下游城市供水；多年平均年发电量10亿 kW · h。

枢纽主体工程量（含改建工程）：土石方开挖352万 m^3，混凝土浇筑206万 m^3，金属结构安装2.8万 t。

三门峡水利枢纽工程的实践，使人们加深了对黄河水沙规律的认识，提出了各种改建措施，探索出蓄清排浑、调水调沙控制运用方式，水库淤积基本得到控制，综合利用效益得到保证，丰富和发展了水库泥沙科学，为开发利用多泥沙河流创造了极其宝贵的经验。

7. 二滩水电站

二滩水电站位于中国四川省金沙江支流雅砻江的下游河段上，距攀枝花市46 km。坝址控制流域面积116 400 km^2，多年平均径流量1 670 m^3/s，年径流量527亿 m^3。水库正常蓄水位1 200 m，相应库容58亿 m^3；死水位1 155 m，相应库容24.3亿 m^3，调节库容为33.7亿 m^3，属季调节水库。水库面积101 km^2，水库淹没耕地约1 467 hm^2，安置移民约4.1万人。

坝址河谷横断面呈V形，枯水期水面宽度80～100 m，两岸山高300～400 m，左岸坡25°～45°，右岸坡30°～45°。基岩为二叠系的玄武岩和后期侵入的正长岩，以及因侵入活动而形成的蚀变玄武岩。其中正长岩坚硬完整，是主要建筑物的地基和围岩。坝址区的地震基本烈度为Ⅶ度，设计烈度为Ⅷ度。

枢纽工程由挡水、泄洪消能、引水发电系统以及过木机道等建筑物组成，见图11.13。枢纽主要水工建筑物设计洪水标准为1 000年一遇，相应洪峰流量20 600 m^3/s，校核洪水标准为5 000年一遇，相应洪峰流量为23 900m^3/s。泄水建筑物由表孔、中孔、底孔及泄洪洞组成，泄洪表孔布置在坝顶中央，共7孔，每孔11 m×11.5 m，设置弧形闸门；坝身泄洪中孔共6孔，出口高程1 120 m，孔口方形，每孔6 m×5 m；坝下泄水底孔共4孔，每孔3 m×5 m。表孔采用差动跌坎上分流齿坎消能工；中孔以不同挑角在横向与纵向分散水舌；坝后设置水垫塘消能结构，表孔、中孔的射流在空中碰撞消能以后，在水垫塘中再集中消能。泄洪隧洞布置在右岸，进水口采用龙抬头直线布置，出口采用挑流消能方式。

二滩水电站以发电为主，兼有其他综合利用效益。坝型为混凝土双曲拱坝，最大坝高240 m，在20世纪末居世界已建同类坝型的第3位。设计拱坝的水平拱圈轴线为抛物线，拱冠梁上游面为3次多项式曲线。坝顶高程1 205 m，坝顶弧长774.65 m，拱冠处坝顶厚度11 m，坝底厚度55.74 m。拱圈最大中心角91°49′，上游面最大倒悬度0.18，坝体混凝土量400万 m^3，见图11.14。电站总装机容量330万 kW，保证出力100万 kW，多年平均年发电量170亿 kW · h，是雅砻江由河口上溯的第2个梯级电站，是中国于20世纪建成的最大的水电站。发电引水系统布置在左岸，由进水口、压力钢管、主变压器室、地下厂房、尾水调压室、尾水隧洞等组成，采用单机单管供水方式，最大引用流量371 m^3/s，6条压力钢管直径均为9 m，2号尾水隧洞下游部分与左岸导流洞部分结合。电站厂房为地下式，长、宽、高分别为280.29 m、25.5 m和65.38 m，安装有6台单机容量为55万 kW混流式水轮发电机组。水轮机型为HL-LJ-585型，转轮直径6.247 m。主接线采用发电机变压器单独单元连接，全封闭式 SF_6 气体绝缘配电装置（GIS），500 kV侧6回进线4回出线，2串4/3加2串3/2接线，并预留1回出线位置，以500 kV一级电压送出。

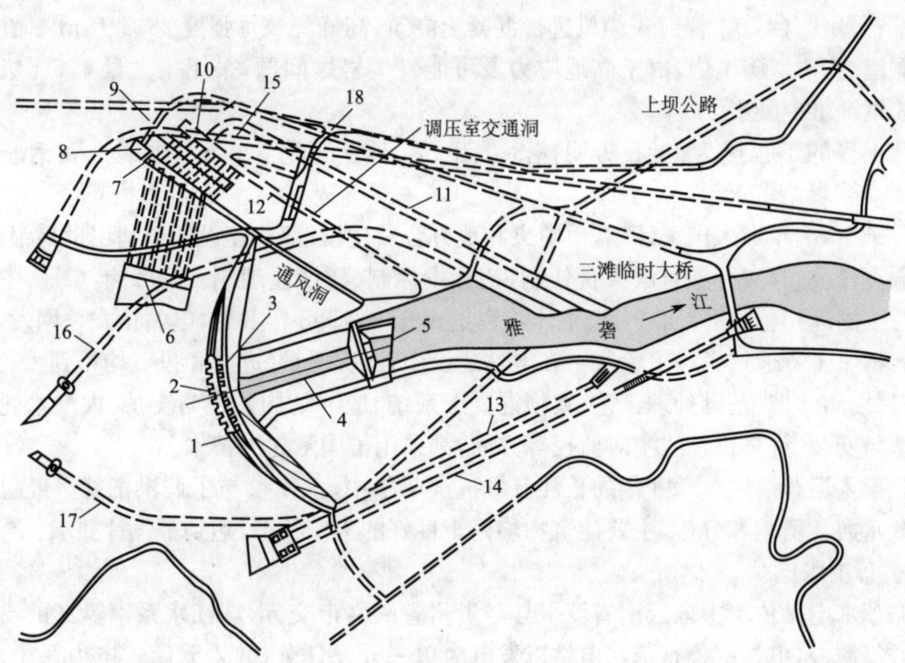

图 11.13　二滩水电站枢纽平面布置图

1—拱坝；2—表孔溢洪道；3—中孔；4—水垫塘；5—二道坝；6—电站进水口；7—厂房；8—安装间；9—主变压器室；10—尾水调压室；11—1 号尾水洞；12—2 号尾水洞；13—1 号泄洪洞；14—2 号泄洪洞；15—过木机道；16—左岸导流隧洞；17—右岸导流隧洞；18—500 kV 开关站

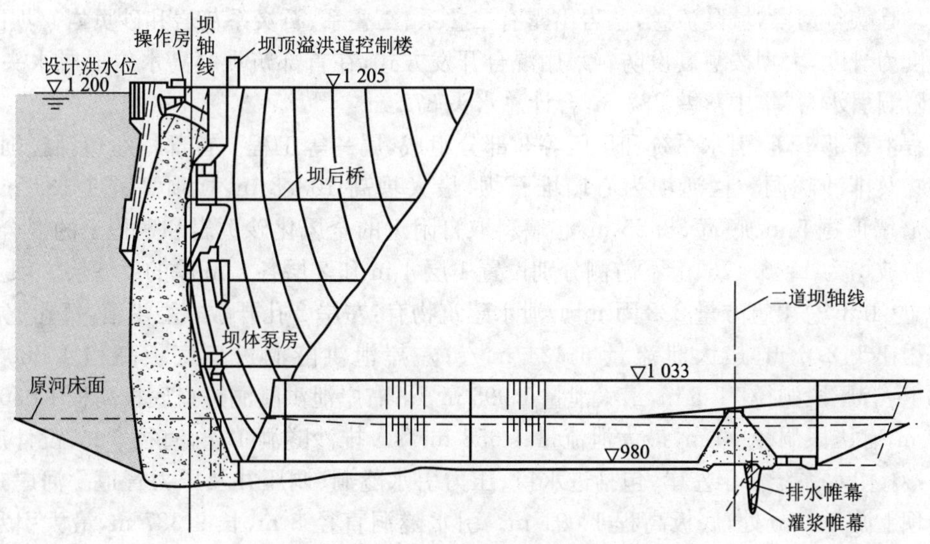

图 11.14　二滩水电站拱坝剖面(单位:m)

工程施工导流分两期，一期采用导流隧洞加上下游土石围堰的全年导流方式，导流标准为30 年一遇洪水，洪峰流量 13 500 m^3/s，2 条导流隧洞分别布置在左右岸，断面尺寸为17.5 m×23 m(宽×高)。二期采用大坝底孔导流，4 个临时导流底孔分设在 19 号～22 号坝段，孔口尺寸 4 m×8 m。工程施工使用 2 座意大利 CIFA 公司生产的 4×4.5 m^3 拌和楼，每座生产能力

360 m^3/h;采用 3 台 30 t 辐射式缆机进行混凝土浇筑,高峰浇筑月强度 26.5 万 m^3。在地下工程的大洞室、高边墙施工中,由于高地应力及可能发生岩爆问题,采用了大量 175 t 级预应力锚索及喷钢纤维混凝土。

主体工程的工程量为:土石方明挖 800 万 m^3,地下开挖 370 m^3,混凝土和钢筋混凝土 650 万 m^3,金属结构安装 1.9 万 t。

工程于 1987 年列入国家计划,由中央和地方合资建设,部分建设资金利用世界银行贷款,组建有限责任公司,实行项目法人责任制、招标投标制、建设监理制。1989 年 6 月,主要土建工程实行了国际招标;1991 年 9 月,主体工程正式开工;1998 年 8 月,电站正式并网发电;2000 年 11 月,枢纽工程通过了竣工验收。在电站建设中,工程质量、进度和投资均得到了有效的控制,并在围堰防渗墙、基础处理工艺、大坝混凝土系统、地下结构开挖与支护、大型水轮发电机组的制造与安装、计算机在线实时监控等方面,都采用了国际先进技术。

工程投入运行后,在 1998 年的长江流域抗洪斗争中,水库参与了调洪削峰。经过一系列的结构和水力学监测和分析,主要建筑物均处于良好的工作状态,达到了设计要求。

8. 鲁布革水电站

鲁布革水电站位于中国云南省罗平县与贵州省兴义市交界,珠江水系南盘江的支流黄泥河上,为混合式水电站。鲁布革水电站以发电为单一开发任务,并入云南省电力系统,为系统的骨干电站,主要供电给昆明和滇东曲靖等地区。20 世纪 90 年代中期,通过天广线向广东送电,为云电外送的第一步。水库正常蓄水位 1 130 m,相应库容 1.11 亿 m^3,死水位 1 105 m,调节库容 0.75 亿 m^3,具有季调节性能。电站装机容量 60 万 kW,保证出力 8.5 万 kW,多年平均年发电量 28.45 亿 kW · h;以 220 kV 和 110 kV 输电线路接入云南省电力系统。坝址以上流域面积 7 300 km^2,多年平均流量 164 m^3/s,年径流量 51.7 亿 m^3,年输沙量 344 万 t。库区和坝区均是峡谷河段,坡陡流急,基岩出露有二叠系、三叠系、石炭系灰岩和砂页岩。坝区地震基本烈度为Ⅵ度,大坝按Ⅶ度设防。采用混合开发方式,在首部筑坝壅高水位形成水头85 m;开挖长隧洞引水,得集中落差 287 m,合计总水头 372 m。

工程由首部枢纽、引水系统和厂区等 3 部分组成,属一等工程。首部枢纽包括拦河坝、泄水建筑物及排沙隧洞。拦河坝为心墙堆石坝,最大坝高 103.8 m,坝顶高程 1 138 m,顶长 217 m,心墙顶宽 5 m、底宽 38.25 m,心墙料取自附近的全风化砂页岩和残积土的混合料,心墙上下游坡均为 1∶0.175、上下游侧分别设置 1 层 4 m 和 2 层各 5 m 厚的反滤层。坝上下游坡均为 1∶1.8,总填筑方量 222 万 m^3。泄水建筑物有:左岸 2 孔开敞式溢洪道,每孔宽 13 m,堰顶高程 1 112.6 m,最大泄流量 6 424 m^3/s;左岸泄洪隧洞进口底板高程 1 080 m,长 723.83 m,有压段洞径 11.5 m,最大泄量 1 995 m^3/s;右岸泄洪隧洞进口底板高程 1 060 m,长 681.08 m,有压段洞径 10 m,最大泄流量 1 658 m^3/s。排沙隧洞 1 条,直径 5 m,设计泄流量 300 m^3/s。引水系统位于左岸,包括进水口、压力引水隧洞、调压井及压力管道。河岸式进水口位于坝上游 500 m 处,底板高程 1 091 m。引水隧洞直径 8 m,长 9 387 m,最大引水流量 230 m^3/s。调压井为带上室的差动式,大井内径 13 m,高 63.9 m,其后为 2 条地下埋藏式斜井和高压主管道(内径 4.6 m),下接 4 条内径 3.2 m 的支管。厂区位于峡谷出口处,厂房为地下式,长 125 m,宽 18 m,高 39.4 m,安装 4 台单机容量 15 万 kW 的混流式水轮发电机组,水轮机转轮直径 3.442 m,最大水头 372.5 m,额定水头 312 m。主变压器室及开关站均在地下,以 4 回 220 kV、5 回 110 kV 输电线路出线。鲁布革水电站首部枢纽平面布置和心墙堆石坝剖面见图 11.15。

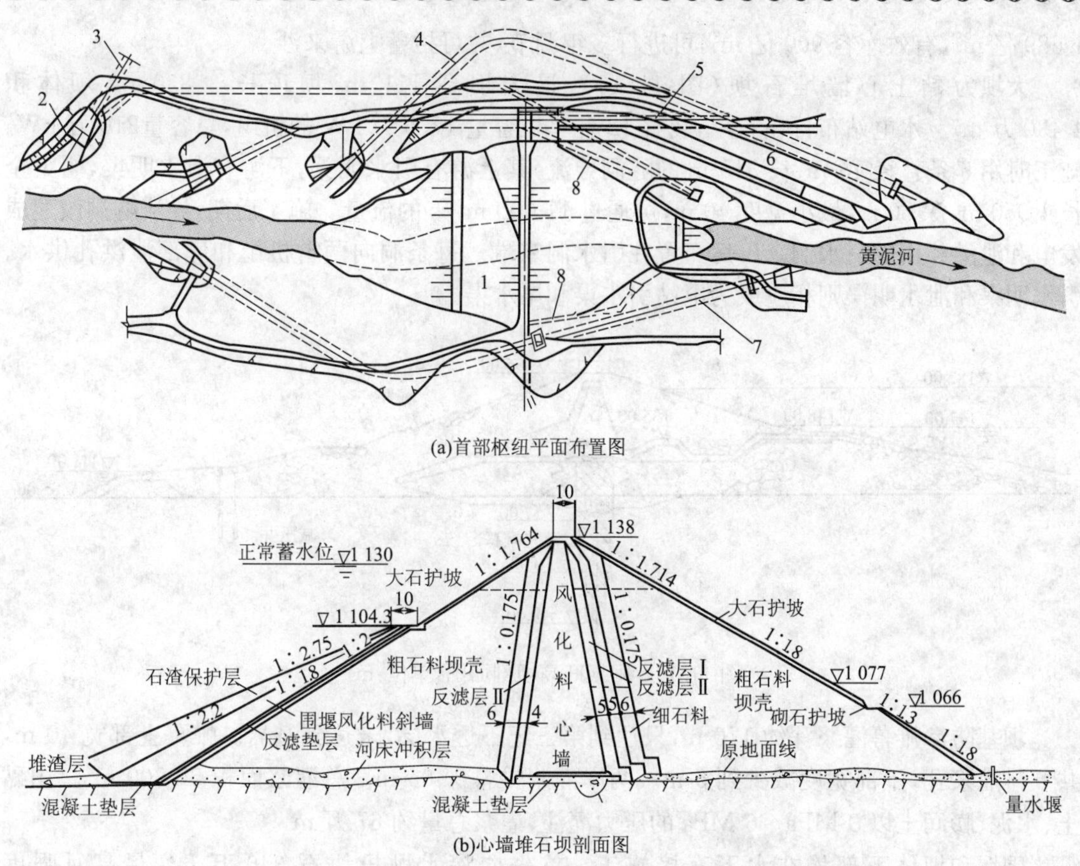

图 11.15　鲁布革水电站首部枢纽平面布置和堆石坝剖面图(单位:m)

1—堆石坝;2—进水口;3—压力引水隧洞;4—左岸泄洪洞;5—导流洞;

6—溢洪道;7—右岸泄洪洞;8—交通洞

首部枢纽工程采用围堰一次断流、隧洞导流、基坑全年施工的方式。施工中用振动凸块碾碾压风化料心墙、垂直台阶形陡边坡开挖和锚喷处理溢洪道高边坡,引水隧洞采用钻爆法、光面爆破开挖,混凝土衬砌采用针梁式钢模全断面浇筑以及岩壁式吊车梁等一系列新技术、新工艺。

工程于 1982 年 11 月开工,1985 年实现截流,1988 年 12 月第 1 台机组发电,1992 年 12 月通过国家竣工验收。主体工程量:土石方开挖 152 万 m^3,石方洞挖 104 万 m^3,土石方填筑222 万 m^3,混凝土浇筑 74 万 m^3。水库淹没耕地 127.4 hm^2,移民 1 388 人。工程总投资 15.95 亿元。

工程由水利电力部昆明勘测设计研究院设计。首部枢纽和厂区由水利电力部第十四工程局施工;引水系统经公开招标,由日本大成公司承包施工。

11.2　国外水利枢纽及大坝

1. 阿斯旺水利枢纽(Aswan Project)

阿斯旺水利枢纽是位于埃及尼罗河上的一座大型水电工程。阿斯旺高坝位于开罗以南约 800 km 的阿斯旺城附近,距下游老阿斯旺坝 7 km。

阿斯旺高坝坝基为花岗片麻岩。河床覆盖层很厚,最深处达 225 m。修建高坝后,形成长 500 km、面积 6 751 km^2 的水库,称为纳赛尔水库。最高库水位 183 m 时,水库总库容

1.689 亿 m^3，有效库容 900 亿 m^3，可进行多年调节，并可拦蓄上游来沙。

大坝为黏土心墙堆石坝（图 11.16），最大坝高 111 m，坝顶长 3 830 m，坝体积 4 430 万 m^3。水电站布置在右岸，装有 12 台单机容量 17.5 万 kW 的机组，总容量210 万 kW。施工时用 6 条直径 15 m、长 315 m 的隧洞导流，其上游有引水明渠，下游有泄水明渠，明渠全长 1 950 m，深 80 m，最小宽度 40 m，可通过 11 000 m^3/s 的流量。施工后期，导流隧洞改建成发电和泄洪共用的引水洞。厂房布置在引水洞末端。每条洞向两台机组和底部泄洪孔供水。引水明渠和泄水明渠则相应成为电站引水渠和尾水渠。

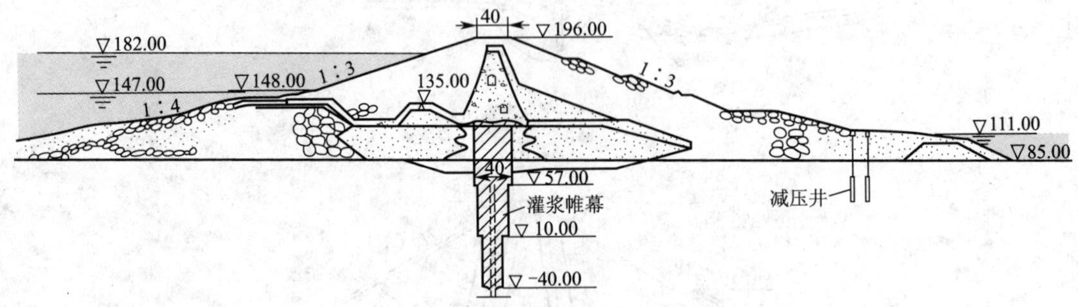

图 11.16 阿斯旺高坝剖面图（单位：m）

坝基防渗帷幕灌浆深约 170 m，只达到第三纪不透水层，未达到基岩。帷幕上部宽 40 m，共 8 排灌浆孔，下部宽度减少到 5 m。两岸灌浆帷幕深 65 m。总灌浆面积 54 700 m^2。用黏土、水泥、膨润土以 3 MPa～6 MPa 的压力灌注，灌浆总量约 67 万 m^3。

围堰和坝体下部均在水下直接施工。首先向深水抛投块石 340 万 m^3，最高月强度 40 万 m^3，然后用水力冲填法将砂填入，共用砂 1 400 万 m^3，最高月强度达 100 万 m^3。采用特制的插入式深层振捣器将砂振实。

工程于 1960 年开工，1967 年 10 月开始发电，1971 年全部竣工。

阿斯旺水利枢纽是集防洪抗旱、灌溉、发电、航道改造于一体的综合利用工程。水库有 410 亿 m^3 的防洪库容，加上容量为 1 196 亿 m^3 的分洪区（分洪道在上游 250 km 的左岸岸边），可完全控制尼罗河洪水，成功地经受了 1964 年、1975 年和 1988 年的大洪水。设计年发电量约 100 亿 kW · h，1996 年 8 月，埃及政府完成对阿斯旺水电站的现代化改造，使埃及在此后的 30 年内可获得可靠的电力。每年可引用的水量从原有的 520 亿 m^3 提高到 740 亿 m^3。水量中分配给苏丹使用的为 185 亿 m^3，可灌溉农田 200 万 hm^2。其余水量分配给埃及，可扩大灌溉面积 100 万 hm^2，并使埃及约 40 万 hm^2 农田由一季灌溉改为常年灌溉。

水库移民 12 万人，移民投资占总投资的 25%。库区内的文物和阿布辛拜勒神庙（Abu Simbel Temple）均安全迁移，新庙址已辟为旅游点。

由于水库库容大，显著改变了库区和坝下游的自然和生态环境，曾经出现过一些不利的环境影响，例如曾促使吸血虫病蔓延、下游河道下切、下游沙丁鱼产量减少、下游农田肥力降低等，但通过相应措施，不利影响逐步缓和或得到控制。

2. 大古力水利枢纽（Grand Coulee Project）

大古力水利枢纽是美国哥伦比亚（Columbia）河上一座具有发电、防洪、灌溉等效益的大型综合利用水利枢纽。大古力坝坝址位于华盛顿州斯波坎市（spokane）以西 145 km 处，控制流域面积 19.2 万 km^2，多年平均流量 3 051 m^3/s，多年平均年径流量 962 亿 m^3。大坝形成的水库称为罗斯福湖，水库正常蓄水位 393 m，总库容 118 亿 m^3，有效库容 64.5 亿 m^3。

大古力坝坝基为花岗岩，主坝为混凝土重力坝，坝高 168 m。河床中部为溢流坝段，左、右两岸各设一座厂房（在第三厂房兴建后称为第一和第二厂房），左岸设提水灌溉的抽水站，工程布置示意图见图 11.17。溢流坝设有 11 个表面溢流孔，各装有宽 41.2 m、高 8.5 m 的鼓形闸门，总泄流能力为 21 900 m^3/s。坝体内设有 3 层直径 2.6 m 的泄水孔，分别处于正常蓄水位以下 47 m、77 m 和 108 m。每层为 10 对，3 层共 60 孔，各孔分别装有高压环封阀门。最下一层孔导流后用混凝土封堵，其余 40 孔泄流能力为 6 400 m^3/s。下游采用消力戽消能，单宽流量 53.3 m^3/s。左、右第一、第二厂房，各装有 9 台单机容量 10.8 万 kW 的水轮发电机组，另有 3 台厂用机组，每台容量 1 万 kW，总容量为 197.4 万 kW。左岸抽水站共安装有 12 台机组，其中 6 台为普通水泵，总功率 29.1 万 kW，6 台为可逆式水泵，总功率 30 万 kW，总抽水流量 611.6 m^3/s，由罗斯福湖提水灌溉哥伦比亚中部高原的 44.3 万 hm^2 土地。

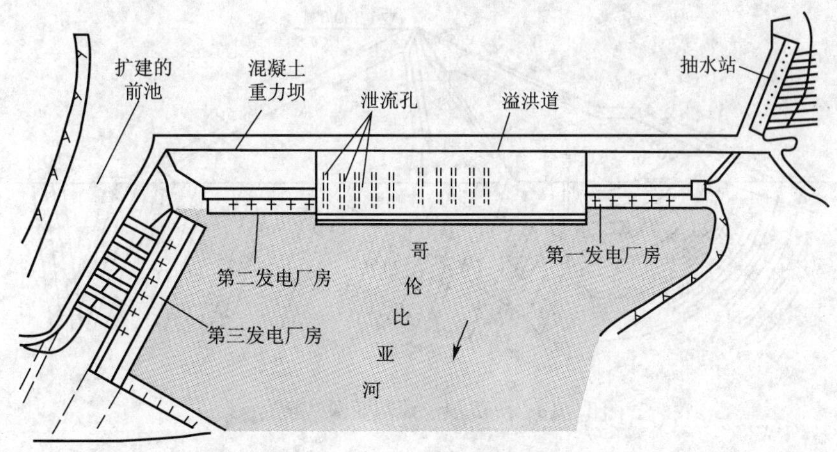

图 11.17　大古力工程布置示意图

工程于 1933 年开工，1941 年第 1 台机组发电，1951 年完工。1967 年，美国和加拿大两国开始对大古力工程进行改造，由加拿大在哥伦比亚河上游修建 3 座大型水库，提高大古力工程的调节性能；由美国对大古力工程进行扩建，在右岸修建前池坝和第三厂房，改造土建工程于 1974 年竣工。第三厂房内当时安装了单机容量 60 万 kW 和 70 万 kW 机组各 3 台，先后于 1975—1980 年投入运行。原有的 18 台机组，在 70 年代重新绕组，每台容量增加到12.5 万 kW左右。至此，第一、二、三厂房加上厂用机组，大古力水电站总装机容量为649.4 万 kW，年发电量 248 亿 kW·h。在前池坝下端预留了 2 台 70 万 kW 常规水轮发电机组和 2 台 50 万 kW 的抽水蓄能机组。扩建第三厂房后，坝顶长度由原来的 1 258.2 m 增至1 592 m。

第三厂房内原安装的 3 台 70 万 kW 机组因气蚀、漏水、绝缘老化等问题而频繁检修，美国垦务局 1992 年决定对其进行改造，采用新技术更新定子，将发电机容量由 70 万 kW 提高到 80.5 万 kW，成为到 20 世纪末世界上容量最大的混流式发电机。改造工作于 1997 年完成，总投资 2 750 万美元。

3. 罗贡坝(Rogun Dam)

罗贡水电站是位于塔吉克斯坦共和国瓦赫什河上的具有灌溉、发电和防洪等综合效益的大型水利枢纽。罗贡坝是瓦赫什河最上一个梯级，下游即为努列克(Hypek)坝。坝址基岩为下白垩纪砂岩、粉砂岩和泥板岩，岩石坚硬。坝址处河流呈 S 形，坝体布置在两个二级断裂带之间的单一构造岩体上，距坝轴线上游约 500 m 处发现一层盐岩层。坝区地震烈度为Ⅸ度，坝址多年平均流量 645 m^3/s，千年一遇设计流量为 5 750 m^3/s，水库总库容 130 亿 m^3。

罗贡水利枢纽的主要建筑物有斜心墙土石坝、电站进水口、地下厂房、右岸泄洪隧洞、利用导流隧洞改建的尾水隧洞、500 kV 户外配电装置以及预防坝基盐岩层受冲刷的防护工程等。设计坝高 335 m，坝顶长 660 m，坝顶宽 20 m。土石坝包括砾石黏土心墙、反滤过渡层、掺有花岗岩及砂砾岩的上下游坝体，上、下游坝坡分别为 1∶2 和 1∶2.4，设计剖面图见图 11.18。为了防止坝基盐岩层冲刷溶蚀，心墙基础用喷混凝土保护，下面进行帷幕灌浆及固结灌浆。地下厂房长 20 m、高 68 m、宽 28 m，厂内设计安装 6 台 60 万 kW 的混流式水轮发电机组，年发电量 130 亿 kW · h，向中亚联合电网送电。两条导流隧洞，布置成两层，进口在左岸，高程相距 10 m，穿过河床，出口在右岸，在闸门室后面的部分兼作水电站尾水管。导流隧洞出口闸门工作水头达 200 m，门孔面积约 50 m^2，单孔泄量达 2 250 m^3/s。泄水洞的深式进水洞和表面取水洞共用一个出水隧洞；出水明渠在平面上与河床约呈 90°。地下开挖的总长度达 60 km。

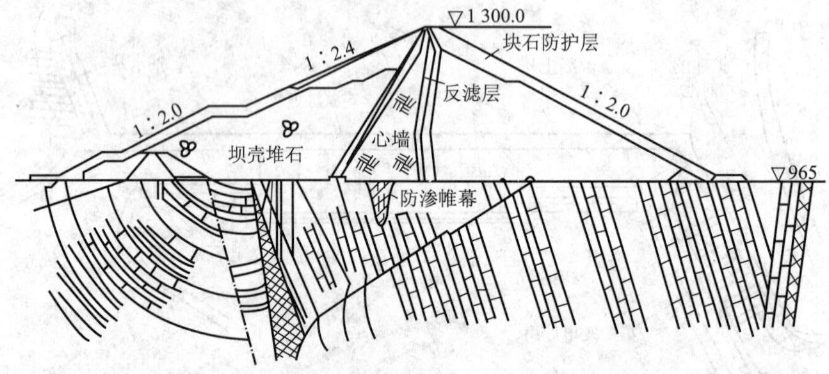

图 11.18　罗贡坝设计剖面图(单位：m)

罗贡坝设计年填筑强度 1 000 万～1 100 万 m^3，土料上坝采用带式输送机运输，既节约了修建道路的费用，减少了自卸卡车 350～370 辆，又加快了填筑速度。上坝的砾石和石块，利用宽 2 m 的重型输送带，亚黏土碎石混合料则用 1.2 m 宽的输送带，输送带总长度达 10.6 km。坝体采用碾压方法施工。

罗贡坝的上游围堰是坝体的一部分，高 65 m。1993 年 1 月围堰修筑到 40 m 高时，由于导流洞长期过流挑沙，使其中 1 条导流洞局部衬砌遭到破坏，闸门井磨损并发生约 2 万 m^3 岩石塌落堵塞导流洞，另一条导流洞被迫增大过流量。此后，1993 年 5 月 7 日～8 日连降暴雨，上游发生一次总量达 110 万 m^3 的泥石流，水位上涨淹没了交通洞和地下厂房，并漫过围堰顶，冲毁土石方达 200 万 m^3，给工程施工带来了很大损失。

罗贡坝于 1975 年开工。按照设计，大坝升高到 125 m 的临时剖面时开始发电。该工程仍在施工中，且最大坝高可能修改为 305 m。

4. 伊泰普水电站(Itaipu Hydropower Station)

伊泰普水电站位于南美洲巴西与巴拉圭两国的边界巴拉那河中游河段。水电站安装 18 台 70 万 kW机组，总装机容量 1 260 万 kW，平均年发电量 750 亿 kW · h，于 1991 年建成，是世界上 20 世纪建成的最大水电站。1998 年续建扩机 2 台 70 万 kW 机组，总装机容量达1 400 万 kW，年发电量 900 亿 kW · h。该电站由巴西和巴拉圭两国共建、共管，所发电力由两国平分。

伊泰普坝址以上巴拉那河流域面积 82 万 km^2，平均年降水量 1 400 mm，平均年径流量 2 860 亿 m^3。平均年输沙量 4 500 万 t，平均含沙量仅 0.16 kg/m^3。

巴西在巴拉那河上游干支流上已建大水库 23 座，共有总库容 1 879 亿 m^3，调节库容 1 075 亿 m^3；再加上伊泰普水库正常蓄水位 220 m，相应库容 290 亿 m^3，死水位 197 m，调节库容 190 亿 m^3；合计总库容 2 169 亿 m^3，调节库容 1 265 亿 m^3，相当于伊泰普年径流量 2 860 亿 m^3 的 44%，可进行较好的多年调节。伊泰普水电站靠其上游干支流水库调节，一般常年按径流电站运行，担负电力系统基荷，遇到特殊情况才动用本身的调节库容。水库水位变化不大，尾水位在 100m 左右，能经常维持水头 120 m 左右。

坝址区基岩主要为厚层玄武岩，夹有多孔杏仁状玄武岩和角砾岩互层，没有大的构造。伊泰普工程总布置见图 11.19。

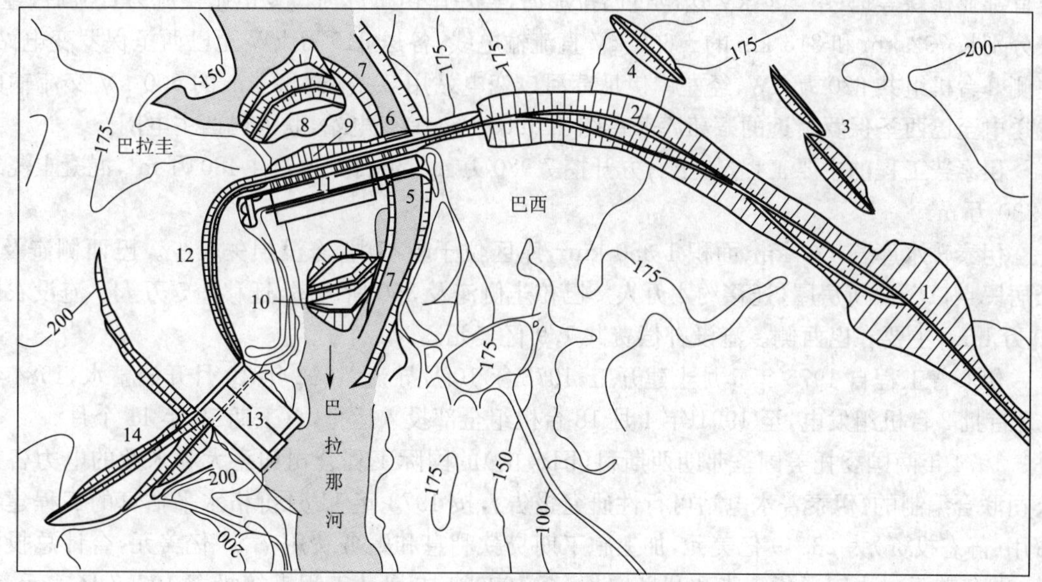

图 11.19 伊泰普水电站平面布置图

1—左岸土坝；2—堆石坝；3、4—堤；
5—导流明渠；6—导流控制坝段；7—混凝土拱形围堰；8—上游围堰；
9—双支墩主坝；10—下游围堰；11—发电厂房；12—单支墩大头翼坝；13—岸边溢洪道；14—右岸土坝

工程主要包括：①导流明渠，长 2 000 m，设计泄量 35 000 m^3/s。②明渠上游拱围堰，高 35 m。③明渠下游拱围堰，高 31.5 m。④导流控制建筑物，重力坝高 162 m、长 170 m，下设导流底孔 12 个，各宽 6.7 m、高 22 m。⑤上游主围堰，土石填筑量 722 万 m^3。⑥下游主围堰，土石填筑量 410 万 m^3。⑦主坝为混凝土双支墩空心重力坝，坝顶高程 225 m，最大坝高 196 m，是世界上已建最高的支墩坝，上游坝坡 1∶0.58，下游坝坡 1∶0.46，坝顶长 1 064 m，每个坝段长 34 m，各设 2 个支墩形成空心重力坝。⑧右翼弧线形坝为大头支墩坝，坝长 986 m，每个坝段长 17 m，设 1 个支墩，最大坝高 64.5 m。⑨溢洪道，堰顶高程 200 m，堰高 44 m，总宽度 390 m，安装弧形闸门 14 扇，每孔跨度 20 m，闸门高 21.34 m，泄槽长 483 m，用两道隔墙分为三区，采用挑流鼻坎消能。⑩右岸土坝，长 872 m，最大坝高 25 m。左岸堆石坝，长 1 984 m，最大坝高 70 m。⑪左岸土坝，长 2 294 m，最大坝高 30 m。

大坝挡水前缘总长 7 760 m，其中混凝土坝长 2 610 m，土石坝长 5 150 m。

大坝上游设发电进水口 20 个（主坝段 16 个，导流控制坝段 4 个，各有 1 个备扩建用）。每个进水闸门宽 8.18 m，高 19.25 m，进水能力 750 m^3/s。下接压力钢管 18 条，内径 10.5 m，长

94.6 m,通至厂房。

坝后式发电厂房长 968 m,宽 99 m,高 112 m。厂房内安装 18 台水轮发电机组,2 个安装间和 2 个控制室,预留 2 台机组位置。由于巴西和巴拉圭两国电力周波不同,分别为 60 Hz 和 50 Hz。从右起 1 号~9 号机和扩机 9A 为 50 Hz,向巴拉圭送电;10 号~18 号和扩机 18A 为 60 Hz,向巴西送电。

混流式水轮机的转轮直径 8.6 m,设计水头 112.9 m,额定流量 645 m^3/s,额定出力 71.5 万 kW,最大水头 126.7 m 时出力达 80 万 kW。

右侧 9 台机组共 630 万 kW,经右岸变电站用 200 kV 送电至巴拉圭阿卡莱变电站,再送至首都亚松森等地;用 500 kV 送电过巴拉那河,经左岸伊瓜苏河口变电站换流为直流后,经 2 条分别长 792 km 和 816 km 的±600 kV 直流输电线,各送 315 万 kW 至巴西圣保罗变电站。左侧 9 台机组共 630 万 kW,经左岸伊瓜苏河口变电站用 3 条长 889 km 的 600 kV 交流输电线送电至巴西圣保罗附近的蒂茹库普雷图(Tijuco Preto)变电站,联入巴西主电网。

伊泰普工程的主要工程量:土石方开挖 7 980 万 m^3,土石方填筑 4 480 万 m^3,混凝土浇筑 1 230 万 m^3。

伊泰普水库长 170 km,面积 1 350 km^2,库区位于峡谷内,淹没损失较少。巴西侧淹及 5 个居民点,1 145 所房屋,迁移约 4 万人。巴拉圭侧淹及 350 所房屋,迁移 2.5 万人。淹没农田 10 万 hm^2,主要在巴西侧。淹没补偿费共 1.9 亿美元。

伊泰普工程自 1975 年 5 月土建开工,1978 年 10 月导流,1982 年 10 月开始蓄水,1984 年 5 月首批 2 台机组发电,至 1991 年 4 月 18 台机组全部投入运行,总工期 15 年 11 个月。

1974 年两国委托美国圣弗朗西斯科(旧金山)的国际工程公司和意大利米兰的电力咨询公司联合编制的《伊泰普水电站可行性研究报告》,按 1973 年 11 月价格水平估算的工程建设费用(静态投资)为 23.49 亿美元,加上施工期贷款利息和财务费用 7.54 亿美元,合计总投资 31.03 亿美元。由于通货膨胀和利息增长,至 1990 年末累计工程直接投资 107.7 亿美元,利息支出 121.6 亿美元,共 229.3 亿美元;加上 1991 年竣工前投资 4.7 亿美元,合计实际总投资达 234 亿美元,为过去可行性报告预计投资的 7.5 倍。

5. 古里水电站(Guri Hydropower Station)

古里水电站位于委内瑞拉的卡罗尼(Caroni)河上,距首都加拉加斯东南约 500 km。电站分 2 期建设:一期坝高 110 m,装机容量 266 万 kW;二期将坝加高 52 m,扩大装机容量至 1 030 万 kW,年发电量达 510 亿 kW·h。

卡罗尼河是南美洲奥里诺科(Orinoco)河的支流,长 640 km。古里坝址位于河口以上 95 km,集水面积 85 000 km^2,流域内平均年降水量达 2 920 mm,多年平均流量 4 870 m^3/s。流域内有森林被覆 62 500 km^2,泥沙很少。坝址地质为坚硬的花岗片麻岩,可建高坝大库。库区人口稀少,淹没损失小,河道也不通航,这些是分期建设的有利条件。

古里水电站一期工程正常蓄水位 215 m,相应库容 170 亿 m^3,调节库容 111 亿 m^3,相当于坝址平均年径流量 1 537 亿 m^3 的 7.2%,调节性能较差。二期扩建工程将正常蓄水位提高至 270 m,库容增至 1 350 亿 m^3,调节库容 854 亿 m^3,相当于年径流量的 56%,具有多年调节的能力,并使其下游 3 座梯级电站增加发电效益。

主坝为混凝土重力坝,一期坝顶高程 220 m,最大坝高 110 m,坝顶长 846 m。其中溢流坝段长 184 m,设 9 个溢流孔,每孔宽 15.24 m、高 20.76 m,孔口设弧形闸门控制,泄洪流量 30 000 m^3/s,分 3 道泄槽,用混凝土墙隔开。右岸土石坝最大坝高 90 m,坝顶长 220 m。一期所建1号厂房长245 m,安装10台机组,单机容量18万~37万kW,总装机容量266万kW。

二期主坝坝顶加高至高程272 m,最大坝高162 m,坝顶加长至1 426 m。右岸连接的土石坝加高至最大坝高102 m,加长至4 000 m;左岸增建土石坝,最大坝高97 m,坝顶长2 000 m。在库边垭口增建多座副坝,总长32 km,最大坝高45 m。溢流坝段将堰顶抬高55 m,分期加高3条泄槽。为保证施工期安全泄洪,3条泄槽逐条分期错开施工,以便在加高其中1条泄槽时,其他2条仍可泄洪。二期增建的2号厂房长392 m,安装10台机组,单机额定水头130 m时出力61万kW,水头146 m时最大出力73万kW,总装机容量730万kW。由于大坝加高,1号厂房的装机容量由原来的266万kW增加至300万kW,1号、2号厂房总计装机容量1 030万kW。古里水电站枢纽布置见图11.20。

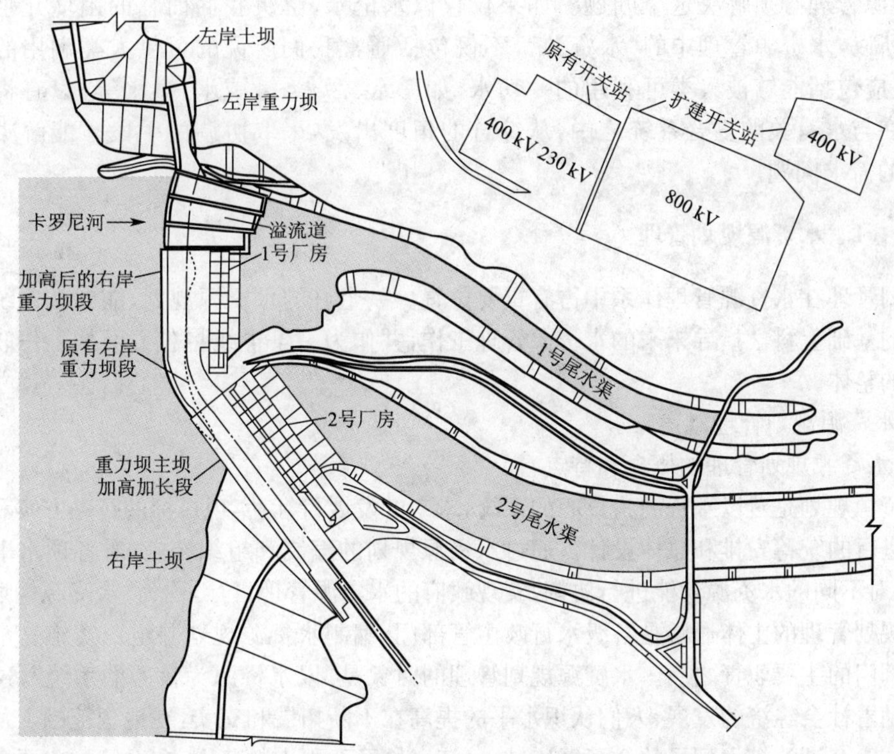

图11.20 古里水电站平面布置图

古里水电站一期工程主要工程量:土石方开挖767万m^3,土石方填筑347万m^3,混凝土浇筑174万m^3。一期工程于1963年开工,1968年开始发电,1977年完成。二期扩建工程主要工程量:土石方开挖1 433万m^3,土石方填筑8 543万m^3,混凝土浇筑671万m^3。二期扩建工程于1976年开工,1984年开始发电,1986年完成。

古里水电站一期工程施工5年即开始发电,以后边发电边扩建,根据用电负荷的增长逐步扩大电站规模。其所发廉价水电,为委内瑞拉节省了大量石油,并出口换取外汇,经济效益显著。

思考题

1. 简要介绍三峡水利枢纽。
2. 简要介绍阿斯旺水利枢纽。

12 水资源管理及水权制度

12.1 水资源管理

水资源管理，就是为了满足人类水资源需求及维护良好的生态环境所采取的一系列措施的总和。目前，人类同时面临着干旱及洪涝灾害、水资源短缺、生态环境恶化等多重危害，水资源管理必须解决这个问题。如果仅仅以水论水，解决我们面临的困境几乎是不可能的。所以，水资源管理中的“水资源”，不仅包括通常我们所说的可供人类利用的淡水资源，而且应包括能够被人类可利用的一切水，如海水、污水、微咸水、洪水等，只有将水资源管理放在与水有关的复合系统之中，从综合的角度出发，采取协调的手段才能解决人类对水资源的需求问题。

12.1.1 水资源规划管理

规划管理在水资源管理体系中占有重要位置。一个好的水资源规划，能够在系统考虑未来变化的基础上科学指导未来的水资源管理工作，并作为一条主线将各方面的工作联系成一个有机的整体。

1. 水资源规划管理概述

(1)水资源规划管理的概念和特点

水资源规划是对以水资源为核心的系统，未来的发展目标、实现目标的行动方案和保障措施预先进行的统筹安排和总体设计。通过水资源规划的编制和组织实施，对各项水事活动进行控制、对不同的水资源功能进行协调，实现政府的水资源管理目标，称为“水资源规划管理”。水资源规划管理的主体通常是各级水行政主管部门，编制水资源规划并组织实施是水资源行政主管部门的主要职责之一。水资源规划管理的对象是“以水资源为核心的系统”，这个系统的内涵随着社会经济的发展、人们认识水平的提高在不断拓展和充实：在地理范围上从单独一条河流或一个湖泊扩大到了整个河系流域、经济区域乃至更大的范围；在系统构成要素上从水资源本身扩大到了流域或区域内紧密联系的其他自然资源和经济资源；系统发展目标从传统的实现水量水能高效利用扩大到通过对水资源多功能的合理开发、利用、治理和保护，实现水资源、生态环境、社会经济和社会福利多方面的协调、持续发展；实现目标的措施也从单纯的工程措施扩大到了工程措施和非工程措施的综合运用。如今，水资源规划管理的对象已是一个涉及多发展目标、多构成和影响因素、多约束条件的复杂系统，有时还要将这个系统纳入地区经济发展规划或国家社会经济发展总体规划等更大的系统范围中。

水资源规划管理是一种克服水事活动盲目性和主观随意性的科学管理活动，具有以下 3 个基本特性。

1)导向性

这是水资源规划管理区别于其他水资源管理活动的最重要的特性。水资源规划管理的时间取向总是未来的某个时段，描述以水资源为中心的系统在未来时段的状态(制定发展目标)，提供达到该状态(实现目标)所需的方案和保障措施，从而为未来的行动指明方向。

2)权威性

水资源规划是指导各项水资源管理工作的基础,其编制、审批、执行、修改都有一定的程序,而且规划一经批准就具有了法律效力,必须严格执行。但目前规划管理的权威性在我国还没有得到普遍认知,随意修改规划内容、规划执行不力等情况时有发生,大大削弱了规划的权威性,甚至使规划沦为一纸空文,难以发挥应有的指导作用。

3)综合性

水资源规划管理需要处理和协调水资源系统、社会经济系统和自然生态系统三个系统的关系,涉及众多与水有关的利益方和管理部门,需要经济学、管理学、环境学、水利工程学、水文学乃至信息科学与系统科学、计算机科学等多学科的支持,具有很强的综合性。

(2)水资源规划的类型

按照不同的分类标准,可以将水资源规划划分为不同的类型。

按规划内容可以划分为综合规划和专项规划。综合规划是站在水资源—生态环境—社会经济整体系统的高度,统筹考虑规划区域内与水资源有关的各种问题而进行的多目标规划。专项规划则是针对某一专门水资源问题进行的水资源规划。综合规划是专项规划的基础,专项规划是综合规划的深入和细化,二者相辅相成,不可或缺。

按规划范围可以划分为全国水资源规划、流域水资源规划和地区水资源规划。全国水资源规划范围最大,对其他各级水资源规划具有重要的指导意义。流域水资源规划按照流域大小又可分为大型江河流域规划和中小型江河流域规划,不同的流域水资源规划,其复杂性和规划重点也各不相同。地区水资源规划通常是在行政区或经济区范围内进行的水资源规划,在做地区水资源规划时,既要把重点放在本地区,同时又要兼顾流域或更大范围的水资源规划要求。

按规划期可以划分为长期规划和近期规划。对全国水资源规划、大型江河流域水资源规划等范围较大的水资源规划而言,长期规划的规划期通常为20～30年或更远一些,即与国家战略规划、国土规划等的规划期一致,以利于水资源长期规划的实施;近期规划则为10～15年。对小范围的水资源规划,规划期则根据不同情况略短一些。

(3)水资源规划管理的作用

水资源规划管理是一个预先筹划的过程,是一切管理活动的起点和基础,其作用突出体现在以下3个方面。

1)减少不确定性带来的损失

气候变化等自然因素和社会经济发展、用水量增加、用水方式变化等人为因素都会导致人类所面临的水资源条件发生变化,并使其变化过程和方向充满不确定性,增加了各种水事活动的风险和成本。但这些不确定性并非是完全不可控的。水资源规划管理通过科学地、系统地、审慎地预测未来变化,发现潜在冲突与问题并掌握有利的机会,从而有目的地对各种与水资源有关的人类活动进行控制、预定行动方案,能够有效地降低不确定性带来的损失,做到趋利避害。

2)使政府宏观调控意图更明确、更规范

尽管市场已经成为资源配置的主要手段,但对水资源等基础性、公益性资源而言,单凭市场的作用难以实现可持续利用,适当的政府调控仍然必不可少。规划是除法律以外最重要的规范政府宏观调控工作的文本,而且与法律相比,规划更为具体和明确,针对性更强。水资源规划中设定的目标是衡量和评价政府管理水资源工作的标准;规划中给出的实现目标的措施、方案又为政府管理水资源的工作提供了可操作的、更实际的规定和安排,使政府能够直接地对各种水事活动和各利益相关方的矛盾进行调节；规划目标和规划方案还会进一步影响到政府的组织结构和领导方式。

3)促进各方的理解和合作

在编制水资源规划的过程中，需要搜集各方面的信息，了解政府、企业、居民和社会团体等各利益相关方的要求和意向，协调其矛盾和冲突。这个过程为各方创造了相互沟通、交流的机会，能够促进彼此的理解。完成后经过审批的水资源规划，则为各方提供了共同的行动目标和实现目标的合作方案，使其能够明确在以水资源为核心的系统整体中各自的角色、作用和任务，从而有效地避免分散决策和行动带来的冲突、重复和低效率。

2. 我国水资源规划管理面临的问题和发展趋势

(1)存在的主要问题

新中国成立以来，我国一直十分重视水资源规划管理工作，各大流域都先后进行了多次综合规划和专项规划的编制，为其他管理活动的展开奠定了良好的规划基础。但我国的水资源规划管理工作也存在一些问题。

1)规划数量繁多但体系不完善

新中国成立以来，在流域层次、地方层次已编制了相当多的水资源规划。问题主要在于不同层次、不同内容的规划之间关系较为零乱，既有相互重复的地方，也有尚未覆盖到的领域，没能形成一个层次清晰、分工明确的体系。就现有规划而言，工程规划多，资源规划少；专项规划多，综合规划少；指导性规划多，强制性规划少；地方性规划多，全国性规划少，尤其是缺乏一个对各类规划具有指导意义的全国性基础规划。

2)规划执行不力

尽管新水法用单独一章对水资源规划的各个方面做了详细的规定，显著提高了水资源规划的法律地位，但在实际工作中，规划执行不力的现象仍普遍存在，使规划难以发挥应有的作用。其原因一是存在认识上的偏差，在各级领导和群众中未能树立规划管理的权威性，甚至只是将已编制的规划作为研究报告而束之高阁；二是管理机制不完善，规划责任分配不明确，缺乏必要的监督保障体系，从而影响了规划的执行。

3)规划前瞻性差

规划管理之所以在水资源管理体系中占有重要地位，主要原因就在于其对未来工作的前瞻性安排。但目前我国水资源规划的前瞻性较差，对未来水资源条件、社会经济发展趋势、政治环境等内、外部因素的变化估计不足，导致制定的规划经常需要变动修改，影响了政策的延续性。影响规划前瞻性的因素也是多方面的，包括对现状信息掌握得不够细致全面、规划手段和方法落后、规划和决策人员本身认识的不足等。

(2)我国水资源规划管理发展趋势

用水部门的不断增加，水质、水量问题的日趋严峻，水资源系统在外延和内涵上的拓展，尤其是可持续发展思想在理论和实践中的日益深入，都对水资源规划管理提出了新的挑战。针对这些新的变化和目前存在的问题，我国水资源规划管理的发展趋势表现在以下几个方面。

1)规划立足点从短期经济利益向可持续战略转变

过去以大量消耗水资源来追求经济效益最大的水资源规划，带来了水资源紧缺、水生态环境恶化等问题。可持续发展思想的提出和深入发展极大地促进了水资源规划立足点的改变，进而使规划目标、原则、评价标准等各方面都发生了变化。

2)整合现有规划,加强综合规划的编制

应对现有层次、数量众多的规划进行系统整合,建立以全国水资源综合规划—大江、大河流域规划—地区规划—专项规划为基础的规划体系,尽量避免规划的重复性和不同规划之间的矛盾。尤其要加强综合规划的编制,在规划中考虑水质和水量、地表水和地下水、城市用水和农村用水、流域上下游和左右岸用水、水资源和其他自然资源的协调统一,以及工程措施和非工程措施的共同使用,将与水资源有关的各方面视为整体来研究,为各种专项规划的编制奠定基础。

3)重视公众参与规划管理工作

改变过去只由领导、专家做规划的局面,促进公众参与水资源规划管理工作,尤其应给予社会弱势群体发言的机会。公众参与不仅有助于提高全社会普遍的水资源保护意识,有助于在一定程度上避免规划决策中的片面和不公平现象,还有助于规划的顺利实施。

4)加强基础学科的研究和新技术的应用

对流域或区域水文条件、自然环境等的分析、预测是水资源规划管理的基础,因此应加强水文学、生态学等基础学科的研究。“3S”技术、决策支持系统等新技术的发展,为提高水资源规划管理的科学性和管理效率提供了更好的技术支撑,应加快其在水资源领域的推广应用。

3. 水资源规划管理的工作流程和内容

尽管按照不同的标准可以将水资源规划划分为不同的类型,但各种水资源规划管理的工作流程是基本一致的。水资源规划管理的工作过程通常可以分为4个阶段,即制定规划目标、分析现实与目标之间的差距、制定和选择规划方案、成果审查与实施。下文将以流域综合规划为例对水资源规划的内容做详细的探讨。之所以选择流域综合规划为例,一是因为流域是水资源自然形成的基本单元,在流域范围内对水资源实行统一规划和管理已成为目前国际公认的科学原则;二是多目标的综合规划几乎涉及水资源开发、利用、治理、配置、节约、保护等各个方面,能够比较全面、系统地反映水资源规划管理所面对的问题和所包含的内容,具有较强的代表性。

(1)制定规划目标阶段

制定规划目标是水资源规划管理的两大核心任务之一,是展开后续工作的基础和依据。这一阶段还包括搜集整理资料和水资源区划等前期工作。

1)搜集整理资料

搜集整理资料是进行水资源规划管理必不可少的、重要的前期工作,基本资料的质量对规划成果的可靠程度影响很大。

①流域水资源综合规划所需基础资料。流域水资源综合规划需要搜集三大类基础资料,即流域自然环境资料、社会经济资料和水资源水环境资料。基础资料可以通过实地勘查和查阅文献两种途径获得。

流域自然环境资料:主要包括流域地理位置、地形地貌、气候与气象、土壤特征与水土流失状况、植被情况、野生动植物、水生生物、自然保护区、流域水系状况等。

社会经济资料:主要包括流域行政区划、人口、经济总体发展情况、产业结构及各产业发展状况、城镇发展规模和速度、各部门用水定额和用水量、农药化肥施用情况、工业生活污水排放情况、流域景观和文物、人体健康等方面的基础资料。

水资源和水环境资料:主要包括水文资料、水资源量及其分布、重要水利水电工程及其运行方式、取水口、城市饮用水水源地、污染源、入河排污口、流域水质、河流底质状况、水污染事故和纠纷等。

②整理资料。流域综合规划涉及面广，所需资料多样且来源不一，因此需要对搜集到的资料进行系统整理。整理资料的过程实际上就是一个资料辨析的过程，主要是对资料进行分类归并，了解资料的数量和质量情况，即对资料的适用性、全面性和真实性进行辨析。

2)水资源区划

流域规划往往涉及较大范围，各局部地区的水资源条件、社会经济发展水平、主要问题和矛盾等不尽相同，需要在流域范围内再做进一步的区域划分，以避免规划区域过大而掩盖一些重要细节。因此，区划工作在流域水资源综合规划中也是一项很重要的前期工作，便于制定规划目标和方案时更具体，更有针对性。

在进行水资源区划时，一般考虑以下因素。

①地形地貌。地形地貌的差异会带来水资源条件的差异，也会影响经济结构和发展模式。如山区和平原之间就有明显差别，山区的特点是产流多，而平原的特点是利用多。

②现有行政区划框架。水资源区划应具有实用性，并能够得到普遍接受，因此在分区中应适当兼顾现有行政区的完整性。

③河流水系。不同的河流水系应该分开，同时要参照供水系统，尽可能不要把完整的供水系统一分为二。

④水体功能。水资源具有多功能性，在进行水资源区划时应尽量保证同一区域内水资源主导功能的一致，使区划工作能够对水资源不同功能的发挥、不同地区间的用水关系的协调起到指导作用。

3)制定规划目标

流域水资源综合规划的最终目标是以水资源的可持续利用支撑社会经济的可持续发展。但这种目标描述方式太过笼统，不利于操作，需要进一步细化和分解，形成一个多层次、多指标的目标体系。通常流域水资源综合规划的目标体系应从三个方面构建：一是经济目标，通过水资源的开发利用促进和支持流域经济的发展和物质财富的增加；二是社会目标，水资源的分配和使用不能仅追求经济效益的最大化，还应考虑到社会公平与稳定，包括保障基本生活用水需要、帮助落后地区发展、减少和防止自然灾害等；三是生态环境目标，即在开发利用水资源的同时还要注意节约和保护，包括水污染的防治、流域生态环境的改善、景观的维护等。三大目标还应进一步细化为具体的能够进行评价的指标，并根据规划期制定长远目标、近期目标乃至年度目标，根据水资源区划的结果制定流域整体目标和分区域的目标。所制定的目标应具备若干条件，即目标应能根据一定的价值准则进行定性或定量的评价、目标在相应约束条件下是合理的且在规划期内可以实现、能够确定实现各目标的责任范围等。

不同流域面对的问题和矛盾各不相同，规划环境也有差异。因此在进行具体的流域综合规划时，需要对各种目标进行辨析和筛选，分清主次。

(2)分析差距、找出问题阶段

本阶段的主要任务和内容是评价规划流域的水资源条件、水资源开发利用现状，预测流域未来的水资源供需状况，对无规划状态下系统发展变化的趋势与规划希望达到的目标之间进行比较，找出差距和需要解决的主要问题，进而分析目标的可行性，看是否需要进行修改，并为下一步制定规划方案奠定基础。

1)水资源评价

进行水资源评价是为了较详细地掌握规划流域水资源基础条件，评价工作要求客观、科学、系统、实用，并遵循四项技术原则：①地表水与地下水统一评价；②水量水质并重；③水资源可持续利用与社会经济发展和生态环境保护相协调；④全面评价与重点区域评价相结合。

水资源评价分为水资源数量评价和质量评价两方面。水资源数量评价的内容主要是水汽输送量、降水量、蒸发量、地表水资源量、地下水资源量和总水资源量的计算、分析和评价。水资源质量评价内容则包括河流泥沙分析、天然水化学特征分析和水资源污染状况评价等。

2)水资源开发利用现状分析

分析水资源开发利用现状，是为了掌握规划流域人类活动对水资源系统的影响方式和影响程度。

水资源开发利用现状分析主要包括：①供水基础设施及供水能力调查统计分析；②供用水现状调查统计分析；③现状供用水效率分析；④现状供用水存在的问题分析；⑤水资源开发利用现状对环境造成的不利影响分析。

3)水资源供求预测和评价

在掌握了水资源数量、质量和开发利用现状后，还需要结合流域社会经济发展规划，预测未来水资源供求状况。

① 供水预测。预计不同规划水平年地表、地下和其他水源工程状况的变化，既包括现有工程更新改造、续建配套和规划工程实施后新增的供水量，又要估计工程老化、水库淤积等对工程供水能力的影响。

② 需水预测。需水预测分生活、生产和生态环境三大类。生活和生产需水统称为经济社会需水，其中生活需水按城镇居民和农村居民生活需水分别进行预测，生产需水按第一产业、第二产业和第三产业需水分别预测。生态环境需水是指为生态环境美化、修复与建设或维持现状生态环境质量不至于下降所需要的最小需水量。

4)水资源承载力研究

水资源承载力是指在一定区域或流域范围内，在一定的发展模式和生产条件下，当地水资源在满足既定生态环境目标的前提下，能够持续供养的具有一定生活质量的人口数量，或能够支持的社会经济发展规模。水资源承载力的主体是水资源，客体是人口数量和社会经济发展规模，同时维持生态系统良性循环是基本前提。因此，水资源承载力是联系水资源系统、生态环境系统和社会经济系统的一个重要概念，对流域水资源承载力进行计算和评估是流域水资源综合规划中必要的基础性工作。通过计算和评估流域水资源承载力，可以对无规划状态下流域社会经济系统与生态环境系统、水资源系统的协调程度进行判别，进一步明确流域可持续发展面临的主要问题和障碍，从而为调整规划目标、制定规划方案和措施提供理论支持。

(3)制定和选择规划方案阶段

制定和选择规划方案是水资源规划的又一核心任务，是寻找解决问题的具体措施以实现目标的关键环节，具体包括方案制定、方案综合评价和最终方案选择等工作。

1)方案制定

所谓规划方案就是在既定条件下能够解决问题、实现规划目标的一系列措施的组合。流域水资源综合规划中可选择的措施多种多样，如修建水利工程、控制人口增长和经济发展规模、制定水质标准、更新改造工艺设备、制度创新等。同时，流域水资源综合规划的目标也不是单一的，涉及经济、社会和生态环境三个方面，并能进一步细分为多个具体目标，这些目标间常常不一定能共存，或彼此存在一定的矛盾，甚至有的目标不能量化。同一目标可以对应不同的实现措施，但各措施的实施成本、作用效果有所不同；同一措施也会对不同目标的实现均有所贡献，但贡献率各不相同，这就使得措施组合与目标组合之间作用关系十分复杂。因此，在流域水资源规划中常常需要制定多个可能的规划方案，通过综合分析和比较来确定最终方案。但规划方案并不是越多越好，方案数量取决于规划性质、要求和掌握的资料等因素。通常，流域综合规划中应包括水资源合理配置方案、重要工程布局与实施方案、水质保护方案、节水方案等内容。

2)方案综合评价

对已制定的不同方案，要采用一定的技术方法进行计算和综合评价，全面衡量各方案的利弊，为选择最终方案提供参考。评价内容主要包括以下各项。

①目标满足程度。根据规划开始时制定的规划目标，对每一非劣方案进行目标改善性判断。由于流域综合规划的多目标性，期望某一方案在实现所有目标方面都达到最优是不现实的。因此，首先要对各方案产生的各种单项效益标准化，并对有利的和不利的程度做出估量，然后加以综合判断。各规划方案的净效益由该方案对所有规划目标的满足情况综合确定。

②效益指标评价。对各规划方案的所有重要影响都应进行评价，以便确定各方案在促进国家经济发展，改善环境质量，加速地区发展与提高社会福利方面所起的作用。比较分析应包括对各规划方案的货币指标、其他定量指标和定性资料的分析对比。

③合理性检验。规划作为宏观决策的一种，必须接受决策合理性检验。虽然实践才是检验真理的唯一标准，但对宏观决策而言必须有一定标准可对决策方案的正确性进行预评估，这个标准一般包括方案的可接受性、可靠性、完备性、有效性、经济性、适应性、可调性、可逆程度和应变能力等。

3)确定最终方案

经过综合分析和评价，在充分比较各待选方案利弊的基础上确定最终规划方案。由于流域综合规划的多目标性，各方案之间的优劣不能简单判别，这就使得方案的取舍十分困难。因此，确定最终方案的过程是一个带有一定主观性的综合决策过程，定量化计算评价的结果只能作为筛选方案的依据之一，决策者的价值取向、对问题的特定看法、政治上的权衡等都会对结果产生很大的影响。值得一提的是，在水资源日益紧缺、生态环境受到的干扰日益加大的形势下，选择一个对生态环境不利影响最小的方案是明智的。

(4)成果审查与实施阶段

这是水资源规划管理的最后一个阶段，直接关系到整个规划管理工作的实际成效，包括规划成果审查、安排详细的实施计划、提供保障条件以及跟踪检验等工作。

编制完成的规划，应按照一定的程序递交管理部门进行审查。经过审查批准的规划才具备法律效力，能够真正指导实际工作；如果审查中发现了问题，提出了意见，就要做进一步的修改。规划的顺利实施需要一定的外部保障条件，包括健全相关的法律、法规和配套规章制度，加强政府的组织指导和协调工作、明晰各部门的责任，保证资金投入，加强宣传教育、鼓励公众参与等。在实施过程中，还应进行跟踪检验，其目的一是检验原规划目标的实现情况，识别障碍因素；二是评估规划实施对各方面产生的影响，掌握系统和环境的变化情况，发现新的问题，及时对原规划进行修改和完善。

12.2 水资源立法

12.2.1 水资源法律管理的作用

尽管地球上的总水量十分丰富，但目前可被人类利用的却极其有限，仅占地球总水量的

0.77%左右，而不合理的人类活动，如污染，又在进一步减少有限的可利用水量；随着人口的增长和社会经济的发展，需水量和需水部门也在不断增加，水资源供需矛盾的加剧必然带来水资源开发利用中人与人之间、人与自然之间的冲突不断，这就是水资源法律管理的必要性所在。概括地说，水资源法律管理的作用是借助国家强制力，对水资源开发、利用、保护、管理等各种行为进行规范，解决与水资源有关的各种矛盾和问题，实现国家的管理目标。具体表现在以下几个方面。

1. 规范、引导用水部门的行为，促进水资源可持续利用

各种水资源法律、法规规定了不同主体在水资源开发利用中的权利和义务，以及违反这些规定应承担的法律责任，使人们明确什么样的行为是允许的，什么样的行为是被禁止的，从而对人们的水事活动产生规范和引导作用，使其符合国家的管理目标。而且，由于法律的明确规定，使人们能够对相互之间的行为方式、管理部门的相应反应有一个事先的预测，也就是事先可以预测到各种可能的行为及其相应的法律后果，有助于不同用水部门和主体间在水资源开发利用上进行合作博弈，促进水资源可持续利用。

2. 加强政府对水资源的管理和控制，同时对行政管理行为产生约束

水资源是人类生存和社会经济发展必不可少的基础性资源，具有公利、公害双重特性，而且是国家领土主权和资源主权的客体，因此需要政府对水资源进行公共管理。几乎各国水法都规定了水资源管理的行政机构，不同机构的权力、职责等，为政府进行统一的水资源规划、调度、分配，投资修建公共水利工程，保护水质，防洪抗旱等奠定了法律基础，保障了政府水资源管理的权威性，使政府的管理思路、政策得以顺利推行。同时，依法行政的要求又体现了法律对政府管理行为的限制和约束，政府的管理范围不能超出法律的规定，管理方式、程序都必须合法，从而避免了行政权力的随意扩张。

3. 明确的水事法律责任规定，为解决各种水事冲突提供了依据

各国水资源法律法规中也都明确规定了水事法律责任，并可以利用国家强制力保证其执行，对各种违法行为进行制裁和处罚，从而为解决各种水事冲突提供了依据。而且，明确的水事法律责任规定，使各行为主体能够预期自己行为的法律后果，从而在一定程度上避免了某些事故、争端的发生，或能够减少其不利影响。

4. 有助于提高人们保护水资源和生态环境的意识

通过对各种水资源法律法规的宣传，对违法水事活动的惩处等，能够有效地推动节约用水、保护水资源和生态环境等理念在不同群体、不同个人心中的确立，这也是提高水资源管理效率，实现水资源可持续利用的根本。

12.2.2 水资源法的特点

除了规范性、强制性、普遍性等共同的特点外，水资源法还有其独有的一些特点。

1. 调整对象的特殊性

与所有法律一样，人与人的关系是水资源法直接的调整对象。通过各种相关的制度安排，规范人们的水事活动，明确人们在水资源开发利用中的权利和义务，从而调整人与人之间的关系。不同的是，水资源法的最终目的是通过调整人与人的关系来调整人与自然的关系，促进人类社会与水资源、生态环境之间关系的协调。人与自然的关系是水资源法调整的最终对象，但它依赖于法律对人与人关系的调整，依赖于人们对自然规律、对社会经济－资源环境系统关系的认识的深入。

2. 科学技术性

水资源法调整的对象包括了人与水资源、生态环境之间的关系，而水文循环、水资源系统的演变具有其自身固有的客观规律，只有遵循这些自然规律才能顺利实现水资源法律管理的目标。这就使得水资源法具有了很强的科学技术性。众多的技术性规范，如水质标准、排放标准等构成了水资源法律管理的基础。

3. 公益性

水资源具有公利、公害双重特性。不管是规范水资源开发利用行为、促进水资源高效利用的法律制度安排，还是防治水污染、防洪抗旱的法律制度安排，都是为了人类社会的持续发展，具有公益性。

12.2.3 水资源立法的内容

水资源立法内容是指与水资源有关的各种法律制度安排。现代水资源法律管理的宗旨就是从可持续发展的要求出发，为实现水资源可持续利用而提供合理的法律制度安排。

1. 水资源法律管理的一般制度安排

国际水法协会 1976 年加拉加斯会议提出，水资源立法内容应包括所有有助于合理保护、开发和利用水资源的活动，按照水量、水质以及水和其他自然资源或环境因素的关系拟定。综观世界各国现有的水资源法律法规，我们将水资源法律管理的一般制度概括为 4 个方面，即水权制度安排、水行政管理制度安排、与用水有关的制度安排和水事法律责任。

(1)水权制度安排

水权即水资源产权，是以水资源为载体的各种权利的总和，可以分解为所有权、使用权、收益权、转让权等不同的形式。水权制度安排明晰了各行为主体在水事活动中的地位、权利和义务，界定了其活动空间，是各种水事法律制度中最基础、最重要一项。只有水权明晰才能保证收益的稳定预期，从而对行为主体产生激励；同时，水权制度又给出了行为主体不能作为的范畴，从而对行为主体产生约束，最终实现水资源的合理高效配置。水权制度安排应包括水权形式的选择；不同权利的配置方式；水权行使的时间、空间、数量等条件限制；水权丧失、终止的条件和程序；水权转让的条件、程度与手段；以及对侵权的处罚原则、办法等。

(2)水行政管理制度安排

行政活动与立法活动、司法活动共同构成了国家管理社会公共事务的主要方式。水资源立法的一个重要任务就是建立高效的水行政管理体制，保障行政管理的权威性。另一方面，科学高效的水行政管理制度又能反过来促进水资源法律法规的顺利实施，保护水权和水资源利用者的合法权益，保证水资源开发利用的持续高效。水行政管理制度安排具体包括水行政管理机构的组织设置、不同机构的管理范围、权限职责、利益及相互关系等。

(3)与用水有关的制度安排

与用水有关的制度安排是水资源立法内容中最丰富的部分，也是最直接的对公众、企业等用水户行为进行规范的制度安排。尽管各国的水资源条件、政治体制、经济制度等有所不同，亟需解决的水资源问题各异，但法律制度作为一种比较稳定的、长期的制度安排，其终极目的都是为了实现水资源的可持续利用和社会经济的可持续发展，因而存在一些共同的、基本的内容。概括而言，各国水资源立法中与用水有关的制度安排主要有以下几种：

①用水许可制度。这是大部分国家都采用的一种制度安排。从各国的法律规定来看，用

水实行较为严格的登记许可制度，除法律规定以外的各种用水活动都必须登记，并按许可证规定的方式用水。用水许可制度除了规定用水范围、方式、条件外，还规定了许可证申请、审批、发放的法定程序。

②水资源开发利用规划和计划制度。为克服水事活动的盲目性和主观随意性，保证水资源开发利用的有序、系统进行，各国都很重视水资源开发利用规划计划制度的安排。有的国家还制定了规划方面的专门法律，如早在1965年美国国会就通过了《水资源规划法》；我国在2002年修订《中华人民共和国水法》时也加大了水资源规划方面的内容。

③水工程管理制度。水工程包括河流、渠道、堤坝、水库、排灌工程、供排水道等，是进行水资源开发利用、兴利除害的物质基础。许多国家在水资源立法时都对水工程的建设、施工、管理、使用等做出了明确的规定。

④水质保护制度。水质和水量是水资源的两个基本属性，只有达到一定水质标准的水才能为人类所利用。而人类不合理的用水活动极易导致水质恶化，进而减少可利用水量。保持水源清洁与卫生，防治水污染是水资源法律管理的重要内容。为此，各国水资源立法中都安排了相应的水质保护制度，包括对排污口位置的限制；制定水环境质量标准和排放污染物种类、数量、浓度的标准；开展排污收费或排污权交易；对生产工艺、污染治理设备的配备、使用状况的规定；设立水资源保护区；以及建设项目环境影响评价等。

⑤用水管理制度。主要包括通过征收水资源费（税）、鼓励使用节水设备等制度促进水资源的节约高效利用；通过水资源分配制度、水功能区划等协调不同地区、用水部门的用水竞争等。

⑥防洪抗旱制度。防洪抗旱是各国水法中防治水害的重要制度安排。主要内容有河堤、大坝管理规则，蓄水调节措施、防洪投入的合理负担等。

(4)水事法律责任

为保证水资源法律管理的顺利进行，确保各项水事法律制度的实施，各国水资源立法内容都包括了水事法律责任制度。主要是对各种违法行为应承担的责任形式、诉讼程序等方面的详细规定。

2. 我国水法中的制度安排

我国的水事法律制度体现在以《中华人民共和国水法》（简称《水法》）为核心的一系列法律、法规和规范性文件中。其中《水法》是我国水的基本法，是制定有关水的法律法规的依据之一。

1988年《中华人民共和国水法》的颁布实施，标志着我国进入了依法治水的轨道。2002年10月1日，我国又颁布了新的《水法》，修改了原《水法》中与变化了的社会关系、经济环境、水资源条件等不适应的内容。新《水法》包括总则，水资源规划，水资源开发利用，水资源、水域和水工程的保护，水资源配置和节约使用，水事纠纷处理与执法监督检查，法律责任，附则共八章内容。主要制度如下。

(1)水权制度

新《水法》规定，水资源属于国家所有，水资源的所有权由国务院代表国家行使；农村集体经济组织的水塘和由农村集体经济组织修建管理的水库中的水归各农村集体经济组织使用，并通过取水许可制度规定了取水权的获得。但目前我国《水法》对水资源使用权、收益权等更细的权项划分、配置方式等没有做具体的规定。

(2)水行政管理制度

我国对水资源实行流域管理与行政区域管理相结合的管理体制。国务院水行政主管部门负责全国水资源的统一管理和监督工作。国务院水行政主管部门在国家确定的重要江河、湖泊设立的流域管理机构,在所管辖的范围内行使法律、行政法规规定的和国务院水行政主管部门授予的水资源管理和监督职责。县级以上地方人民政府水行政主管部门按照规定的权限,负责本行政区域内水资源的统一管理和监督工作。国务院、县级以上地方人民政府的有关部门按照职责分工,负责水资源开发、利用、节约和保护的有关工作。

新《水法》关于水行政管理制度的安排,在原《水法》的基础上明确了流域管理机构的职责和作用,加强了流域统一管理的法律地位。

(3)与用水有关的制度

① 取水许可制度和有偿使用制度。除家庭生活和零星散养、圈养畜禽饮用等少量取水外,直接从江河、湖泊或地下取用水资源的单位和个人,应当按照国家取水许可制度和水资源有偿使用制度的规定,向水行政主管部门或者流域管理机构申请领取取水许可证,并缴纳水资源费,取得取水权。实施取水许可制度和征收管理水资源费的具体办法,由国务院规定,国务院水行政主管部门负责全国取水许可制度和水资源有偿使用制度的具体实施。并且通过核定行业用水定额,对取水实行总量控制。

② 水资源规划的相关制度。在原《水法》的基础上,新《水法》大大扩充了水资源规划的内容,按照不同的范围、内容对水资源规划进行了分类,规定了各类水资源规划之间的从属关系;明确了编制水资源规划的基础条件;规定了各级水资源规划编制主体、审批程序、执行和修改要求;以及建设水工程必须符合水资源规划的要求。

③ 水工程管理制度。新《水法》规定了国务院水行政主管部门、流域管理机构、地方人民政府管理和保护水工程的职责、范围;规定了单位和个人保护水工程的义务,不得侵占、毁坏堤防、护岸、防汛、水文监测、水文地质监测等工程设施;在水工程保护范围内,禁止从事影响水工程运行和危害水工程安全的爆破、打井、采石、取土等活动。

④ 水质和水生态保护制度。国家保护水资源,采取有效措施,保护植被,植树种草,涵养水源,防治水土流失和水体污染,改善生态环境。包括对各级管理机构在保护水质和水生态环境中的职责、对用水主体排污行为的禁止和要求、水功能区划、排污总量控制、建立饮用水水源保护区制度等方面的规定。

⑤ 用水管理制度。制定了水资源在不同用水部门间进行分配的原则,即生活用水优先,兼顾农业、工业、生态环境用水及航运等的需要,但在干旱和半干旱地区应充分考虑生态环境用水需要;对跨流域调水,提出了全面规划、科学论证、统筹兼顾调出和调入流域的用水需要,防止对生态环境造成破坏的要求;对水资源开发提出了地表水与地下水统一调度开发、开源与节流相结合、节流优先和污水处理再利用的原则;对水能、水运资源开发做出相关规定;水资源合理配置和节约用水的相关规定等。

(4)防洪制度

防洪制度包括对各种妨碍行洪行为的禁止,河道建筑物必须符合防洪标准和其他有关的技术要求等。

(5)水事法律责任

水事法律责任包括对水事纠纷处理和执法监督检查的详细规定;对各种违法行为应承担法律责任的详细规定等。我国《水法》中规定的水事法律责任包括民事责任、行政责任和刑事责任。

12.2.4 水法规体系

水法规体系就是一国现行的有关调整各种水事关系的所有法律、法规和规范性文件组成的有机整体,不包括与水资源有关的国际公约和协定。水法规体系的建立和完善是水资源法律管理有效实施的关键环节。

1. 我国水法规体系现状

自20世纪80年代以来,我国先后制定、颁布了一系列与水有关的法律、法规,如《中华人民共和国水污染防治法》(1984年,1996年修订)、《中华人民共和国水法》(1988年,2002年修订)、《中华人民共和国水土保持法》(1991)、《中华人民共和国防洪法》(1997)等。尽管我国水资源立法的时间比较短,但立法数量却显著超过一般的部门法,一个多层次的水法规体系已初步形成。

(1)宪法中有关水的规定

《中华人民共和国宪法》(以下简称《宪法》)是国家的根本大法、总章程,具有最高的法律效力,是制定其他法律、法规的法律根据。《宪法》中有关水的规定也是制定水资源法律、法规的基础。《宪法》第9条第1、2款分别规定,"水流属于国家所有,即全民所有","国家保障自然资源的合理利用"。这是关于水权的基本规定以及合理开发利用、有效保护水资源的基本准则。对于国家在环境保护方面的基本职责和总政策,《宪法》第26条做了原则性的规定,"国家保护和改善生活环境和生态环境,防治污染和其他公害"。

(2)由全国人大或人大常委会制定的法律

1)与(水)资源环境有关的综合性法律

水资源与土地、森林、矿产等其他自然资源共同构成了人类社会生存发展的自然基础,水资源开发、利用、保护与其他自然资源是密切相关的。但目前我国尚没有综合性资源环境法律。1989年颁布的《中华人民共和国环境保护法》(简称《环境保护法》)可以认为是环境保护方面的综合性法律。《环境保护法》中没有单独的关于水资源管理的部分,但它从环境法的任务、环境保护的对象、环境监督管理、保护和改善环境以及损害赔偿、法律责任等多方面对各种资源的保护与管理做了全面的规定;而且,它规定了中国环境保护的一些基本原则和制度,如"三同时"制度、排污收费制度等。

1988年颁布实施的《中华人民共和国水法》是我国第一部有关水的综合性法律。但由于当时认识上的局限以及资源法与环境法分别立法的传统,原《水法》偏重于水资源的开发、利用,而关于水污染防治、水生态环境保护方面的内容较少。2002年,在原《水法》的基础上进行了修订,颁布了新的《中华人民共和国水法》,拓宽了所调整的水事法律关系的范畴,内容也更为丰富,是制定其他有关水的法律、法规的依据之一。

2)有关水的单项法律

针对我国水多、水脏、水浑等主要问题,专门制定有关的单项法律,即《中华人民共和国水土保持法》(1991)、《中华人民共和国水污染防治法》(1996)和《中华人民共和国防洪法》(1997)。

(3)由国务院制定的行政法规和法规性文件

从1985年《水利工程水费核定、计收和管理办法》到2001年《长江三峡工程建设移民条例》,期间由国务院制定的与水有关的行政法规和法规性文件达20多件,内容涉及水利工程的建设和管理、水污染防治、水量调度分配、防汛、水利经济、流域规划等众多方面。如《中华人民共和国河道管理条例》(1988)、《中华人民共和国防汛条例》(1991)、《国务院关于加强水土保持工作的通知》(1993)、《中华人民共和国水土保持法实施条例》(1993)、《取水许可制度实施办法》(1993)和《淮河流域水污染防治暂行条例》(1995)等，与各种综合、单项法律相比，这些行政法规和法规性文件的规定更为具体、详细。

(4)由国务院及所属部委制定的相关部门行政规章

由于我国水资源管理在很长一段时间实行的是分散管理的模式，因此，不同部门从各自管理范围、职责出发，制定了许多与水有关的行政规章，以环境保护部门和水利部门分别形成的两套规章系统为代表。

环境保护部门侧重于水质、水污染防治，主要是对排放系统的管理，出台的相关行政规章主要有：管理环境标准、环境监测等的《环境标准管理办法》(1983)、《全国环境监测管理条例》(1983)；管理各类建设项目的《建设项目环境管理办法》(1986)及其《程序》(1990)；行政处罚类的《环境保护行政处罚办法》(1992)及《报告环境污染与破坏事故的暂行办法》；涉及资金的《关于环境保护资金渠道的规定的通知》、《污染源治理专项基金有偿使用暂行办法》和《关于加强环境保护补助资金管理的若干规定》(1989 年 5 月)等；排污管理方面的《水污染物排放许可证管理暂行办法》、《排放污染物申报登记管理规定》、《征收排污费暂行办法》、《关于增设"排污费"收支预算科目的通知》、《征收超标准排污费财务管理和会计核算办法》等。水利部门则侧重于水资源的开发、利用，出台的相关行政规章主要有：涉及水资源管理方面的如《取水许可申请审批程序规定》(1994)、《取水许可水质管理办法》(1995)、《取水许可监督管理办法》(1996)等；涉及水利工程建设方面的如《水利工程建设项目管理规定》(1995)、《水利工程质量监督管理规定》(1997)、《水利工程质量管理规定》(1997)等；有关水利工程管理、河道管理的如《水库大坝安全鉴定办法》(1995)、《关于海河流域河道管理范围内建设项目审查权限的通知》(1997)等；关于水文、移民方面的如《水利部水文设备管理规定》(1993)、《水文水资源调查评价资质和建设项目水资源论证资质管理办法(试行)》(2003)；以及关于水利经济方面的如《关于进一步加强水利国有资产产权管理的通知》(1996)、《水利旅游区管理办法(试行)》(1999)等。

(5)地方性法规和行政规章

水资源时空分布往往存在很大差异，不同地区的水资源条件、面临的主要水资源问题以及地区经济实力等都各不相同，因此，水资源法律管理需要因地制宜地展开。目前，我国已颁布的与水有关的地方性法规、省级政府规章及规范性文件有近 700 件。

(6)其他部门法中相关的法律规范

由于水资源问题涉及社会关系的复杂性、综合性，除了以上直接与水有关的综合性法律、单项法律、行政法规和部门规章外，其他部门法如《中华人民共和国民法通则》、《中华人民共和国刑法》、《中华人民共和国农业法》中的有关规定也适用于水资源法律管理。

(7)立法机关、司法机关的相关法律解释

这是指由立法机关、司法机关对以上各种法律、法规、规章、规范性文件做出的说明性文字，或是对实际执行过程中出现问题的解释、答复，大多与程序、权限、数量等问题相关。如《全国人大常委会法制委员会关于排污费的种类及其适用条件的答复》、《关于〈特大防汛抗旱补助费使用管理办法〉修订的说明》(1999)等。

(8)依法制定并具有法律效力的各种相关标准

《地面水环境质量标准》(1983)、《渔业水质标准》(1979)、《农田灌溉水质标准》(1985)、《生活饮用水卫生标准》(1985)、《景观娱乐用水水质标准》(1991 年 3 月)、《污水综合排放标准

(GB 8978—1996)》和其他各行业分别执行的标准等。

2. 我国水法规体系存在的主要问题

目前我国已初步形成了一个多层次的水法规体系,水法制建设取得了很大的成效,全民水法律意识也得到了提高,但现行水法规体系仍存在一些不容忽视的问题。

(1)法律覆盖范围不全面

尽管我国与水有关的法律、法规和规范性文件在数量上已大大超过了其他自然资源立法,但现有法律覆盖范围仍不全面,尚不能调整所有水事关系。这有两层含义:一是指相关法律法规的缺乏,如目前我国还没有一部综合性的资源环境基本法,以协调、解决包括水资源在内的所有资源环境问题;又如对公众参与水资源管理问题也缺乏法律规定;二是指对有的问题目前已有法律规定,但规定过于简单,或法律效力等级不高,不能反映出问题的严重性,如现行水资源法律制度侧重于国家权力对水资源的配置和管理作用,带有浓厚的行政管理色彩,对水权只做了原则性的、抽象的规定,缺乏水权具体权项划分、配置、转移等的民事法律制度规定;又如对水资源规划问题,新《水法》加大了立法内容,但也不够详尽,规划法定效力仍不明确,使规划方案常常只能停留在纸面,难以真正贯彻执行;再如农业面源污染目前已成为我国水污染的主要原因,但现行水法规体系对此问题的重视程度远比不上工业污染和生活污染。

(2)不同部门、不同时期颁布的法律法规之间存在冲突和矛盾

由于我国长期以来在水资源管理方面处于多龙管水、政出多门的状况,不同部门和地区之间从自身利益出发,在制定相关水法律法规时不可避免地会出现冲突和矛盾。按照法学理论,与上一级法律规定或政令相悖的规定是无效的,但在实际水资源管理工作中,这些相互矛盾的法律法规仍在发挥作用,并反过来进一步加剧了管理权限和管理体制的混乱。最典型的如在水污染防治方面,按照《中华人民共和国水污染防治法》(1996)的规定,各级人民政府的环境保护部门是对水污染防治实施统一监督管理的机关,有权对管辖范围内的水体进行水质监测和排污控制;而按照《中华人民共和国水法》(2002)的规定,各级水行政主管部门负责管辖区内水资源的统一监督和管理工作,同样有权进行水体水质监测。这使得在水污染防治中常常存在两套不同的监测数据,严重影响了水资源管理的效率和权威。

(3)法律规定过于原则,不便于操作

目前我国水事法律法规中的原则性规定较多,可以保证法律法规的适应性和稳定性较强,但具体操作性条款的缺乏给法律法规的实施带来障碍,影响了法律的实效。而且,过于原则的法律规定会导致执法过程中管理部门处理水资源问题的任意性过大,容易滋生腐败。

3. 我国水法规体系的完善

针对我国水法规体系目前存在的问题,我们认为应从两个方面加以完善:一是整合现有法律、法规和规章,使之成为一个相互联系、相互补充的有机整体;二是加强立法工作,尽快填补现有法律法规中的空白。

(1)整合现有法律、法规和规章

整理、研究现有水法规体系中各法律、法规和规章的内容,对相互矛盾、相互冲突的应进行修订,对过时的或错误的规定应当修订或废止,对过于原则和抽象的规定应进行细化,理顺现有水法规体系的内部关系。第一,应从系统整体出发,打破原来条块分割立法带来的问题,协调好各种开发利用法律之间的关系、协调好水资源开发利用法律与水资源保护法律的关系、协调好兴利法律与除害法律之间的关系。第二,水权制度是水事法律制度中最重要的一项,水权不明晰是导致我国用水效率低的重要原因之一,新《水法》对水权的规定远不能满足实际的需

要，应加强对水权配置、转移的规定。第三，强化水资源规划的法律地位，进一步明确水资源规划的具体内容，提高规划的权威性，保证规划真正得到实施。第四，对不同管理部门的职责权限应在法律中予以更清晰、明确的划分，重视市场配置水资源的重要作用，促进政府行政管理职能与经济职能、服务职能的分离，理顺管理部门间的利益关系。第五，修订相关法律法规的内容，使之符合可持续发展的需要，如对水资源保护问题，目前只有一部《中华人民共和国水污染防治法》及其实施细则，并不能概括所有水资源保护问题，应从水质、水量、生态环境各方面加以综合考虑。

(2)加强立法工作，填补空白

在整合现有法律法规的基础上，还应加强立法工作，填补现有法律法规的空白。

应制定一部综合性的资源环境基本法。水资源与土地、森林、草原、矿产、物种、气候等其他自然资源共同构成了人类社会生存、发展的物质基础，这些自然资源之间有着天然的联系，在对人类社会发生作用时相互之间也存在影响和制约。目前我国对不同自然资源基本都制定了单行法律法规，便于根据各自特点进行有针对性的调整和管理。但缺乏一部综合性的资源环境基本法，从整体上对包括水资源在内的所有资源环境问题进行原则性规定，协调资源环境工作中的各种关系。一部综合性的资源环境基本法是必要的，而且由于其涉及面广，所调整法律关系复杂，立法难度大，应充分做好研究准备工作。

加快新《水法》的配套立法。新《水法》作为我国水资源方面的基本法，在立法内容上较为原则，需尽快进行配套的、更细化的立法，对新《水法》增删、修订的内容也需进行相关配套立法。具体包括：《水法》明示授权制定的配套行政法规、规章或规范性文件，如河道采砂许可制度实施办法、管理水资源费的具体办法等；对新《水法》中规定的一些新制度，如区域管理与流域管理相结合的行政管理制度、饮用水水源保护区制度、用水总量控制和定额管理相结合的制度、划分水功能区制度、节约用水的各项管理制度等，需要制定相应的程序和具体操作办法才能使之落到实处；各级地方政府根据新《水法》的规定和实际需要，出台新的地方法规和规章。

针对我国水资源开发、利用、保护和管理中的突出问题，有针对性地填补立法空白。有的专家在认真调查研究的基础上，指出了中国水事业发展的突出问题集中表现为六大矛盾：一是洪涝灾害日益频繁与江河防洪标准普遍偏低的矛盾；二是水资源短缺与需求增长较快的矛盾；三是水环境恶化与治理力度不够大的矛盾；四是水价偏低与水利建立良性运行机制的矛盾；五是水利建设滞后与水利投入不足的矛盾；六是水资源分割管理与合理利用的矛盾。有的专家就中国的七大流域实行水资源分流域管理和就特定江河（黄河、淮河）的治理提出了有远见卓识的法律建议。所有这些，都为尽快出台有关立法、有针对性地解决现存紧迫问题提供了理论支撑、事实依据和制度设计基础。

12.3 水权制度

1. 水权概述

水权即水资源产权，是产权经济理论在水资源配置领域的具体体现。目前水权还没有一个一般性的、权威的定义，从产权的基本定义来讲，水权是以水资源为载体的各种权利的总和，它反映了由于水资源的存在和对水资源的使用而形成的人们之间的权利和责任关系。

水权概念有以下几点含义。

(1)水权的客体是水资源，水资源是流动性资源，它赋存于自然水体之中，在质、量、物理形态上都存在很大的不确定性。

(2)水权是以水资源为载体的一种行为权利，它规定人们面对稀缺的水资源可以做什么、不可以做什么，并通过这种行为界定了人们之间的损益关系，以及如何向受损者进行补偿和向受益者进行索取。

(3)水权的行使需要通过社会强制实施，这里的社会强制既可以是法律、法规等正式制度安排，也可以是社会习俗、道德等非正式安排。随着水资源日益稀缺和用水矛盾的加剧，正式制度安排成为水权行使的主要保障，由非正式安排形成的习惯水权也正逐渐通过法律认可而变成正式制度安排。因为法律等正式制度安排更具权威性和强制性，能够有效地降低不确定性，提供稳定的预期，从而提高水权在水资源配置上的效率。

(4)水权也是一组权利的集合，而不仅仅是一种权利，目前存在争论的是应该怎样对水权的权利束进行细致划分。

2. 水权的界定

水权界定是指将水权所包含的各项权利赋予不同主体的制度安排，这种制度安排可以是非正式的，如按用水习惯沿袭下来的习惯水权界定，但更多的是通过法律法规进行的正式制度安排。水权界定最主要的目的和功效就是明晰水权，因此在水权界定中对享有权利的主体是谁、权利客体的数量如何确定、应该保证怎样的质量以及行使权利的有效期限等都应明确规定。水权的界定是水权制度的核心内容之一，是水权转让的前提条件。

(1)水权形式的选择——私有水权还是共有水权

水权可以根据权利主体的不同而分为私有水权和共有水权。私有水权就是将对水资源的权利界定给一个特定的人；共有水权则是将权利界定给共同体内的所有成员，若共同体的范围是国家和全民，则为国有水权。在界定水权时，如何在这两种水权形式中进行选择，取决于各自界定成本和收益的比较。

从水权界定的历史演变和发展趋势来看，正经历着从私有水权向共有水权的转变。传统的水权是依附于土地所有权的，在土地私有的情况下，水资源也就归私人所有。发展到 20 世纪中期，随着水资源多元价值的日益显现，尤其是水资源在生态、环境方面的价值越来越受到重视，各国政府开始对私有水权加以限制，将水资源权属与土地权属分离开来，确立独立的水权，水权形式安排也由私有转向共有。1976 年国际水法协会在委内瑞拉召开的"关于水法和水行政第二次国际会议"上就提倡，一切水资源都要公有或直接归国家管理。

总的来看，由于水资源的流动性、难以分割性和公益性，采取共有水权形式能够极大地降低权利界定的成本，并获得生态、环境方面的巨大收益，因此共有水权安排已成为水权界定形式的主流。但完全共有的水权权利边界不明晰，排他性、激励性很弱，水权高效配置资源的作用被大大削弱了。解决这一矛盾比较现实的选择是采取私有和共有混合的水权形式，亦即在共有水权框架下，根据不同区域条件、不同用水目的和不同政策目标，将水权所包含的各种权项进行分离，并有选择地界定给私人。这样既有共有水权的存在以保证水资源生态功能、社会功能的实现，又有私有水权的存在以使水资源的经济功能得以更有效地发挥。实际上，水权形式在大多数国家都是复杂多元的，很少有国家建立起了完全单一的共有水权或私有水权。

(2)水权界定的基本原则

水资源的特性和水权的特性，决定了水权界定不同于一般资源产权的界定，它必须遵循如下基本原则。

1)可持续利用原则

水资源是社会经济可持续发展的物质基础和基本条件,发挥着不可替代的重要作用。尽管水资源可以不断更新和补充,是一种可再生资源,但其再生能力受到自然条件的限制,过度开发和水环境的破坏必然导致其再生能力的下降,进而削弱社会经济发展的能力,并威胁后代人的生存和发展。因此,水权的界定应以有利于实现水资源可持续利用为首要原则,其权利主体不仅是当代人,还包括后代人。具体体现为水量上要计划用水、节约用水,并保障一定量的生态用水,水质上要便于进行污染控制。

2)效率和公平兼顾原则

水资源是社会经济发展的基础性资源,日常经济活动中的竞争性用水在某种程度上可以看作是一种经济物品。经济物品的配置应以效率为先,因此对竞争性用水的水权界定应能够有利于促进水资源向效益高的产业配置,使水资源的经济作用发挥到最大。但水资源毕竟不是一种单纯的经济物品,它在维持人类和其他生物生存中具有不可替代的作用,因而,公平原则在水权界定中也十分重要,公平原则与高效原则是水权界定中对等的两个基本原则。公平原则的一个首要方面就是生活用水优先,保障人类最基本的生存需要。另外,公平原则还体现在合理补偿方面。如果水权的界定导致不同区域、不同行业之间收益的变化,应通过经济手段进行适度补偿。

3)遵从习惯,因地制宜原则

不同国家和地区的水资源条件存在差异,经济发展水平、政策取向等也有不同,在一个国家或地区取得良好效果的水权界定方式在另一个国家或地区可能就不适用。此外,由于水资源与人类生活息息相关,几乎伴随着人类发展的全过程,在水权体制建立之前就已存在一些根深蒂固的习惯用水方式,其改变可能要付出很高的成本。因此,水权界定应尊重已有的习惯,遵从因地制宜原则。

3. 水权的转让

水权转让是指水权中的部分或全部权项在不同主体之间的流动,是在水资源总量一定而用水主体不断增加的条件下,对水资源进行的再分配,是水权制度的另一项核心内容。水权转让可以通过政府的行政行为进行,如水权的征购、征用和行政调配等,但通常意义下的水权转让指的是通过市场机制进行的水权交易等市场行为。

(1)水权转让的作用

水权转让最突出、最主要的作用就是大大提高了水权的灵活性和高效配置水资源的能力,这也是可转让的水权制度在水资源供需矛盾日益加剧的条件下在各国得以迅速发展的原因。具体表现在以下几个方面。

1)提高用水效率

可转让的水权赋予了水资源隐含的价值,即"机会成本",从而使水权所有者在行使权力时会综合考虑各种成本和收益对比,激励用水者综合利用各种手段提高水资源的利用效率,将节约出来的水资源通过转让而获利。

2)提供投资建设水利基础设施的激励

水权转让对投资建设水利设施的作用有两个方面:一是用水者为提高用水效率而主动投资于节水设施的建设,如高效的农田灌溉设施、先进的供水和污水处理设施等;二是当水权转让能够为双方带来很大收益时,会促进实现转让所必需的一些量水、分水、输水等水利设施的建设。

3)改进供水管理水平

实行水权交易后,新水权的获得需要付出成本。对供水部门(特别是城市和工业的供水部门)而言,他们再也不可能通过国家无偿占有农民的水权来得到水资源,因而他们会通过积极改进管理和服务水平来增进效益。

(2)水权转让的内容

1)影响水权转让的主要因素

影响水权转让的因素很多,各因素之间还存在相互作用,共同对水权转让产生影响,归纳起来主要有以下几方面。

① 水权界定。水权界定是水权转让的前提。水权转让是与水资源有关的权利的流转,只有权利边界明晰才能顺利进行转让。这里的权利明晰包括对水权客体即一定水资源的质和量的规定、权利使用期限和权利可靠性等,需要借助于合理的水权界定来实现。

② 水权转让的成本。在水权明确界定后,水权转让能否进行还取决于转让成本的高低。就水权转让双方而言,进行水权转让的目的是获利,如果转让成本过高,以致于使一方或双方均没有获利空间时,水权转让就不可能发生。水权转让的成本包括信息搜集成本、合同执行成本,以及提供量水、分水及输水等水权转让的基础设施的成本等。

③ 对第三方的影响。水资源是与日常生活和经济社会发展密切相关的基础性资源,其开发利用活动会产生广泛的影响,因而水权的转让不仅是买卖双方的利益转换,还会涉及第三方的利益。例如,在出售水权的地区,可能因为支撑区域经济发展的水资源量减少而导致经济活动水平下降,永久性的水权转让甚至会限制该地区未来经济的发展。因此,水权转让常常需要进行公示,以便于公众参与。如果水权转让对第三方造成的负面影响过大,必然会受到公众和政府的阻碍。

④ 水管理体制和法律法规。水权的行使是需要通过法律等社会强制进行的,水权的特性也使得水权的行使必然在很大程度上受到政府管制,因此,水管理体制和相关法律法规是影响水权转让的又一重要因素。各国政策目标、管理方式、法律规定不同,水权转让的范围、程序都有不同。而在水权制度建立初期,甚至有的国家明确禁止了水权的转让。

2)水权转让的范围

一般意义上的产权转让应该是所有与财产有关的权项,但水资源和水权的特殊性决定了水权转让受到很多因素的影响,不是任何水权都可以自由转让,其转让范围是有限制的。禁止转让的水权主要包括:① 为保障日常生活、公共事业和生态环境用水需要而界定的基本用水权;② 在共有水权形式尤其是国有水权形式下,水资源所有权通常不允许转让,只能进行水资源使用权、收益权等他项权利的转让;③ 超出有效期限,或未取得合法有效性的水权;④ 其他为法律所禁止的水权转让。

3)水权转让的形式

按照不同的分类标准,可以将水权转让分为不同的形式:① 按照转让区域是否变化可以分为流域(区域)内水权转让和跨流域(区域)水权转让,流域(区域)内水权转让影响面小,便于组织,但由于水资源地区分布极不平衡,随着社会经济的发展,跨流域(区域)水权的转让将逐渐成为焦点;② 按照转让权项是否完整可以分为部分水权转让和全部水权转让,最常见的部分水权转让就是保留所有权而只转让使用权和他项权利,或者对权利项下的水资源客体分离出一部分来进行转让;③ 按照转让行业是否变化可以分为行业内水权转让和行业间水权转让,行业间水权转让通常是从低效益行业转向高效益行业,如农业灌溉用水权向城市和工业用水权转让;④ 按照转让期限长短可以分为临时性水权转让和永久性水权转让,临时性水权转让指发生在1年内的权利流转,便于用来调节短期内的水资源供需平衡,且涉及利益面小,转让成本低,组织方便,因而是目前水权交易的主要形式;永久性水权转让则指部分或全部权项一次性完全转让,由于永久性水权转让的预期收益不稳定、转让成本高、牵涉利益方多,因而转让程序复杂,受到很强的政府管制,目前发展比较缓慢。在实际水权转让中,以上这些转让形式常常是混合、交织运用的。

4)水权市场的运行机制和局限性

水权市场即进行水权转让的场所,水权市场的主体是水权的供给者和需求者,客体则是以水资源为载体的各种允许进行转让的权利,通过权利的转让实现资源的再分配。在水权市场中,最重要的运行机制就是价格机制,即水权的获取必须是有偿的。水权价格反映了市场中供求双方的关系,进而反映了水资源的稀缺程度。水权转让的价格应由市场交易双方协商确定,其决定因素是多方面的,包括水权获取的成本、水权的可靠性、可转让的权项结构和用途、转让期限以及整个水权市场的供求状况等。以价格为中心,通过水权市场配置水资源,能够提高水资源利用效率,克服一次性行政分配带来的弊端,但也存在一些局限,需要政府进行管理和调控。一方面,市场带有强烈的短期倾向,在防止水资源过度开发利用和水环境保护方面的作用是有限的;另一方面,出于公平考虑和一些技术上的原因,并非所有的水权都可以进入市场进行转让,运用市场配置的仅仅是竞争性经济用水,其他方面的用水配置仍离不开政府的作用。

4. 水权的管理和监督

水资源的开发利用具有很强的公益性,会产生广泛的影响,因此,水权制度的顺利运行离不开有效的管理和监督。但政府的管理和监督应主要体现为宏观调控而不是直接干预,即通过法律、法规的制定以保证水权分配和转让的公平性、可持续性,避免水资源过度开发利用造成对生态环境的不利影响,以及防止水权市场中不正当的竞争行为对他人的损害等。

(1)建立健全水资源法律体系

法律具有权威性和强制性,是国家和政府调控经济活动的最有效手段。健全的水资源法律体系是促进水权制度健康发展的重要保障。首先,通过立法手段对水权的界定、分配、转让做出明确的规定,可以降低各种不确定因素,使水权具有可靠性,并为水权人行使权利提供稳定的预期。其次,完善的水资源法律体系可以规范水权人的行为,有效地解决水权行使带来的各种冲突和矛盾,尤其是有利于保障公众权益。最后,以可持续发展思想为中心的自然资源法律体系的建立可以减少水权行使中的短期行为,避免水资源过度开发和水环境遭到破坏。

(2)建立统一的行政管理机构

行政管理机构是水资源法律、国家政策的具体执行者,也是进行水权监督和管理的主体。其管理内容包括水权的审查、登记、证书发放,维护和监督水权转让市场的秩序等,从而实现国家水资源开发利用规划计划和用水总量控制,保护生态环境。水权制度的实施,使不同地区、不同流域和不同行业的用水联系在一起,相应地,其管理机构也应是统一的。

(3)规范水权转让市场

尽管以价格为核心的市场机制是水权转让和水资源配置的主导机制,但为保证水权转让的公平性,减少水权转让对第三方和生态环境带来的负面影响,政府应对水权市场的运行进行必要的管理和监督,主要是建立市场秩序和规范转让程序。首先,制定市场准入规则,规定能够进入市场进行转让的水权类型、供需双方应具备的资格和条件等。其次,制定市场竞争和交易规则,如公开交易、等价交易等,以防止出现市场垄断和不正当竞争,使水权转让规范化、法制化。再次,制定水权转让的程序,包括:① 由转让者向水行政管理机构提出申请;②水行政管理机构按国家规定,对转让合同主体、内容、水资源用途及其对水体的影响等进行审查;③对审查合格的申请者,准予转让,并进行水权变更登记。贯穿整个水权转让过程的重要环节是进行水权转让的公示,即政府应定期将近期水权转让和变动的各种信息公之于众,以便于社会公众进行监督。

5. 我国现行水权制度

(1)水权的界定

我国水权界定的法律框架包括《宪法》、国家权力机关制定的法律、各级行政机关制定的行政法规和其他规范性文件,其中以《中华人民共和国水法》(2002 年修订,以下简称《水法》)为核心。《水法》规定:"水资源属国家所有。水资源的所有权由国务院代表国家行使。"因此,我国目前选择实施的是共有水权形式,其中又以国有水权为主,中央政府是法定的国有水权代表。共有水权的建立,便于国家对水资源实行统一管理、协调和调配,有效地遏制了水资源无序开采,促进了节约用水。

由于我国地域广阔,水资源条件的地区差别很大,中央政府集中行使水权的成本非常高,因此《水法》中做出了"国家对水资源实行流域管理与行政区域管理相结合的管理体制"的规定。这样,地方政府和流域组织也成了一级水权所有人代表。同一流域的水资源通常以直接的行政调配方式分到各个地区,再通过取水许可制度分配给不同用水者。取水许可制度是我国实施水资源权属管理的重要手段,自 1993 年国务院颁布《取水许可制度实施办法》以来,我国已初步形成了一套比较完整的取水许可管理机制。《取水许可制度实施办法》规定,利用水工程或者机械提水设施直接从江河、湖泊或者地下取水的一切取水单位和个人,都应当向水行政主管部门或者流域管理机构申请取水许可证,并缴纳水资源费,取得用水权。尽管取水权表面上看是行政批准的权利,目前我国法律对水资源使用权等概念也还没有明确的规定,但由于长期以来我国政府行政主管部门具有水资源所有权人代表和管理者的双重身份,取水许可证实际上意味着国有水资源所有权人已经向许可证持有人转让了国有水资源使用权,因此,由取水许可证确定的取水权实际上是最重要的水资源使用权。

(2)水权的转让

国有水权形式下的水权转让可以分为两个层次:第一层次是中央或地方政府、流域组织以行政分配手段或取水许可形式将水资源使用权转让给用水单位或个人,实现水资源所有权和使用权的分离;第二层次则是取水许可证在不同用水单位和个人之间的转让,这一层次的转让最为活跃,对高效配置水资源的作用也最大。但实际上,《取水许可制度实施办法》明确规定"取水许可证不得转让。取水期满,取水许可证自行失效。""转让许可证的,由水行政主管部门或者其授权发放取水许可证的部门吊销取水许可证、没收非法所得。"因此,我国的水权转让市场并未真正建立起来。2000 年浙江省东阳、义乌两市的水权转让开辟了我国水权转让的先河,但其合法性问题也引来了众多的争议。

6. 我国现行水权制度存在的问题

(1)水权不明晰

水权不明晰是我国现行水权制度存在的最大问题,直接影响着水权的转让,制约了水资源配置效率的提高,具体表现在以下两个方面。

1)所有权主体及其权利界限不明晰

首先,按照法律规定,我国水资源所有权的主体是国家,并由国务院作为国家所有权的代表。但在我国由中央政府集中行使水权并不现实,因而在实际水资源开发利用中,地方政府和流域组织成了事实上的水权所有者,这是法定所有权主体与事实所有权主体存在的不一致。其次,水法虽然明确了国家是水资源所有权主体,但没有具体规定国家如何去行使其所有权。尤其是通过取水许可制度使水资源所有权和使用权相分离的情况下,如何保障国家作为所有权人的利益不被侵犯?通常可以通过水资源有偿使用,征收水资源费来保障国家的收益权,但目前我国水资源费是由地方政府收取,并不纳入中央收入,且从现行征收标准上也难以体现水权的真正价值。再次,在目前的水权制度下,还存在水资源所有权与政府行政管理权的混淆,无论是中央政府还是地方政府,目前都承担着水权所有人和水资源管理者的双重身份。

2)使用权等他项水权不明晰

在我国目前的法律中,水权的概念和内涵是不完整的,除水资源所有权外的他项水权概念,如水资源使用权、收益权等,都没有具体的体现和界定。也就是说,在水资源使用权、收益权等的权利主体、权限范围、获取条件等方面缺乏可操作性的法律条文。共有水权形式下,水资源使用权的模糊使得水权排他性和行使效率降低,造成各地区、各部门在水资源开发利用方面的冲突,也不利于水资源保护和可持续利用。

(2)取水许可制度存在许多不确定性

首先,没有确定取水的优先次序。在实际中近似于上游优先、生活用水优先,但没有明确的法律规定,在水资源短缺时缺乏可预见的、灵活的调节机制,临时性的应急方案使得水资源使用权在水量、水质上都存在很大的不确定性,用水者难以把握,且极易引起不同用水者之间的矛盾。其次,取水许可的实施过多依赖行政手段,水行政主管部门承担着水资源分配、调度以及论证取水许可证合理性等诸多责任,常常会因技术、资金等客观条件的限制而难以保证用水权利在不同行业、不同申请者之间的高效配置。何况目前流域机构和省(区)之间、省与省内地区之间在取水许可管理中的关系也尚未理顺,从而使得取水许可总量控制十分困难。再次,取水许可缺乏监督管理的必要手段,特别是缺乏水权获取、变更的登记公示,不利于公众的参与和监督。

(3)没有建立起正式的水权市场

长期以来,我国是通过行政手段配置和管理水资源,强调水资源的公共性,并以法律形式明确禁止了水权转让,极大地限制了我国水市场的发育。随着社会经济的发展和市场化改革的进行,水资源供需矛盾日益加剧,借助水权转让、以市场方式配置水资源的客观需求日趋强烈,但相应的调节、规制手段都尚未建立起来,从而给一些隐蔽的、变相的、非正式的水买卖、水权交易或水市场的发育提供了空间,极大地削弱了国家对水资源的所有权,也不利于政府对水资源开发利用进行宏观调控。

7. 以取水许可制度为中心,进一步完善我国的水权制度

从国外水资源权属管理的实践来看,利用许可证进行水权界定和分配,并通过许可证转让来提高水资源配置效率是比较常见的做法。我国自 1993 年国务院颁布《取水许可制度实施办法》以来,在取水许可管理上已经积累了一些经验,但也存在不少问题,需要从以下方面加以改进和完善。

(1)明晰水权

明晰水权是完善我国水权制度最迫切的需要。明晰水权的过程实际上就是一个不断提高水权排他性、提高水资源利用效率的过程。首先,要在法律中确立完整的水权概念,即包括水资源所有权、使用权、收益权和转让权等多项权利的一组权利束,而不仅仅是水资源所有权。实际上,在我国现行取水许可管理体制中,用水人基于取水许可而使用水资源并获取收益的权

利已具有了水资源使用权、收益权的意义，因此，只需在法律中对此进行明确规定，以确定其法律地位。其次，要明晰水权主体。我国实行的是国有水权制度，因此，水资源所有权主体只能是国家，由中央政府代为行使权力，而水资源使用权主体则可以是企业法人、事业单位，也可以是自然人，这样就建立起了水资源所有权与使用权相分离的制度，便于水权的流转和水资源市场化配置。再次，要明确流域组织、地方政府和水行政主管部门的权利，他们只能作为管理者，拥有行政管理权利，即参与水权的界定、规制、统一协调管理等，而不能成为水权主体，否则，政府既是"运动员"(水权拥有者)又是"裁判员"(水权管理者)的双重身份不利于保障水权制度的公平性，也容易造成地方政府削弱国家的权利。

(2)建立可转让的水权体系，培育水市场

水资源转让权是完整的水权概念的重要组成部分。允许水权转让是提高水资源配置效率、解决水资源供需矛盾的有效手段。完善我国的水权制度，应在明晰水权的基础上建立起可转让的水权体系，培育水市场。

1)我国的水市场是一个"准市场"

所谓"准市场"是指水权和水资源的转让不能完全通过市场机制来进行，还离不开政府行政分配和宏观调控。首先，水资源是人类生存、社会经济发展中不可替代的基础性资源，具有一定的公共物品性质，基本生活用水、防洪等公益性用水必须通过政府强制手段予以保障；其次，水资源具有多功能性，且地区差别相当大，要协调不同行业、不同地区之间的用水矛盾，只能依靠政府进行；再次，我国目前尚处于经济体制转型时期，市场发育不健全，完全由市场配置水资源还存在一些体制上的障碍。因此，我国的水市场很难成为一种完全的市场，而只能是一种政府行政调控与市场调控相结合的"准市场"。

2)我国可转让水权体系的基本模式

在"准市场"条件下，我国可转让水权体系可以分为三个层次。

首先，按照国家和流域水资源综合规划，通过流域内各级地方政府间的协商，制定流域水资源分配方案，也就是在国有水权形式下对水资源使用权在地区间做进一步的界定。这样能够在一定程度上提高国有水权的排他性，也符合目前我国行政管理体制。使用权按区域进行界定后，其权利主体是区域内全体人口而不是地方政府。就地方政府而言，只是进行了流域水资源管理权限的划分，属于公共事务管理行为。流域分水应符合流域水资源总体规划和用水总量控制的要求，根据地区发展现状和发展潜力制定方案，兼顾效率与公平，协调上下游、左右岸和生态环境需要。分水方案的制定应有一定的灵活性，能够根据流域水量状况进行调节，其调节方式应是确定的，有一定的可预见性。分水方案确立后，应通过立法手段确立其权威性，并有技术手段保证其顺利实施。

其次，通过发放取水许可证的形式进行水资源初始分配，这实际上是在区域内对水资源使用权的进一步排他性界定，其权利主体细化为企业法人、事业单位、自然人等。初始水权分配应以生活用水和生态用水优先。其具体程序为：①用水人提出取水申请；②水行政主管部门对申请人资格、取水用途、对各方的影响等进行审核；③进行水权公示，即将申请人基本情况、用水目的、用水地点、引水量、结构设施以及审核结果等信息通知与此相关的各方，以促进公众参与，增加水权管理的透明度；④水权授予和许可证发放。

再次，通过有条件的许可证转让，实现水资源高效配置。对目前取水许可制度中不允许许可证转让的规定进行修订，允许许可证持有人在不损害第三方合法权益和危害水环境状况的基础上，依法转让取水权。当然，由于水资源独特的自然属性和经济属性，并不是所有的用水权都可以进入市场进行转让。政府应在法律法规中明确规定转让范围。一般而言,竞争性经济用水是水权转让的主要内容,而基本生活用水、生态用水和其他公益性用水目前还不能进行转让。水权转让必须是有偿的,转让价格由市场决定。尤其是随着我国经济的发展和城市化进程的加快,农业用水向工业用水、城市用水转让的趋势不可避免,应尽快通过水权合法界定和有偿转让来为农户提供节水激励,也避免农业用水被无偿侵占。

3)加强政府对水权市场的管理和监督

由于水资源的公共性和不可替代性,水权转让受到许多客观条件的限制,涉及多方利益,需要政府加强管理和监督。主要是通过建立水权转让的登记、审批、公示制度来限定水权转让双方的资格、确定水权转让范围、约束水权购买者的用水行为,以及保证市场公平交易秩序,最大限度地减少或消除水权交易对国家和地区发展目标、环境目标的影响,防止水污染和他人利益受到损害,促进水资源的优化配置和可持续利用。

(3)完善其他相关的管理措施

水权制度的建立和完善是我国水资源管理体制改革的一个重要部分,需要各方面的协调配合,包括完善相关法律法规、理顺现有管理体制、摸清水资源家底、建立各种用水指标、制定水资源规划等。总之,我国水权制度的完善是一个长期的过程,需要因地制宜,分流域、分地区逐步进行。

思 考 题

1.简述水资源规划管理的概念及特点。

2.水资源法由哪些特点?

3.水资源立法有哪些内容?

4.水权制度的概念及含义?

参 考 文 献

[1] 杨革.水利工程概论. 北京:高等教育出版社,2009.
[2] 邹冰,杨振华.水利工程概论. 北京:中国水利水电出版社,2005.
[3] 中华人民共和国水利部.SDJ 21—2005　混凝土重力坝设计规范.北京:水利电力出版社,2005.
[4] 林继镛.水工建筑物.北京:中国水利水电出版社,2005.
[5] 田土豪,陈新元.水利水电工程概论. 北京:中国电力出版社,2004.
[6] 沈振中.水利工程概论. 北京:中国水利水电出版社,2011.
[7] 中华人民共和国电力工业部. DLT 5395—2007　水工建筑物荷载设计规范.北京:水利电力出版社, 1998.
[8]中华人民共和国国家发展和改革委员会.SL 274—2007　碾压式土石坝设计规范.北京:中国水利水电出版社, 2001.
[9] 姜弘道.水利概论. 北京:中国水利水电出版社,2010.
[10] 侍克斌.水利工程施工. 北京:中国水利水电出版社,2009.
[11] 袁光裕.水利工程施工. 北京:中国水利水电出版社,2009.
[12] 李天科,侯庆国,黄明树.水利工程施工. 北京:中国水利水电出版社,2005.
[13] 吴安良.水利工程施工. 北京:中国水利水电出版社,2003.
[14] 中华人民共和国水利部.SL 279—2002　水工隧洞设计规范.北京:中国水利水电出版社, 2003.
[15] 左其亭,窦明,吴泽宁.水资源规划与管理.北京:中国水利水电出版社,2005.
[16] 祁庆和.水工建筑物.北京:中国水利水电出版社,1997.
[17] 李珍照. 水工建筑物分册.北京:中国水利水电出版社,2004.
[18] 董毓新. 水力发电分册. 北京:中国水利水电出版社,2004.
[19] 陈胜宏. 计算岩体力学与工程.北京:中国水利水电出版社,2004.
[20] 孙明权.水工建筑物.北京:中央广播电视大学出版社,2001.
[21] 潘家铮,何璟.中国大坝50年.北京:中国水利水电出版社,2000.
[22] 赵纯厚,朱振宏,周端庄.世界江河与大坝.北京:中国水利水电出版社,2000.
[23] 郭雪莽,温新丽,苏万益,等.中国水利概论.郑州:黄河水利出版社,1999.
[24] 祁庆和.水工建筑物.北京:中国水利水电出版社,1997.
[25] 毛昶熙,周名德,柴恭纯,等.闸坝工程水力学与设计管理.北京:水利电力出版社,1995.
[26] 左东启,王世夏,林益才.水工建筑物(上、下册).南京:河海大学出版社,1995.
[27] 吴媚玲.水工建筑物.北京:清华大学出版社,1991.
[28] 谈松曦.水闸设计.北京:水利电力出版社,1986.
[29] 华东水利学院.水工设计手册:第六卷泄水与过坝建筑物.北京:水利电力出版社,1982.
[30] 王宏硕,翁情达.水工建筑物(基本部分).北京:水利电力出版社,1990.
[31] 顾慰慈.水利水电工程管理.北京:中国水利水电出版社,1994.
[32] 张光斗,王光纶.水工建筑物(下册).北京:水利电力出版社,1991.
[33] 马善定,汪如泽.水电站建筑物.北京:中国水利水电出版社,1996
[34] 中华人民共和国水利部.SL 265—2001 水闸设计规范.北京:中国水利水电出版社,2001.
[35] 中华人民共和国水利部.SL 253—2000 溢洪道设计规范.北京:中国水利水电出版社,2000.
[36] 中华人民共和国水利部.SL 252—2000 水利水电工程等级划分及洪水标准.北京:中国水利水电出版社, 2000.

[37] 吴持恭. 水力学. 2 版. 北京:高等教育出版社,1982.
[38] 袁弘任. 水资源保护及立法. 北京:中国水利水电出版社,2002.
[39] 冯尚友. 水资源持续利用与管理导论. 北京:科学出版社,2000.
[40] 董增川. 水资源规划与管理. 北京:中国水利水电出版社. 2008.
[41] 施嘉炀. 水资源综合利用. 北京:中国水利水电出版社. 1996.
[42] 布里斯科. 水资源管理的筹资. 水利水电快报,2000.